"十四五"职业教育国家规划教材

机械制造技术

（第3版）

主　编　陈爱荣　韩祥凤　李新德
副主编　张志鹏　吴卫刚　李景辉　夏亚涛
　　　　姬源浩　刘　鹏　李景才　辛　燕

北京理工大学出版社
BEIJING INSTITUTE OF TECHNOLOGY PRESS

内 容 提 要

本书根据高等教育人才培养目标及规格要求进行编写。在吸收近年来高等教育教学改革经验的基础上，根据企业生产一线对应用型高等技术人才在机械制造技术方面的技能要求，结合机械制造技术的发展趋势，将传统教材《金属切削原理与刀具》《金属切削机床》《机械制造工艺学》《机床夹具设计》《数控技术》等的相关内容有机地结合在一起，以项目、课题、案例为主线，内容涵盖金属切削加工基本定义、机械加工工艺规程制定、典型零件加工工艺、机械加工质量分析、装配工艺基础、机床夹具设计基础、常用机械加工方法及其装备、数控加工工艺、现代加工技术九个项目，每个项目后附有知识点、技能点、课题分析、相关知识及技能检测题目，可使广大读者更好地掌握所学的知识和技能。

本书可供高等院校机电类专业使用，也可作为普通高等院校及有关工程技术人员的参考用书。

版权专有　侵权必究

图书在版编目（CIP）数据

机械制造技术/陈爱荣，韩祥凤，李新德主编. —3版. --北京：北京理工大学出版社，2022.2（2025.8重印）
ISBN 978-7-5763-0984-3

Ⅰ.①机… Ⅱ.①陈… ②韩… ③李… Ⅲ.①机械制造工艺 Ⅳ.①TH16

中国版本图书馆 CIP 数据核字（2022）第 027383 号

出版发行 / 北京理工大学出版社有限责任公司	
社　　址 / 北京市海淀区中关村南大街5号	
邮　　编 / 100081	
电　　话 /（010）68914775（总编室）	
（010）82562903（教材售后服务热线）	
（010）68944723（其他图书服务热线）	
网　　址 / http://www.bitpress.com.cn	
经　　销 / 全国各地新华书店	
印　　刷 / 唐山富达印务有限公司	
开　　本 / 787 毫米×1092 毫米　1/16	
印　　张 / 18.75	责任编辑 / 多海鹏
字　　数 / 435 千字	文案编辑 / 多海鹏
版　　次 / 2022 年 2 月第 3 版　2025 年 8 月第 9 次印刷	责任校对 / 周瑞红
定　　价 / 49.90 元	责任印制 / 李志强

图书出现印装质量问题，请拨打售后服务热线，本社负责调换

前　言

本书内容涵盖：金属切削加工基本定义、机械加工工艺规程制订、典型零件加工工艺、机械加工质量分析、装配工艺基础、机床夹具设计基础、常用机械加工方法及其装备、数控加工工艺、现代加工技术九个项目。每个项目后附有知识点、技能点、课题分析、相关知识及技能检测课题，可使广大读者更好地掌握所学的知识和能力。

本书主要针对高职高专数控技术、机械制造与自动化、机电一体化等专业人才培养的要求，以培养学生职业技术能力为核心，突出培养学生的岗位技能和职业素质。

本书特色：

1. 为贯彻落实党的二十大精神，基于当前经济社会对应用型技能人才的需要，服务人才强国战略，落实立德树人根本任务，教材聚焦机械制造业的发展前沿，融入课程思政元素，激发学生的主观能动性，为党育人，为国育才。

2. 本书在编写理念上，注重符合当前职业教育教学改革和教材建设的总体目标，符合职业教育教学规律和技能型人才成长规律。在教材内容上，采用"项目化"形式，力求抓住"实践能力"培养这条主线，以课题的形式驱动展开，以能力培养为本位，将理论与实践有机的融为一体，注重过程性考核，突出动手能力培养，同时融入了对学生职业道德和职业意识的培养。

3. 本书具有简明实用、通俗易懂，可操作性强的特点。书中合理引用了企业实际生产案例，采用了大量的插图和表格，详细、直观的介绍了机械制造技术应掌握的基础知识和基本操作技能；为了提高教学效果，本书配备了教学课件、技能检测、微课、视频等教学辅助资源。

4. 在内容的组织上，以工艺为基础，精选经典传统内容，充分将反映现代机械制造技术的新技术、新设备、新材料、新工艺编入本书中，并且十分注重内容的实用性，力求与生产实际相结合。

5. 注意把体现当代科学技术发展特征的多学科间的知识交叉与渗透反映到本书的内容中，注重教给学生科学的思维方法，提高学生综合运用知识解决实际问题的能力。

6. 本课程的实践性较强，课程的教学需要与金工实习、生产实习、实验教学以及课程设计等多种教学环节密切配合；需要更新教育思想和观念，努力运用现代化的教学手段与教学方法。

本教材由商丘职业技术学院陈爱荣、韩祥凤、李新德担任主编，张志鹏、吴卫刚、李景辉、夏亚涛、姬源浩、刘鹏、李景才、辛燕担任副主编。

本教材在编写过程中参考了相关教材及其它有关珍贵资料，得到了同行的大力支持和帮助，在此表示衷心感谢！

由于编者水平有限，书中难免存在不当或错误之处，恳请广大读者批评指正。

编　者

目 录

项目概论 ·· 1
项目一　金属切削加工基本定义 ·· 4
　课题一　金属切削加工的基本知识 ··· 4
　课题二　刀具静止参考系和刀具静止角度 ··· 9
　课题三　刀具工作角度参考系和刀具工作角度 ·· 14
　课题四　切削层公称横截面要素和表面成形方法 ··· 18
　课题五　车刀角度测量 ·· 21
　课题六　车刀的刃磨 ··· 23
　项目驱动 ·· 25
项目二　机械加工工艺规程制定 ·· 26
　课题一　机械加工概述 ·· 26
　课题二　工艺规程制定的原则、原始资料及步骤 ··· 34
　课题三　零件的工艺分析 ··· 35
　课题四　毛坯选择 ··· 38
　课题五　定位基准选择 ·· 41
　课题六　工艺路线的拟定 ··· 52
　课题七　确定加工余量 ·· 56
　课题八　工序尺寸及其公差的确定 ··· 60
　课题九　机床、工艺装备及其他参数的选择 ·· 69
　项目驱动 ·· 71
项目三　典型零件加工工艺 ·· 73
　课题一　主轴加工 ··· 73
　课题二　箱体类零件加工 ··· 83
　课题三　圆柱齿轮加工 ·· 91
　项目驱动 ·· 99
项目四　机械加工质量分析 ··· 100
　课题一　机械加工精度 ··· 100
　课题二　机械加工表面质量 ·· 113
　项目驱动 ··· 119

项目五　装配工艺基础 … 120
课题一　概述 … 120
课题二　装配方法及其选择 … 123
课题三　装配工艺规程的制定 … 127
项目驱动 … 131

项目六　机床夹具设计基础 … 132
课题一　概述 … 132
课题二　工件定位的基本原理 … 136
课题三　定位方法及定位元件 … 140
课题四　定位误差的分析与计算 … 148
课题五　工件在夹具中的夹紧 … 156
课题六　各类机床夹具设计要点 … 161
课题七　专用夹具的设计方法 … 166
项目驱动 … 171

项目七　常用机械加工方法及其装备 … 173
课题一　车削及其装备 … 173
课题二　铣削及其装备 … 187
课题三　钻、铰、镗削及其装备 … 198
课题四　磨削及其装备 … 213
课题五　其他常规加工方法 … 227
项目驱动 … 240

项目八　数控加工工艺 … 242
课题一　数控加工基础知识 … 242
课题二　数控加工工艺参数选择 … 244
课题三　数控机床刀具简介 … 248
课题四　数控加工工艺与编程简介 … 254
项目驱动 … 274

项目九　现代加工技术 … 276
课题一　概述 … 276
课题二　电解加工 … 277
课题三　激光加工 … 279
课题四　电火花加工 … 281
课题五　超声加工 … 285
课题六　电子束加工及水射流加工 … 287
项目驱动 … 290

参考文献 … 291

项目概论

📖 知识目标

1. 理解和掌握机械制造技术的定义；
2. 了解我国机械制造技术的发展现状；
3. 了解本课程的主要任务及学习方法。

📖 能力目标

了解机械制造业在国民经济中的重要性。

课程思政案例一

📖 素质目标

培养学生学习本课程的兴趣，增强学生的民族自豪感和责任感。

一、机械制造技术定义

机械制造是各种机械产品制造过程的总称。机械制造技术是研究制造机械产品所采用的加工原理、制造工艺和相应工艺装备的一门工程技术，最终达到制造出高质量、低成本、低消耗、高生产率的机械产品的目的。

二、机械制造技术的发展现状

机械制造业是国民经济的基础产业和支柱，为人们的生产、生活提供各种装备，其他产业的发展均有赖于制造业提供高水平的设备，从一定意义上讲，机械制造技术的发展水平决定着其他产业的发展水平。"经济的竞争归根结底是制造技术和制造能力的竞争"，同时制造业对科学技术的发展，尤其是现代高新技术的发展起着重要的推动作用。制造技术是当代科学技术发展最为重要的领域之一，经济发达国家纷纷把先进制造技术列为国家的关键技术和优先发展项目，给予了极大的关注。美国于1994年提出了《21世纪制造企业战略》报告，其核心就是要使美国的制造业在2006年以前处于世界领先地位。而日本自20世纪50年代以来经济的高速发展，在很大程度上也是得益于在制造技术领域研究成果的支持。

中华人民共和国成立以来，我国的机械制造业取得了很大的成就。我国机械工业努力追赶世界制造技术的先进水平，积极开发新产品，研究、推广先进制造技术，在引进、消化和吸收国外先进制造技术的基础上有了快速的发展。我国制造业从传统的普通机床到航空航天技术装备，从国计民生日常用具的生产到国防尖端产品的制造，特别是党的十八大以来，一批批装备制造业领域的国之重器亮相，从逐梦深蓝到砺剑长空，从技术攻克到应用探索，机械制造技术都提供了重要的技术装备方面的保障。目前，高性能的数控机床和柔性制造系统、计算机集成制造、人工智能制造系统、虚拟制造、敏捷制造和网络制造工程等先进制造技术日新月异，为机械制造技术的发展提供了无限的空间，从此宣告了机械制造业永远不会成为夕阳产业。

中国是制造业大国，但制造产品附加值和技术含量还较低，真正在全球市场上处于领先水平的制造业企业则更少，从制造业的人均劳动生产率来看，远远落后于发达国家。据统计，目前我国优质低耗工艺的普及率不足10%，数控机床、精密设备不足5%，90%以上高档数控机床、100%的光纤制造装备、85%的集成电路制造设备、80%的石化设备、70%的轿车工业装备依赖进口。我国制造业"大而不强"的现状令人忧虑。"走自主创新的道路，建设创新型国家"是高屋建瓴的规划，更是残酷的国际竞争环境的产物。

三、现代制造技术的特点

现代制造业是以制造业吸收信息技术、新材料技术、自动化技术和现代管理技术等高新技术，并与现代服务业互动为特征的新型产业。

先进制造技术与传统制造技术相比，其显著特点是：以实现优质、高效、低耗、清洁、灵活生产，提高产品对动态多变市场的适应能力和竞争力为目标；不仅包括制造工艺，而且覆盖了市场分析、产品设计、加工和装配、销售、维修、服务，以及回收再生的全过程；强调技术、人员、管理和信息的四维集成，不仅涉及物质流和能量流，还涉及信息流和知识。四维集成和四流交汇是先进制造技术的重要特点，同时更加重视制造过程组织和管理的合理化，它是硬件、软件、脑件（人）与组织的系统集成。先进制造技术其实就是"制造技术"加"信息技术"加"管理技术"，再加上相关的科学技术交融而成的制造技术。

随着电子、信息等高新技术的不断发展及市场个性化与多样化的需求，世界各国都把机械制造技术的研究和开发作为国家的关键技术进行优先发展，并将其他学科的高技术成果引入机械制造业中。因此，机械制造业的内涵与水平已不同于传统制造。归纳起来，有以下特征：

（1）现代机械制造技术集机械、计算机、信息、材料、自动化等技术于一体，具有柔性、集成、并行工作的特点，能够制造生产成本与批量无关的产品，能按订单制造，满足产品的个性要求。

（2）制造智能化。智能制造系统能发挥人的创造能力，具有人的智能和技能，能够代替熟练工人的技艺，具有学习工程技术人员多年实践经验和知识的能力，并用以解决生产实际问题。

（3）设计与工艺一体化。传统的制造工程设计和工艺分步实施，造成了工艺从属于设计、工艺与设计脱离等现象，影响了制造技术的发展。产品设计往往受到工艺条件的制约，受到制造可靠性、加工精度、表面粗糙度、尺寸等限制。因此，设计与工艺必须密切结合，以工艺为突破口，形成设计与工艺的一体化。

（4）精密加工技术是关键。精密和超精密加工技术是衡量先进制造技术水平的重要指标之一。纳米加工技术代表了制造技术的最高精度水平。

(5) 产品生命周期的全过程。现代制造技术是一个从产品概念开始，到产品形成、使用，一直到处理报废的集成活动和系统。在产品的设计中，不仅要进行结构设计、零件设计、装配设计，而且特别强调拆卸设计。当使产品报废处理时，能够进行材料的再循环，节约能源，保护环境。

(6) 人、组织、技术三结合。现代制造技术强调人的创造性和作用的永恒性，提出了由技术支撑转变为人、组织、技术的集成，以加强企业新产品开发时间（T）、质量（Q）、成本（C）、服务（S）、环境（E）；强调了经营管理、战略决策的作用。在制造工业战略决策中，提出了市场驱动、需求牵引的概念，强调用户是核心，用户的需求是企业成功的关键，并且强调快速响应市场需求的重要性，提高企业的市场应变能力和竞争能力。

因此，现代制造技术不仅仅是要求精密加工、高速加工、自动化加工，更体现在观念上的革新，现在比较统一的认识有绿色制造、计算机集成制造、柔性制造、虚拟制造、智能制造、并行工程、敏捷制造和网络制造等。

四、本课程完成的特点和任务

机械产品的制造包括零件的加工和装配，零件加工是在机床、刀具、夹具和工件（被加工前的零件称为工件）本身的共同作用下完成的，因此机械制造技术涉及机床、刀具、夹具方面的知识，即传统的机械类课程"金属切削机床""金属切削原理与刀具""机床夹具设计""机械制造工艺学""数控技术"这五大支柱，本课程综合考虑上述五门课程的知识内容，以机械制造的基本理论为基础，以加工技能训练为主线，介绍各种加工方法及相应的工艺装备；以质量控制为出发点，介绍工艺规程设计理论、加工质量控制方法；以典型零件加工的综合分析为落脚点，增强知识与技术的综合运用。

实践性、综合性、应用性强是本课程的一大特点，学习中要重视理论联系实际，金工实习、机械装配和机械基础课程设计都可以很好地帮助学习本课程，而且有利于将理论知识转化为技术应用能力。通过本课程的学习，要求掌握机械制造常用的加工方法、加工原理和制造工艺，熟悉各种加工设备及装备，初步具有分析、解决机械加工质量问题及制定机械加工工艺规程和设计简单工艺装备的能力。

项目一

金属切削加工基本定义

知识目标

1. 理解金属切削加工的基本概念；
2. 掌握刀具角度及其图示方法；
3. 掌握切削方式和切削层参数的计算；
4. 了解车刀角度测量方式及车刀的刃磨。

能力目标

1. 能够计算切削用量和切削层参数；
2. 能够正确标注刀具角度；
3. 能够进行刀具角度的测量和刃磨。

课程思政案例二

素质目标

1. 培养学生理论联系实际及动手操作的能力；
2. 培养学生精益求精的工匠精神，激发学生的爱国热情。

课题一　金属切削加工的基本知识

知识点

- 零件表面的形成
- 切削运动
- 切削表面
- 切削用量

技能点

- 对切削运动、切削用量的理解和掌握

课题分析

要完成相应零件表面的加工,首先离不开机床和刀具之间的相对运动,如车削外圆时需要车床主轴(工件)的旋转运动和刀具的纵向(轴向)移动;其次,在切削加工前,必须根据加工阶段的不同,合理确定切削运动参数(切削用量)的大小。其原因是:一方面,切削运动参数是切削加工前操作者调整机床的依据,例如,在车削加工前通常要调整主轴的转速等;另一方面,切削运动参数的合理与否还影响着切削加工效率、零件加工精度和加工成本,例如,粗加工时如果切削运动速度过高、加工材料切除量过大等都会给加工带来极为不利的影响,轻则加快刀具的磨损,重则引起加工振动甚至崩刃、断刃,总之会使加工效率低下、加工成本提高。

相关知识

一、零件表面的形成

切削刀具与被加工零件(称为工件)间的相对运动有一定的规律,这个规律与零件表面形状的形成有关。零件的表面通常由平面、圆柱面、圆锥面、成形面等几种简单表面组合而成,这些简单表面可以以一条线为母线,以另一条线为轨迹运动而形成,如图1-1所示。

(1)圆柱面。如图1-1(a)所示,以直线为母线,以圆为轨迹,母线垂直于轨迹所在平面,做旋转运动形成。

(2)圆锥面。如图1-1(b)所示,以直线为母线,以圆为轨迹,母线与轨迹所在平面相交成一定角度,做旋转运动形成。

(3)平面。如图1-1(c)所示,以直线为母线,以另一条直线为轨迹,做平移运动形成。

(4)成形面。如图1-1(d)和图1-1(e)所示,以曲线为母线,以圆为轨迹做旋转运动或以直线为轨迹做平移运动形成。

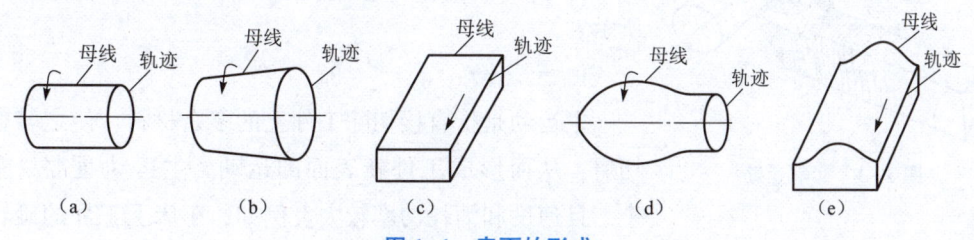

图1-1 表面的形成

(a)圆柱面;(b)圆锥面;(c)平面;(d)、(e)成形面

图1-2所示为常见的各类零件,可以看出其都是由上述各类表面构成的。

形成各种表面的母线和轨迹线统称为发生线。由图1-2(a)~图1-2(c)可以看出,圆柱面、平面和轨迹为直线的表面,其母线和轨迹线的作用可以互换;但圆锥面与图1-2(d)

图 1-2 常见零件类型

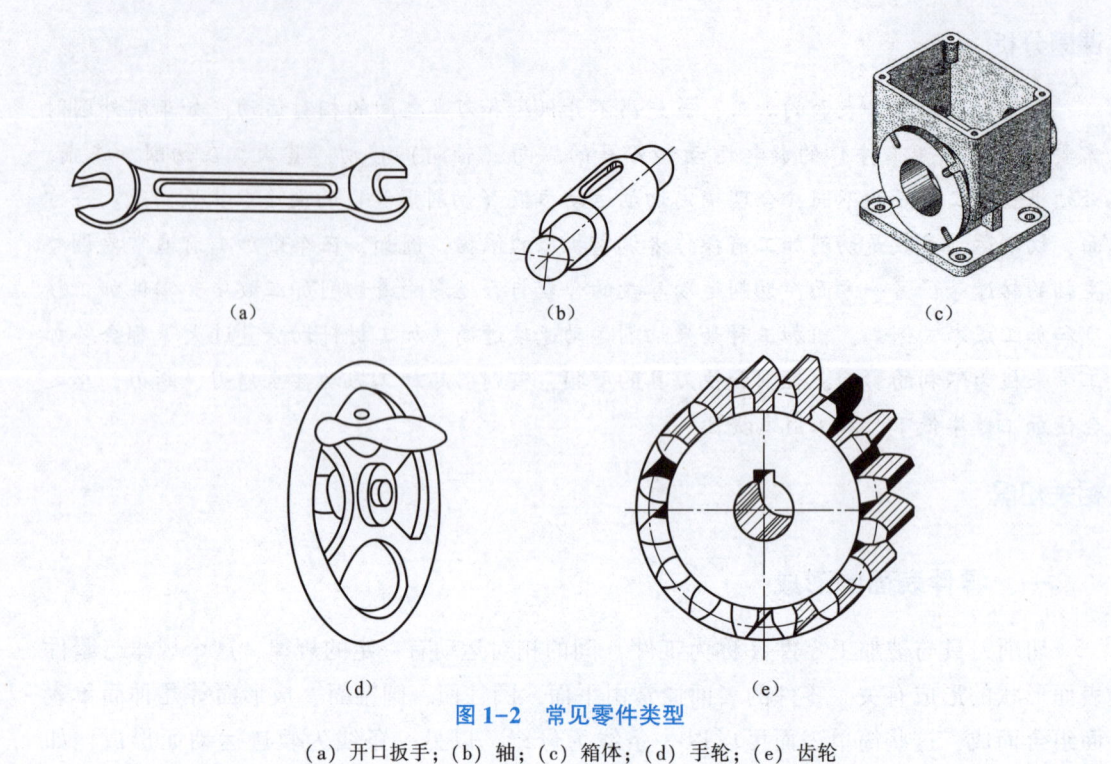

(a) 开口扳手；(b) 轴；(c) 箱体；(d) 手轮；(e) 齿轮

和图 1-2（e）所示曲面的母线和轨迹线则不能互换，此外还有球面、螺纹面、圆环面等。

二、切削运动

为获得零件表面的形状，刀具与工件之间必须有一定的相对运动，称为切削运动。零件表面形状不同，所需要的运动数目不一样，相同的表面也可以有不同的运动，这与选择的加工方法有关。根据运动作用的不同，切削运动可分为主运动和进给运动两类，如图 1-3 所示。

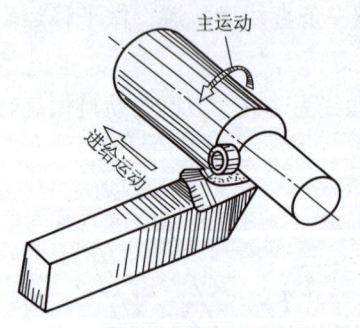

切削运动微课

图 1-3 切削运动

1. 主运动

主运动是指直接切除工件上的多余材料，使之转变为切屑，从而形成工件新表面的运动。主运动通常只有一个，且速度和消耗功率较大。例如，车床上工件的旋转运动；龙门刨床刨削时，工件的直线往复运动；牛头刨床刨刀的直线往复运动等。

2. 进给运动

进给运动是指将工件上的多余材料不断投入切削区进行切削，以逐渐切削出零件所需整个表面的运动。进给运动一般有一个，也可多于一个，且速度和消耗功率较小。例如：车外圆时车刀纵向连续的直线运动、在牛头刨床上刨平面时工件横向间断的直线移动等。

图 1-4 所示为各种切削加工的进给运动。

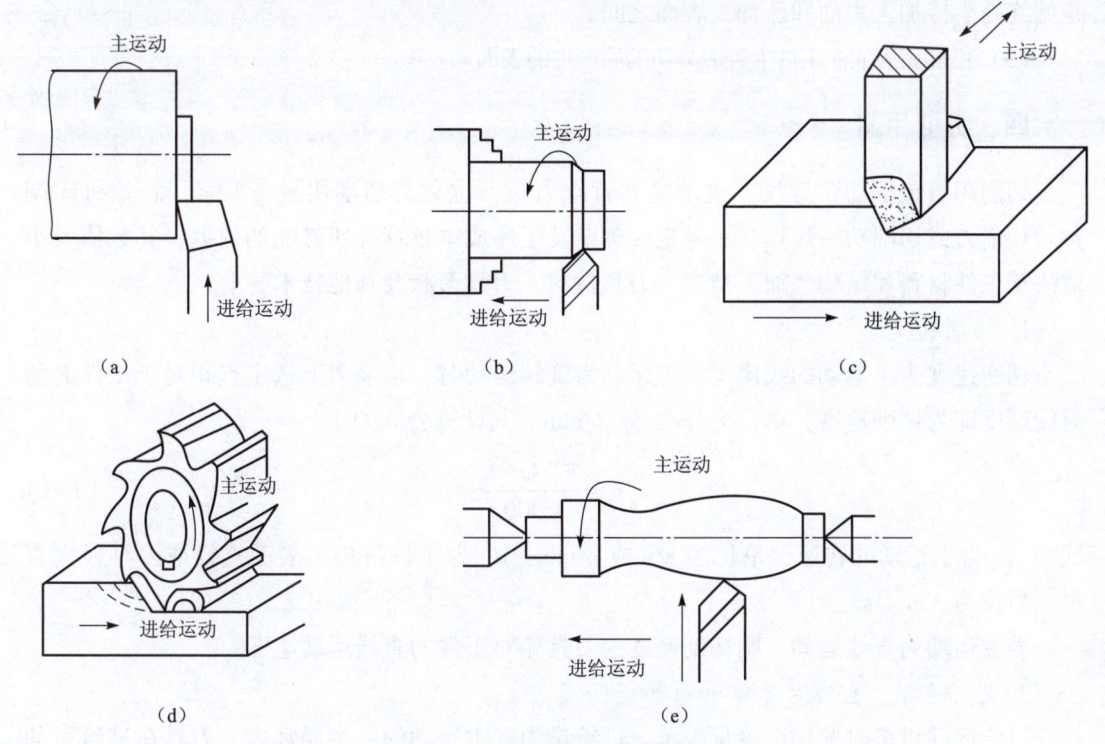

图 1-4 各种切削加工的进给运动
（a）车端面；（b）车外圆；（c）刨平面；（d）铣平面；（e）车成形面

3. 合成切削运动

在主运动和进给运动同时进行的切削加工中（如车外圆、钻孔、铣平面等），常在选定点将两者按矢量加法合成，称为合成切削运动。

$$v_e = v_c + v_f$$

无论是主运动还是进给运动，其基本运动形式均是连续的或间歇的直线运动或回转运动，由两者通过不同形式的组合，则可构成多种符合需要的切削运动。

主运动与进给运动可由刀具和工件分别完成（如车削和刨削），也可由刀具单独完成（如钻孔），但很少由工件单独完成；主运动和进给运动可以同时进行（如车削、钻削），也可以交替进行（如刨平面、插键槽）。

为完成工件的加工，还需要一些辅助运动，如刀具的切入和退出，工件的夹紧与松开，开车、停车、变速和换向动作。

三、切削表面

在切削过程中，被加工的工件上有三个依次变化着的表面，如图 1-5 所示。

（1）待加工表面。工件上有待切除的表面。

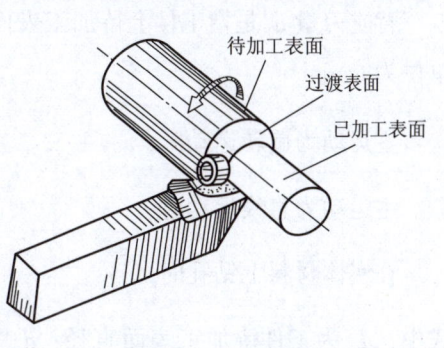

图 1-5 工件表面

(2) 过渡表面。刀具切削刃正在切除的表面。该表面在切削加工过程中不断变化,并且始终处于待加工表面和已加工表面之间。

(3) 已加工表面。工件上经刀具切削后产生的表面。

四、切削用量

切削用量包括切削速度、进给量和背吃刀量,也称为切削用量三要素,它是机床调整、切削力或切削功率计算、工时定额确定及工序成本核算等所必需的数据,其数值大小取决于工件材料和结构、加工精度、刀具材料、刀具形状及其他技术要求。

1. 切削速度 v_c

切削速度为主运动的线速度。主运动为旋转运动时,切削刃上选定点相对于工件的瞬时线速度即为切削速度,单位为 m/s 或 m/min。其计算公式为

$$v_c = \frac{\pi \times d_w \times n}{1\,000} \tag{1-1}$$

式中,n 为主运动的转速,单位为 r/s 或 r/min;d_w 为工件待加工表面直径或刀具最大直径,单位为 mm。

若主运动为直线运动,则切削速度为刀具相对工件的直线运动速度。

2. 进给量 f、进给速度 v_f 和每齿进给量 f_z

进给运动更多时候用进给量表示。进给量为在主运动的一个循环内,刀具在进给运动方向上相对工件的位移量,可用刀具或工件每转或每行程的位移量来表述和度量。当主运动为旋转运动时,进给量 f 为工件或刀具旋转一周,两者沿进给方向移动的相对距离(mm/r);当主运动为直线往复运动时,进给量 f 为每一往复行程,刀具相对工件沿进给方向移动的距离(mm/行程);对于铣刀、铰刀、拉刀等多齿刀具,在每转或每往复行程中每个刀齿相对于工件在进给运动方向上的移动距离,称为每齿进给量 f_z(mm/z)。进给速度 v_f 为切削刃上选定点相对于工件进给运动的瞬时速度,单位为 mm/s 或 mm/min。进给速度、进给量、每齿进给量三者关系如下:

$$v_f = fn = nzf_z \tag{1-2}$$

3. 背吃刀量 a_p

背吃刀量 a_p 是指工件上待加工表面和已加工表面之间的垂直距离(铣削加工除外),单位为 mm。

主运动为旋转运动时,$$a_p = \frac{d_w - d_m}{2} \tag{1-3}$$

主运动为直线运动时,$$a_p = H_w - H_m \tag{1-4}$$

在实体材料上钻孔时,$$a_p = \frac{1}{2}d_m \tag{1-5}$$

式中,d_w 为工件待加工表面直径;d_m 为工件已加工表面直径;H_w 为工件待加工表面厚度;H_m 为工件已加工表面厚度。

各种切削加工的背吃刀量如图 1-6 所示。

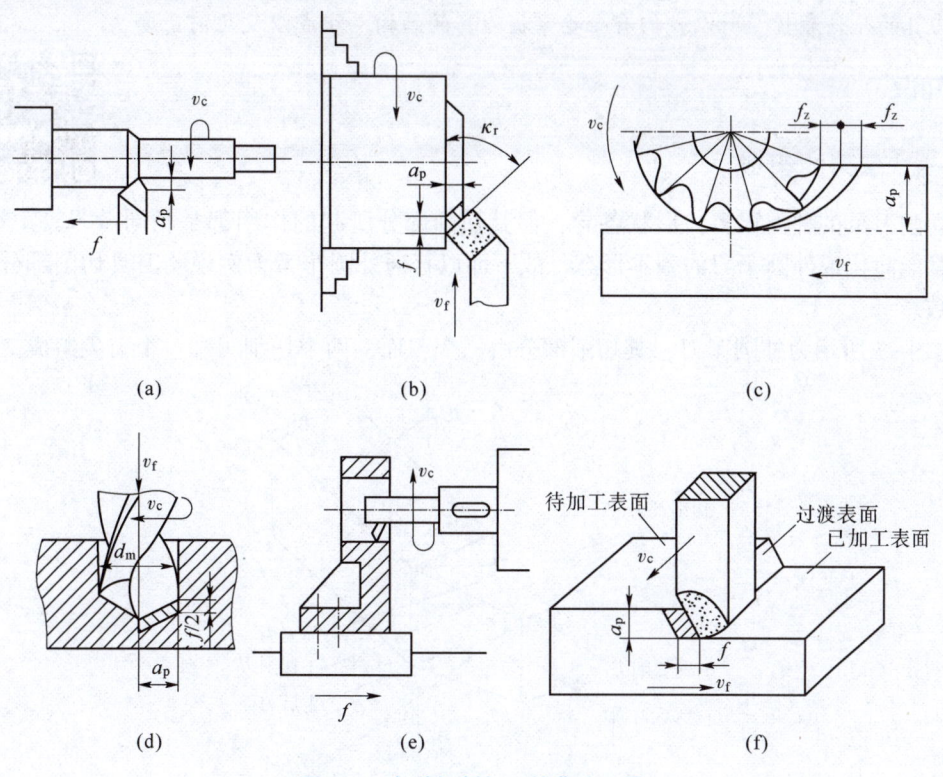

图 1-6　各种切削加工的背吃刀量
(a) 车外圆；(b) 车端面；(c) 铣平面；(d) 钻孔；(e) 镗内孔；(f) 刨平面

课题二　刀具静止参考系和刀具静止角度

知识点

- 车刀的组成
- 刀具静止角度参考系及其坐标平面
- 刀具静止角度的标注

技能点

- 掌握刀具的结构、组成及几何角度，绘制刀具工作图

课题分析

各种刀具形状迥异，使用场合不一，但是都能用来切除毛坯上多余的材料，完成零件的切削加工，这显然与它们的结构组成有关。此外，为了满足不同的切削要求，如外圆车削、切断和螺旋车削等，刀具的切削部分往往做成不同的几何形状，即使是同种类型的刀具（如外圆车刀），在不同的加工条件下，如车削细长轴和车削粗短轴等，也要做成不同的几何形

状，而不同几何形状的刀具有着不同的切削性能。要描述刀具的几何形状和切削性能，就离不开刀具的几何参数。所以我们有必要掌握刀具的结构、组成以及几何角度。

相关知识

一、车刀的组成

切削刀具的种类很多，形状各异，但其切削部分所起的作用都是相同的，都能简化成外圆车刀的基本形态，故下面以普通外圆车刀为例说明刀具切削部分的几何参数。

图1-7所示为外圆车刀，其切削部分由三个刀面、两个切削刃和一个刀尖组成。

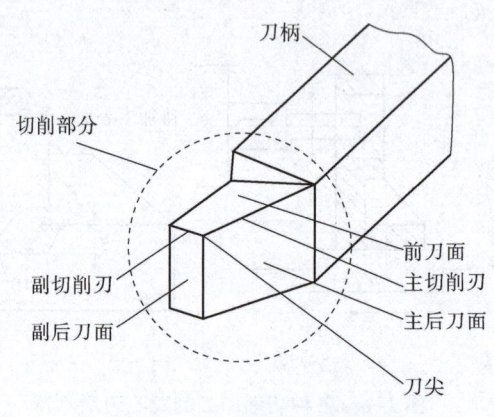

图1-7 外圆车刀的组成要素

前刀面 A_γ（又称前面）：是指刀具上切屑直接接触并沿其流出的表面。
主后刀面 A_α（又称后面）：是指与工件上过渡表面相对的刀具表面。
副后刀面 A'_α（又称副后面）：是指与工件上已加工表面相对的刀具表面。
主切削刃 S（又称主刀刃）：是指前刀面与主后刀面的交线。它承担主要的切削工作。
副切削刃 S'（又称副刀刃）：是指前刀面与副后刀面的交线。它协同主切削刃完成切削工作，并最终成形为已加工表面。
刀尖：是指主切削刃与副切削刃的连接处相当少的一部分切削刃。刀尖可以是一段圆弧，也可以是一段直线，分别称为修圆刀尖和倒角刀尖。

二、刀具静止角度参考系及其坐标平面

为了确定刀具切削部分各表面和切削刃的空间位置，以及确定和测量刀具角度，需要建立参考系。参考系主要有刀具静止参考系和刀具工作参考系两类。刀具静止参考系是用于刀具设计、制造、刃磨和测量时定义刀具几何角度的参考系。在刀具静止参考系中定义的刀具角度称为刀具的静止角度。

1. 建立静止参考系的条件

（1）假定的运动条件。

在建立参考系时，暂不考虑进给运动，即用主运动向量近似代替切削刃与工件之间相

对运动的合成速度向量。

(2) 假定安装条件。

假定刀具的刃磨和安装基准面垂直或平行于参考系的平面，同时假定刀杆中心线与进给运动方向垂直。例如对于车刀来说，规定刀尖安装在工件中心高度上，刀杆中心线垂直于进给运动方向等。

2. 刀具静止参考系

构成静止参考系的参考坐标平面有以下几种：

(1) 基面（P_r）：过切削刃选定点与该点假定主运动方向垂直的平面。如图1-8（b）中的 *EFGH* 平面即为 *P* 点的基面。

(2) 切削平面（P_s）：过切削刃上选定点与切削刃相切并垂直于基面的平面。选定点在主切削刃上者为主切削平面，选定点在副切削刃上者为副切削平面。如图1-8（b）中的 *ABCD* 平面即为 *P* 点的切削平面。

(3) 正交平面（P_o）：又称正交剖面或主剖面，过切削刃上选定点并同时垂直于基面和切削平面的平面（或过切削刃选定点并垂直于切削刃在基面上的投影的平面）。选定点在主切削刃上者为主正交平面，选定点在副切削刃上者为副正交平面。如图1-8（c）中过 *P* 点的 P_o 截面为正交平面。

(4) 法平面 P_n：又称法剖面，过切削刃上选定点且垂直于切削刃（若切削刃为曲线，则垂直于切削刃在该点的切线）的平面。如图1-8（d）中过 *P* 点的 P_n 截面为法平面。

(5) 假定工作平面 P_f：又称横向平（剖）面，它是过切削刃上选定点，垂直于基面且与假定进给运动方向平行的平面。如图1-8（e）中过 *P* 点的 P_f 截面为假定工作平面。

(6) 背平面 P_p：又称纵向剖面，它是过切削刃上选定点而同时垂直于基面和假定工作平面的平面。如图1-8（e）中过 *P* 点的 P_p 截面为假定背平面。

基面、切削平面称为基准坐标平面，正交平面、法平面、假定工作平面和背平面称为测量平面。用不同的测量平面分别与基面、切削平面组合就形成不同的参考坐标系，包括正交平面参考系（P_r-P_s-P_o），法平面参考系（P_r-P_s-P_n），假定工作（进给）平面、背（切深）平面参考系（P_r-P_s-P_f-P_p）。

各参考坐标平面的位置及相互关系如图1-8所示。

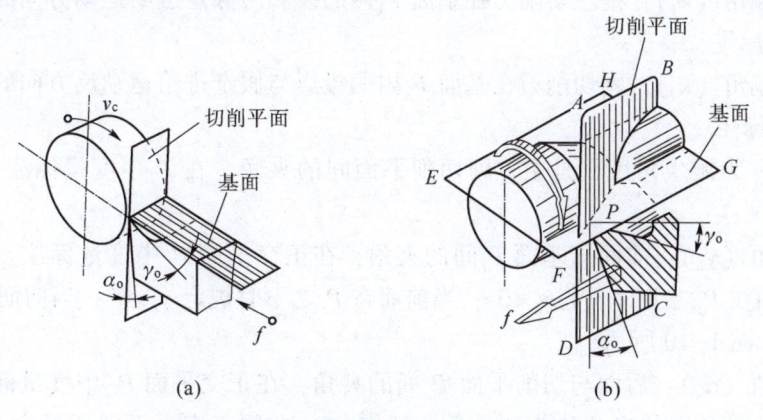

(a)

(b)

图1-8　刀具静止参考系及其坐标平面
(a) 横车；(b) 纵车

(c)　　　　　　　　　　(d)　　　　　　　　　　(e)

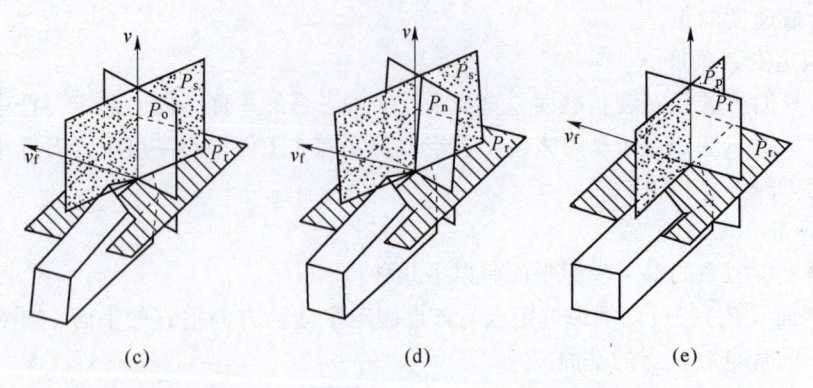

图 1-8　刀具静止参考系及其坐标平面
(c) 正交平面参考系；(d) 法平面参考系；(e) 假定工作平面和背平面参考系图

三、课题实施：刀具静止角度的标注

车刀的静止角度是绘制刀具图样和车刀刃磨必须掌握的角度。标注角度必须指明切削刃上的选定点，凡未经特殊注明的，均指切削刃上与刀尖毗连的那一点的角度。刀具静止角度是指在刀具静止参考系中度量标注的角度。外圆车刀静止角度的标注如图 1-9 所示。

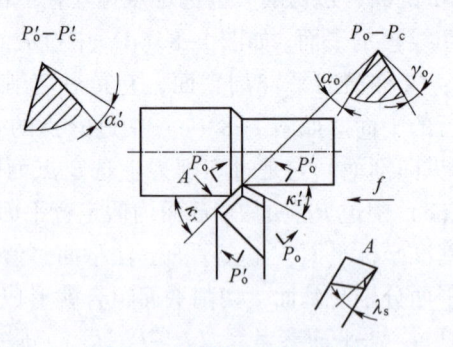

图 1-9　外圆车刀标注角度

(1) 主偏角（κ_r）：指主切削刃在基面 P_r 内的投影与假定进给运动方向的夹角，在基面 P_r 中度量标注。

(2) 副偏角（κ_r'）：副切削刃在基面 P_r 内的投影与假定进给运动反方向的夹角，在基面 P_r 中度量标注。

刀尖角 ε_r 为派生角度，是主、副切削平面间的夹角，在 P_r 中度量标注，显然：$\kappa_r + \varepsilon_r + \kappa_r' = 180°$。

(3) 前角（γ_o）：前面与基面 P_r 间的夹角，在正交平面 P_o 中度量标注。在正交平面 P_o 中，当前面在 P_r 之上时规定 $\gamma_o < 0°$；当前面在 P_r 之下时规定 $\gamma_o > 0°$；当前面和 P_r 重合时则 $\gamma_o = 0°$。如图 1-10 所示。

(4) 后角（α_o）：后面与切削平面 P_s 间的夹角，在正交平面 P_o 中度量标注。副后面 A_α' 与副切削平面 P_s' 间的夹角称为副后角，记作 α_o'，在副正交平面中度量标注。以（副）切削平面为界，当主（副）后面位于 $A_\alpha(A_\alpha')$ 和工件的过渡表面（已加工表面）相对的

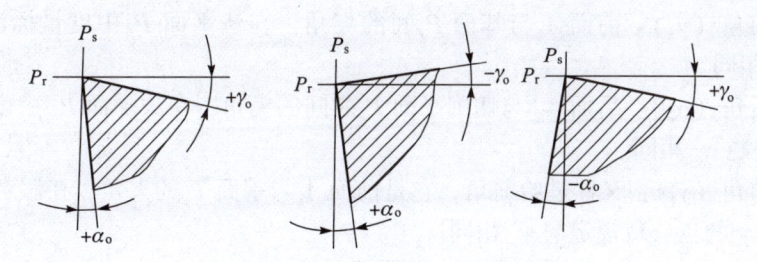

图 1-10 前、后角正、负的规定

一侧时，规定后角（或副后角）为正，反之为负，如图 1-10 所示。后角均应取正值，因为负后角刀具无法工作。

楔角 β_o 为派生角度，是前、后面间的夹角，在正交平面 P_o 中度量标注。由于 $P_r \perp P_s$，故有 $\gamma_o + \beta_o + \alpha_o = 90°$。

（5）刃倾角（λ_s）：主切削刃 S 与基面 P_r 间的夹角，在主切削平面 P_s 中度量标注。刃倾角也有正、负和零值，如图 1-11 所示。当刀尖相对车刀刀柄安装面处于最高点时，刃倾角为正值；当刀尖处于最低点时，刃倾角为负值；当切削刃平行于刀柄安装面时，刃倾角为 0°，此时切削刃在基面内。

刃倾角主要影响刀头的强度和切屑流动的方向，如图 1-11（a）所示。粗加工时为了增加刀头强度，常取负值；精加工时为了防止切屑划伤已加工表面，常取正值或零值。负的刃倾角还可在车刀受冲击时起到保护刀尖的作用，如图 1-11（b）所示。

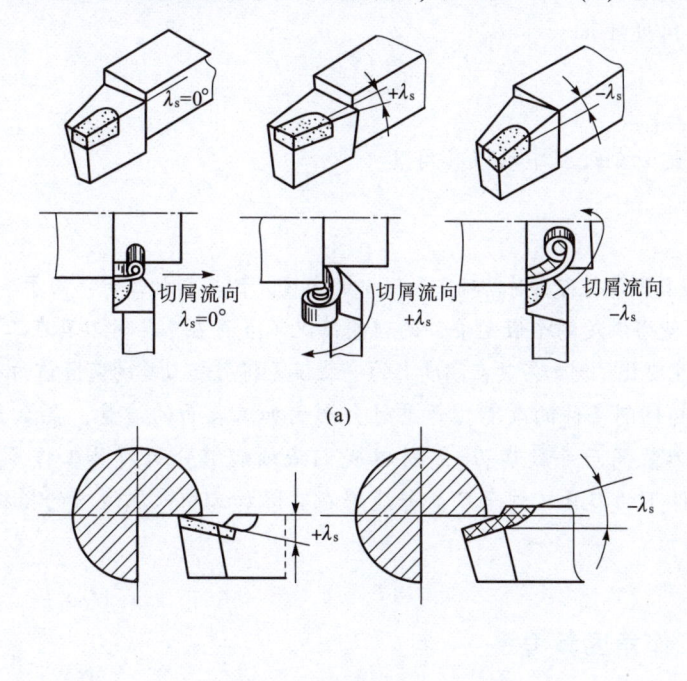

(a)

(b)

图 1-11 刃倾角的作用
(a) 控制排屑方向；(b) 车刀受冲击时保护刀尖

(6) 法前角（γ_n）：前面 A_r 与基面 P_r 间的夹角，在法平面 P_n 中度量标注。γ_n 的正、负规定与 γ_o 相同。

(7) 法后角（α_n）：后面 A_α 与切削平面 P_s 之间的夹角，在法平面 P_n 中度量标注。α_n 的正、负规定与 α_o 相同。

(8) 侧前角（γ_f）：又称进给前角，它是前面 A_r 与基面 P_r 的夹角，在假定工作平面 P_f 中度量标注。γ_f 的正、负规定与 γ_o 相同。

(9) 侧后角（α_f）：又称进给后角，它是后面 A_α 与切削平面 P_s 之间的夹角，在假定工作平面 P_f 中度量标注。α_f 的正、负规定与 α_o 相同。

(10) 背前角（γ_p）：又称切深前角，它是前面 A_r 与基面 P_r 间的夹角，在背平面 P_p 中度量标注。γ_p 的正、负规定与 γ_o 相同。

(11) 背后角（α_p）：又称切深后角，它是后面 A_α 与切削平面 P_s 之间的夹角，在背平面 P_p 中度量。α_p 的正、负规定与 α_o 相同。

课题三　刀具工作角度参考系和刀具工作角度

知识点

- 刀具工作角度参考系
- 刀具工作角度计算

技能点

- 合理地表达切削过程中的刀具角度

课题分析

　　静止角度是刀具设计与刃磨时需确定和保证的角度。但车削加工时，由于车刀的安装误差和走刀运动等影响，使得满足两个假定条件的理想情况不复存在，此时刀具在工作时的实际角度（工作角度）将发生变化。例如刀具在高度上的安装误差将引起刀具的实际前角和后角发生变化，这种变化必将引起切削条件的改变，严重时会影响加工表面的质量，甚至会影响加工的正常进行（如切断刀装高而导致崩刃）。所以我们必须能够分析刀具工作角度的影响因素，计算现实加工条件下的刀具工作角度，并能够在实际加工中采取适当的措施进行补偿。

相关知识

一、刀具工作角度参考系

　　在切削加工中，刀具相对工件的运动是主运动和进给运动的合成，为合理地表达切削过程中的刀具角度，常按合成切削运动方向和实际安装情况来定义刀具的参考系，即刀具工作参考系。在该参考系中定义和测量的刀具角度称为刀具的工作角度，其符号应加注下标"e"。

（1）工作基面 P_{re}：过切削刃上选定点并与合成切削速度 v_e 垂直的平面。
（2）工作切削平面 P_{se}：过切削刃上选定点与切削刃相切并垂直于工作基面的平面，如图 1-12 所示。

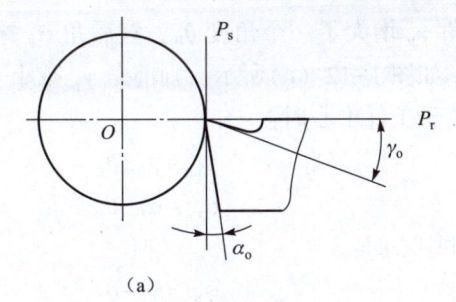

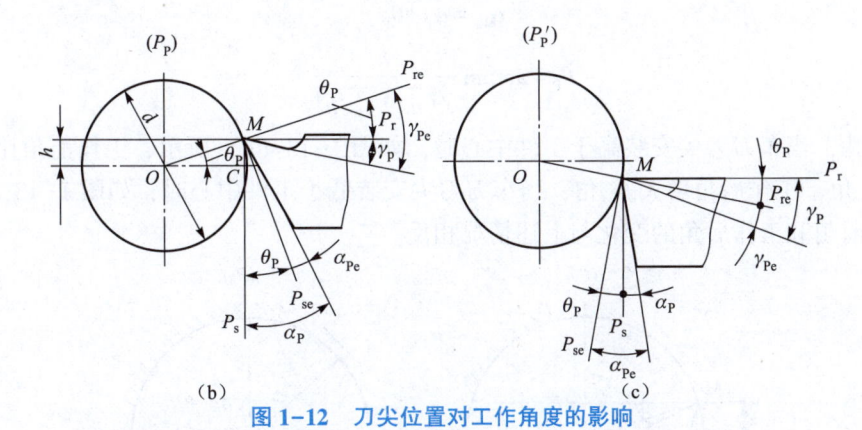

图 1-12　刀尖位置对工作角度的影响
(a) 刀尖与工件中心等高；(b) 刀尖高于工件中心；(c) 刀尖低于工件中心

（3）工作正交平面 P_{oe}：过切削刃上选定点并同时与工作基面和工作切削平面相垂直的平面。
（4）假定工作平面 P_{fe}：过切削刃上选定点，垂直于该点基面，且同时包含主运动和进给运动方向的平面。它垂直于工作基面。
（5）工作背平面 P_{Pe}：过切削刃上选定点，垂直于该点基面和假定工作平面的平面。

二、课题实施：刀具工作角度计算

1. 刀具工作参考系测量的角度

（1）工作前角 γ_{oe}：在工作正交平面 P_{oe} 内测量，是工作基面与前面间的夹角。
（2）工作后角 α_{oe}：在工作正交平面 P_{oe} 内测量，是工作切削平面与后面间的夹角。
（3）工作侧前角 γ_{fe}：在假定工作平面 P_{fe} 内测量，是工作基面与刀具前面间的夹角。
（4）工作侧后角 α_{fe}：在假定工作平面 P_{fe} 内测量，是工作切削平面与刀具后面间的夹角。
（5）工作背前角 γ_{Pe}：在工作背平面内测量，是工作基面 P_{re} 与刀具前面间的夹角。
（6）工作背后角 α_{Pe}：在工作背平面内测量，是工作切削平面 P_{se} 与刀具后面间的夹角。

2. 刀具工作角度计算

刀具的工作角度一般是考虑实际装夹条件和进给运动的影响而确定的角度。
（1）有装夹误差时的刀具工作角度。如图 1-12（a）所示，当刀尖与工件中心等高时，刀尖对准工件中心安装，设切削平面（包含切削速度 v_c 的平面）与车刀底面相垂直，则基面与车刀底面平行，刀具切削角度无变化；如图 1-12（b）所示，当刀尖高于工件中心时，切削速度 v_c 所在平面（即切削平面）倾斜一个角度 θ_P，则基面也随之倾斜一个角度 θ_P，从而使背前角 γ_P 增大了一个角度 θ_P，背后角 α_P 减小了一个角度 θ_P。反之，当刀尖低于工件中心时，如图 1-12（c）所示，则前角 γ_P 减小 θ_P，后角 α_P 增大 θ_P。

所以，当刀尖高于工件中心时：

$$\gamma_{Pe} = \gamma_P + \theta_P \tag{1-6}$$

$$\alpha_{Pe} = \alpha_P - \theta_P \tag{1-7}$$

当刀尖低于工件中心时：

$$\gamma_{Pe} = \gamma_P - \theta_P \tag{1-8}$$

$$\alpha_{Pe} = \alpha_P + \theta_P \tag{1-9}$$

$$\theta_P = \arctan \frac{h}{\sqrt{(d/2)^2 - h^2}} \tag{1-10}$$

车内孔，当车刀刀尖安装高于工件中心时，如图 1-13（a）所示，工作前角比标注前角减小 θ_P 角，工作后角增大 θ_P 角；当车刀刀尖安装低于工件中心时，如图 1-13（b）所示，工作前角和工作后角的变化与上述情况相反。

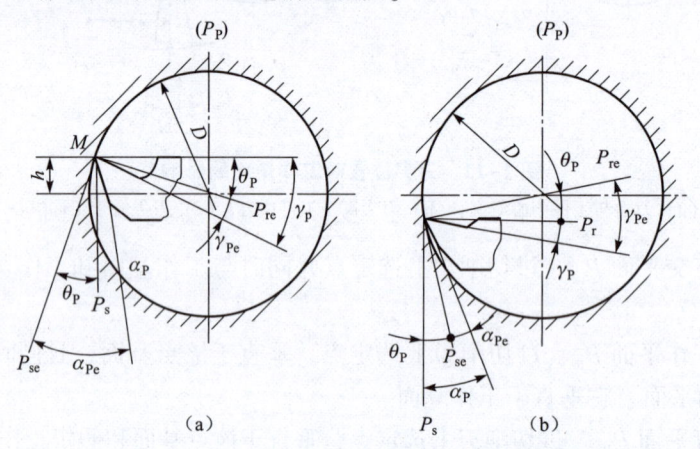

图 1-13　车孔时刀尖安装高低对工作角度的影响
（a）刀尖高于工件中心；（b）刀尖低于工件中心

此外，当刀柄中心线与进给方向不垂直时，工作主、副偏角也将较主、副偏角发生变化，如图 1-14 所示。此外，当刀柄中心线与进给方向不垂直，且与刀具轴线的倾斜角度为 θ 时，工作主、副偏角也将较主、副偏角发生变化，如图 1-14 所示。

（2）有进给运动时的刀具工作角度。切削时若考虑进给运动，则包含合成切削速度 v_e 的切削平面（称工作切削平面）倾斜一个角度，而垂直于工作切削平面的基面（称工作基面）则随之倾斜，从而导致刀具工作角度变化。

图 1-15 所示为横向进给时的情况。由于横向进给量较大，合成切削速度 v_e 为切削速度和进给速度的合成，工作切削平面与切削平面倾斜一个角度 μ，工作基面相应倾斜同样角度 μ，使前角 γ_o 增大一个角度 μ，则后角 α_o 减小一个角度 μ，即

· 16 ·

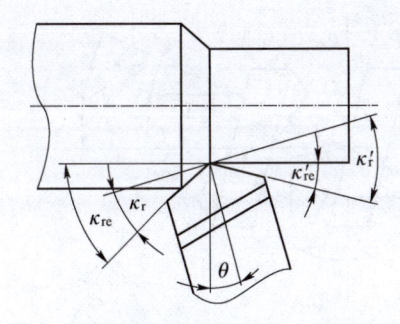

图 1-14 车刀安装偏斜对主偏角和副偏角的影响

$$\gamma_{oe} = \gamma_o + \mu \quad (1-11)$$

$$\alpha_{oe} = \alpha_o - \mu \quad (1-12)$$

$$\tan \mu = \frac{v_f}{v_c} = \frac{f}{\pi d_w} \quad (1-13)$$

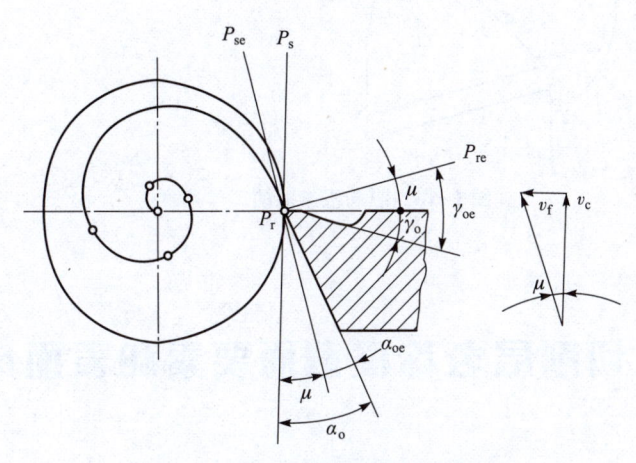

图 1-15 横向进给时的工作角度

由式（1-13）可知，刀具越接近工件中心，d_w 越小，μ 值增加，工作后角减小；进给量增大，工作后角也减小，而工作后角过小会使后面与工件表面摩擦加剧，所以横车时进给量不宜取大。

图 1-16 所示为纵车时的情况。考虑进给运动，工作基面 P_{re} 与工作切削平面 P_{se} 相对基面和切削平面倾斜了一个角度 μ_f，在工作侧平面内测量的角度为

$$\gamma_{fe} = \gamma_f + \mu_f \quad (1-14)$$

$$\alpha_{fe} = \alpha_f - \mu_f \quad (1-15)$$

$$\tan \mu_f = \frac{f}{\pi d_w} \quad (1-16)$$

一般车削时，由于进给量比工件直径小得多，由上式可知，μ_f 值很小，所以对车刀工作前、后角的影响可忽略不计。但当车削导程较大的螺纹时，如梯形螺纹、矩形螺纹和多线螺纹，则必须考虑螺纹升角 μ_f 对加工的影响。关于刀具工作参考系和工作角度的其他内容在此就不详述了，用到时可查阅有关资料。

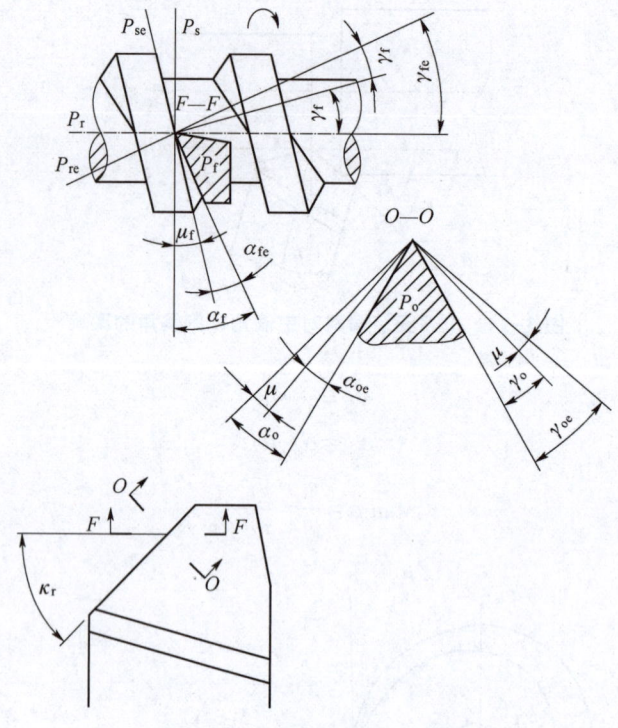

图 1-16　纵向进给时的工作角度

课题四　切削层公称横截面要素和表面成形方法

知识点

- 切削层横截面要素
- 金属切除率 Z_w
- 表面成形方法

技能点

- 表面成形方法的选择

课题分析

切削层横截面要素即切削层的参数，其主要包括切削层公称厚度、切削层公称宽度和切削层公称横截面积。此外，工件表面形状是由母线沿轨迹线运动而成的，在机械加工中，可通过刀具和工件做相对运动来获得。但由于所用刀具刀刃形状和采取的加工方法不同，故获得工件表面的成形方法也不相同。切削层参数主要影响切削变形和零件的表面质量等；表面成形方法主要影响切屑的流出方向及切削变形；金属切除率则是衡量切削效率高低的一种指标。因此，在本课题中，我们将对切削层参数和表面成形方法进行详细的介绍。

相关知识

一、切削层横截面要素

切削时,刀具沿进给运动方向移动一个进给量所切除的金属层称为切削层。切削层参数规定在垂直于选定点主运动方向的平面中度量切削层截面尺寸。如图 1-17 所示,当刀具的主、副切削刃为直线,刀具的刃倾角 $\lambda_s=0°$,副偏角 $\kappa'_r=0°$ 时,切削层公称横截面为一平行四边形(特殊情况,当 $\kappa_r=90°$ 时,为矩形)。

(1)切削层公称厚度 h_D:过切削刃上选定点,与该点主运动方向垂直的平面内,垂直于过渡表面度量的切削层尺寸,单位为 mm。由图 1-17 可以看出,切削层公称厚度为刀具或工件每移动一个进给量 f 以后,主切削刃相邻两位置间的垂直距离。

$$h_D = f \times \sin k_r \tag{1-17}$$

(2)切削层公称宽度 b_D:过切削刃上选定点,且与该点主运动方向垂直的平面内,平行于过渡表面度量的切削层尺寸,单位为 mm。同样由图 1-17 可以看出,切削层公称宽度为沿刀具主切削刃量得的待加工表面至已加工表面之间的距离,即主切削刃与工件的接触长度。

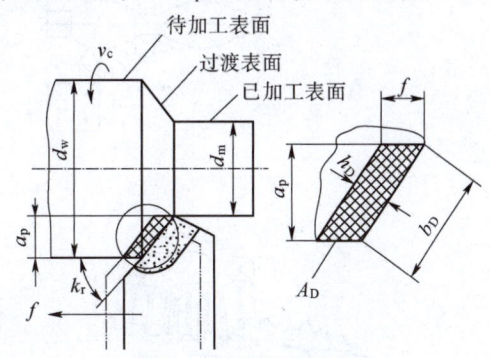

图 1-17 切削层要素

$$b_D = \frac{a_p}{\sin k_r} \tag{1-18}$$

(3)切削层公称横截面积 A_D:过切削刃上选定点,且与该点主运动方向垂直的平面内度量的实际横截面积,单位为 mm^2。

切削层公称横截面积 A_D 可按下式计算:

$$A_D \approx a_p \cdot f \approx b_D \cdot h_D \tag{1-19}$$

由式(1-17)和式(1-18)可知,影响切削宽度的因素有背吃刀量和主偏角;影响切削厚度的因素有进给量和主偏角。当进给量和背吃刀量一定时,主偏角越大,切削厚度越大,但切削宽度越小。

二、金属切除率 Z_w

单位时间(s)内切下金属的体积,称为金属切除率,用 Z_w 表示,它是衡量切削效率高低的一种指标。Z_w 可用下式计算:

$$Z_w = A_D v_c = f a_p v_c \tag{1-20}$$

Z_w 的单位是 mm^3/s,而 v_c 的单位是 m/s,如果换算成 mm/s,则

$$Z_w = 1\ 000 f a_p v_c \tag{1-21}$$

三、课题实施:表面成形方法

由前面分析可知,工件表面形状是由母线沿轨迹线运动而成的,在机械加工中,可通

过刀具和工件做相对运动来获得，由于所用刀具刀刃形状和采取的加工方法不同，故其方法可归纳为以下四种。

（1）轨迹法，即利用刀具与工件的相对运动轨迹来进行加工的方法。这时刀具的切削刃与被加工表面为点接触，当该点按给定的规律运动时，便形成了所需的发生线，如图1-18（a）所示。采用轨迹法形成发生线需要一个成形运动，成形运动的精度取决于工件的形状精度。

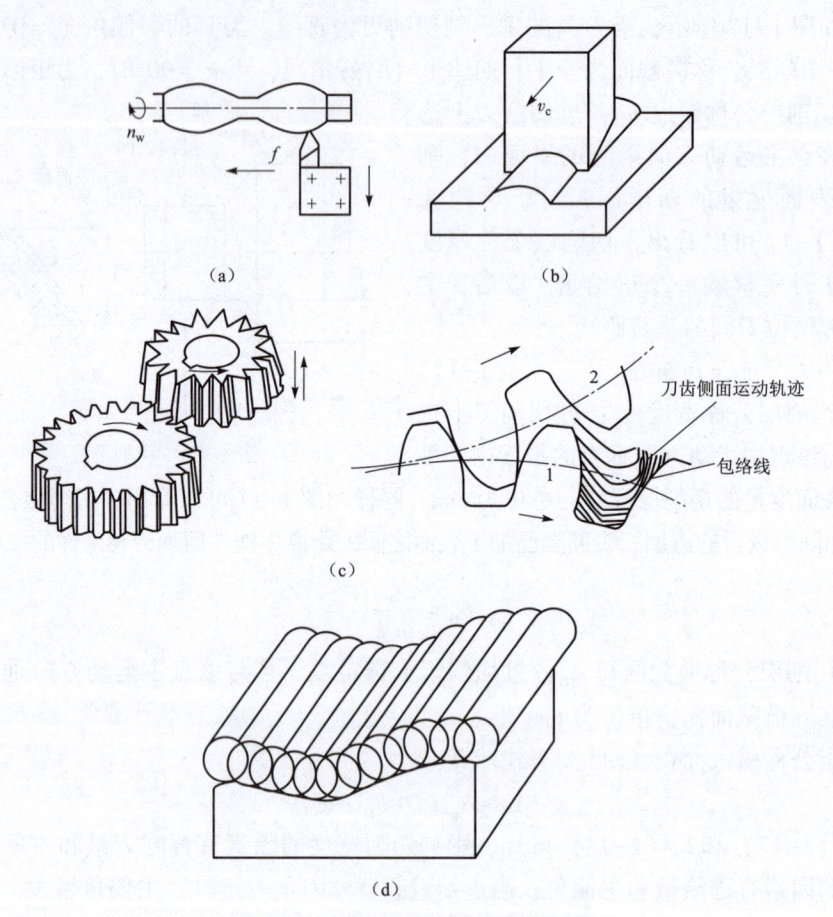

图1-18 获得工件表面的切削方式
（a）轨迹法；（b）成形法；（c）展成法；（d）相切法

（2）成形法，即利用成形刀具加工工件的方法。这时刀刃与工件表面之间为线接触，刀刃的形状与形成工件表面的一条发生线完全相同，另一条发生线则由刀具与工件的相对运动来实现，如图1-18（b）所示。此时工件的形状精度取决于刀刃的形状精度和成形运动精度。

（3）展成法，即利用刀具与工件做展成运动所形成的包络面进行加工的方法。其主要用于齿轮的加工，此时刀刃与工件表面之间为线接触，切削刃各瞬时位置的包络线形成齿形表面的母线，如图1-18（c）所示。

（4）相切法，即利用刀具边旋转边做轨迹运动对工件进行加工的方法。刀具各个刀刃的运动轨迹共同形成了曲面的发生线，如图1-18（d）所示。

课题五　车刀角度测量

知识点

- 车刀量角仪结构
- 车刀静止角度测量方法与步骤

技能点

- 车刀静止角度测量方法与步骤

课题分析

学习测量正交平面坐标系内主偏角、前角、刃倾角、后角、副前角和副后角，可以加深、巩固对车刀几何角度参考系平面及车刀几何角度基本定义的理解和掌握。

相关知识

一、车刀量角仪结构

图 1-19 所示为车刀量角仪。在圆形底盘 2 的周边，刻有从 0°起向左、右各 100°的刻度，工作台 5 可绕小轴 7 转动，测量时刀具放在工作台上，靠紧定位块，随测量台绕小轴做顺时针或逆时针转动，转动的角度由固定在工作台上的指针 6 读出。定位块 4 和导条 3 固定在一起，可在工作台的滑槽内平行移动，同时刀具在工作台上可沿定位块前后移动及随定位块左右移动。

立柱 20 固定在底盘上，其上有矩形螺纹。旋转螺母 19 可使滑体 13 沿立柱的键槽上、下移动。小刻度盘 15 由小螺钉 16 固定在滑体上，用旋钮 17 可将弯板 18 锁紧在滑体上。松开旋钮，弯板以旋钮为轴，可向顺、逆时针两个方向转动，转动的角度由固定在弯板 18 上的小指针 14 在小刻度盘 15 上示出。大刻度盘 12 由螺钉 11 固定在弯板上，用螺钉轴 8 装在大刻度盘上的大指针 9 可绕螺钉轴向顺、逆时针两个方向转动，转动的角度由大刻度盘读出，销轴 10 用于限制大指针 9 转动的极限位置。

当指针 6、大指针 9、小指针 14 都处于 0°时，大指针的前面和侧面分别垂直于工作台的平面，而底面平行于工作台的平面，使用时通过旋转工作台或大指针，使大指针的底面、侧面和前面分别与刀具被测要素紧密贴合，从而可以在刻度盘上读出被测角度的数值。

二、课题实施：车刀标注角度测量方法与步骤

（1）测量前准备。测量前应将车刀量角仪校准，即将量角台的大、小指针全部调整到零位，再将车刀平放在工作台上，车刀紧贴定位块，刀尖紧贴大指针的前面，此时，

图 1-19 车刀量角仪

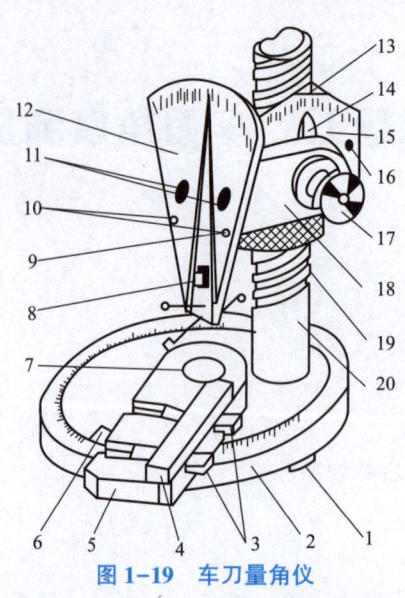

1—支脚；2—圆形底盘；3—导条；4—定位块；5—工作台；6—指针；7—小轴；8—螺钉轴；9—大指针；10—销轴；11—螺钉；12—大刻度盘；13—滑体；14—小指针；15—小刻度盘；16—小螺钉；17—旋钮；18—弯板；19—螺母；20—立柱

大指针底面与工作台平面平行，工作台平面相当于基面 P_r，此为测量车刀角度的起始位置。

(2) 测量主偏角 k_r。从起始位置，按顺时针方向转动工作台，使主切削刃与大指针前面紧密贴合。此时，工作台指针在底盘上所指示的刻度值，即主偏角的数值。

(3) 测量刃倾角 λ_s。测完主偏角后，使大指针底面和主切削刃紧密贴合（大指针前面相当于切削平面 P_s）。此时，大指针在大刻度盘上所指示的刻度值，就是刃倾角的数值。大指针在零位左边为 $+\lambda_s$，在右边为 $-\lambda_s$。

(4) 测量副偏角 k_r'。参照测量主偏角的方法，按逆时针方向转动工作台，使副切削刃和大指针前面紧密贴合。此时，工作台指针在底盘上所指示的刻度值，就是副偏角的数值。

(5) 测量前角 γ_o。从测完车刀主偏角的位置起，按逆时针方向使工作台转 90°，这时主切削刃在基面上的投影垂直于大指针前面（相当于正交平面）；然后让大指针底面落在通过主切削刃上选定点的前面上，此时，在大刻度板上读出前角 γ_o。指针在零位右边为 $+\gamma_o$，左边为 $-\gamma_o$。

(6) 测量后角 α_o。前角测量后，向右平行移动车刀，使大指针侧面与后刀面贴紧，从大刻度盘上读出后角 α_o。指针在零位左边为 $+\alpha_o$，右边为 $-\alpha_o$。

需要指出的是，被测量的车刀底部不平整，刃磨质量很差，或应对测量方法、技巧未完全掌握，就会出现测量误差。例如测量出的前角数值超过 ±30° 或后角数值超过 12° 都是不正常现象。应该注意选较好的车刀，检查车刀量角仪的测量平面是否正常，测量大指针前面、侧面、底面与被测部位是否紧贴，读数方向是否有误差。

课题六　车刀的刃磨

知识点

- 砂轮的选用
- 车刀刃磨的基本方法
- 车刀刃磨时的注意事项

技能点

车刀刃磨的基本方法。

课题分析

正确刃磨车刀是必须掌握的基本功之一。前面认识了车刀的几何角度，还应掌握车刀的实际刃磨，否则即使选择合理的几何角度仍然不能在生产中发挥作用。车刀刃磨一般有机械刃磨和手工刃磨两种。机械刃磨效率高、质量好，操作方便；手工刃磨灵活，对设备要求低，目前仍普遍采用。

相关知识

一、砂轮的选用

（1）磨料的选择。磨料选择的主要依据是刀具的材料和热处理方法。刃磨硬质合金刀具通常选用绿色碳化硅磨料 GC，刃磨淬火高速钢刀具则选用白刚玉 WA 或铬刚玉 PA 磨料。对于要求较高的硬质合金刀具（如铰刀等），可用人造金刚石 D 磨料，而对于高钒高速钢刀具，则选用单晶刚玉 SA 磨料。

（2）粒度的选择。粒度选择的主要依据是刀具的精度和表面粗糙度要求，还要考虑磨削效率。一般刀具的表面粗糙度值为 $Ra\ 0.4 \sim 0.1\ \mu m$，若分粗、精磨，则从磨削效率考虑，粗磨时应选小粒度号（46#~60#）的砂轮，精磨时应选大粒度号（80#~120#）的砂轮。

（3）硬度选择。刃磨刀具时，砂轮的硬度应选得软些。一般刃磨硬质合金刀具，硬度选用 H、J；刃磨高速钢刀具，硬度选用 H、K。

二、课题实施：车刀刃磨的基本方法

（1）磨刀时，两肘夹紧腰部，以减小磨刀时手的抖动，从而保证磨刀精度。

（2）两手分别握住刀杆前端与后端，以控制角度，稳定刀身；用力不

车刀刃磨的基本方法微课

能太猛，否则砂轮会被刮伤，造成砂轮表面跳动或者因刀具打滑而磨伤手指。

（3）车刀高低必须控制在砂轮水平中心，刀头略向上翘，否则会出现后角过大或负后角等弊端。

（4）刃磨顺序。粗磨主后面和副后面→粗磨前面→磨断屑槽→磨负倒棱→精磨前面→精磨主后面和副后面→磨过渡刃→磨修光刃。具体操作如图 1-20 所示。

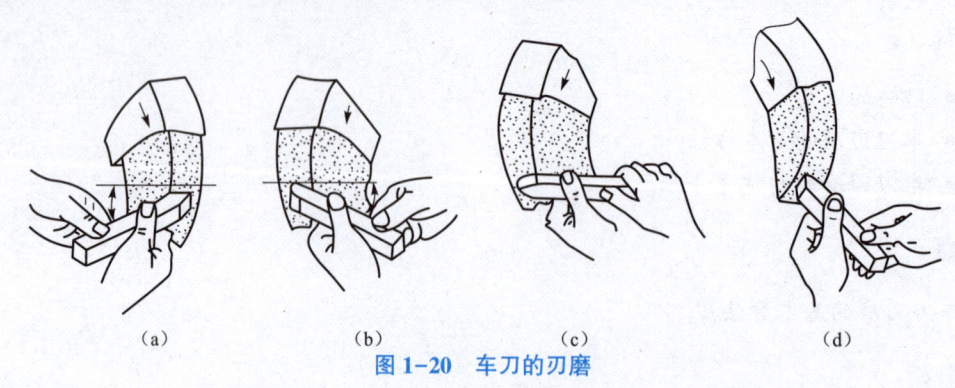

图 1-20 车刀的刃磨
（a）磨主后面；（b）磨副后面；（c）磨前面；（d）磨刀尖圆弧

磨主后面时，刀柄尾部向左偏，大小为主偏角的数值，如图 1-20（a）所示。同样磨副后面时，刀柄尾部向右偏一副偏角的数值，如图 1-20（b）所示。修磨刀尖圆弧时，左手握车刀前端作为支点，右手转动车刀尾部，如图 1-20（d）所示。

三、车刀刃磨时的注意事项

（1）磨刀时，不应站立在砂轮旋转平面内，以免磨屑和砂粒飞入眼中，或砂轮破裂伤人。刃磨刀具最好戴防护眼镜。如果有异物飞入眼中，不能用手去擦，应立即请医生处理。

（2）砂轮必须装有防护罩。砂轮托架或角度导板与砂轮之间的间隙要随时调整，不能太大（一般为 1~2 mm），否则容易使车刀嵌入而打碎砂轮，造成重大事故。

（3）刃磨时，砂轮回转方向必须从刀刃到刀面，否则刀刃不光，会形成锯齿形缺口。磨后面时应先使车刀后面下部轻轻接触砂轮，然后再全面靠平；磨完后，应使刀刃先离开砂轮，以避免刀刃被碰坏。

（4）磨刀时，车刀要在砂轮上左右移动，不可停留在一个地方刃磨，以免砂轮表面出现凹坑。在平形砂轮上磨刀时，不能用力在两侧面上粗磨；在杯形砂轮上磨刀时，不要使用砂轮的外圆或内圆面。砂轮表面必须经常修整。

（5）磨高速钢车刀时，要经常将车刀放入水中冷却，以免高速钢受热退火而降低硬度。磨硬质合金车刀时，不可把刀头放入水中冷却，以防刀片碎裂。

（6）磨刀用的砂轮，不准磨其他物件。

（7）刃磨结束后，应随手关闭砂轮机电源。

项 目 驱 动

1. 主运动、进给运动如何定义？有何特点？

2. 画图说明车外圆时的切削用量。

3. 图 1-21 所为切槽和车内孔时刀具的切削状态，要求在图上标注：工件上的几种加工表面；刀具的三面、两刃和刀尖；刀具几何角度。

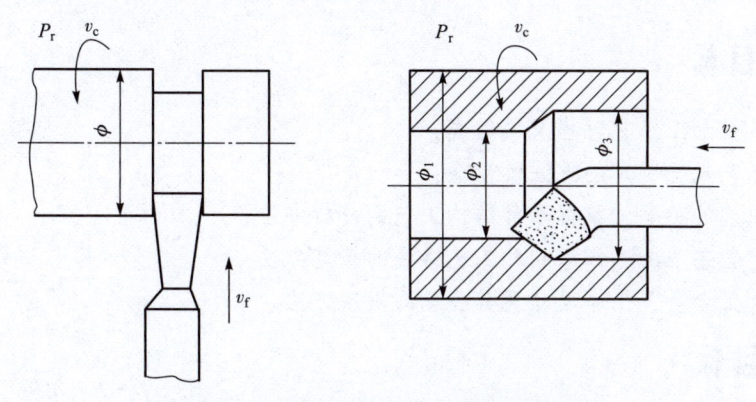

图 1-21 切槽和车内孔时刀具的切削状态

4. 用主偏角为 60° 的车刀车外圆，工件加工前直径为 100 mm，加工后直径为 ϕ95 mm，工件转速为 320 r/min，车刀移动速度为 64 mm/min，试求切削速度、进给量、背吃刀量、切削厚度、切削宽度和切削面积。

5. 在老师的指导下磨一把车刀，再测量车刀的主偏角、副偏角、刃倾角、前角和后角。

项目二

机械加工工艺规程制定

知识目标

1. 了解机械加工工艺过程及其组成；
2. 掌握工艺规程制定的方法及步骤；
3. 了解毛坯的种类，掌握零件结构工艺的分析方法；
4. 掌握定位基准的选择原则和工艺路线的拟定方法；
5. 掌握加工余量、工序尺寸及其公差的确定方法。

能力目标

1. 能够正确选择工件的定位基准；
2. 能够合理确定零件各表面的加工顺序；
3. 能够合理确定各工序的加工余量、工序尺寸及其公差。

素质目标

1. 培养学生的团队合作精神及分析和解决问题的能力；
2. 培养学生认真细致、一丝不苟的工作态度。

课程思政案例三

课题一　机械加工概述

知识点

- 机械生产过程和工艺过程
- 机械加工工艺过程及其组成
- 生产纲领、生产类型及工艺特点
- 工艺规程的概念、作用及格式

技能点

- 生产过程和工艺过程
- 机械加工工序的划分

课题分析

在制造生产过程中，由于机械产品的结构、技术要求、生产条件等差异很大，其制造工艺方案也不相同。相同的零件采用不同的工艺方案生产时，其生产效率、经济效益也是不相同的。因此，在确保零件质量的前提下，工艺人员需根据零件的结构、生产类型和具体生产条件等拟定最经济合理的工艺方案。

相关知识

一、机械生产过程和工艺过程

1. 生产过程

生产过程是指产品由原材料到成品之间各个相互联系的劳动过程的总和。对于机器生产而言，它包括：原材料的运输和保管，生产的技术准备工作，毛坯的制造，零件的机械加工与热处理，部件和产品的装配、检验、油漆和包装等。

为了降低机器的生产成本，一台机器的生产过程往往由许多工厂联合完成，这样做有利于零部件的标准化和组织专业化生产。

一个工厂的生产过程，又可分为各个车间的生产过程。一个车间生产的产品，往往又是其他车间的原材料。例如：铸造和锻造车间的成品（铸件和锻件），就是机械加工车间的"毛坯"；机械加工车间的成品，又是装配车间的"原材料"。

2. 工艺过程

在机械产品的生产过程中，对于那些与原材料变为成品直接有关的过程，如毛坯制造、机械加工、热处理和装配等，称为工艺过程。采用机械加工的方法，直接改变毛坯的形状、尺寸和表面质量，使之成为产品零件的过程称为机械加工工艺过程。

二、机械加工工艺过程及其组成

机械加工工艺就是用机械加工的方法改变毛坯的形状尺寸和材料的物理机械性质，使其成为具有一定精度、表面粗糙度的零件。机械加工工艺过程由一个或若干个顺次排列的工序组成，每一个工序又可分为若干个安装、工位和工步。

机械加工工艺过程的组成

1. 工序

工序是一个（或一组）工人，在一台机床（或其他设备及工作地）上，对一个（或同时对几个）工件所连续完成的那部分工艺过程。

区分工序的主要依据是工人、工件及工作地（或设备）是否变动，只要工人、工件及工作地（或设备）有一个发生变动，即构成另一个工序。例如图2-1所示的阶梯轴，当单件小批生产时，其加工工艺及工序划分如表2-1所示；当中批生产时，其工序划分如表2-2所示。

工序不仅是制定工艺过程的基本单元，也是制定劳动定额、配备工人、安排作业计划和进行质量检验的基本单元。

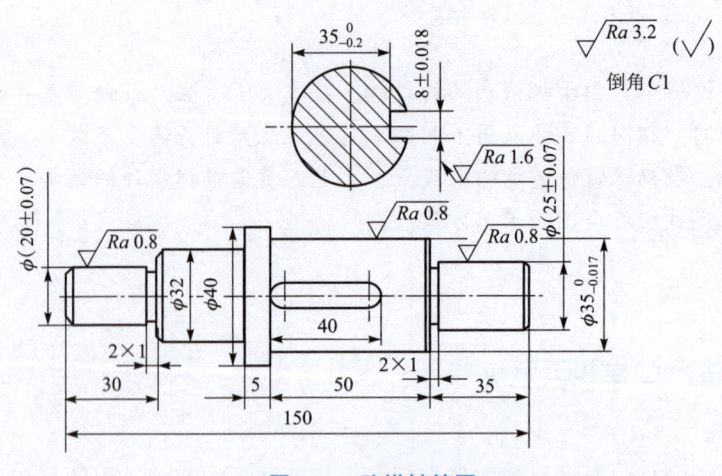

图 2-1 阶梯轴简图

表 2-1 阶梯轴加工工艺过程（单件小批产品）

工序号	工 序 内 容	设备
1	车端面、打顶尖孔、车全部外圆、切槽与倒角	车床
2	铣键槽、去毛刺	铣床
3	磨外圆	外圆磨床

2. 工步

在一个工序中，往往需要采用不同的刀具和切削用量，对不同的表面进行加工。为了便于分析和描述工序的内容，工序还可以进一步划分工步。工步是指在加工表面、切削工具和切削用量中的切削速度与进给量均不变的条件下所完成的那部分工艺过程。一个工序可包括几个工步，也可只包括一个工步。例如，在表 2-2 所示的工序 2 中，包括粗、精车各外圆表面及切槽等工步，而工序 3 当采用键槽铣刀铣键槽时，就只包括一个工步。

表 2-2 阶梯轴加工工艺过程（中批生产）

工序号	工序内容	设备	工序号	工序内容	设备
1	铣端面、打中心孔	铣端面、打中心孔机床	4	去毛刺	钳工台
2	车外圆、切槽与倒角	车床	5	磨外圆	外圆磨床
3	铣键槽	铣床			

构成工步的任一因素（加工表面、刀具或切削用量中的切削速度和进给量）改变后，一般即变为另一工步。但是对于那些在一次安装中连续进行的若干个相同的工步，为简化工序内容的叙述，通常多看作一个工步。例如图 2-2 所示零件上四个 $\phi15$ mm 孔的钻削，可写成一个工步——钻 4-$\phi15$ mm 孔。

为了提高生产率，通常用几把刀具同时加工几个表面，这种工步称为复合工步，如图 2-3 所示。在工艺文件上，复合工步应视为一个工步。

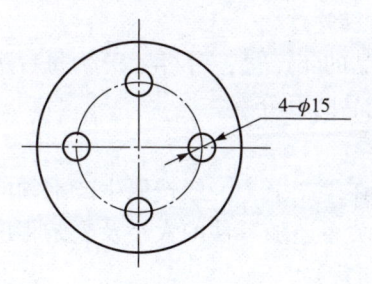

图 2-2　包括四个相同表面加工的工步　　　　图 2-3　复合工步

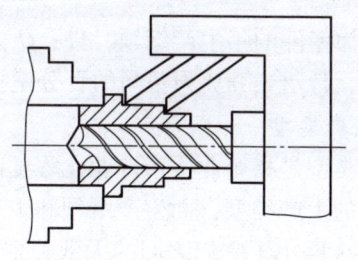

3. 走刀

在一个工步内，若被加工表面需切去的金属很厚，需要分几次切削，则每进行一次切削就是一次走刀。一个工步可包括一次或几次走刀，走刀是构成工艺过程的最小单元。

4. 安装

工件在加工之前，在机床或夹具上先占据一正确的位置（定位），然后再予以夹紧的过程称为安装。在一个工序内，工件的加工可能只需要安装一次，也可能需要安装几次。例如，表 2-2 中的工序 3，一次安装即铣出键槽，而工序 2 中，为了车削全部外圆表面则最少需两次安装。工件加工中应尽量减少安装次数，因为多一次安装就多一次误差，而且还增加了安装工件的辅助时间。

5. 工位

为了减少工件安装的次数，常采用各种回转工作台、回转夹具或移位夹具，使工件在一次安装中先后处于几个不同位置进行加工。此时，工件在机床上占据的每一个加工位置称为工位。图 2-4 所示为一种用回转工作台在一次安装中顺序完成装卸工件、钻孔、扩孔和铰孔四个工位加工的实例。

图 2-4　多工位加工

三、生产纲领、生产类型及工艺特点

虽然各种机械产品的结构、技术要求等差异很大，但它们的制造工艺却存在着很多共同的特征。这些共同的特征取决于企业的生产类型，而企业的生产类型又由企业的生产纲领决定。由于零件机械加工的工艺过程与其所采用的生产组织形式是密切相关的，所以在制定零件的机械加工工艺过程时，应首先确定零件机械加工的生产组织形式。通常先依据零件的年生产纲领选取合适的生产类型，然后再根据所选用的生产类型来确定零件机械加工的生产组织形式。

1. 生产纲领

生产纲领是指企业在计划期内应当生产的产品产量和进度计划，计划期通常定为一年。某种零件（包括备品和废品在内）的年产量称为该项零件的年生产纲领。生产纲领的大小对零件的加工过程和生产组织起着重要的作用，它决定了各工序所需专业化和自动化的程度，以及所选用的工艺方法和工艺装备。

零件的生产纲领要计入备品和废品的数量，可按下式计算：

$$N=Qn(1+a\%+b\%)$$

式中，N 为零件的年生产纲领，件；Q 为机械产品的年产量，台/年；n 为每台产品中该零件的数量，件/台；$a\%$ 为备品的百分率；$b\%$ 为废品的百分率。

2. 生产类型

生产类型是指企业生产专业化程度的分类。在生产上，一般按照生产纲领的大小选用相应规模的生产类型，而生产纲领和生产规模的关系还随零件的大小及复杂程度而有所不同。表 2-3 给出了它们之间的大致关系，可供参考。

表 2-3　生产纲领和生产类型的关系

生产类型	零件的年生纲领/件		
	重型零件 （30 kg 以上）	中型零件 （4~30 kg）	轻型零件 （4 kg 以下）
单件生产	<5	<10	<100
小批生产	5~100	10~200	100~500
中批生产	100~300	200~500	500~5 000
大批生产	300~1 000	500~5 000	5 000~50 000
大量生产	>1 000	>5 000	>50 000

机械制造业的生产可分为三种类型：单件生产、成批生产和大量生产。

（1）单件生产。单件生产的基本特点是生产的产品品种繁多，每种产品仅制造一个或少数几个，而且很少再重复生产。例如，重型机械产品制造和新产品试制都属于单件生产。在单件生产中，一般多采用通用机床和标准附件，极少采用专用夹具或靠划线等方法保证尺寸精度。所以，零件的加工质量及生产率主要取决于工人的技术熟练程度。

（2）成批生产。成批生产是一年中分批地生产相同的零件，生产呈周期性重复，每批生产相同零件的数量称为批量。批量是根据零件的年生产纲领和一年中的批数计算出来的，而批数的多少要根据具体生产条件来决定。成批生产又可分为小批、中批、大批生产三种类型。

（3）大量生产。在大量生产中，广泛采用专用机床、自动机床、自动生产线及专用工艺装备。由于其工艺过程自动化程度高，所以对操作工人的技术水平要求较低，但对机床调整工人的技术水平要求较高。

3. 工艺特点

生产类型不同，产品和零件的制造工艺、所用设备及工艺装备、采取的技术措施、达到的技术经济效果等也不同。在制定零件的工艺规程时，可根据生产纲领的大小，参考表 2-3 所示提出的范围，确定相应的生产类型。生产类型确定以后，即可确定相应的工艺规程，一般在大量生产时采用自动线，在成批生产时采用流水线，在单件小批生产时则采用机群式工艺规程。

四、工艺规程的概念、作用

1. 工艺规程的概念

规定零件制造工艺过程和操作方法等的工艺文件称为机械加工工艺规程。它是在具体生产条件下，最合理或较合理的工艺过程和操作方法，并按规定的形式书写成工艺文件，经审批后用来指导生产。

2. 机械加工工艺规程的作用

工艺规程是反映比较合理的工艺过程的技术文件，是机械制造厂最主要的技术文件之一。它一般应包括下列内容：工件加工工艺路线及所经过的车间和工段；各工序的内容及所采用的机床和工艺装备；工件的检验项目及检验方法；切削用量；工时定额及工人技术等级等。

工艺规程有以下几方面的作用：

（1）合理的工艺规程是在总结广大工人和技术人员实践经验的基础上，依据工艺理论和必要的工艺试验而制定的，它体现了一个企业或部门群众的智慧。按照工艺规程组织生产，可以保证产品的质量和较高的生产效率和经济效益。因此，生产中一般应严格地执行既定的工艺规程。实践表明，不按照科学的工艺进行生产，往往会引起产品质量的严重下降、生产效率的显著降低，甚至使生产陷入混乱状态。

但是，工艺规程也不应是固定不变的，工艺人员应不断总结工人的革新创造，及时地吸取国内外的先进工艺技术，对现行工艺不断地予以改进和完善，以便更好地指导生产。

（2）工艺规程是生产组织和管理工作的基本依据。由工艺规程所涉及的内容可以看出，在生产管理中，产品投产前原材料及毛坯的供应、通用工艺装备的准备、机械负荷的调整、专用工艺装备的设计和制造、作业计划的编排、劳动力的组织以及生产成本的核算等，都是以工艺规程作为基本依据的。

（3）工艺规程是新建或扩建工厂或车间的基本资料。在新建或扩建工厂或车间时，只有依据工艺规程和生产纲领才能正确地确定：生产所需要的机床和其他设备的种类、规格和数量；车间的面积；机床的布置；生产工人的工种、等级、数量以及辅助部门的安排等。

五、课题实施：工艺规程的格式

将工艺规程的内容填入一定格式的卡片，即成为生产准备和施工依据的工艺文件。各种工艺规程的格式如下：

（1）机械加工工艺过程卡片。这种卡片主要列出了整个零件加工所经过的工艺路线（包括毛坯、机械加工和热处理等），它是制定其他工艺文件的基础，也是生产技术准备、编制作业计划和组织生产的依据。

在机械加工工艺过程卡片中，由于各工序说明不够具体，故一般不能直接指导工人操作，而多作为生产管理方面使用。在单件小批生产中，通常不编制其他较详细的工艺文件，而是以这种卡片指导生产。工艺过程综合卡片的格式见表2-4。

（2）机械加工工艺卡片。工艺卡片是以工序为单位详细说明整个工艺过程的工艺文件。它是用来指导工人生产、帮助车间管理人员和技术人员掌握整个零件加工过程的一种主要技术文件，广泛用于成批生产的零件和小批生产中的重要零件。工艺卡片的内容包括：零件的材料、重量，毛坯的制造方法，各个工序的具体内容及加工后要达到的精度和表面粗糙度等，其格式见表2-5。

表 2-4 机械加工工艺过程卡片

(工厂或企业名)	机械加工 工艺过程卡片	产品型号		零件图号			共 页	
		产品名称		零件名称			第 页	
材料牌号		毛坯种类	毛坯外形尺寸	每毛坯可制件数		每台件数	备注	
工序号	工序名称	工序内容	车间	工段	设备		工时定额	
							准终	单件
更改内容								
编制(日期)		审核(日期)		标准化(日期)		会签(日期)		

表 2-5 机械加工工艺卡片

(企业名)	机械加工工艺卡片	产品型号		零(部)件图号			共 页	
		产品名称		零件名称			第 页	
材料牌号		毛坯种类	毛坯外形尺寸	每毛坯件数		每台件数	备注	

工序	装夹	工步	工序内容	同时加工零件数	切削用量			设备名称及编号	工艺装备名称及编号			技术等级	工时定额	
					背吃刀量 /mm	切削速度/ $(m·s^{-1}$ 或 $m·min^{-1})$	进给量/ $(mm·r^{-1}$ 或 $mm·行程^{-1})$		夹具	刀具	量具		单件	准终

更改内容									
					编制(日期)	审核(日期)	标准化(日期)	会签(日期)	
标记	处数	更改文件号	签字	日期					

（3）机械加工工序卡片。这种卡片更详细地说明了零件的各个工序应如何进行加工。在这种卡片上，要画出工序图，注明该项工序的加工表面及应达到的尺寸和公差、工件的装夹方式、刀具的类型和位置、进刀方向和切削用量等。在零件批量较大时都要采用这种卡片，其格式见表 2-6。

表 2-6 机械加工工序卡片

（工厂名）	机械加工工艺工序卡片	产品名称		零件名称			共 页			
		产品型号		零件图号			第 页			
（画工序简图处）		车间	工序号		工序名称		材料			
		同时加工工件数	每台件数	技术等级	单件时间/min		准终时间/min			
		设备名称	设备编号	夹具名称	夹具编号		工作液			
		更改内容								
工步号	工步内容	计算数据/mm			走刀次数	切削用量			工时定额/min			刀具量具及辅助工具			
		直径或长度	进给长度	单边余量		背吃刀量/mm	切削速度/(m·s^{-1}或 m·min^{-1})	进给量/(mm·r^{-1}或 mm·行程$^{-1}$)	基本时间	辅助时间	工作地点服务时间	名称	规格	编号	数量
					编制（日期）		审核（日期）		标准化（日期）			会签（日期）			
标记	处数	更改文件号	签字	日期											

课题二　工艺规程制定的原则、原始资料及步骤

知识点

- 制定工艺规程的原则
- 制定工艺规程的原始资料
- 制定工艺规程的步骤

技能点

- 掌握工艺规程制定的方法和步骤

课题分析

制定工艺规程是在一定的生产条件下，应以最少的劳动量和最低的成本，在规定的时间内，可靠地加工出符合图样及技术要求的零件。在制定工艺规程时，应注意技术上的先进性、经济上的合理性，并具备相关的原始资料。

相关知识

一、制定工艺规程的原则

制定工艺规程的原则是，在一定的生产条件下，以最少的劳动量和最低的成本，在规定的时间内，可靠地加工出符合图样及技术要求的零件。在制定工艺规程时，应注意以下问题。

1. 技术上的先进性

在制定工艺规程时，要了解当时国内外行业工艺技术的发展水平，通过必要的工艺试验，积极采用适用的先进工艺和工艺装备。

2. 经济上的合理性

在一定的生产条件下，可能会出现几种能保证零件技术要求的工艺方案，此时应通过核算或相互对比，选择经济上最合理的方案，使产品的能源、原材料消耗和成本最低。

3. 有良好的劳动条件

在制定工艺规程时，要注意保证工人在操作时有良好而安全的劳动条件。因此，在工艺方案上要注意采取机械化或自动化的措施，将工人从某些笨重繁杂的体力劳动中解放出来。

二、制定工艺规程的原始资料

在制定工艺规程时，通常应具备下列原始资料：

（1）产品的全套装配图和零件的工作图。

（2）产品验收的质量标准。

（3）产品的生产纲领（年产量）。

（4）毛坯资料。毛坯资料包括各种毛坯制造方法的技术经济特征；各种钢材型料的品种、规格、毛坯图等。在无毛坯图的情况下，需实地了解毛坯的形状、尺寸及机械性能等。

（5）现场的生产条件。为了使制定的工艺规程切实可行，一定要考虑现场的生产条件。因此要深入生产实际，了解毛坯的生产能力及技术水平，加工设备和工艺装备的规格及性能，工人的技术水平以及专用设备和工艺装备的制造能力等。

（6）国内外工艺技术的发展情况。工艺规程的制定，既应符合生产实际，又不能墨守成规，要随着产品和生产的发展，不断地革新和完善现行工艺。因此要经常研究国内外有关资料，积极引进适用的先进工艺技术，不断提高工艺水平，以便在生产中取得最大的经济效益。

（7）有关的工艺手册及图册。

三、课题实施：制定工艺规程的步骤

制定零件机械加工工艺规程的主要步骤大致如下：

（1）分析零件图和产品装配图。

（2）确定毛坯的制造方法和形状。

（3）拟定工艺路线。

（4）确定各工序的加工余量，计算工序尺寸和公差。

（5）确定各工序的设备及刀、夹、量具和辅助工具。

（6）确定切削用量和工时定额。

（7）确定各主要工序的技术要求及检验方法。

（8）填写工艺文件。

下面分别对上述的主要问题进行分析讨论。

课题三　零件的工艺分析

知识点

- 零件结构工艺性的概念
- 零件的结构及其工艺性分析
- 零件的技术要求分析

技能点

- 零件的结构及其工艺性分析

课题分析

在制定工艺规程时，首先必须对零件图进行认真分析。在对零件的工艺进行分析时，如发现图样上的视图、尺寸标准、技术要求有错误或遗漏，或结构工艺性不好，应提出修改意见。

相关知识

一、零件结构工艺性的概念

零件结构工艺性，是指所设计的零件在能满足使用要求的前提下制造的可行性和经济性，它包括零件各个制造过程的工艺性。在制定机械加工工艺规程时，主要是进行零件切削加工工艺性分析。

二、零件的结构及其工艺性分析

零件图是制定工艺规程最主要的原始资料。在制定工艺规程时，首先必须对零件图进行认真分析。为了更深刻地理解零件结构上的特征和技术要求，通常还需要研究产品的总装图、部件装配图以及验收标准，从中了解零件的功用和相关零件的配合，以及主要技术要求制定的依据。

在对零件的工艺进行分析时，要注意以下问题：

（1）机器零件的结构，由于使用要求不同而具有各种形状和尺寸。但是，如果从形体上加以分析，则各种零件都是由一些基本表面和特形表面组成的。基本表面有内外圆柱表面、圆锥表面和平面等，特形表面主要有螺旋面、渐开线齿形表面及其他一些成形表面等。

（2）在研究具体零件的结构特点时，首先要分析该零件是由哪些表面组成的，因为表面形状是选择加工方法的基本因素。例如外圆表面一般是由车削和磨削加工出来的；内孔则多是通过钻、扩、铰、镗和磨削等加工方法所获得的。除表面形状外，表面尺寸对加工工艺方案也有重要的影响。以内孔为例，大孔与小孔、深孔与浅孔在加工工艺方案上均有明显的不同。

（3）在分析零件的结构时，不仅要注意零件各个构成表面本身的特征，而且还要注意这些表面的不同组合，正是这些不同的组合才形成零件结构上的特点。例如以内外圆为主的表面，既可组成盘、环类零件，也可组成套筒类零件。对于套筒类零件，既可以是一般的轴套，也可以是形状复杂或刚性很差的薄壁套筒。显然，上述不同结构的零件在所选用的加工工艺方案上往往有着较大的差异。在机械制造业中，通常按照零件结构和工艺过程的相似性，将各种零件大致分为轴类零件、套筒类零件、盘环类零件、叉架类零件以及箱体等。

（4）在研究零件的结构时，还要注意审查零件的结构工艺性。零件的结构工艺性是指零件的结构在保证使用要求的前提下，是否能以较高的生产率和最低的成本方便地制造出

项目二　机械加工工艺规程制定

来的特性。许多功能、作用完全相同而在结构上却不相同的两个零件，它们的加工方法与制造成本往往差别很大，所以应仔细分析零件的结构工艺性。

三、零件的技术要求分析

零件的技术要求主要包括下列几个方面：
（1）加工表面的尺寸精度。
（2）主要加工表面的形状精度。
（3）主要加工表面之间的相互位置精度。
（4）各加工表面的粗糙度以及表面质量方面的其他要求。
（5）热处理要求及其他要求（如动平衡等）。

根据零件结构特点，在认真分析了零件的主要技术要求之后，对制定零件加工工艺规程即可有一初步的轮廓。

四、课题实施

根据表2-7列出的零件机械加工工艺性对比实例，在对零件的工艺进行分析时，如发现图样上的视图、尺寸标准、技术要求有错误或遗漏，或结构工艺性不好，应提出修改意见，但修改时必须征得设计人员的同意，并经过一定的手续。

表2-7　零件机械加工工艺性实例

序号	A 工艺性差的结构	B 工艺性好的结构	说　　明
1			结构B键槽的尺寸、结构一致，一次性装夹，加工全部键槽，提高生产率
2			结构A的加工不便调整刀具
3			结构B切削面积小，稳定性好
4			结构B保证了加工的可能性，减少了刀具、砂轮的磨损

续表

序号	A 工艺性差的结构	B 工艺性好的结构	说　明
5			加工结构 A 上的孔钻头易折断
6			结构 B 避免了深孔加工，节约了原材料
7			结构 B 的槽尺寸相同，可减少工具种类，减少换刀时间

课题四　毛坯选择

知识点

- 机械加工中常见毛坯的种类
- 毛坯的选择原则
- 毛坯形状和尺寸的确定

技能点

- 毛坯种类的选择
- 毛坯形状和尺寸的确定

课题分析

在制定工艺规程时，毛坯种类的选择不仅影响着毛坯的制造工艺、设备及制造费用，而且对零件机械加工工艺、设备和工具的消耗以及工时定额也都有很大的影响。现代机械制造是通过毛坯精化使毛坯的形状和尺寸尽量与零件接近，减少机械加工的劳动量，力求实现少、无切削加工。但是，由于现有毛坯制造工艺技术的限制，加之产品零件的精度和表面质量的要求越来越高，所以毛坯上某些表面仍需留有一定的加工余量，以便通过机械加工来达到零件的质量要求。

相关知识

在制定工艺规程时,正确地选择毛坯有重大的技术经济意义。毛坯种类的选择,不仅影响着毛坯的制造工艺、设备及制造费用,而且对零件机械加工工艺、设备和工具的消耗以及工时定额也都有很大的影响。因此为正确选择毛坯,常需要毛坯制造和机械加工两方面工艺人员的紧密配合,以兼顾冷、热加工两方面的要求。

一、机械加工中常见毛坯的种类

1. 铸件

形状复杂的毛坯,宜采用铸造方法制造,目前生产中的铸件大多数是用砂型铸造的,少数尺寸较小的优质铸件可采用特种铸造,如金属型铸造、离心铸造和压力铸造等。

2. 锻件

锻件有自由锻造锻件和模锻件两种。

自由锻造锻件的加工余量大,锻件精度低,生产率不高,适用于单件和小批生产以及大型号锻件。

模锻件的加工余量较小,锻件精度高,生产率高,适用于产量较大的中小型锻件。

3. 型材

型材有热轧和冷拉两类,热轧型材尺寸较大,精度较低,多用于一般零件的毛坯;冷拉型材尺寸较小,精度较高,多用于制造毛坯精度要求较高的中小型零件,适用于自动机加工。

4. 焊接件

对于大件来说,焊接件简单方便,特别是单件小批生产可以大大缩短生产周期,但焊接的零件变形较大,需要经过时效处理后才能进行机械加工。

二、毛坯的选择原则

在进行毛坯选择时,应考虑下列因素:

1. 零件材料的工艺性(如可铸性及可塑性)及零件对材料组织和性能的要求

例如材料为铸铁与青铜的零件,应选择铸件毛坯。对于钢质零件,还要考虑机械性能的要求。对于一些重要零件,为保证良好的机械性能,一般均须选择锻件毛坯,而不能选择棒料。

2. 零件的结构形状与外形尺寸

例如常见的各种阶梯轴,若各台阶直径相差不大,则可直接选取棒料;若各台阶直径相差较大,为减少材料消耗和机械加工劳动量,则宜选择锻件毛坯。至于一些非旋转体的板条形钢质零件,一般则多为锻件。零件的外形尺寸对毛坯选择也有较大的影响。对于尺寸较大的零件,目前只能选择毛坯精度、生产率都比较低的砂型铸造和自由锻造的毛坯;而中、小型零件,则可选择模锻及各种特种铸造的毛坯。

3. 生产纲领大小

当零件的产量较大时,应选择精度和生产率都比较高的毛坯制造方法,这样制造毛坯的设备和装备价格则比较高，但这可由材料消耗的减少和机械加工费用的降低来补偿。当零件的产量较小时，应选择精度和生产率均较低的毛坯制造方法。

4. 现有生产条件

选择毛坯时，还要考虑现场毛坯制造的实际工艺水平、设备状况以及对外协作的可能性。

三、课题实施：毛坯形状和尺寸的确定

现代机械制造的发展趋势之一，是通过毛坯精化使毛坯的形状和尺寸尽量与零件接近，减少机械加工的劳动量，力求实现少、无切削加工。但是，由于现有毛坯制造工艺技术的限制，加之产品零件的精度和表面质量的要求又越来越高，所以毛坯上某些表面仍需留有一定的加工余量，以便通过机械加工来达到零件的质量要求。毛坯制造尺寸和零件尺寸的差值称为毛坯加工余量，毛坯制造尺寸的公差称为毛坯公差。毛坯加工余量及公差同毛坯制造方法有关，生产中可参照有关工艺手册和部门或企事业的标准确定。

毛坯加工余量确定后，毛坯的形状和尺寸，除了将毛坯加工余量附加在零件相应的加工表面之外，还要考虑到毛坯制造、机械加工以及热处理等许多工艺因素的影响。下面仅从机械加工工艺角度来分析一下，在确定毛坯形状和尺寸时应注意的几个问题。

(1) 为使加工时工件安装稳定，有些铸件毛坯需要铸出工艺搭子，如图 2-5 中 B 所示。工艺搭子在零件加工后一般均应切除。

(2) 在机械加工中，有时会遇到像磨床主轴部件中的三块瓦轴承、平衡砂轮用的平衡块以及车床走刀系统中的开合螺母外壳（图 2-6）等零件。为了保证这些零件的加工质量和加工方便，常将这些分离零件先做成一个整体毛坯，加工到一定阶段后再切割分离。

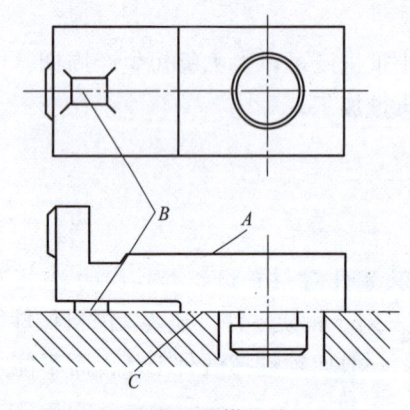

图 2-5 具有工艺搭子的刀架毛坯 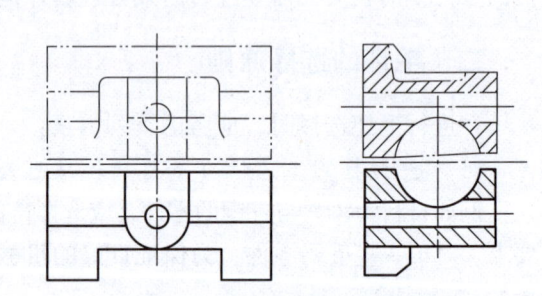　　图 2-6 车床开合螺母外壳简图

(3) 为了提高零件机械加工的生产率，对于一些类似图 2-7 所示的需经锻造的小零件，可以将若干零件先合锻成一件毛坯，经平面和两侧的斜面加工后再切割分离成单个零件。显然，在确定毛坯的长度 L 时，应考虑切割零件所用锯片铣刀的厚度 B 和切割的零件数 n。

(4) 为了提高生产率和在加工过程中便于装夹，对一些垫圈类零件，也应将多件合成一个毛坯。图 2-8 所示为一垫圈零件，毛坯可取一长管料，其内径要小于垫圈内径。在车削时，用卡爪夹住一端外圆，另一端用顶尖顶住，这时可以车外圆、切槽；然后用三爪卡盘夹住外圆较长的一部分，用 $\phi 16$ mm 的钻头钻孔；最后切割成若干个垫圈零件。

图 2-7 滑键的零件图及毛坯图

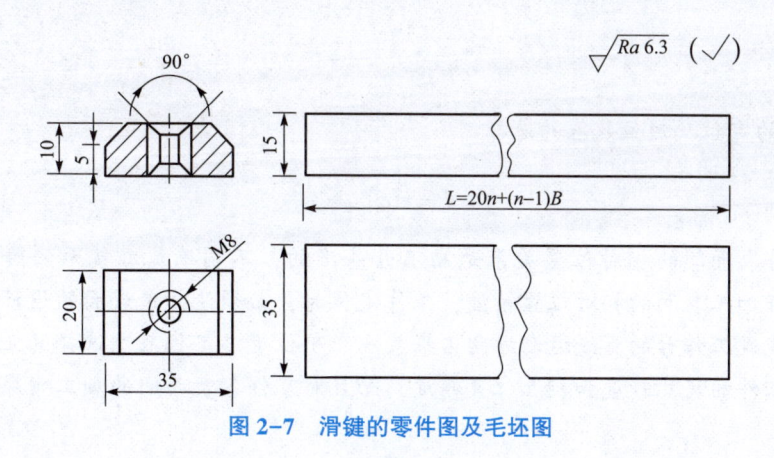

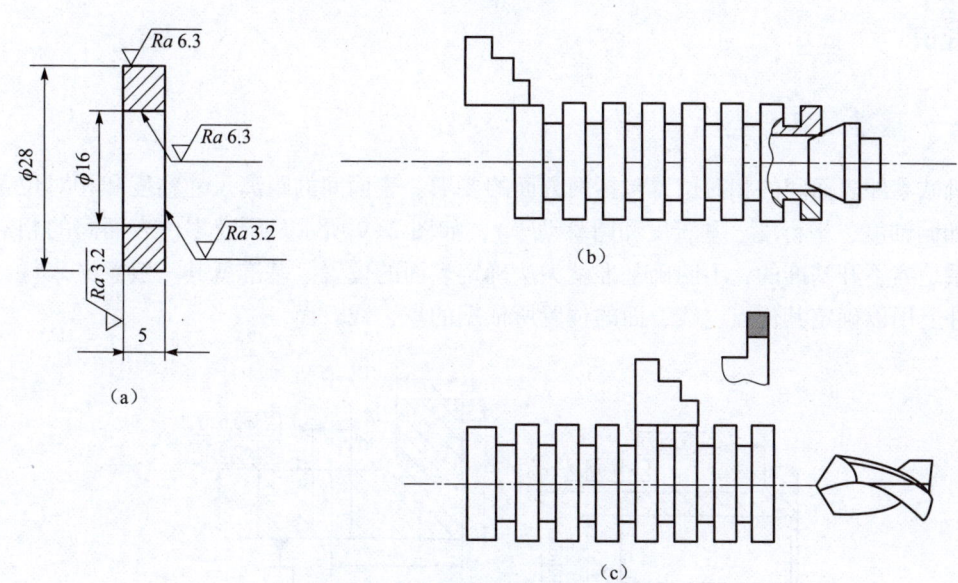

图 2-8 垫圈的整体毛坯及加工
（a）垫圈尺寸；（b）卡爪夹住一端，另一端用顶尖顶住，车外圆，切槽；（c）钻孔

课题五　定位基准选择

知识点

- 基准及其分类
- 工件定位的概念及定位方法
- 六点定位原理
- 定位基准的选择

技能点

- 工件的定位及定位基准的选择

课题分析

研究零件表面间的相对位置关系是离不开基准的，不明确基准就无法确定表面的位置。为了保证加工表面的相对位置精度，工件定位时，必须使加工表面的设计基准相对机床主轴的轴线或工作台的直线运动方向占据某一正确位置。定位基准选择的正确与否，不仅会影响到零件的尺寸精度和相互位置精度，而且对零件各表面间的加工顺序也会有很大的影响。

相关知识

一、基准及其分类

机械零件表面间的相对位置包括两方面的要求：表面间的距离尺寸精度和相对位置精度（如同轴度、平行度、垂直度和圆跳动等），如图2-9所示。研究零件表面间的相对位置关系是离不开基准的，不明确基准就无法确定表面的位置。基准就其一般意义来说，就是零件上用以确定其他点、线、面的位置所依据的点、线、面。

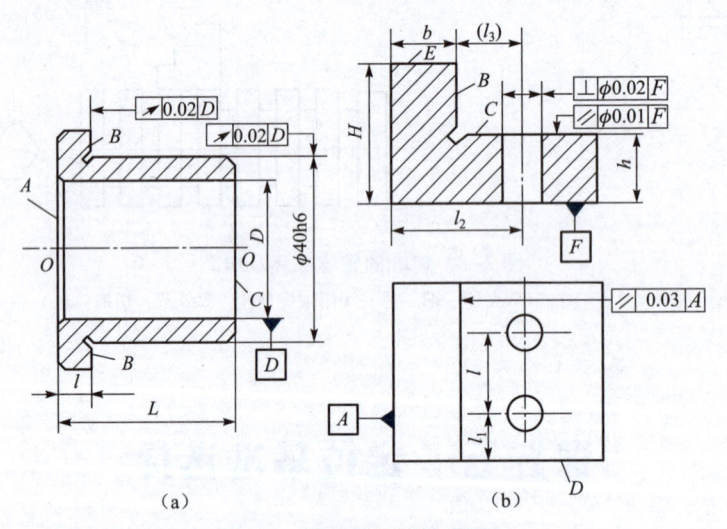

图2-9 零件的位置精度示例
(a) 外圆及端面为装配基准；(b) 底面为装配基准

1. 设计基准

在零件图上用以确定其他点、线、面位置的基准，称为设计基准。例如图2-9（a）所示的钻套零件，轴心线 O—O 是各外圆表面和内孔的设计基准；端面 A 是端面 B、C 的设计基准；内孔表面 D 的轴心线是 $\phi 40h6$ 外圆表面径向圆跳动和端面 B 端面圆跳动的设计基准。作为设计基准的点、线、面在工件上不一定具体存在，例如孔的中心、轴心线、基准中心平面等,其常常由某些具体表面来体现,这些表面可称为基面。

2. 工艺基准

零件在加工和装配过程中所使用的基准,称为工艺基准。工艺基准按用途不同,又分为装配基准、测量基准、定位基准和工序基准。

(1) 装配基准。装配时用以确定零件在部件或产品中位置的基准称为装配基准。例如图 2-9 (a) 所示零件的 φ40h6 外圆、端面 B 及图 2-9 (b) 所示零件的底面即为装配基准。

(2) 测量基准。零件检验时,用以测量已加工表面尺寸及位置的基准,称为测量基准。例如图 2-9 (a) 所示零件,当以内孔为基准(套在检验心轴上)去检验 φ40h6 外圆的径向圆跳动和端面 B 的端面圆跳动时,内孔即测量基准。

(3) 定位基准。加工时,使工件在机床或夹具中占据一个正确位置所用的基准,称为定位基准。例如将图 2-9 (a) 所示零件套在心轴上磨削 φ40h6 外圆表面时,内孔即定位基准;又如图 2-9 (b) 所示零件,用底面、左侧面和夹具中的定位元件相接触磨削 B、C 表面,以保证相应的平行度要求时,底面和左侧面即定位基准。

(4) 工序基准。在工艺文件上用以标定加工表面位置的基准,称为工序基准。例如图 2-9 (b) 所示的零件,两个孔在水平位置方向的尺寸为 l_2,设计基准为左侧面。钻孔时如果从工艺上考虑需要按 l_3 加工,则 B 面即工序基准,加工尺寸 l_3 叫作工序尺寸。

二、工件定位的概念及定位方法

1. 工件定位的概念与要求

加工前,工件在机床或夹具中占据某一正确位置的过程叫作定位。工件定位时有以下两点要求:

(1) 为了保证加工表面与设计基准间的相对位置精度(即同轴度、平行度等),工件定位时应使加工表面的设计基准相对机床占据一个正确位置。下面结合图 2-9 所示零件加工时的定位,对"正确位置"的含义作一个具体说明。

对于图 2-9 (a) 所示零件,为了保证加工表面 φ40h6 的径向圆跳动的要求,工件定位时必须使其设计基准(内孔轴心线 O-O)与机床主轴的回转轴线 O_1-O_1 重合,如图 2-10 (a) 所示;对于图 2-9 (b) 所示零件,为了保证加工面 B 与其设计基准 A 的平行度要求,工件定位时必须使设计基准 A 与机床工作台的纵向直线运动相平行,如图 2-10 (b) 所示;加工孔时,为了保证两孔与其设计基准(底面 F)的垂直度要求,工件定位时必须使设计基准 F 面与机床主轴轴心线垂直,如图 2-10 (c) 所示。

通过以上实例可以看出,为了保证加工表面的相对位置精度,工件定位时,必须使加工表面的设计基准相对机床主轴的轴线或工作台的直线运动方向占据某一正确的方位,此即工件定位的基本要求。

(2) 为了保证加工表面与其设计基准间的距离尺寸精度,当采用调整法进行加工时,位于机床或夹具上的工件相对刀具必须有一确定的位置。

表面间距离尺寸精度的获得方法通常有两种:试切法和调整法。

试切法是一种通过试切、测量加工尺寸、调整刀具位置、再试切的反复过程来获得尺

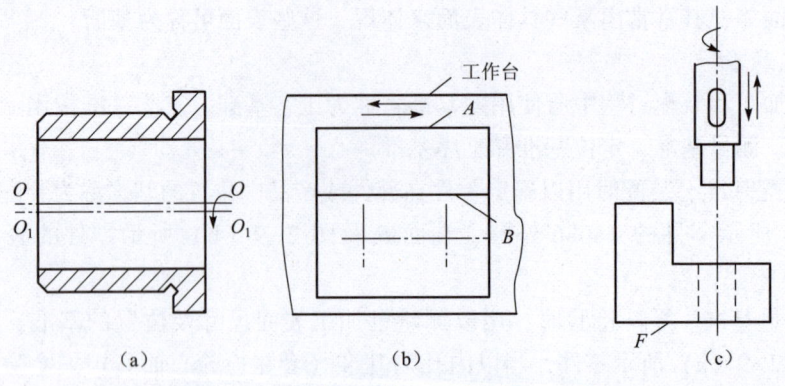

图 2-10 工件定位的"正确位置"示例

(a) 基准 O—O 与机床主轴的 O_1—O_1 重合；(b) 基准 A 面与机床工作台的纵向直线运动相平行；
(c) 基准 F 面与机床主轴轴心线垂直

寸精度的方法。由于这种方法是在加工过程中通过多次试切后才达到的，所以加工前工件相对刀具的位置可不必确定。例如在图 2-11（a）中，为获得尺寸 l，加工前工件在三爪卡盘中的轴向位置不必严格限定。

调整法是一种加工前按规定尺寸调整好刀具与工件的相对位置，并在一批工件加工的过程中保持这种位置的加工方法。显然，按调整法加工时，零件在机床或夹具上相对刀具的位置必须确定。图 2-11 中的（b）和图 2-11（c）所示为按调整法加工工件时获得距离尺寸精度的两个示例，图 2-11（b）所示为通过三爪反装和挡铁来确定工件与刀具的相对位置；图 2-11（c）所示为通过夹具中定位元件与导向元件的既定位置来确定工件与刀具的相对位置。

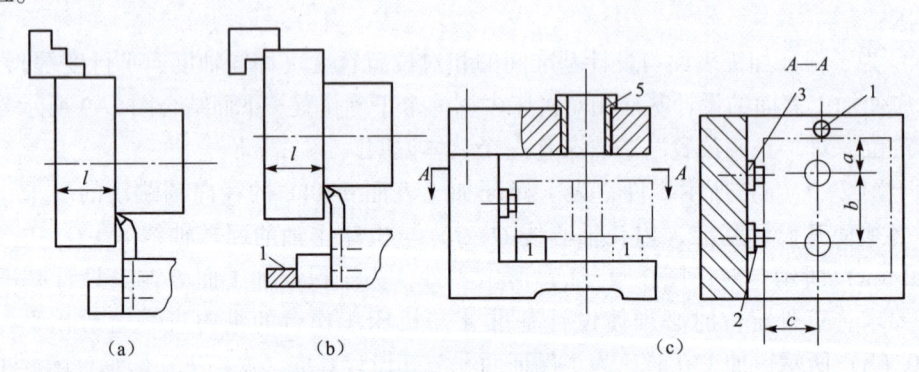

图 2-11 获取距离尺寸精度方法示例

1—挡铁；2，3，4—定位元件；5—导向元件

综上所述，为了保证加工表面的位置精度，无论采用试切法还是调整法，加工表面的设计基准相对机床或夹具的位置必须正确，至于工件相对刀具的位置是否需要确定，则取决于获得距离尺寸精度的方法，调整法需要确定，试切法则不必确定。

2. 工件定位的方法

工件在机床上定位有以下三种方法：

（1）直接找正法。此法是用百分表、划针或目测在机床上直接找正工件，使其获得正确位置的一种方法。例如在磨床上磨削一个与外圆表面有同轴度要求的内孔时，加工前将工件装在四爪卡盘上，用百分表直接找正外圆表面，即可使工件获得正确的位置，如图2-12（a）所示；又如在牛头刨床上加工一个同工件底面与右侧有平行度要求的槽时，用百分表找正工件的右侧面，即可使工件获得正确的位置，如图2-12（b）所示。槽与底面的平行度要求由机床的几何精度予以保证。

直接找正法的定位精度及找正的快慢取决于找正精度、找正方法、找正工具和工人的技术水平。用此法找正工件往往要花费较多的时间，故多用于单件和小批生产或位置精度要求特别高的工件。

（2）划线找正法。此法是在机床上用划针按毛坯或半成品上所划的线找正工件，使其获得正确位置的一种方法，如图2-13所示。由于受到划线精度和找正精度的限制，故此法多用于批量较小、毛坯精度较低以及大型零件等不便使用夹具的粗加工中。

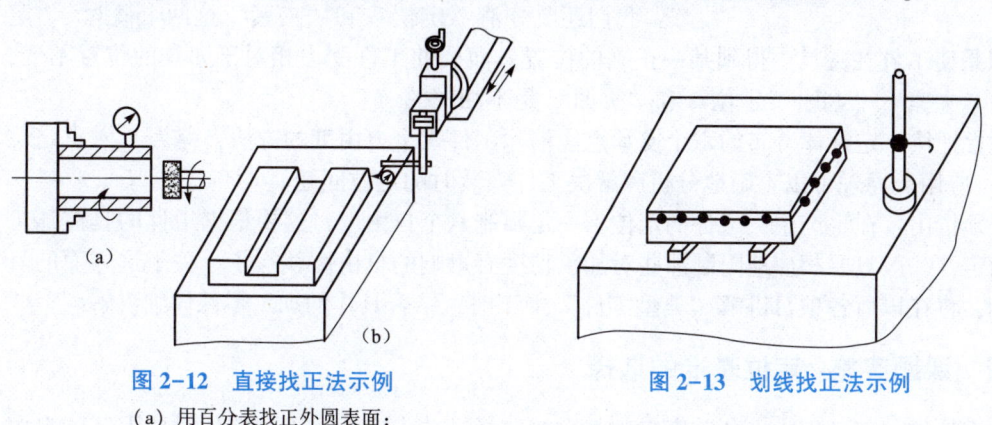

图2-12　直接找正法示例
（a）用百分表找正外圆表面；
（b）用百分表找正工件的右侧面

图2-13　划线找正法示例

（3）采用夹具定位（图2-11（c））。此法是用夹具上的定位元件使工件获得正确位置的一种方法。工件定位迅速方便，定位精度也比较高，广泛用于成批和大量生产。

三、六点定位原理

任何一个未被约束的刚体，在空间都是一个自由体，它可以向任何方向移动和转动。为了便于研究其运动规律，我们将它放到由 Ox、Oy、Oz 轴所确定的空间直角坐标系中，如图2-14所示。由力学运动分解的原理可知，刚体在空间的任何运动都可看成是相对于该坐标的六种运动的合成。我们把这六种运动的可能性称为六个自由度。

工件在定位以前，也像一个物体在空间的情况一样，具有六个自由度，即沿 x、y、z 三个轴方向的移动，用 $\vec{Ox}$、$\vec{Oy}$、$\vec{Oz}$ 来表示；以及绕 x、y、z 三个轴的转动，用 $\widehat{Ox}$、$\widehat{Oy}$、$\widehat{Oz}$ 来表示。

要使工件在空间处于相对固定不变的位置，就必须限制其六个自由度，限制的方法如图2-15所示，即用相

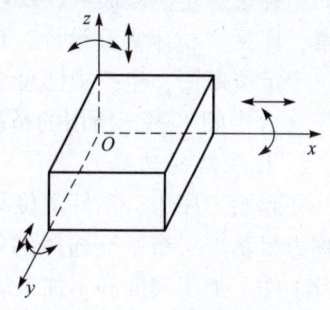

图2-14　空间直角坐标系

当于六个支承点的定位元件与工件的定位基准面"接触"来限制。

图 2-15 中工件上的 A 面是与机床工作台或夹具上三个支承相接触的,我们把工件上的这个面称为主要定位基准。显然,三个支承点之间的面积越大,支承工件就越稳定;工件的平面越平整,定位越可靠。所以,一般选择工件上大而平整的表面作为主要定位基准。两点决定一条线,即决定方向,工件上的表面 B 与夹具上的两个支承点相接触,所以把 B 面称为导向定位基准。一般选择工件上的窄长表面作为导向定位基准,或者把夹具上起着两个支承作用的平面做成窄长形。工件上的 C 面与夹具上的一个支承相接触,C 面就称为止动定位基准。

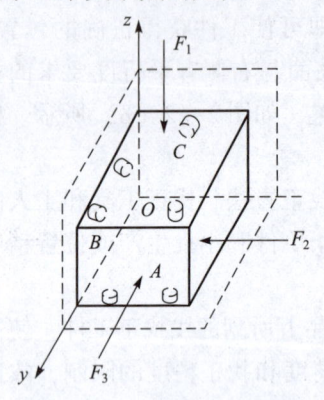

图 2-15 工件的六点定位

我们还要分清"定位"和"夹紧"这两个概念。"定位"只是使工件在夹具中得到某一正确的位置,而要使工件受力相对于刀具的位置不变,则还须"夹紧"。因此,"定位"和"夹紧"是不相同的。

通常把按一定规律分布的六个支承点能消除工件六个自由度的方法,称为"六点定位原理"。应用此原理可以正确地分析和解决工件安装时的定位问题。

必须指出:在生产中,工件的定位不一定限制六个自由度,这要根据工件的具体加工要求而定,一般只要相应地限制那些对加工精度有影响的自由度就行了。关于这方面的具体实例,将在以后各项目讲解"典型零件"加工时,结合具体的加工零件详细讲解。

四、课题实施:定位基准的选择

在零件的加工过程中,各工序定位基准的选择,首先应根据工件定位时要限制的自由度个数来确定定位基面的个数,然后再根据基准选择的规律正确选择每个定位基面。

1. 工件定位基面数的确定

工件定位时,究竟需要几个表面定位,要根据加工表面的位置精度要求及对工件应限制的自由度来确定。例如对于图 2-9(b)所示的支承块,为获得尺寸 H,用铣刀加工顶面时,通常只选择底面这一个表面定位即可;而加工 B、C 表面时,为获得尺寸 b 和 h,并保证加工面与其基面 A、F 的平行度要求,则应选择 A、F 两个表面定位;至于两孔的钻削加工,当采用钻模加工时,为获得距离尺寸 l_1 与 l_2,并保证孔的轴心线与底面的垂直度要求,应选择 A、F 及 D 面三个表面定位,孔距尺寸 l 由钻模板上钻套间的距离精度保证。正确选择定位基面数以及各基面应限制几个自由度问题,实际工作中还涉及其他一些因素,详见"机床夹具设计"课程。工件定位所需的基面数确定之后,如何正确地去选择每一个定位基面,生产中已总结出一些规律,下面顺次讨论起始工序所用的粗基准和最终工序(含中间工序)所用的精基准的选择问题。

2. 粗基准的选择

在起始工序中,工件定位只能选择未经加工的毛坯表面,这种定位表面称为粗基准。粗基准选择的好坏,对以后各加工表面加工余量的分配,以及工件上加工表面和不加工表面的相对位置均有很大影响。因此,必须十分重视粗基准的选择。粗基准选择总的要求是为后续工序提供必要的定

粗基准的选择

位基面，具体选择时应考虑下列原则。

（1）对于具有不加工表面的工件，为保证不加工表面与加工表面之间的相对位置要求，一般应选择不加工表面为粗基准。

例如图 2-16 所示的套类零件，外圆表面 l 为不加工表面，为了保证镗孔后壁厚均匀（即内外圆表面的偏心较小），应选择外圆表面 l 为粗基准。

又如图 2-17（a）所示的箱体零件，箱体内壁 A 面和 B 面均为不加工表面，为了防止位于Ⅱ孔轴心线上齿轮的外圆装配时与箱体内壁 A 面相碰，设计时已考虑留有间隙（图 2-17（b）），并由加工尺寸 a、b 予以保证。

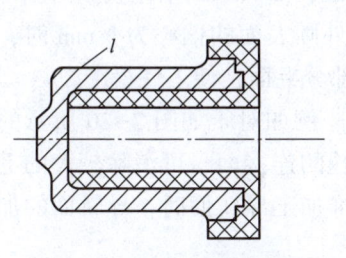

图 2-16 套的粗基准选择

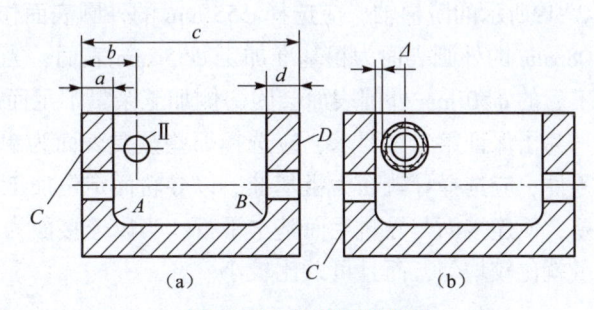

图 2-17 箱体零件简图
（a）箱体零件；（b）设计时留有间隙

加工如图 2-17 所示的箱体时，如果先选择 A 面为粗基准加工 C 面（图 2-18（a）），然后以 C 面为精基准加工Ⅱ孔（图 2-18（b）），先后分别保证加工尺寸 a 和 b，则间隙 Δ 可间接获得，保证齿轮外圆不与 A 面相碰。反之，如果先选择 B 面为粗基准加工 D 面，然后以 D 面为精基准加工 C 面，最后以 C 面定位加工Ⅱ孔，先后顺次获得加工尺寸 d、c 和 b，则尺寸 a 除了因尺寸 d、c 的加工误差而发生变化外，还将随着毛坯内壁 A、B 两面间距离尺寸的变化而变化。由于毛坯尺寸误差较大，故尺寸 a 的误差必随之较大。当尺寸 a 大到使间隙 Δ 为负值时，则齿轮装配时必然和 A 面相碰。显然，后面这一种加工方案的粗基准选择是不正确的。这也表明，当零件上存在若干个不加工表面时，应选择与加工表面的相对位置有紧密联系的不加工表面作为粗基准。

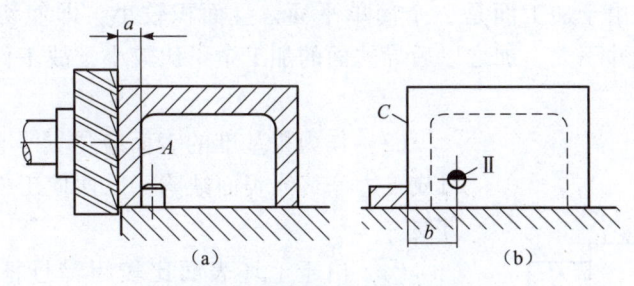

图 2-18 箱体加工粗基准选择
（a）以 A 面为粗基准加工 C 面；（b）以 C 面为精基准加工Ⅱ孔

不加工表面与加工表面间相对位置的具体要求是比较多的。除了上述两例中的壁厚均匀及旋转件不得和箱体壁相碰外，还包括零件外形要对称美观、凸缘位置偏移要小等，生产中应结合具体零件进行具体分析。

（2）对于具有较多加工表面的工件粗基准的选择，应合理分配各加工表面的加工余量。在分配加工余量时应注意以下各点：

1）应保证各加工表面都有足够的加工余量。

2）对于某些重要的表面（如导轨面和重要的内孔等），应尽可能使其加工余量均匀；对于导轨面，要求加工余量应尽可能小一些，以便能获得硬度和耐磨性更好的表面。

3）使工件上各加工表面总的金属切除量最小。

为了保证第一项要求，粗基准应选择毛坯上加工余量最小的表面。例如对于如图 2-19 所示的阶梯轴，应选择 $\phi 55$ mm 的外圆表面作粗基准，因其加工余量较小。如果选 $\phi 108$ mm 的外圆表面为粗基准加工 $\phi 55$ mm 表面，当两个外圆表面的偏心为 3 mm 时，则加工后的 $\phi 50$ mm 外圆表面会因一侧加工余量不足而出现部分毛面，使工件报废。

为了保证第二项要求，应选择那些重要表面为粗基准。例如对于如图 2-20 所示的床身零件，应选择导轨面为粗基准。以导轨面定位加工与床腿的连接面，可消除较大的毛坯误差，使连接面与导轨毛面基本平行。当以连接面为精基准加工导轨面时，导轨面的加工余量就比较均匀，而且可以比较小。

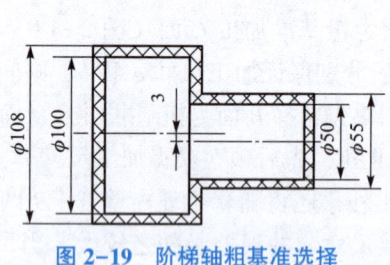

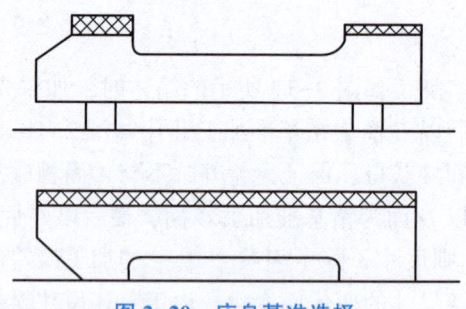

图 2-19　阶梯轴粗基准选择

图 2-20　床身基准选择

为了保证第三项要求，应选择工件上那些加工面积较大、形状比较复杂、加工劳动量较大的表面为粗基准。仍以图 2-20 所示零件为例，当选择导轨面为粗基准加工与床腿连接的表面时，由于加工面是一个简单平面，且面积较小，即使切去较大的加工余量，金属的切除量并不大，加之以后导轨面的加工余量比较小，故工件上总的金属切除量也就比较小。

（3）作为粗基准的表面应尽量平整，没有浇口、冒口或飞边等其他表面缺陷，以便使工件定位可靠、夹紧方便。

（4）由于毛坯表面比较粗糙且精度较低，一般情况下同一尺寸方向上的粗基准表面只能使用一次。否则，因重复使用所产生的定位误差会引起相应加工表面间出现较大的位置误差。例如图 2-21 所示的小轴，如重复使用毛坯表面 B 定位去分别加工表面 A 和 C，

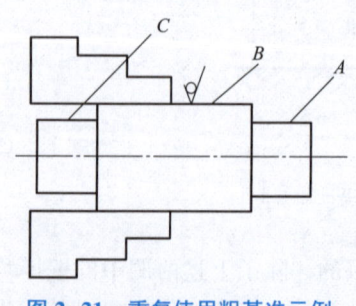

图 2-21　重复使用粗基准示例

则必然会使此两加工表面产生较大的同轴度误差。

上述粗基准选择的原则，每一条都说明一个方面的问题，实际应用时往往会出现相互矛盾的情况，这就要求全面考虑，灵活运用，保证主要的要求。当运用上述原则对毛坯进行划线时，还可通过"借"的办法，兼顾以上各原则（主要是前两条原则）。

精基准的选择

3. 精基准选择

在最终工序和中间工序中，应采用已加工表面定位，这种定位表面称为精基准。精基准的选择不仅会影响工件的加工质量，而且与工件安装是否方便可靠也有很大关系。选择精基准的原则如下：

（1）为了较容易地获得加工表面对其设计基准的相对位置精度，应选择加工表面的设计基准为定位基准。这一原则通常称为"基准重合"原则。

例如图 2-22 所示的零件，当零件表面间的尺寸按图 2-22（a）标注时，表面 B 和表面 C 的加工，从"基准重合"原则出发，应选择表面 A（设计基准）为定位基准。加工后，表面 B、C 相对 A 面的平行度取决于机床的几何精度，尺寸精度 T_a 和 T_b 则取决于机床—刀具—工件工艺系统的一系列工艺因素。

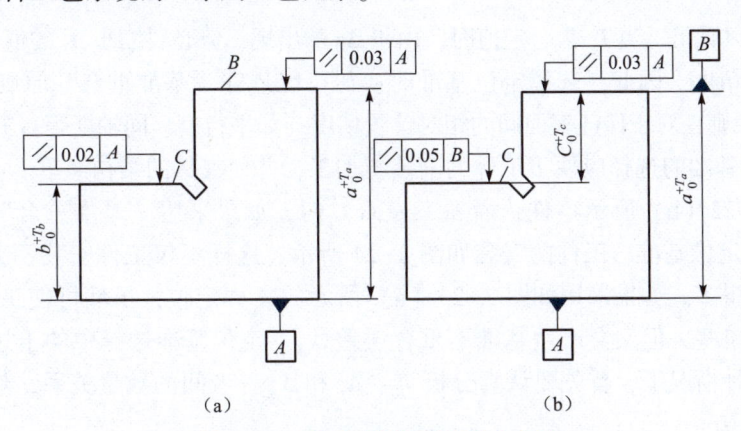

图 2-22　图示零件的两种尺寸方法

按调整法加工表面 B 和表面 C 时，尽管刀具相对定位基面 A 的位置是按照尺寸 a 和 b 预先调定的，而且在一批工件的加工过程中是始终不变的，但是由于工艺系统中许多工艺因素的影响，一批零件加工后的尺寸 a 和 b 仍会产生误差 Δ_a 和 Δ_b，这种误差叫作加工误差。在基准重合的条件下，只要这种误差不大于尺寸 a 和 b 的公差（即 $\Delta_a \leq T_a$，$\Delta_b \leq T_b$），加工零件即不会产生废品。

当零件表面间的尺寸标注如图 2-22（b）所示时，如果仍选择表面 A 为定位基准，并按调整法分别加工表面 B 和 C，对于表面 B 来说，是符合"基准重合"原则的，对表面 C 则不符合。

表面 C 的加工情况如图 2-23（a）所示，加工后尺寸 c 的误差分布如图 2-23（b）所示。由图 2-23（b）可明显看出：在加工尺寸 c 中，不仅包含本工序的加工误差 Δ_f，而且还包含由于基准不重合所带来的设计基准 B 与定位基准 A 间的尺寸误差 Δ_{ch}，这个误差叫作基准不重合误差，其最大允许值为定位基准与设计基准间位置尺寸 a 的公差 T_a。为了保

证加工尺寸 c 的精度要求，上述两个误差之和应小于或等于尺寸 c 的公差 T_c（暂不考虑夹具的有关误差），即

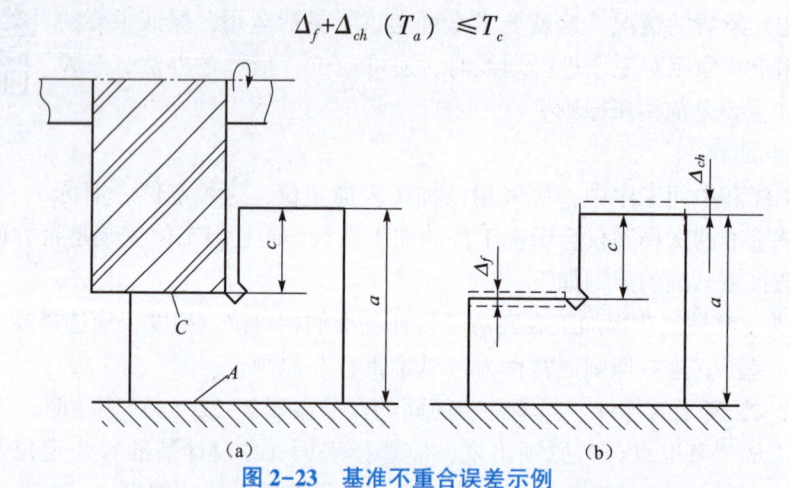

$$\Delta_f + \Delta_{ch}(T_a) \leq T_c$$

图 2-23 基准不重合误差示例
(a) 表面 C 的加工情况；(b) 加工后尺寸 C 的误差分布

从上式可以看出，当 T_c 为一定值时，由于 Δ_{ch} 的出现，势必要缩小 Δ_f 的值，即需要提高本工序的加工精度。因此，选择定位基准时应尽可能遵守"基准重合"原则。应当指出："基准重合"原则，对于保证表面间的相对位置精度（如平行度、同轴度等）亦完全适用。

（2）定位基准的选择应便于工件的安装与加工，并使夹具的结构简单。

例如图 2-22（b）所示零件，当加工表面 C 时，如果采用"基准重合"原则，则应选择表面 B 为定位基准，工件的安装如图 2-24 所示。这样不仅工件安装不方便，夹具的结构也将复杂得多。如果采用如图 2-23（a）所示的 A 面定位，虽然可使工件安装方便，夹具结构也简单些，但又会产生基准不重合误差 Δ_{ch}。定位基准选择中的上述矛盾是经常出现的，在这种情况下，首先要认真分析 T_c、Δ_f 和 Δ_{ch} 三者间的数量关系，然后采取不同的处理方案。

当加工尺寸的公差值较大，而加工表面 B、C 的加工误差又比较小，即 $T_c \geq \Delta_f + \Delta_{ch}$ 时，应优先考虑工件安装的要求，选择表面 A 为定位基准。

当加工尺寸的公差 T_c 较小，而加工表面 B、C 的加工误差又比较大，即 $T_c < \Delta_f + \Delta_{ch}$ 时，可考虑以下三种方案：

1) 改变加工方法或采取其他工艺措施，提高表面 B 和 C 的加工精度，即减小 Δ_f 和 Δ_{ch} 的数值，使 $T_c > \Delta_f + \Delta_{ch}$，这样可仍选择 A 面为定位基准。

2) 以表面 B 定位，消除基准不重合误差 Δ_{ch}，这样往往要采用结构比较复杂的夹具。为了保证加工精度，有时不得不采取这种方案。

3) 采用组合铣削，以 A 面定位同时加工表面 B 和表面 C，如图 2-25 所示。这样可使表面 B、C 间的位置精度（平行度）和尺寸精度都与工件定位无关。两表面间的尺寸精度主要取决于两铣刀直径的差值。

（3）当工件以某一组精基准定位，可以比较方便地加工其他各表面时，应尽可能在多数工序中采用同一组精基准定位，这就是"基准统一"原则。例如，轴类零件的大多数工序都

采用顶尖孔为定位基准；齿轮的齿坯和齿形加工多采用齿轮的内孔及基准端面为定位基准。

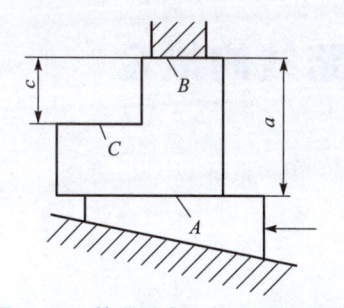

图 2-24　基准重合工件安装示意图
A—夹紧面；B—定位面；C—加工面

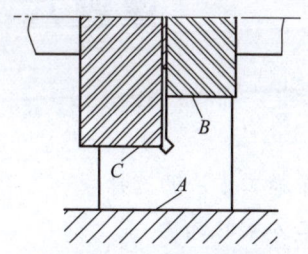

图 2-25　组合铣削加工
A—定位面；B，C—加工面

采用"基准统一"原则有以下优点：
1) 简化了工艺过程，使各工序所用夹具比较统一，从而减少了设计与制造夹具的时间和费用。
2) 采用"基准统一"，可减少基准变换所带来的基准不重合误差。

（4）某些要求加工余量小而均匀的精加工工序，可选择加工表面本身作为定位基准。加工表面的位置精度应由前工序保证。

例如磨削床身的导轨面时，就是以导轨面找正定位，如图 2-26 所示。此外，采用浮动铰刀铰孔、用圆拉刀拉孔以及用无心磨磨削外圆表面等，都是以加工面本身作为定位基准的实例。

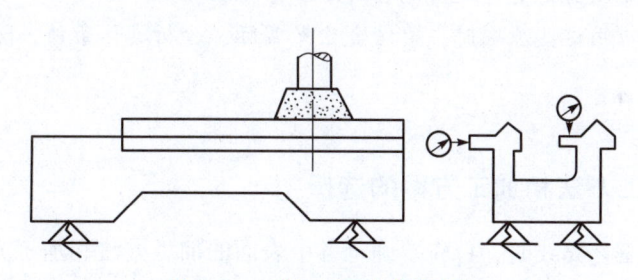

图 2-26　以加工面本身找定位

4. 辅助基准的应用

工件定位时，为了保证加工表面的位置精度，多优先选择设计基准或装配基准为定位基准，这些基准一般均为零件上重要的工作表面。但有些零件的加工，为了安装方便或易于实现基准统一，常人为地制造一种定位基准，如图 2-5 所示零件上的工艺搭子和轴类零件加工所用的顶尖孔等。这些表面不是零件上的工作表面，在零件的工作中不起任何作用，只是由于工艺上的需要才做出的，这种基准称为辅助基准。此外，零件上的某些次要的自由表面（非配合表面），因工艺上宜作为定位基准，以备提高其加工精度和表面质量定位时使用，故也属于辅助基准。例如，丝杠的外圆表面，从螺旋副的传动看是非配合的次要表面。但在丝杠螺纹的加工中，外圆表面是导向基面，它的圆度和圆柱度直接影响螺纹的加工精度，所以应提高其形状精度，并降低其表面的表面粗糙度。

课题六　工艺路线的拟定

知识点

- 表面加工方法的选择
- 加工方案的选择
- 加工阶段的划分
- 工序集中程度的确定
- 工序顺序的安排

技能点

- 合理确定各表面的加工方法和加工方案
- 合理确定各表面的加工顺序

课题分析

工艺路线的拟定是制定工艺过程的总体布局，其主要任务是选择各个表面的加工方法和加工方案，确定各个表面的加工顺序以及整个工艺过程中工序数目的多少等。关于工艺路线的拟定，目前还没有一套普遍而完整的方法，但经过多年来的生产实践，已总结出一些综合性原则。在应用这些原则时，要结合生产实际，分析具体条件，防止生搬硬套。

相关知识

一、表面加工方法和加工方案的选择

在拟定零件的工艺路线时，首先要确定各个表面的加工方法和加工方案。表面加工方法和方案的选择，应同时满足加工质量、生产率和经济性等方面的要求。

表面加工方法的选择，首先要保证加工表面的加工精度和表面粗糙度的要求。由于同一精度及表面粗糙度的加工方法往往有若干种，故实际选择时还要结合零件的结构形状、尺寸大小以及材料和热处理的要求全面考虑。例如对于IT7级精度的孔，采用镗削、铰削、拉削和磨削均可达到要求。但箱体上的孔，一般不宜选择拉孔和磨孔，而常选择镗孔或铰孔；孔径大时选择镗孔，孔径小时取铰孔。对于一些需经淬火的零件，热处理后应选磨孔；对于有色金属的零件，为避免磨削时堵塞砂轮，则应选择高速镗孔。

表面加工方法的选择，除了首先保证质量要求外，还须考虑生产率和经济性的要求。大批量生产时，应尽量采用高效率的先进工艺方法，如拉削内孔与平面、同时加工几个表面的组合铣削或磨削等，这些方法都能大幅度地提高生产率，取得很大的经济效果。但是在年产量不大的生产条件下，如盲目采用高效率的加工方法及专用设备，则会因设备利用

率不高，造成经济上的较大损失。此外，任何一种加工方法，可以获得的加工精度和表面质量均有一个相当大的范围，但只有在一定的精度范围内才是经济的，这种一定范围的加工精度即为该种加工方法的经济精度。选择加工方法时，应根据工件的精度要求选择与经济精度相适应的加工方法。例如，对于 IT7 级精度、表面粗糙度 Ra 为 $0.4~\mu m$ 的外圆，通过精心车削虽也可以达到要求，但在经济上就不及磨削合理。表面加工方法的选择还要考虑现场的实际情况，如设备的精度状况、设备的负荷以及工艺装备和工人技术水平等。

为了正确地选择加工方法，应了解生产中各加工方法的特点及其经济加工精度。常用加工方法的经济加工精度及表面粗糙度可查阅有关工艺手册。

二、课题实施：零件各表面加工顺序的确定

在拟定工艺路线时，为确定各表面的加工顺序和工序的数目，生产中已总结出一些指导性原则及具体安排中应注意的问题，现分述如下。

1. 工艺过程划分阶段原则

对于加工质量要求较高的零件，工艺过程应分阶段进行施工。机械加工工艺过程一般可分以下几个阶段：

粗加工阶段：主要任务是切除各加工表面上的大部分加工余量，使毛坯在形状和尺寸上尽量接近成品。因此，在此阶段中应采取措施，尽可能提高生产率。

半精加工阶段：完成一些次要表面的加工，并为主要表面的精加工做好准备（如精加工前必要的精度和加工余量等）。

精加工阶段：保证各主要表面达到规定的质量要求。

当有些零件具有很高的精度和很细的表面粗糙度要求时，尚需增添光整加工阶段，其主要任务是提高尺寸精度和降低表面的表面粗糙度值。

工艺过程划分阶段的主要原因如下：

（1）保证加工质量。工件粗加工时切除金属较多，产生较大的切削力和切削热，同时也需要较大的夹紧力，而且粗加工后内应力要重新分布。在这些力和热的作用下，工件会发生较大的变形。如果不分阶段地连续进行粗精、加工，就无法避免上述原因所引起的加工误差。加工过程分阶段后，粗加工造成的误差通过半精加工和精加工即可得到纠正，并逐步提高零件的加工精度和降低表面粗糙度值，保证零件加工质量的要求。

（2）合理使用设备。加工过程划分阶段后，粗加工可采用功率大、刚度好和精度较低的高效率机床，以提高生产率；精加工则可采用高精度机床，以确保零件的精度要求。这样既充分发挥了设备各自的特点，也做到了设备的合理使用。

（3）便于安排热处理工序，使冷热加工工序配合得更好。例如，对一些精密零件，粗加工后安排去除应力的时效处理，可减少内应力变形对精加工的影响；半精加工后安排淬火，不仅容易满足零件的性能要求，而且淬火引起的变形又可通过精加工工序予以消除。

此外，粗、精加工分开后，毛坯的缺陷（如气孔、砂眼和加工余量不足等）在粗加工后即可及早发现，及时决定修补或报废，以免对报废的零件继续进行精加工而浪费工时和其他制造费用。精加工表面安排在后面，还可保证其不受损伤。

在拟定零件的工艺路线时，一般应遵循划分加工阶段这一原则，但具体运用时要灵活掌握，不能绝对化。例如，对于一些毛坯质量高、加工余量小、加工精度要求较低而刚性又较好的零件，即不必划分阶段。又如对于一些刚性好的重型零件，由于装夹吊运很费工时，往往不划分阶段，而在一次安装完成表面的粗、精加工。

应当指出：工艺路线的划分阶段是对零件加工的整个过程来说的，不能从某一表面的加工或某一工序的性质来判断。例如：有些定位基准，在半精加工阶段甚至粗加工阶段就需要加工得很精确，而某些钻小孔的粗加工工序，常常又安排在精加工阶段。

2. 工序集中程度的确定

在安排工序时，还应考虑工序中所含加工内容的多少。若在每道工序中所安排的加工内容多，则一个零件的加工只集中在少数几道工序里完成，这时工艺路线短、工序少，称为工序集中；若在每道工序中所安排的加工内容少，则一个零件的加工分散在很多工序里完成，这时工艺路线长、工序多，称为工序分散。前者说明工序集中程度高，后者说明工序集中程度低。

工序集中具有以下特点：

（1）在工件的一次安装中，可以加工完工件上的多个表面，这样可以较好地保证这些表面之间的相互位置精度；同时可以减少安装工件的次数和辅助时间，并减少工件在机床之间的搬运次数和工作量，有利于缩短生产周期。

（2）可以减少机床的数量，并相应地减少操作工人，节省车间面积，简化生产计划和生产组织工作。

工序分散具有以下特点：

（1）机床设备及工夹具比较简单，调整比较容易，能较快地更换所生产的产品。

（2）生产工人易于掌握生产技术，对工人的技术水平要求也较低。

3. 工序顺序的安排

（1）机械加工工序的安排。在安排加工顺序时，应注意以下几点：

1）根据零件功用和技术要求，先将零件的主要表面和次要表面区分开，然后着重考虑主要表面的加工顺序，次要表面加工可适当穿插在主要表面加工工序之间。

工序顺序的安排

2）当零件要分段进行加工时，先安排各表面的粗加工，中间安排半精加工，最后安排主要表面的精加工和光整加工。由于次要表面精度要求不高，故一般在粗、半精加工阶段即可完成，但对于那些同主要表面相对位置关系密切的表面，通常多置于主要表面精加工之后加工。例如，许多零件主要孔周围紧固螺孔的钻孔和攻丝，多在主要孔精加工之后完成。

3）零件加工一般多从精基准的加工开始，然后以精基准定位加工其他主要表面和次要表面。例如，轴类零件先加工顶尖孔、齿轮先加工孔及基准端面等。为了定位可靠且使其他表面加工达到一定的精度，精基准一开始即应加工到足够高的精度和较细的表面粗糙度，并且往往在精加工阶段开始时，还要进一步进行精整加工，以满足其他主要表面精加工和光整加工的需要。

4）为了缩短工件在车间内的运输距离，避免工件的往返流动，加工顺序应考虑车间设备的布置情况，当设备呈机群式布置时，应尽可能将同工种的工序相继安排。

（2）热处理工序的安排。机械零件常采用的热处理工艺有退火、正火、调质、时效、淬火、渗碳及氮化等。按照热处理的目的，将上述热处理工艺大致分为两大类：预备热处理和最终热处理。

1）预备热处理。预备热处理包括退火、正火、时效和调质等。这类热处理的目的是改善加工性能，消除内应力和为最终热处理做好组织准备。其工序位置多在粗加工前后。

① 退火和正火。经过热加工的毛坯，为改善切削加工性能和消除毛坯的内应力，常进行退火和正火处理。例如，含碳量大于 0.7% 的碳钢和合金钢，为降低硬度、便于切削，常采用退火；含碳量低于 0.3% 的低碳钢和低合金钢，为避免硬度过低、切削时粘刀而采用正火，以提高硬度。退火和正火尚能细化晶粒、均匀组织，为以后的热处理做好组织准备。退火和正火常安排在毛坯制造之后、粗加工之前。

② 调质。调质即淬火后进行高温回火，其能获得均匀细致的索氏体组织，为以后表面淬火和氮化时减少变形做好组织准备，因此调质可作为预备热处理工序。由于调质后零件的综合机械性能较好，故对某些硬度和耐磨性要求不高的零件，也可作为最终的热处理工序。调质处理常置于粗加工之后、半精加工之前。

③ 时效处理。时效处理主要用于消除毛坯制造和机械加工中产生的内应力。对形状复杂的铸件，一般在粗加工后安排一次时效即可。但对于高精度的复杂铸件（如坐标镗床的箱体）应安排两次时效工序，即：铸造—粗加工—时效—半精加工—时效—精加工。简单铸件则不必进行时效处理。

除铸件外，对一些刚性差的精密零件（如精密丝杠），为消除加工中产生的内应力，稳定零件的加工精度，常在粗加工、半精加工和精加工之间安排多次的时效工序。

2）最终热处理。最终热处理包括各种淬火、回火、渗碳和氮化处理等。这类热处理的目的主要是提高零件材料的硬度和耐磨性，常安排在精加工前后。

① 淬火。淬火分为整体淬火和表面淬火两种，其中表面淬火因变形、氧化及脱碳较小而应用较多。为提高表面淬火零件的芯部性能和获得细马氏体的表层淬火组织，常需预先进行调质及正火处理。其一般加工路线为：下料—锻造—正火（退火）—粗加工—调质—半精加工—表面淬火—精加工。

② 渗碳淬火。渗碳淬火适用于低碳钢和低合金钢，其目的是使零件表层含碳量增加，经淬火后使表层获得高的硬度和耐磨性，而芯部仍保持一定的强度和较高的韧性及塑性。渗碳处理按渗碳部位分整体渗碳和局部渗碳两种。局部渗碳时对不渗碳部位要采取防渗措施。由于渗碳淬火变形较大，加之渗碳时一般渗碳层深度为 0.5~2 mm，所以渗碳淬火工序常置于半精加工和精加工之间。其加工路线一般为：下料—锻造—正火—粗、半精加工—渗碳—淬火—精加工。当局部渗碳零件的不渗碳部位采用加大加工余量防渗时，渗碳后、淬火前，对防渗部位要增加一道切除渗碳层的工序。

③ 氮化处理。氮化是表面处理的一种热处理工艺，其目的是通过氮原子的渗入使表层获得含氮化合物，以提高零件硬度、耐磨性、疲劳强度和抗蚀性。由于氮化温度低、变形小且氮化层较薄，故氮化工序位置应尽量靠后安排。为减少氮化时的变形，氮化前要加一道除应力工序。因为氮化层较薄且脆，为使零件芯部具有较高的综合机械性能，故粗加

工后应安排调质处理。氮化零件的加工路线一般为：下料—锻造—退火—粗加工—调质—半精加工—除应力—粗磨—氮化—精磨、超精磨或研磨。

（3）辅助工序的安排。辅助工序包括工件的检验、去毛刺、清洗和涂防锈油等，其中检验工序是主要的辅助工序，它对保证产品质量有极重要的作用。检验工序应安排在粗加工全部结束后、精加工之前，零件从一个车间转向另一个车间前后，重要工序加工前后，以及零件全部加工结束之后。

课题七　确定加工余量

知识点

- 加工余量的基本概念
- 影响加工余量大小的因素
- 确定加工余量的方法

技能点

- 确定加工余量的方法

课题分析

加工余量是指加工过程中从加工表面切去的金属层厚度。由于毛坯制造和各个工序尺寸都不可避免地存在着误差，因而无论是总加工余量还是工序加工余量都是个变动值，加工余量过大，不仅会增加机械加工的劳动量，降低生产率，而且会增加材料、工具和电力的消耗，提高加工成本。但是加工余量过小，又不能保证消除前工序的各种误差和表面缺陷，甚至产生废品。因此，应当合理地确定加工余量。对于需要热处理的零件，还要了解热处理后工件变形的规律。否则，往往因变形过大、加工余量不足而造成工件的成批报废。确定加工余量的方法通常有经验估计法、查表修正法和分析计算法。正确地确定工序尺寸及其公差，是制定工艺规程的重要工作之一。

相关知识

一、加工余量的基本概念

加工余量是指加工过程中从加工表面切去的金属层厚度。加工余量可分为工序（工步）加工余量和总加工余量。

工序（工步）加工余量是指某一表面在一道工序（工步）中所切除的金属层厚度，它取决于同一表面相邻工序（工步）前后工序（工步）尺寸之差，如图2-27所示。

对于外表面（图2-27（a））：

$$Z_b = a - b$$

图 2-27 加工余量

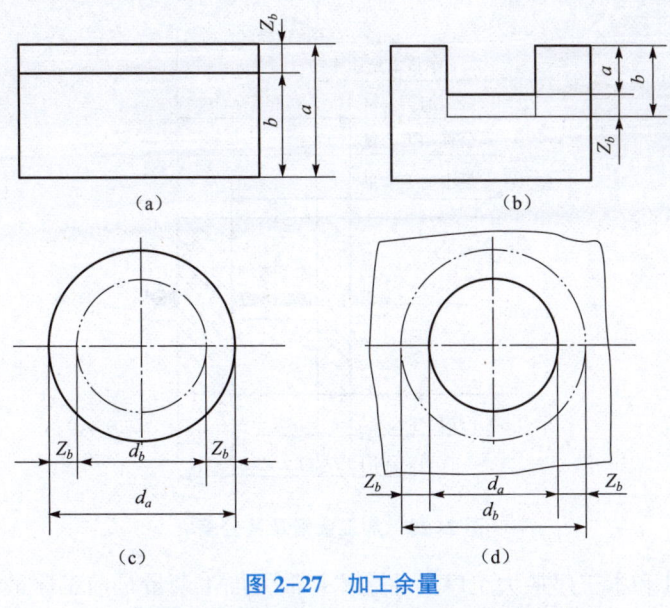

(a) 外表面的工序加工余量；(b) 内表面的工序加工余量；
(c) 轴的直径上的加工余量；(d) 孔的直径上的加工余量

对于内表面（图 2-27 (b)）：

$$Z_b = b - a$$

式中，Z_b 为本工序（工步）的工序加工余量；a 为前工序（工步）的工序尺寸；b 为本工序（工步）的工序尺寸。

上述表面的加工余量为非对称的单边加工余量，旋转表面（外圆和孔）的加工余量是对称加工余量。

对于轴（图 2-27 (c)）：

$$2Z_b = d_a - d_b$$

对于孔（图 2-27 (d)）：

$$2Z_b = d_b - d_a$$

式中，$2Z_b$ 为直径上的加工余量；d_a 为前工序（工步）的加工表面的直径；d_b 为本工序（工步）加工表面的直径。

总加工余量是指零件从毛坯变成成品的整个加工过程中某一表面所切除的金属层的总厚度，即零件上同一表面毛坯尺寸与零件尺寸之差。总加工余量等于各工序加工余量之和。

$$Z_\Sigma = \sum_{i=1}^{n} Z_i$$

式中，Z_Σ 为总加工余量；Z_i 为第 i 道工序的工序加工余量；n 为该表面总共加工的工序（或工步）数。

由于毛坯制造和各个工序尺寸都不可避免地存在着误差，因而无论是总加工余量还是工序加工余量都是个变动值，即出现了最小加工余量和最大加工余量，它们和工序尺寸公差的关系如图 2-28 所示。

由图 2-28 可以看出：公称加工余量是相邻两工序基本尺寸之差；最小加工余量是前

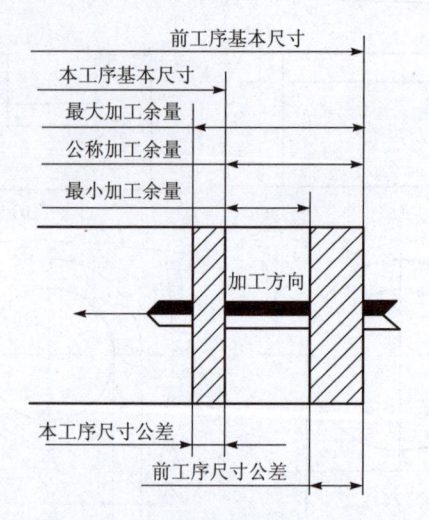

图 2-28 加工余量及其公差

工序最小工序尺寸和本工序最大工序尺寸之差;最大加工余量是前工序最大工序尺寸和本工序最小工序尺寸之差。工序加工余量的变动范围（最大加工余量与最小加工余量的差值）等于前工序与本工序两工序尺寸公差之和。

工序尺寸的公差带，一般规定在零件的"入体"方向，故对于被包容表面（轴），基本尺寸即最大工序尺寸；而对于包容面（孔），则是最小工序尺寸（图2-29）。毛坯尺寸的公差一般采用双向标注。

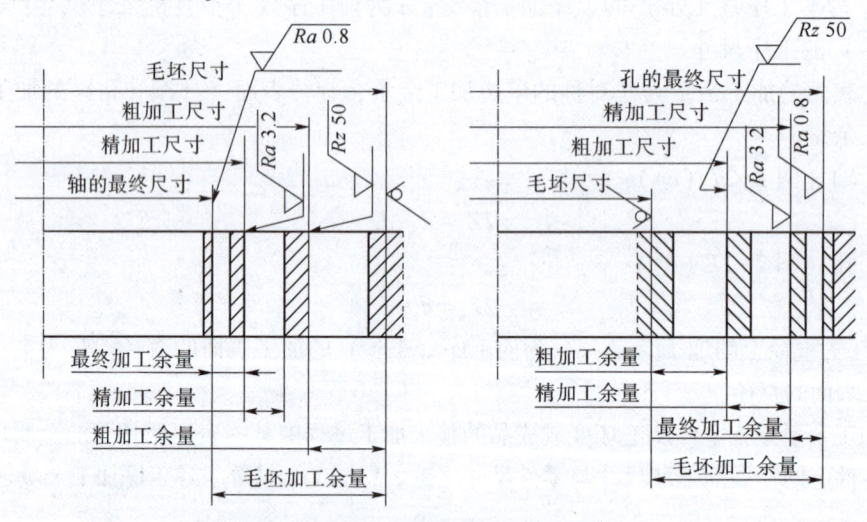

图 2-29 加工余量和加工尺寸分布图

二、影响加工余量大小的因素

加工余量的大小对于零件的加工质量和生产率均有较大的影响。加工余量过大，不仅会增加机械加工的劳动量，降低生产率，而且会增加材料、工具和电力的消耗，提高加工成本。但是加工余量过小又不能保证消除前工序的各种误差和表面缺陷，甚至产生废品。因此，应当合理地确定加工余量。

由前面可知，零件加工表面的总加工余量等于各工序加工余量之和，而工序加工余量（通常指公称加工余量）又是由最小工序加工余量和前工序的工序尺寸公差所构成的。由此可见，为正确地确定加工余量的大小，必须先分析影响最小工序加工余量的因素。

为了使工件的加工质量逐步得到提高，各工序所留最小工序加工余量应能保证前工序产生的形位误差和表面层缺陷被相邻后续工序切除，这就是确定工序最小余量的基本要求。图2-30所示为最小工序加工余量与其构成因素间的关系。图2-30（a）所示为一个需要镗孔的零件，图2-30（b）所示为前工序加工内孔所产生的形位误差及表面缺陷的放大示意图，其中ρ_a为轴线歪斜所形成的位置误差，η_a为圆柱度形状误差，Ra与H_a分别为表面粗糙度与变形层深度。由图2-30（b）可以看出，为了将镗孔前的形位误差及表面缺陷切除，镗孔工序的单边最小加工余量应包括上述误差及缺陷的数值，即

$$Z_b = \frac{d'_b}{2} - \frac{d_a}{2} = H_a + Ra + \eta_a + \rho_a$$

最小工序加工余量所包括的上述误差，都是前工序产生的。在本工序镗孔时，由于某种原因工件不可避免地存在着安装误差ε_b、原孔轴线$O—O$与工件安装后的回转轴线$O'—O'$间的同轴度误差（图2-30（c）），为了确保前工序误差及缺陷的切除，最小工序加工余量还必须考虑ε_b的影响。本工序的安装误差ε_b和前工序的位置误差ρ_a都属于空间误差，计算时应求矢量和的绝对值。如图2-30（c）所示的情况是从最坏条件出发，对两者进行了简单的叠加。

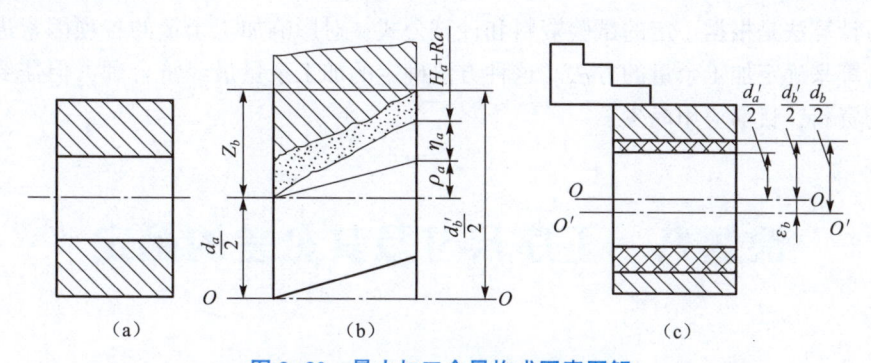

图2-30 最小加工余量构成因素图解
(a) 一个需要镗孔的零件；(b) 形位误差及表面缺陷；(c) 同轴度误差

在明确了影响最小工序加工余量的因素之后，考虑到前工序的尺寸公差（T_a）通常已包括了形状误差η_a，所以影响工序加工余量的因素可归纳为以下几项：

(1) 前工序的表面质量（Ra与H_a）。
(2) 前工序的工序尺寸公差（T_a）。
(3) 前工序的位置误差（ρ_a）。
(4) 本工序工件的安装误差（ε_b）。

而工序加工余量的组成则可用下式表示：

$$2Z_b \geq T_a + 2(H_a + Ra) + 2|\bar{\rho}_a + \bar{\varepsilon}_b| \quad （用于对称加工面）$$

$$Z_b \geq T_a + (H_a + Ra) + |\bar{\rho}_a + \bar{\varepsilon}_b| \quad （用于非对称加工面）$$

对不同的零件和不同的工序，上述误差的数值与表现形式也各有不同，在决定工序加工余量时应区别对待。例如，细长轴易弯曲变形，母线直线误差已超出直径尺寸公差范围，工序加工余量即应适当放大。对采用浮动铰刀等工具以加工表面本身定位进行加工的工序，则可不考虑安装误差 ε_b 的影响，因而工序加工余量可相应减小。至于某些主要用来降低表面粗糙度的精加工及抛光等工序，工序加工余量的大小仅仅与表面粗糙度 Ra 有关。

此外，对于需要热处理的零件，还要了解热处理后工件变形的规律。否则，往往因变形过大、加工余量不足而造成工件的成批报废。

三、课题实施：确定加工余量的方法

1. 经验估计法

经验估计法是根据工艺人员的经验确定加工余量的方法。为了防止加工余量不够而产生废品，所估计加工余量一般偏大。此法常用于单件小批生产。

2. 查表修正法

查表修正法是以工厂生产实践和试验研究积累的有关加工余量的资料数据为基础，并结合实际加工情况进行修订来确定加工余量的方法，应用比较广泛。在查表时应注意表中数据是公称值，对称表面（如轴或孔）的加工余量是双边的，非对称表面的加工余量是单边的。

3. 分析计算法

分析计算法是根据一定的试验资料和计算公式，对影响加工余量的各项因素进行分析和综合计算来确定加工余量的方法。这种方法确定的加工余量最经济合理，但需要积累比较全面的资料，目前应用尚少。

课题八　工序尺寸及其公差的确定

知识点

- 工艺尺寸链
- 工序尺寸及其公差的确定

技能点

- 工序尺寸及其公差的确定

课题分析

工艺尺寸链是解决零件加工过程中加工尺寸间内在联系的重要手段。工艺尺寸链的主要特征仍然是各环连接的封闭性，即由一个封闭环和若干个组成环构成的工艺尺寸链中各环的排列呈封闭形式。工序尺寸及其公差的确定与工序加工余量的大小、工序尺寸的标注以及定位基准的选择和变换有着密切的联系。零件的加工过程，是毛坯的形状和尺寸通过

切削加工逐步向成品演变的过程，在这个过程中，加工表面本身的尺寸以及各表面之间的尺寸都在不断地变化，这种变化无论是在一个工序内部，还是在各个工序之间都有一定的内在联系。运用尺寸链理论去揭示这些尺寸间的联系，是合理确定工序尺寸及其公差的基础。

相关知识

一、工艺尺寸链

1. 工艺尺寸链的概念

工艺尺寸链是解决零件加工过程中加工尺寸间内在联系的重要手段。下面先以如图2-31所示两零件在加工和测量中有关尺寸的关系，来建立工艺尺寸链的概念。

图2-31（a）所示为一定位套，A_Σ与A_1为图样上已标注的尺寸。按零件图进行加工时，尺寸A_Σ不便直接测量。如欲通过易于测量的尺寸A_2进行加工，以间接保证尺寸A_Σ的要求，则首先需要分析尺寸A_1、A_2和A_Σ之间的内在关系，然后据此算出尺寸A_2的数值。

又如图2-31（b）所示零件，当加工C表面时，应使夹具结构简单和工件定位稳定可靠，若选择表面A为定位基准，并按调整法根据对刀尺寸A_2加工表面C，以间接保证尺寸A_Σ的精度要求，则同样需要首先分析尺寸A_1、A_2和A_Σ之间的内在关系，然后据此算出对刀尺寸A_2的数值。

由上述两例可以看出，在零件的加工过程中，为了加工和检验的方便，有时需要进行一些工艺尺寸的计算。为使这种计算迅速准确，按照尺寸链的基本原理，将这些有关尺寸（A_1、A_2和A_Σ）以一定顺序首尾相连排列成一封闭的尺寸系统，即构成了零件的工艺尺寸链，简称工艺尺寸链。图2-31（c）即为反映尺寸A_1、A_2和A_Σ三者关系的工艺尺寸链简图。

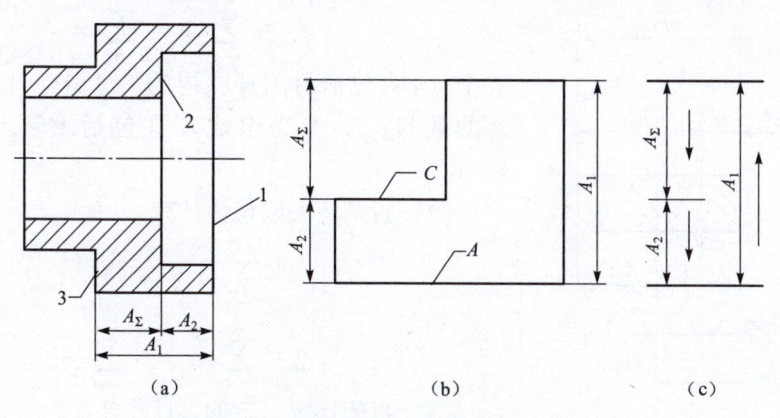

图2-31 两零件加工和测量中的尺寸关系
(a) 定位面；(b) 加工面；(c) 三者关系的工艺尺寸链简图

工艺尺寸链的主要特征仍然是各环连接的封闭性，即由一个封闭环和若干个组成环构成的工艺尺寸链中各环的排列呈封闭形式。组成环是指那些在加工过程中直接获得的尺寸（如上例中的A_1和A_2），封闭环是指那些在加工过程中间接获得的尺寸（如上例中的A_Σ）。

工艺尺寸链中封闭环的确定，之所以比装配、设计尺寸链中的封闭环困难，是由于它是随着零件的加工方案在变化的。由于尺寸链具有封闭特征，故尺寸链中组成环的变化势必引起封闭环的变化。在组成环中，那些自身增大会使封闭环也随之增大的组成环叫作增环，如上例中的 A_1，在计算公式中以符号 $\vec{A_i}$ 表示；反之，那些自身增大会使封闭环随之减小的组成环叫作减环，如上例中的 A_2，以符号 $\overleftarrow{A_i}$ 表示。为了迅速确定尺寸链的组成环中哪些是增环、哪些是减环，可采用下述方法：在尺寸链简图上，先给封闭环任定一方向并画出箭头，然后沿此方向环绕尺寸链回路，依次给每一组成环画出箭头，凡箭头方向和封闭环相反的为增环，相同的则为减环，如图 2-31（c）所示。

2. 工艺尺寸链计算的基本公式

工艺尺寸链的计算方法有两种：极大极小法和概率法。生产中一般多采用极大极小法，其基本计算公式如下。

图 2-32 给出了计算中各种尺寸和偏差的关系，表 2-8 列出了计算用符号。

表 2-8 尺寸链计算所用符号

环	符号名称							
	基本尺寸	最大尺寸	最小尺寸	上偏差	下偏差	公差	平均尺寸	平均偏差
封闭环	A_Σ	$A_{\Sigma max}$	$A_{\Sigma min}$	$B_s A_\Sigma$	$B_x A_\Sigma$	T_Σ	$A_{\Sigma m}$	$B_M A_\Sigma$
增环	$\vec{A}$	$\vec{A}_{max}$	$\vec{A}_{min}$	$B_s \vec{A}$	$B_x \vec{A}$	$\vec{T_i}$	$\vec{A}_m$	$B_M \vec{A}$
减环	$\overleftarrow{A}$	$\overleftarrow{A}_{max}$	$\overleftarrow{A}_{min}$	$B_s \overleftarrow{A}$	$B_x \overleftarrow{A}$	$\overleftarrow{T_i}$	$\overleftarrow{A}_m$	$B_M \overleftarrow{A}$

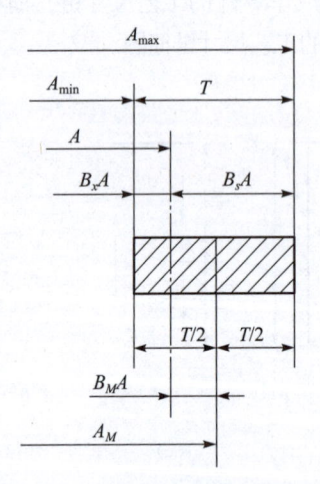

图 2-32 各种尺寸和偏差的关系

（1）封闭环基本尺寸计算。

$$A_\Sigma = \sum_{i=1}^{m} \vec{A}_i - \sum_{i=m+1}^{n-1} \overleftarrow{A}_i \qquad (2-1)$$

式中，n 为包括封闭环在内的尺寸链总环数；m 为增环的数目；$n-1$ 为组成环（包括增环与减环）的数目。

（2）封闭环极限尺寸计算。

$$A_{\Sigma max} = \sum_{i=1}^{m} \vec{A}_{i max} - \sum_{i=m+1}^{n-1} \overleftarrow{A}_{i min} \qquad (2-2)$$

$$A_{\Sigma min} = \sum_{i=1}^{m} \vec{A}_{i min} - \sum_{i=m+1}^{n-1} \overleftarrow{A}_{i max} \qquad (2-3)$$

（3）封闭环上、下偏差计算公式。

$$B_s A_\Sigma = \sum_{i=1}^{m} B_s \vec{A}_i - \sum_{i=m+1}^{n-1} B_x \overleftarrow{A}_i \qquad (2-4)$$

$$B_x A_\Sigma = \sum_{i=1}^{m} B_x \vec{A}_i - \sum_{i=m+1}^{n-1} B_s \overleftarrow{A}_i \qquad (2-5)$$

（4）封闭环公差的计算。

$$T_\Sigma = \sum_{i=1}^{n-1} T_i \qquad (2-6)$$

（5）封闭环平均尺寸计算。

$$A_{\Sigma m} = \sum_{i=1}^{m} \vec{A}_{im} - \sum_{i=m+1}^{n-1} \overleftarrow{A}_{im} \qquad (2-7)$$

式中，A_{im} 为各组成环平均尺寸，按下式计算：

$$A_{im} = \frac{A_{i\max} + A_{i\min}}{2} \qquad (2-8)$$

（6）封闭环平均偏差计算公式。

$$B_M A_{\Sigma} = \sum_{i=1}^{m} B_M \vec{A}_i - \sum_{i=m+1}^{n-1} B_M \overleftarrow{A}_i \qquad (2-9)$$

式中，$B_M A_i$ 为各组成环平均偏差，按下式计算

$$\begin{aligned} B_M A_i &= A_{im} - A_i \\ &= \frac{A_{i\max} + A_{i\min}}{2} - A_i \\ &= \frac{(A_{i\max} - A_i) + (A_{i\min} - A_i)}{2} \\ &= \frac{B_s A_i + B_x A_i}{2} \end{aligned} \qquad (2-10)$$

二、课题实施：工序尺寸及其公差的确定

工序尺寸及其公差的确定与工序加工余量的大小、工序尺寸的标注以及定位基准的选择和变换有着密切的联系。下面依次讨论几种常见情况下工序尺寸的确定方法。

1. 工序基准与设计基准重合时工序尺寸及其公差的确定

零件上外圆和内孔的加工多属于这种情况，当表面需经多次加工时，各工序的加工尺寸及公差取决于各工序的加工余量及所采用加工方法的经济加工精度，计算的顺序是由最后一道工序向前推算的。

案例1：某法兰盘零件上有一个孔，孔径为 $\phi 60^{+0.03}_{0}$ mm，表面粗糙度 Ra 为 0.8 μm，需淬硬。工艺上考虑需经过粗镗、半精镗和磨削加工。各工序的公称加工余量经查手册数值如下：

磨削余量：0.4 mm；

半精镗余量：1.6 mm；

粗镗余量：7 mm。

各工序的尺寸计算如下：

磨削后孔径应达到图样规定尺寸，故磨削工序尺寸即图样上的尺寸 $D = \phi 60^{+0.03}_{0}$ mm。

半精镗后孔径的基本尺寸为

$$D_1 = 60 - 0.4 = 59.6 \text{（mm）}$$

粗镗后孔径的基本尺寸为

$$D_2 = 59.6 - 1.6 = 58 \text{（mm）}$$

毛坯孔径的基本尺寸为

$$D_3 = 58 - 7 = 51 \text{（mm）}$$

按照加工方法能达到的经济精度给各工序尺寸确定公差：磨前半精镗取 IT 9 级公差，查表得 $T_1 = 0.074$ mm；粗镗孔取 IT12 级公差，查表得 $T_2 = 0.3$ mm；毛坯公差 $T_3 = \pm 2$ mm。按规定各工序尺寸的公差应取"入体"方向，则各工序尺寸及其公差如图 2-33 所示。

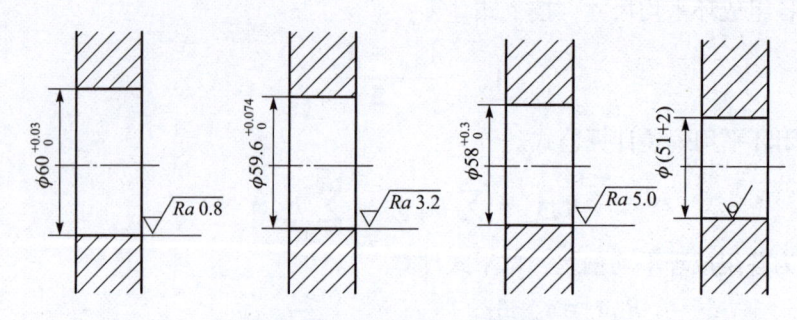

图 2-33　各工序尺寸及其公差

2. 工艺基准与设计基准不重合时工序尺寸及其公差的确定

零件上的表面最终加工时，为了便于测量或工件定位，工艺基准（定位或测量基准）与设计基准不重合，此时应通过换算改注有关工序的尺寸公差。

（1）测量基准和设计基准不重合的尺寸换算。在零件加工中，有时会遇到一些表面在加工之后，按设计尺寸不便（或无法）直接测量的情况。因此需要在零件上另选一易于测量的表面作测量基准进行加工，以间接保证设计尺寸要求。此时，即需要进行工艺换算。

案例 2：如图 2-34 所示轴承瓦，当以端面 B 定位车削内孔端面 C 时，图样中标注的设计尺寸 A_Σ 不便直接测量。如果先按尺寸 A_1 的要求车出端面 A，然后以 A 面为测量基准去控制尺寸 x，则设计尺寸 A_Σ 即可间接获得。在上述三个尺寸 A_Σ、A_1 和 x 所构成的尺寸链中，显然 A_Σ 是封闭环，而 x 和 A_1 为组成环。现在的问题是，如何通过换算以求得尺寸 x。

为了较全面地了解尺寸换算中的问题，我们将图样中的设计尺寸 A_Σ 和 A_1 给出不同的三组（见图 2-34（a）），现分别予以讨论。

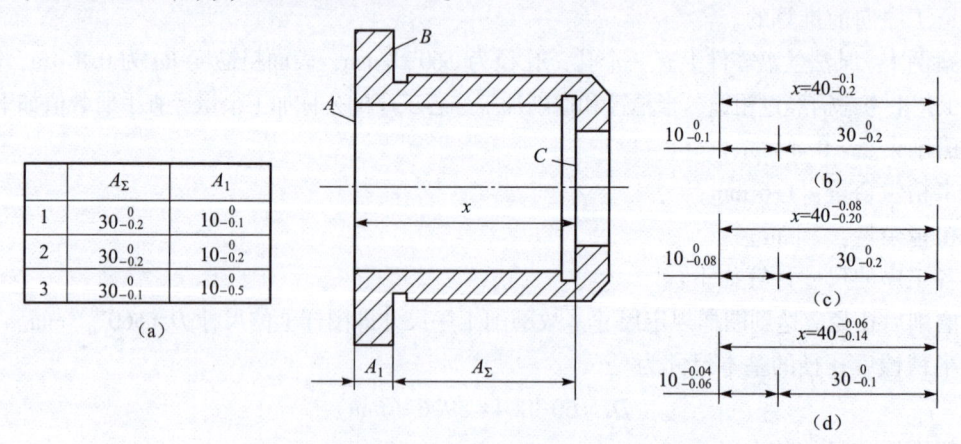

图 2-34　测量基准与设计基准不重合的尺寸换算

1）当设计尺寸 $A_\Sigma = 30_{-0.2}^{0}$ mm，$A_1 = 10_{-0.1}^{0}$ mm 时，求解车内孔端面 C 的尺寸 x 及其偏

差（见图2-34（b））。

① 按式（2-1）求基本尺寸 x。

因为 $\qquad 30 = x - 10$

所以 $\qquad x = 30 + 10 = 40$ （mm）

② 按式（2-4）求上偏差 $B_s x$。

因为 $\qquad 0 = B_s x - (-0.1)$

所以 $\qquad B_s x = -0.1$ mm

③ 按式（2-5）求下偏差 $B_x x$。

因为 $\qquad -0.2 = B_x x - 0$

所以 $\qquad B_x x = -0.2$ mm

最后求得 $x = 40_{-0.2}^{-0.1}$ mm。

2）当设计尺寸 $A_\Sigma = 30_{-0.2}^{0}$ mm，$A_1 = 10_{-0.2}^{0}$ mm 时，如仍采用上述工艺进行加工，由于组成环 A_1 的公差和封闭环 A_Σ 的公差相等，按式（2-6）可求得尺寸 x 的公差为零，即尺寸 x 要加工的绝对准确，这实际上是不可能的，因此必须压缩尺寸 A_1 的公差。设 $A_1 = 10_{-0.08}^{0}$ mm（见图2-34（c）），则 x 值的计算如下。

① 按式（2-1）计算基本尺寸。

$$x = 30 + 10 = 40 \text{（mm）}$$

② 按式（2-4）计算上偏差 $B_s x$。

因为 $\qquad 0 = B_s x - (-0.08)$

所以 $\qquad B_s x = -0.08$ mm

③ 按式（2-5）计算下偏差 $B_x x$。

$$B_x x = -0.2 \text{ mm}$$

最后求得：$x = 40_{-0.20}^{-0.08}$ mm。

3）当设计尺寸 $A_\Sigma = 30_{-0.1}^{0}$ mm，$A_1 = 10_{-0.5}^{0}$ mm 时，由于组成环 A_1 的公差远大于封闭环 A_Σ 的公差，如仍采用上述工艺进行加工，根据封闭环公差应大于或等于各组成环公差之和的关系，考虑到加工内孔端面 C 比较困难，应给其留有较大的公差，即应大幅度压缩 A_1 的公差。假设 $T_{A1} = 0.02$ mm，并取 $A_1 = 10_{-0.06}^{-0.04}$ mm（见图2-34（d）），则 x 值求解如下。

① 基本尺寸。

$$x = 30 + 10 = 40 \text{（mm）}$$

② 上偏差 $B_s x$。

因为 $\qquad 0 = B_s x - (-0.06)$

所以 $\qquad B_s x = -0.06$ mm

③ 下偏差 $B_x x$。

因为 $\qquad -0.1 = B_x x - (-0.04)$

所以 $\qquad B_x x = -0.1 - 0.04 = -0.14$ （mm）

最后求得：$x = 40_{-0.14}^{-0.06}$ mm。

从上述三组尺寸的换算可以看出：通过尺寸换算来间接保证封闭环的要求，必须提高组成环的加工精度。当封闭环的公差较大时（如第一组设计尺寸），仅需要提高本工序（车端面 C）的加工精度；当封闭环的公差等于甚至小于一个组成环的公差时（如第二组或第三组设计尺寸），则不仅要提高本工序尺寸 x 的加工精度，而且要提高前工序（或工步）工序尺寸 A_1 的加工精度。例如第三组的尺寸 A_1 换算后的公差为 0.02 mm，仅为原设计公差 0.5 mm 的 1/25，大大提高了加工精度，增加了加工的困难。因此，工艺上应尽量避免尺寸换算。

必须指出，当按换算后的工序尺寸进行加工以间接保证原设计尺寸要求时，还存在一个"假废品"的问题。例如：当按图 2-34（b）的尺寸链所解算的尺寸 $x = 40_{-0.2}^{-0.1}$ mm 进行加工时，如某一零件加工后实际尺寸 $x = 39.95$ mm，即较工序尺寸的上限还超差 0.05 mm，从工序上看，此件即应报废。但如将该零件的 A_1 实际尺寸再测量一下，如果 $A_1 = 10$ mm，则封闭环尺寸 $A_\Sigma = 39.95 - 10 = 29.95$(mm)，仍符合设计尺寸 $30_{-0.2}^{0}$ mm 的要求。这就是工序上报废而产品仍合格的"假废品"问题。为了避免"假废品"的出现，对换算后工序尺寸超差的零件，应按设计尺寸再进行复量和换算，以免将实际尺寸合格的零件报废而造成浪费。

（2）定位基准和设计基准不重合的尺寸换算。零件加工中，当加工表面的定位基准与设计基准不重合时，也需要进行一定的尺寸换算。

案例3：如图 2-35（a）所示零件，镗孔前，表面 A、B、C 已经加工过。镗孔时，为使工件装夹方便，选择表面 A 为定位基准，并按工序尺寸 A_3 进行加工。为了保证镗孔后间接获得的设计尺寸 A_Σ 符合图样规定的要求，必须将 A_3 的加工误差控制在一定范围内。

首先必须明确设计尺寸 A_Σ 是本工序加工工序中的派生尺寸，即封闭环。然后从封闭环出发，按顺序将尺寸 A_2、A_1 和 A_3 连接为一封闭的系统，即形成工艺尺寸链图（见图 2-35（b））。在此尺寸链中，按画箭头的方法可迅速判断 A_3 与 A_2 为增环、A_1 为减环。

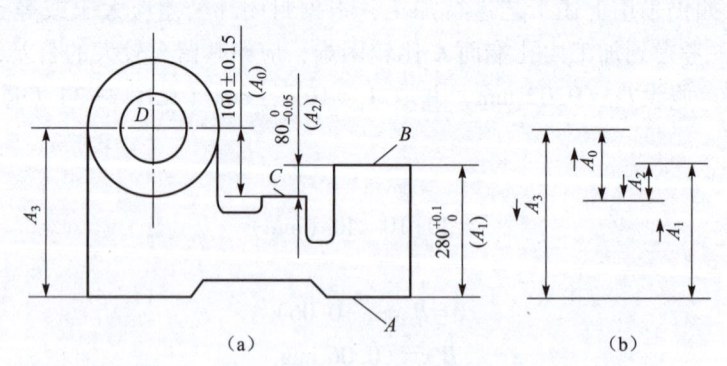

图 2-35 定位基准和设计基准不重合的尺寸换算
(a) 零件；(b) 工艺尺寸链图

在明确了各环的性质，并绘制出工艺尺寸链简图后，本工序镗孔的工序尺寸 A_3 可按下列各式进行计算。

1) 按式 (2-1) 计算基本尺寸。

因为 $A_\Sigma = A_3 + A_2 - A_1$

$100 = A_3 + 80 - 280$

所以 $A_3 = 300$ （mm）

2) 按式 (2-4) 计算上偏差。

因为 $B_s A_\Sigma = B_s A_2 + B_s A_3 - B_x A_1$

$0.15 = 0 + B_s A_3 - 0$

所以 $B_s A_3 = 0.15$ mm

3) 按式 (2-5) 计算下偏差。

因为 $B_x A_\Sigma = B_x A_2 + B_x A_3 - B_s A_1$

$-0.15 = -0.05 + B_x A_3 - 0.1$

所以 $B_x A_3 = 0.1 + 0.05 - 0.15 = 0$ (mm)

最后求得镗孔尺寸为 $A_3 = 300^{+0.15}_{0}$ mm。

3. 从尚需继续加工表面标注工序尺寸的计算

在零件加工中，有些加工表面的测量基面或定位基面是一些尚需继续加工的表面，当加工这些基面时，不仅要保证本工序对该加工表面的一些精度要求，而且还要保证原加工表面的要求，即一次加工后要同时保证两个尺寸的要求。此时即需要进行工艺上的尺寸换算。

案例 4：图 2-36 (a) 所示为一齿轮内孔的简图，内孔尺寸为 $\phi 85^{+0.035}_{0}$ mm，键槽尺寸深度为 $90.4^{+0.20}_{0}$ mm。内孔及键槽的加工顺序如下。

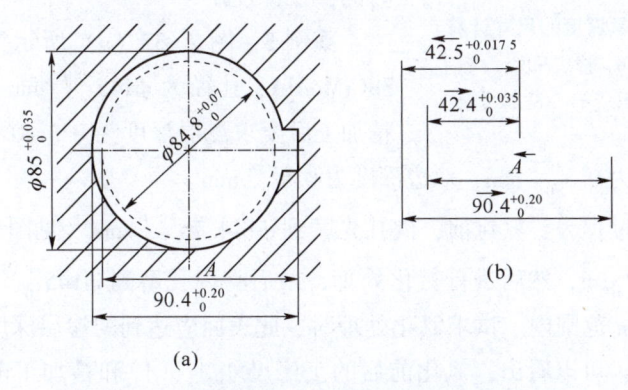

图 2-36 从尚需继续加工表面标注工序附的计算
(a) 一齿轮内孔的简图；(b) 尺寸链简图

(1) 精镗孔至 $\phi 84.8^{+0.07}_{0}$ mm。

(2) 插键槽至尺寸 A（通过工艺计算确定）。

(3) 热处理。

(4) 磨内孔至 $\phi 85^{+0.035}_{0}$ mm，同时间接保证键槽深度 $90.4^{+0.20}_{0}$ mm 的要求。

根据以上加工顺序可以看出，磨孔后不仅要能保证内孔的尺寸 $\phi 85^{+0.035}_{0}$ mm，而且要能同时自动获得键槽的深度尺寸 $90.4^{+0.20}_{0}$ mm，为此必须正确地算出以镗孔后表面为测量基准的插键槽

的工序尺寸 A。图 2-36（b）列出了尺寸链简图，其中精镗后的半径 $42.4^{+0.035}_{0}$ mm、磨孔后的半径 $42.5^{+0.0175}_{0}$ mm 以及键槽尺寸 A 都是直接获得的，为组成环；键槽深度 $90.4^{+0.20}_{0}$ mm 是间接获得的，为封闭环。按照工艺尺寸链的公式 A 值计算如下。

（1）按式（2-1）求基本尺寸。
因为　　　　$90.4 = A + 42.5 - 42.4$
所以　　　　$A = 90.4 + 42.4 - 42.5 = 90.3$（mm）

（2）按式（2-4）求上偏差。
因为　　　　$0.2 = B_s A + 0.0175 - 0$
所以　　　　$B_s A = 0.20 - 0.0175 = 0.183$（mm）

（3）按式（2-5）求下偏差。
因为　　　　$0 = B_x A + 0 - 0.035$
所以　　　　$B_x A = 0.035$（mm）

插键槽工序尺寸：
$$A = 90.3^{+0.183}_{+0.035} \text{ mm}$$

4. 保证渗氮、渗碳层深度的工艺计算

产品中有些零件的表面需进行渗氮或渗碳处理，而且在精加工后还要保持一定的渗层深度。为此，必须合理地确定渗前加工的工序尺寸和热处理时的渗层深度。

案例 5：图 2-37（a）所示为一衬套，材料为 38CrMoAlA，孔径为 $\phi 145^{+0.05}_{0}$ mm 的表面需要渗氮，精加工后要求渗层深度为 0.3～0.5 mm（见图 2-37（b）），即单边深度为 $0.3^{+0.2}_{0}$ mm，双边深度为 $0.6^{+0.4}_{0}$ mm。

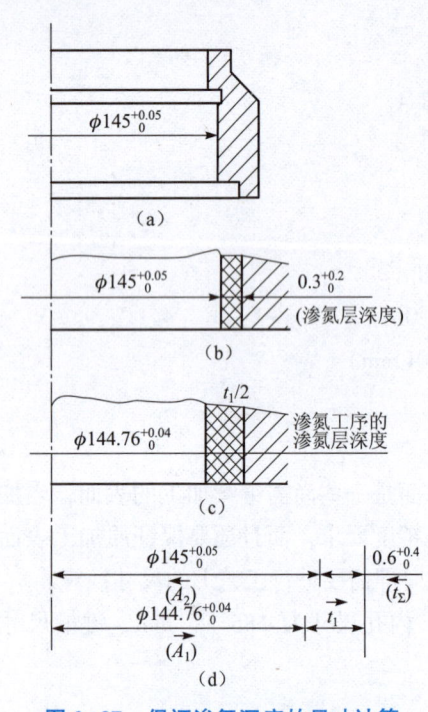

图 2-37　保证渗氮深度的尺寸计算
（a）衬套；（b）渗层深度；
（c）表面加工过程；（d）工艺尺寸链

该表面的加工过程为：氮化前，内孔先磨到 $\phi 144.76^{+0.04}_{0}$ mm（见图 2-37（c）），表面粗糙度 Ra 值为 0.8 μm，然后进行氮化处理，最后将内孔磨到 $\phi 145^{+0.05}_{0}$ mm，并保证渗层深度在 0.3～0.5 mm 范围内。试求氮化处理时，此表面应达到的渗层深度 t_1。

由图 2-37（d）可以看出，氮化前后的工序尺寸 A_1、A_2 和精加工前后的渗层深度可组成一工艺尺寸链。显然，t_Σ 为封闭环。t_1 的求解如下：

（1）按式（2-1）可求得 t_1 的基本尺寸为
$$t_1 = 145 + 0.6 - 144.76 = 0.84 \text{（mm）}$$

（2）按式（2-4）、式（2-5）可求得 t_1 的上、下偏差为
$$B_s t_1 = 0.4 - 0.04 = 0.36 \text{（mm）}$$
$$B_x t_1 = 0.05 \text{ mm}$$

故
$$t_1 = 0.84^{+0.36}_{+0.05} \text{ mm（双边）}$$
$$t_1/2 = 0.42^{+0.180}_{+0.025} \text{ mm（单边）}$$

即渗层深度为 0.445～0.6 mm。保证渗碳层尺寸链的解算和渗氮情况相同。

案例6：如图2-38（a）所示的轴套，其中 $\phi 28_{-0.052}^{0}$ mm 外径表面上要求镀铬，镀层厚度为 0.025~0.04 mm（双边即 0.05~0.08 mm 或 $0.08_{-0.03}^{0}$ mm）。该表面加工顺序：车—磨—镀铬，求 $\phi 28_{-0.052}^{0}$ mm 外径在镀铬前的工序尺寸 A 和公差。

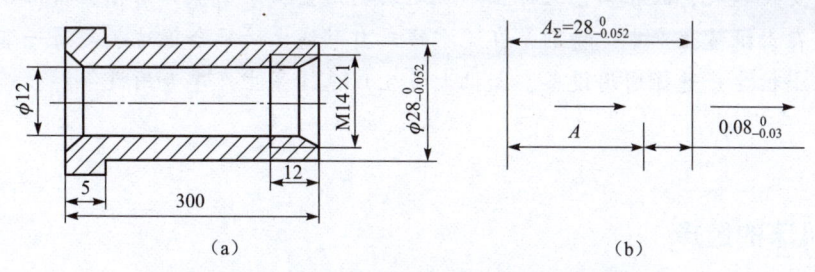

图2-38 镀后不加工的尺寸换算及尺寸链图
（a）轴套；（b）尺寸链简图

解：因零件尺寸 $\phi 28_{-0.052}^{0}$ mm 是镀铬以后间接保证的，所以它是封闭环。作尺寸链简图2-38（b），按尺寸链计算公式求出。

（1） A 的基本尺寸：

$$28 \text{ mm} = A + 0.08 \text{ mm} - 0 \text{（无减环，故为0）}$$

则 A = 27.92 mm。

（2） A 的上偏差：

$$0 = B_s A + 0$$

则 $B_s A = 0$。

（3） A 的下偏差：

$$-0.052 \text{ mm} = B_x A + (-0.03) \text{ mm}$$

则 $B_x A = -0.022$ mm。

所以镀铬前的工序尺寸 A 为 $27.92_{-0.022}^{0}$ mm。

课题九　机床、工艺装备及其他参数的选择

知识点

- 机床的选择
- 工艺装备的选择
- 切削用量与工时定额的确定

技能点

- 合理选择机床及工艺装备
- 合理确定切削用量及工时定额

课题分析

在一般工厂中，由于工件材料、毛坯状况、刀具材料和几何角度以及机床的刚度等许多工艺因素变化较大，故在工艺文件上不规定切削用量，而由操作者根据实际情况自己确定。但是，在大批量生产中，特别是在流水线或自动线上必须合理地确定每一工序的切削用量。单件小批生产选择通用设备，大批大量生产选择高生产率专用设备。

相关知识

一、机床的选择

在选择机床时应注意下述几点：

（1）机床的主要规格尺寸应与加工零件的外廓尺寸相适应，即小零件应选小的机床，大零件应选大的机床，做到设备合理使用。对于大型零件，在缺乏大型设备时，可采用"蚂蚁啃骨头"的办法，以小干大。

（2）机床的精度应与工序要求的加工精度相适应。对于高精度的零件加工，在缺乏精密设备时，可通过设备改装，以粗干精。

（3）机床的生产率与加工零件的生产类型相适应，即单件小批生产选择通用设备，大批大量生产选择高生产率专用设备。

（4）机床选择还应结合现场的实际情况，例如设备的类型、规格及精度状况，设备负荷的平衡状况以及设备的分布排列情况等。

二、工艺装备的选择

工艺装备的选择，包括夹具、刀具和量具的选择。

1. 夹具选择

单件小批生产，应尽量选用通用夹具，例如各种卡盘、虎钳和回转台等。为提高生产率，应积极推广使用组合夹具。大批量生产，应采用高生产率的气液传动的专用夹具。夹具的精度应与加工精度相适应。

2. 刀具的选择

一般采用标准刀具，必要时也可采用各种高生产率的复合刀具及其他一些专用刀具。刀具的类型、规格及精度等级应符合加工要求。

3. 量具的选择

单件小批生产中应采用通用的量具，如游标卡尺与百分尺等。大批量生产中应采用各种量规和一些高生产率的专用检具。量具的精度必须与加工精度相适应。

三、切削用量与工时定额的确定

正确选择切削用量，对保证加工精度、提高生产率和降低刀具的损耗有很大的意义。在一般工厂中，由于工件材料、毛坯状况、刀具材料和几何角度以及机床的刚度等许多工艺因素变化较大，故在工艺文件上不规定切削用量，而由操作者根据实际情况自己确定。但是，在大批量生产中,特别是在流水线或自动线上必须合理地确定每一工序的切削用量。

工时定额是完成某一工序所规定的时间。定额的制定应考虑到最有效的利用生产工具,并参照工人的实践经验,在充分调查研究、广泛征求工人意见的基础上,实事求是地予以确定。

项目驱动

1. 什么是生产过程?什么是工艺过程?二者有什么关系?
2. 举例说明工序、安装、工位、工步及走刀的概念。
3. 什么是生产纲领?有哪几种生产类型?
4. 什么是工艺规程?简述工艺规程制定的步骤。
5. 什么是定位基准?精基准与粗基准的选择各有何原则?
6. 如图2-39所示零件,在加工过程中将A面放在机床工作台上加工B、C、D、E、F表面,在装配焊接A面与其他零件连接。试说明:

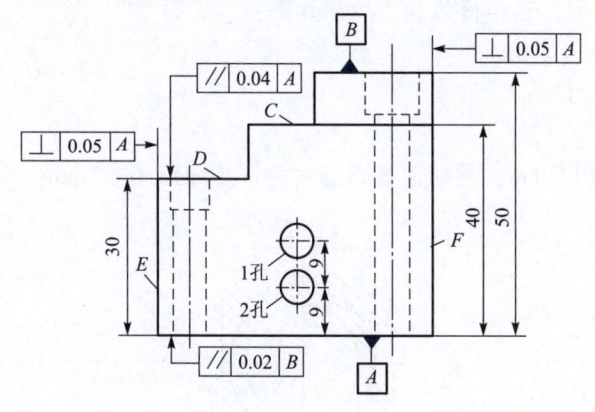

图2-39

（1）A面是哪些表面的尺寸和相互位置的设计基准?
（2）哪个表面是装配基准和定位基准?

7. 如图2-40所示零件,尺寸$60_{-0.12}^{0}$ mm,现以1面定位用调整法精铣2面,试求工序尺寸A_2及其偏差。

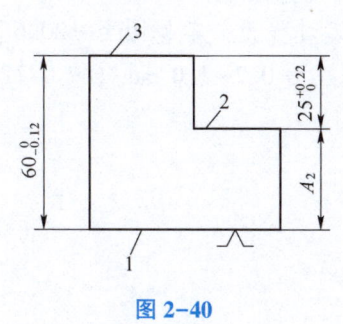

图2-40

8. 如图2-41所示的零件，加工时要求保证尺寸（6±0.1）mm，但该尺寸加工时不便测量，只能通过测量尺寸 L 间接保证，试求工序尺寸 L 及其偏差。

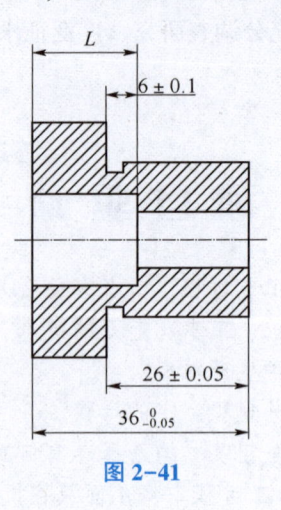

图 2-41

9. 如图2-42所示，孔和槽的加工顺序如下：
(1) 镗孔至 $\phi 39.6^{+0.1}_{0}$ mm；
(2) 插键槽至尺寸 A；
(3) 热处理；
(4) 磨孔至 $\phi 40^{+0.05}_{0}$ mm，同时间接保证键槽深度 $\phi 43.6^{+0.34}_{0}$ mm。

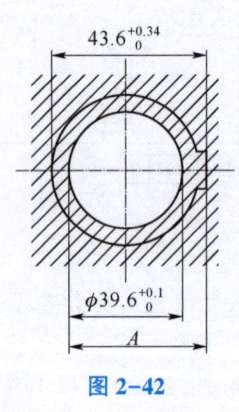

图 2-42

10. 一批圆轴工件，其加工过程为：车外圆至 $\phi 20.6^{0}_{-0.04}$ mm，渗碳淬火，磨外圆至 $\phi 20^{0}_{-0.02}$ mm，这时保证渗碳层深度为 0.7～1.0 mm（或 $0.7^{+0.3}_{0}$ mm），试求磨削前渗碳层的深度 A 及其偏差。

项目三

典型零件加工工艺

知识目标

1. 掌握轴类零件的加工工艺；
2. 掌握箱体类零件的加工工艺；
3. 掌握圆柱齿轮的加工工艺。

能力目标

具有分析典型零件（轴类、箱体类、圆柱齿轮类）加工工艺过程的能力。

课程思政案例四

素质目标

1. 培养学生的实操能力及分析和解决问题的能力；
2. 培养学生吃苦耐劳、脚踏实地的工作作风。

课题一 主轴加工

知识点

- 主轴的结构特点及技术要求
- 主轴加工工序分析
- 主轴加工工艺过程

技能点

- 主轴加工工艺分析

课题分析

主轴属于轴类零件，是机床的重要零件之一，其主要作用是支承传动零件、传递运动和动力，并保证装于其上的刀具和工件有较高的回转精度。主轴毛坯常采用锻造方法制造，选用45钢、40cr、65Mn、18CrMnTi、20Mn$_2$M等材料，并配以正火、调质、局部淬火等热处理，以保证其强度、韧性和耐磨性。由于主轴加工精度要求较高，故在加工过程中通常划分为比较明显的粗加工、半精加工、精加工三个阶段，采用互为基准原则选择定位基面来保证支承轴径与孔的同轴度要求。在主轴加工工艺中，机床设备的选择要与生产批量大小相适应。

相关知识

一、主轴的结构特点及技术要求

主轴是机床的重要零件之一，它传递着大的扭矩和高的转速。在工作中，它承受扭转力矩和弯曲力矩，还必须保证装于其上的工件或刀具有高的回转精度。

主轴设计有五点要求：合理的结构；高的尺寸精度、形位精度与表面质量；足够的刚度；好的抗振性和尺寸稳定性；一定的抗疲劳强度。对于后三项，正确选择主轴材料及热处理工艺很重要，对于其制造精度，则应由机械加工获得。

通常主轴支承形式为两支承结构，也有三支承结构。图 3-1 所示为卧式车床主轴的简图，其各主要加工表面如下：

(1) 支承轴颈 1 和 2 为装配基准，它们的加工误差直接关系到主轴的回转精度。

(2) 莫氏锥孔 3 用于安装顶尖或工具锥柄，其中心线必须与支承轴颈的中心线严格同轴，且锥孔与工具锥柄有良好的配合。

(3) 前端圆柱面与端面为安装卡盘的定位面，因此，圆柱面必须与支承轴颈同轴，端面应与主轴旋转中心相垂直。

(4) 安装传动齿轮的轴颈 4 及 5，若它们与支承轴颈有明显的不同轴，则会造成齿轮啮合不良。

(5) 安装锁紧螺母的外螺纹 6 与 7，若其端面圆跳动较大，则会影响整个主轴的径向圆跳动。

另外，主轴往往有一个通孔，也需注意此深孔的加工不要偏离中心线，否则当主轴高速转动时，会因离心力而引起振动。

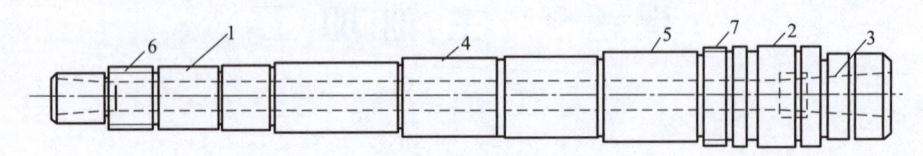

图 3-1 卧式车床主轴简图

1，2，4，5—轴颈；3—莫氏锥孔；6，7—外螺纹

对主轴的技术要求见表 3-1。

表 3-1 主轴的技术要求　　　　　　　　　　mm

项 目		普通机床	精密机床
支承轴颈	尺寸精度/mm	J5, js5, js6	与轴承配合间隙 0.003~0.005
	圆锥度/mm	0.01	0.003/100
	圆度/mm	0.005	0.002
	同轴度/mm	0.005~0.01	0.003~0.005
	表面粗糙度 Ra/μm	0.4	0.2

续表

项　目			普通机床	精密机床
内锥孔	与支承轴颈的径向圆跳动/mm	近轴端处	0.005	0.001
		离轴端300 mm处	0.01	0.002
	表面粗糙度 Ra/ μm		0.4	0.1~0.05
轴向定位支承面对支承轴颈的垂直度/mm			0.008	0.002
前端面对支承轴颈的垂直度/mm			0.008	0.002
螺纹对支承轴颈的径向跳动/mm			<0.025	0.02
内锥孔的接触面/%			65~80	80~85
螺纹精度			二级	一级

普通机床的主轴材料为45钢，常在采用正火或调质处理后，又在某些局部表面进行表面淬火处理，以保证它具有一定的强度、韧性和耐磨性等要求，用毛坯锻造方法制作。

对于精度要求较高，且转速较快的机床主轴，一般选用40Cr等合金结构钢，可经调质和表面淬火处理后，使它有较高的综合力学性能。

高精度磨床主轴无中间通孔，要求具有更高的耐磨和抗疲劳性能，故采用轴承钢TCr15或弹簧钢65Mn材料。

对于高速重载条件下工作的高精度主轴，可选用18CrMnTi和20Mn2B等低碳合金钢或用38CrMoAlA渗氮钢作为材料。低碳合金钢经渗碳淬火处理后，具有高的表面硬度、冲击韧度和芯部强度，但热处理变形较大，而渗碳钢经调质和表面渗碳处理后，会有很高的芯部强度和表面硬度，优良的耐疲劳性，且热处理变形很小。

二、主轴加工工序分析

1. 各外圆表面车削

在主轴加工工艺中，如何提高车削生产率是个问题。在不同批量的生产条件下，车削主轴采用了不同的机床设备：单件小批生产采用卧式车床；成批生产采用带液压仿形刀架的车床或液压仿形车床；大批大量生产采用液压仿形车床或多刀半自动车床。

2. 支承轴颈的精加工和光整加工

主轴外圆表面的精加工通常采用磨削的方法，一般能达到IT6级的精度等级，表面粗糙度为 Ra0.8~0.2 μm。如果半精磨和精磨分别在两台磨床上进行，且精磨机床精度高、操作认真仔细，则可达IT5级精度。

在精磨外圆工序中，如用锥堵定位，则其顶尖孔必须先经过研磨，使顶尖与顶尖孔有良好的接触面；如果采用锥套心轴，则操作中应对支承轴颈表面用千分表进行校正，这意味着采用了支承轴颈本身作定位基面，锥套心轴仅起夹持的作用。

对于精度要求很高的主轴（如坐标镗床主轴），精磨外圆工序达不到要求，就应进行超精密磨削与镜面磨削，或者采用光整加工。

用作超精密磨削和镜面磨削的砂轮需经过精细的修整，将砂轮的磨粒修整出大量等高的微刃，这些等高的微刃能切除工件表面上微薄的余量（微量缺陷及微量的尺寸、形状误差），从而获得很高的加工精度。等高的微刃在加工表面上尚会留下极细微的切削痕迹，但表面粗糙度仍很小。在无火花光磨时，处于半钝化状态的微刃与工件表面形成一定的磨削压力，产生了滑擦、挤压及抛光的作用，可使表面粗糙度进一步减小，达到镜面的程度。

具体实施时，所用的砂轮修整用量和磨削用量如表 3-2 所示。

表 3-2 砂轮修整和磨削用量

砂轮修整用量及磨削用量	超精密磨削	镜面磨削
砂轮线速度/（m·s^{-1}）	12~20	12~20
修整导程/mm	0.20~0.03	≤0.01
修整横向进给次数/次	2~3	3
工件线速度/（m·min^{-1}）	4~10	4~10
磨削时工作台纵向进给速度/（mm·min^{-1}）	50~100	≤80
磨削深度/mm	0.002 5~0.005	≤0.002 5
磨削横向进给次数/次	1~2	1~2
无火花光磨工作台往复次数/次	4~6	15~25
磨削余量/mm	0.002~0.002 5	≤0.003
可达到表面粗糙度 Ra/μm	0.01~0.025	≤0.01

3. 内锥孔的精加工

内锥孔精加工是主轴加工工艺的最后一道关键工序。在批量生产中，大多采用专用锥孔磨床作精磨，或者将原有机床改装为主轴锥孔专用磨床。在磨削锥孔时，要求传动平稳，尽可能减少磨床头架主轴的回转误差对工件主轴的影响。为此，头架主轴与工件主轴之间必须采用挠性连接传动。挠性传动的具体结构有各种不同形式，常用的一种结构为浮动卡头，如图 3-2 所示，其左端插入磨床头架主轴锥孔内，弹簧 2 将卡头外壳连同工件向左拉，通过钢球 1 压向镶有硬质合金的端面，限制了工件的轴向窜动。浮动卡头仅通过拨盘及拨销 7 使工件旋转，而工件主轴与头架主轴间无刚性连接，工件的回转中心线由专用磨床夹具决定，不会受头架主轴回转误差的影响。

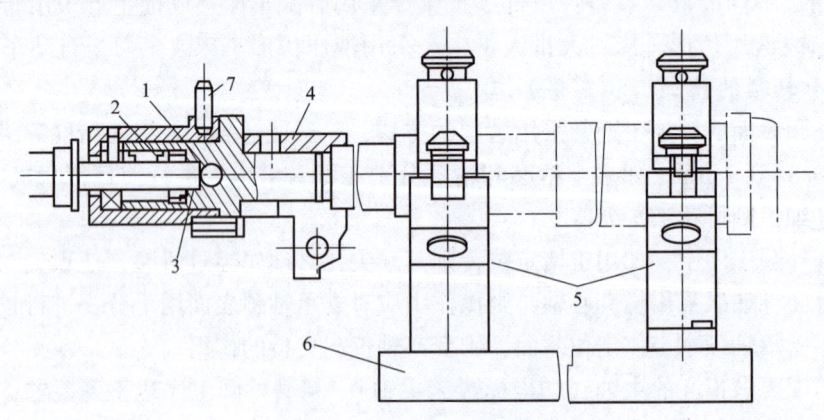

图 3-2 精磨主轴内锥孔

1—钢球；2—弹簧；3—硬质合金；4—弹性套；5—支承架；6—底座；7—拨销

磨锥孔专用夹具以工件主轴的两个支承轴颈为定位基准，因此，图 3-2 中有两个支承架5，而其结构形式大致有两种（图3-3）：部分轴瓦式，即以铜轴瓦作支承，刚性较好，按每批工件支承轴颈拉制；V形架式，即以V形架为支承，左右镶有两块硬质合金垫块，其表面经过研磨，表面粗糙度很小，仅为 $Ra0.05\ \mu m$。预先制备好几套厚度不同的垫块，可适应不同直径的工件。工件以硬质合金垫块的表面为支承进行磨削。其特点为：精度高，质量稳定，使用方便，寿命长，有一定的通用性。

三、课题实施：主轴加工工艺过程

主轴加工工艺的要点有两个方面：加工精度要求高，尤其是主轴支承轴颈和莫氏锥孔的尺寸精度，两支承轴颈的同轴度及其锥孔的同轴度较高，是加工的关键；主轴是外表面为多阶梯的空心轴，而主轴毛坯一般是实心锻件，并有深孔加工问题。

主轴属于轴类零件，通常在加工外圆时应以顶尖孔为定位基准，以求各工序定

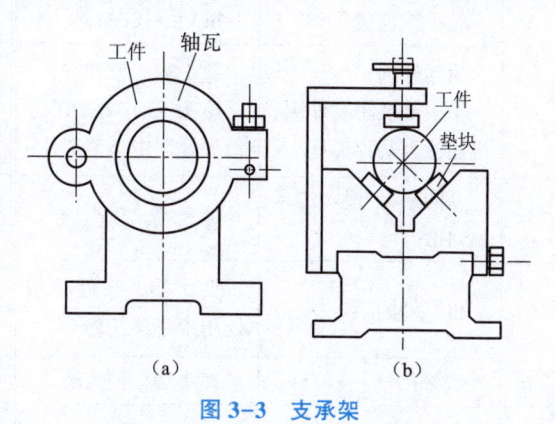

图3-3 支承架
(a) 部分轴瓦式；(b) V形架式

位基准的统一。但是，深孔钻削通孔是粗加工工序，要切除大量金属，易造成主轴变形，故只能将钻深孔工序跟随在粗车外圆工序之后。但是在以后工序中顶尖孔已不复存在。因此，在成批生产中，需在通孔两端加工出因工艺需要的辅助工艺锥面，然后插入两个带顶尖的工艺锥堵或锥堵心轴，以便于安装主轴工件。

为了确保支承轴颈与锥孔的同轴度要求，通常采用互为基准的原则来选择定位基面。

主轴的加工工艺路线大致安排如下：备料—锻造—正火—打中心孔—粗车—调质或时效—钻深孔—半精车—车锥孔—表面淬火—粗磨外圆—粗磨内锥孔—精磨内锥孔。表3-3所示为卧式车床主轴小批量生产的加工工艺过程。具体分析如下：

1. 加工阶段的划分

由于主轴加工精度要求高，且切除的金属量较多，所以无论是小批生产还是大批生产，其加工工艺都被划分为比较明显的三个阶段：

（1）粗加工阶段：粗车外圆，钻深通孔等；

（2）半精度加工阶段：半精车外圆及两端锥孔，扩中心通孔等；

（3）精加工阶段：半精车各段外圆，精磨各段外圆及锥孔等。

各阶段的划分往往以热处理为界。

对于普通机床的主轴，精磨是最终的工序。但是，作为精密机床的主轴，在精磨后还应有光整加工阶段。例如采用超精密磨削、镜面磨削、超精加工、双轮珩磨或研磨等加工方法进行加工。

表 3-3 卧式车床主轴加工工艺过程

序号	工序内容	定位及夹紧	序号	工序内容	定位及夹紧
1	锻造		9	仿形半精车外圆	夹大端，顶小端
2	毛坯正火		10	车大端外圆，车两端锥孔	顶小端，顶大端孔
3	钻小端顶尖孔	按划线找中心	11	花键加工	
4	粗车外圆；车中部及小端外圆，端面钻大端顶尖孔	顶小端，夹大端；掉头夹小端，在近大头处用中心架托住	12	工件轴颈表面高频淬火	
5	调质处理 220~240 HBS	夹大端，顶小端	13	粗磨各外圆	
6	粗车外圆	夹大端，在近小端处用中心架托住	14	磨花键	顶两端锥堵的顶尖孔
			15	车螺纹	
7	钻深孔	夹小端，顶大端	16	精磨外圆	
8	半精车外圆	掉头夹大端，托住小端	17	粗、精磨前锥孔	顶两端锥堵的顶尖孔；夹小端，托住小端支承轴颈

2. 定位基准的选取

定位基准的选取与主轴加工的生产批量有关，见表 3-4，现作如下分析。

表 3-4 主轴工艺的定位基准

工序内容	成批、大批生产	小批生产
打顶尖孔	毛坯外圆	划线找正
粗车外圆	顶尖孔	顶尖孔
钻通孔	粗车后的两支承轴颈	夹大端、托小端
半精车和精车	锥堵两顶尖孔	夹一端、顶一端
粗、精磨外圆	锥堵两顶尖孔	锥堵两顶尖孔
粗、精磨锥孔	靠近两支承轴颈的外圆	夹小端、托大端

（1）加工顶尖孔的定位。批量大时，主轴毛坯一般采用模锻，各加工表面余量较均匀，且外圆面较平整，因此，不必划线找正，就以毛坯的外圆面作为粗基准。

（2）钻通孔工序。小批生产的加工在卧式车床上进行，定位夹紧方式只能是用三爪自定心卡盘夹工件主轴的大端外圆，再用中心架托住小端的外圆，尾座上夹持通用的麻花钻进行钻孔，此法生产率低。

当批量较大时，主轴的通孔加工可采用专用的深孔钻在专门的深孔钻床上进行，这样不仅提高了生产率，同时也能保证深孔中心不偏斜。所以，定位基准使用经粗车后的两支承轴颈。

（3）为了尽可能使各工序的定位基准统一，在批量生产中，一般都采用锥堵或带有锥堵的心轴，它们的结构如图 3-4 所示。当主轴内锥孔的锥度较小时，由于摩擦力可自锁，故用锥堵；当锥孔的锥度大时，就要用带锥套的心轴。

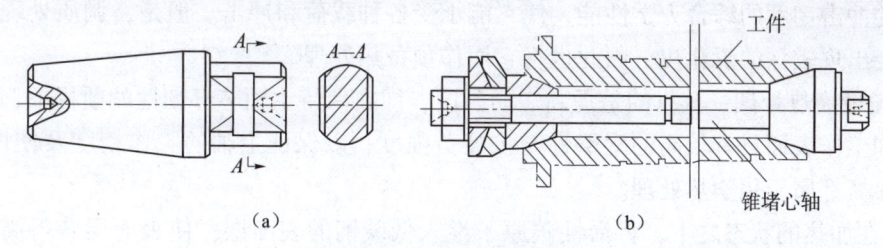

图 3-4 锥堵及锥堵心轴
(a) 锥堵；(b) 锥堵心轴

使用时需注意以下两点：

1）锥堵的锥面与顶尖孔之间肯定有一定的同轴误差，因此锥堵装上以后，直到磨内锥孔工序前才拆下，不允许中途更换或拆下。

2）装配时不能用力过大，尤其对于壁厚较小的主轴，用力太大会使主轴变形。

（4）在精加工阶段，内锥孔和支承轴颈的磨削加工采用了互为基准的原则。磨内锥孔工序，最好是直接用两个支承轴颈作定位基准，但是，具体实施时会出现两方面的困难：一是主轴前支承轴颈往往是 1∶12 的圆锥面而不是圆柱面，给夹具设计带来了麻烦；二是使用过程中容易被拉毛或划伤。因此，实际生产中应用了靠支承轴颈最近的圆柱轴颈作为定位基准。当然，为了减小定位误差，用作定位的圆柱轴颈和支承轴颈应在一次安装中一起加工。

3. 热处理工序的安排

热处理工序也是主轴加工的重要工序，用以改变主轴材料的金相组织从而获得必要的力学性能。根据所用材料的不同，应采用的热处理方法及所能达到的表面硬度见表 3-5。

表 3-5 主轴的材料与热处理

主轴材料	预备热处理	最终热处理	表面硬度 HRC
车床、铣床主轴 45 钢	正火或调质	局部加热淬火后回火	45~52
外圆磨床砂轮轴 65Mn	调质	高频加热淬火后回火	50~58
专用车床主轴 40Cr	调质	高频加热淬火后回火	52~56
齿轮磨床主轴 18CrMnTi	正火	渗碳淬后回火	58~63
卧式镗床主轴、精密外圆磨砂轮轴 38CrMoAl	调质、消除应力处理	渗氮	>65

（1）预备热处理，即毛坯热处理，安排在粗加工开始之前。其作用为：消除锻造内应力，硬度一般应在 150~250 HV（140~248 HBS）。若其硬度过高，会加剧刀具磨损；硬度太低，则切屑不易断开，会引起粘刀现象。

(2) 调质处理。主轴经粗加工后常安排调质处理（淬火后再进行 500 ℃ ~ 650 ℃ 的高温回火），这样可获得均匀细密的回火索氏体组织，使主轴达到既有一定的硬度及强度，又有好的冲击韧度的综合力学性能，使它能承受各种载荷和冲击。但是，调质处理后变形大，且会出现较深的氧化皮，因此也将它用作预备热处理。

(3) 最终热处理。其目的是提高表面硬度，即在保持主轴芯部韧性的前提下，使其支承轴颈和工作表面具有较高的耐磨性与抗疲劳强度，以保证主轴的工作精度及使用寿命。渗碳和渗氮都属于化学热处理。

1) 在加热的状态之下，将活性碳原子渗入低碳钢的表面层，使表面层获得高碳钢的性能，而内部仍保持低碳钢的性能，称为渗碳。控制渗碳时间的长短，能得到不同的渗碳层深度，可达到几个毫米。渗碳后还需进行淬火和低温回火。经淬火后，渗碳表层硬度有了较大提高，而且表面组织膨胀 1% ~ 1.5%，使表面层形成有益的压应力，从而使主轴获得了较高的抗弯曲疲劳性能。

主轴上各段外圆轴颈有些是不必渗碳的部位，可以预留一定的加工余量，渗碳后把渗碳层再切去或者在不需要渗碳的部位镀铜，可防止碳原子的渗入。

2) 渗氮是在加热温度仅为 500 ~ 600 ℃ 的情况下，把活性氮原子渗入渗碳钢 38CrMoAlA 的表面层，即形成硬度很高的氮化物。由于渗氮处理温度低、变形小，且不需要再淬火，同时渗氮层产生了更大的压应力，使表层抗疲劳强度可提高 15% ~ 35%，但其深度仅有 0.5 mm 左右，因此，渗氮处理安排在粗磨之后、精磨之前，而渗氮前主轴需先经过调质及消除内应力处理。对于不需要渗氮的部位，应镀锡。

(4) 消除内应力处理。在主轴机械加工过程中适当安排人工时效，以消除内应力。对于精度要求更高的主轴或轴类零件，消除内应力处理的次数要增加。

案例：图 3-5 所示为一阶梯轴，对该零件在 CA6140 车床上实施车削加工。

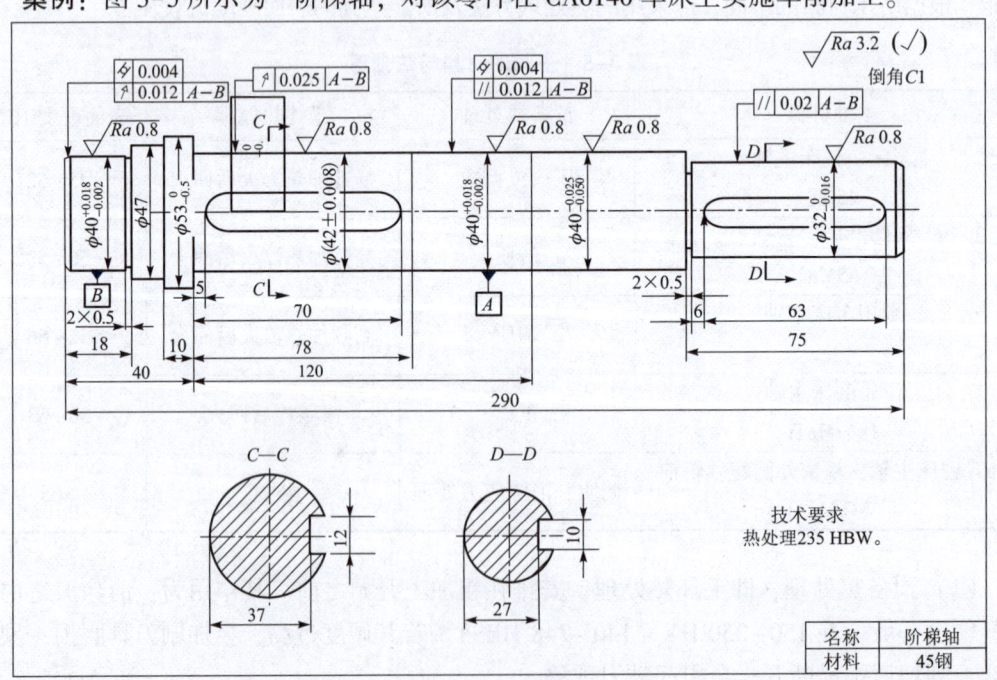

图 3-5 阶梯轴

1. 零件技术要求分析

该零件材料为 45 钢，采用 φ56 mm×292 mm 热轧圆钢，热处理调质至 235 HBW。两处外圆 $\phi 40_{-0.002}^{+0.018}$ 安装滚动轴承，圆柱度公差为 0.004 mm，跳动公差为 0.012 mm；外圆 $\phi(42\pm0.008)$ mm 与 $\phi 32_{-0.016}^{0}$ mm 上有键槽，安装传动件，跳动公差分别为 0.025 mm 与 0.02 mm；外圆 $\phi 40_{-0.050}^{-0.025}$ mm 与配合件有相对运动；外圆表面粗糙度为 $Ra0.8\ \mu m$；槽 2 mm×0.5 mm 为磨削外圆时的砂轮越程槽。

该阶梯轴外圆公差等级为 IT6 和 IT7，形位精度为 6 级和 7 级，表面粗糙度均为 $Ra0.8\ \mu m$，车削加工后要磨削加工才能达到图样要求。

图样上没有标注中心孔，但该零件较长，精度要求较高，在车削时需钻中心孔作为工艺基准，以保证零件精度。

2. 加工工艺方案拟定

(1) 合理选择装夹方式。根据轴类零件的形状、大小和加工数量不同，选择不同的装夹方法。四爪单动卡盘夹紧力大，但找正费时，用于装夹大型或形状不规则的较短工件；三爪自定心卡盘装夹工件方便，但夹紧力不大，用于装夹外形规则、较短的中小型工件；两顶尖装夹工件方便，无须找正，装夹精度高，但刚度较差，会影响切削用量的提高，用于轴类工件的精车；一夹一顶装夹工件较安全方便，装夹刚度较高，能承受较大的进给力，但装夹精度受卡盘精度影响，广泛用于轴类工件的粗车和半精车。本例工件由于车削后还需磨削，因此，采用一夹一顶装夹工件为宜。

(2) 准确控制径向尺寸。用试切法控制径向尺寸，是单件小批量轴类零件常用的方法。开动车床，移动床鞍和中滑板，使车刀刀尖接触工件，中滑板刻度盘对零，转动刻度盘，利用刻度盘控制背吃刀量，试切长度约 2 mm，向右移动床鞍，退出车刀，测量试切外圆尺寸，根据测量值调整背吃刀量。

车刀移动的背吃刀量与刻度盘转过的格数 N 的关系为

$$N=\frac{a_P}{k} \tag{3-1}$$

式中，N 为刻度盘转过的格数；a_P 为背吃刀量（mm）；k 为中滑板刻度盘转过一格中滑板移动的距离（mm），刻度盘等分 100 格，横向进给丝杠导程为 5 mm，刻度盘转过一格时，中滑板移动 5 mm/100=0.05 mm。

例如本例车 $\phi 53_{-0.05}^{0}$ mm 外圆时，刀尖接触毛坯外圆，背吃刀量 $a_P=\dfrac{d_w-d_m}{2}=\dfrac{56\text{ mm}-53\text{ mm}}{2}=1.5$ mm，中滑板刻度盘转过的格数为 $N=\dfrac{a_P}{k}=\dfrac{1.5\text{ mm}}{0.05\text{ mm}}=30$（格），试切，测量后纠正刻度盘格数，将刻度盘调至零位。车削其他外圆同理。

(3) 控制好长度尺寸。以加工面为基准，用金属直尺量出台阶长度尺寸，开机，用刀尖刻出线痕。移动床鞍和中滑板，刀尖与工件端面相擦，将床鞍刻度调到零位，车刀靠近刻线痕再看刻度值。本例中刀尖与工件端面相擦，将床鞍刻度调到零位，车削 $\phi 42_{+0.35}^{+0.40}$ mm

外圆至床鞍刻度盘 290-40=250（格）停止机动进给，车削 $\phi 42^{+0.40}_{+0.35}$ mm 外圆至床鞍刻度盘 250-78=172（格）停止机动进给。

（4）正确使用车刀，合理选择车削用量。车削阶梯轴工件，通常使用 90°外圆车刀。本例可对 90°车刀前刀面磨倒棱，倒棱宽度为 0.3 mm，倒棱角为-5°，可增加切削刃强度；刀尖处磨 r_ε=0.5 mm 刀尖圆弧，可增加刀尖强度；前刀面磨断屑槽，可有效断屑。粗车时，车刀装夹工作角度可取 85°~90°，精车时取 93°。

车削用量：切削速度 v_c=80 m/min，背吃刀量 a_P=3~5 mm，进给量 f=0.5 mm/r。

（5）正确使用量具和中心架。按测量工件尺寸选择千分尺规格，擦净测量面，检查零位线是否对准。测量时，需将两测量面与工件垂直，转动棘轮并轻微摆动，棘轮发出嗒嗒声时读出工件尺寸。

较长零件一夹一顶车外圆、掉头车端面、钻中心孔时，需用中心架支承，以保证中心孔轴线与车床主轴轴线的同轴度。中心架使用方法：三爪自定心卡盘夹持工件 15~20 mm 处，用百分表找正工件，中心架固定在床身导轨上。开动车床，工件转速为 150~200 r/min，调整支承爪，在与工件轻微接触时用紧固螺钉固定支承爪。

（6）加工路线拟定。车各外圆、端面；车槽；倒角；铣键槽；钳工去毛刺；磨外圆。

3. 加工步骤

（1）操作前检查、准备。润滑并检查车床：根据车床润滑系统图加油润滑；检查车床各手柄是否在规定位置；调整中、小滑板间隙松紧适当。

准备车刀：45°车刀、90°车刀和车槽刀，装夹在刀架上，保证刀尖与工件中心等高，刀柄中心与主轴轴线垂直。钻夹头装中心钻 ϕ2.5 mm，钻夹头柄擦净后用力插入尾座套筒内。

准备量具：金属直尺、游标卡尺、外径千分尺、百分表。

（2）车右端面、钻中心孔。用三爪自定心卡盘夹 ϕ56 mm 外圆，车右端面，钻中心孔 ϕ2.5 mm。

（3）车右端面各外圆。一夹一顶装夹，卡盘夹 ϕ56 mm 外圆，回转顶尖顶右端中心孔。车 ϕ53 mm 至 $\phi 53^{\ 0}_{-0.05}$ mm，长 270 mm；车 ϕ42 mm±0.008 mm 至 $\phi 42^{+0.40}_{+0.35}$ mm，长（250±0.5）mm；车 $\phi 40^{+0.018}_{-0.002}$ mm 和 $\phi 40^{+0.025}_{-0.050}$ mm 至 $\phi 40^{+0.40}_{+0.35}$ mm，控制 $\phi 40^{+0.40}_{+0.35}$ mm 长（97±0.3）mm；车 $\phi 32^{\ 0}_{-0.016}$ mm 至 $\phi 32^{+0.40}_{+0.35}$ mm，长（75±0.3）mm；车砂轮越程槽 2 mm×0.5 mm；右端倒角 C1。

（4）车左端面、钻中心孔。一夹一搭装夹，三爪自定心卡盘夹 $\phi 32^{+0.40}_{+0.35}$ mm 外圆，中心架支承 $\phi 53^{\ 0}_{-0.05}$ mm 外圆，找正外圆跳动误差不大于 0.05 mm；车左端面，控制总长尺寸（290±0.5）mm 和长度尺寸（40±0.3）mm；钻中心孔 ϕ2.5 mm。

（5）车左端各外圆。一夹一顶装夹，三爪自定心卡盘夹右端 $\phi 32^{+0.40}_{+0.35}$ mm 外圆，回转顶尖顶左端中心孔，找正 $\phi 32^{+0.40}_{+0.35}$ mm，外圆跳动误差不大于 0.05 mm；车 ϕ47 mm 至 ϕ（47±0.1）mm，控制 $\phi 53^{\ 0}_{-0.05}$ mm 长（10±0.2）mm；车 $\phi 40^{+0.018}_{-0.002}$ mm 至 $\phi 40^{+0.40}_{+0.35}$ mm，长（18±0.2）mm；车砂轮越程槽 2 mm×0.5 mm；左端倒角 C1。

（6）重复步骤（3）和（5）进行精加工，得到如图 3-5 所示设计尺寸。

课题二　箱体类零件加工

知识点

- 箱体的结构特点及技术要求
- 主轴箱箱体加工工序分析
- 主轴箱箱体加工工艺过程

技能点

- 主轴箱箱体加工工艺分析

课题分析

箱体零件的各加工表面主要为平面和孔。箱体平面的粗加工及半精加工常采用刨削或铣削，精加工则采用磨削或刮削。箱体上孔的加工，由于孔与孔之间有齿轮啮合的传动关系，故对孔间中心距尺寸都有严格的公差要求。当采用坐标加工时，事先需要将各孔中心距的尺寸及公差进行换算，成为以主轴孔中心为原点、相互垂直的两维坐标尺寸公差。计算方法根据几何三角关系和工艺尺寸链的有关知识进行。

相关知识

一、箱体的结构特点及技术要求

箱体零件的各加工表面主要为平面和孔，图 3-6 所示为卧式车床的主轴箱箱体零件图。可见主轴箱体结构较复杂，箱壁薄，精度要求较高，下面以它为例讨论其加工工艺。

主轴箱箱体是主轴箱部件的装配基准件，内部装有主轴、各传动轴、若干传动齿轮和轴承等零件。主轴箱箱体的加工质量会直接影响主轴的回转精度、主轴轴线与床身导轨的平行度以及各轴的正常运转等。因此，通常对其提出下列各项精度要求：

(1) 孔的尺寸精度与几何形状精度。同轴线孔的同轴度公差一般为 0.01~0.02 mm；三支承主轴的三孔同轴度公差为 0.012 mm。有传动关系的各轴孔间的中心距公差为 ±0.05 mm。各纵向孔轴线的平行度公差为 400∶0.05~300∶0.04。

(2) 主要平面的精度。基准平面的平面度用塞尺检查，其公差为 0.04 mm；主要平面与基准平面的垂直度公差为 300∶0.1。

(3) 孔与装配基准平面的平行度公差为 600∶0.1。

(4) 表面粗糙度。主轴孔为 $Ra0.4$ μm，其他各纵向孔为 $Ra1.6$ μm，基准平面为 $Ra0.63$~2.5 μm。

箱体材料一般均采用铸铁，主轴箱常用 HT200 材料。为了尽量减小铸件内应力，箱体毛坯浇铸后应设退火工序。

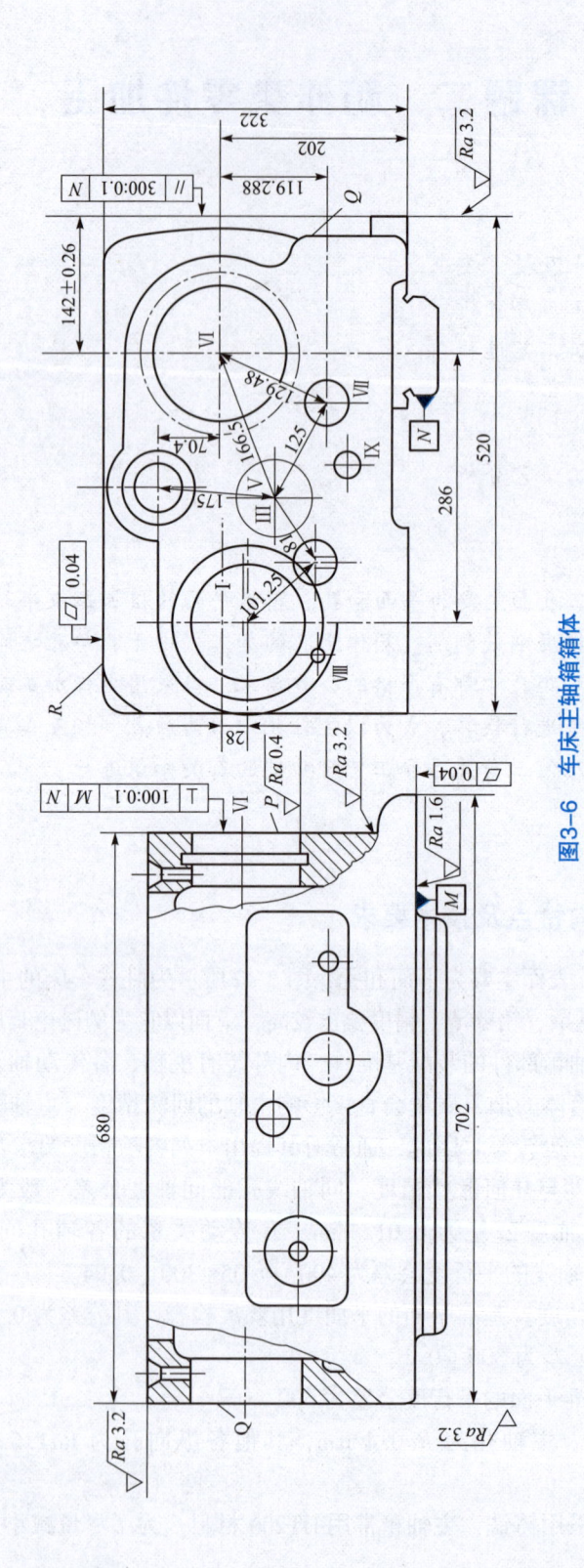

图3-6 车床主轴箱箱体

二、主轴箱箱体加工工序分析

1. 平面加工

箱体平面的粗加工及半精加工常采用刨削或铣削，精加工则采用磨削或刮削。

刨削可以在龙门刨床工作台上一次装夹若干个箱体实现多件加工，既可保证刨削各平面间的相对位置精度，又可提高加工生产率。

铣削箱体平面的生产率比刨削高，适用于批量较大的场合，在多轴龙门铣床上常利用多把铣刀同时进行铣削加工，如图3-7所示。端铣刀在结构上比刨刀复杂，但目前从其制造精度、切削部分材料等方面都有了很大进展，例如采用密齿端铣刀进给速度可达1 500~4 000 mm/min，表面粗糙度仅为Ra0.8 μm。

主轴箱装配面和定位基面的精加工，在单件小批量生产中往往采用刮削的方法，也可用以刨代刮的宽刀精刨工序。精刨刀为宽的直线刀刃，宽刀精刨后的平面表面粗糙度达Ra0.63~2.5 μm，平面度不大于0.002 mm/m。

当生产批量较大时，平面精加工一般用磨削的方法，有时还可以采用组合磨，如图3-8所示。此时，磨削形式为周磨，砂轮与工件的接触面较小，排屑与冷却条件好，工件热变形小；其既能获得高的磨削质量，使各被磨平面间有较高的相互位置精度，而且生产率也得到了提高。

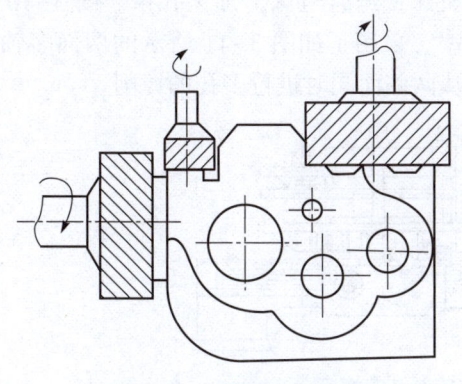

图 3-7　主轴箱多刀铣削　　图 3-8　组合周磨

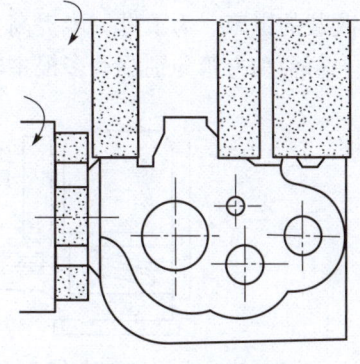

2. 主轴箱孔系加工

所谓孔系是指箱体零件上一系列具有相互位置精度要求的轴承孔的集合，可分成平行孔系、同轴孔系和交叉孔系三类。各孔径的尺寸精度由孔加工刀具保证，而如何保证各孔之间或孔与其他表面间的相互位置精度，是孔系加工中的关键技术。

按照孔系的加工精度和生产批量的不同可分别采用各种方法。例如：划线找正法；用心轴和量块找正法；用样板找正法；用定心套找正法；镗模法；坐标法；数控法。前四种均为校正法，孔的位置精度主要取决于操作者的技术水平，需要借助于有关的量具和精密的块规或样板、模板，进行较复杂的测量及调整试切，孔距精度可达±0.02 mm。它们仅用于单件小批量生产的场合，下面主要讨论镗模法、坐标法。

3. 镗模（镗夹具）法

利用镗模进行孔系镗削加工如图3-9所示。镗杆可支承在镗模板和中间壁的导向套内，增加了镗杆的刚度。镗模板根据工件箱体结构需要，在设计与制造镗夹具时将工件各面上需加工的所有孔的位置，按图样要求已精确地复制到模板上，镗刀便通过模板上的孔将工件上相应的孔加工出来。

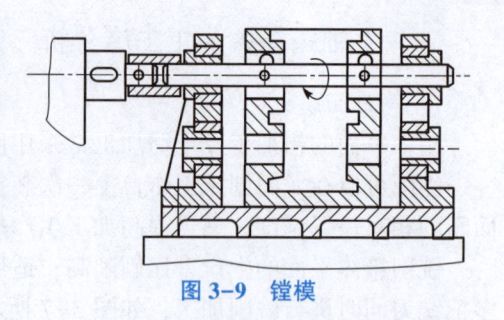

镗杆与机床主轴间应采用浮动连接的形式，这样，机床误差就不会直接影响工件的镗孔精度。影响孔系精度的主要因素取决于镗夹具本身，镗杆的回转精度决定于镗孔和导向套的精度及它们之间的配合精度；孔距精度决定于镗模板上各导向套之间的中心距精度、模板与导向套之间的中心距精度以及模板与导向套之间的配合精度。用镗模法加工孔系能达到：尺寸精度H6、表面粗糙度 $Ra1.6~\mu m$；孔与孔之间的同轴度和平行度为 0.02~0.03 mm；孔与孔的距离精度为 0.03~0.08 mm。

图 3-9 镗模

由于采用镗模提高了工艺系统的刚度，可以实现多个孔加工，有利于提高加工质量，因此，镗模法广泛应用于成批及大量生产中。若采用高效率的定位和夹紧机构，则可进一步缩减辅助时间而提高加工生产率。对于结构形状复杂，且技术要求较高的箱体来说，即使是属于小批量生产的情况，往往也采用镗模法加工孔系，此时镗夹具的结构应尽量简单。

镗模法可以在普通的镗床上进行，将卧式镗床的工作台转过 90°即可实现垂直方向的交叉孔系加工。镗模法还可以应用于改装的机床或组合机床上加工孔系。图 3-10 所示为卧式车床改装的镗床。为了进一步提高生产率，采用了如图 3-11 所示的两面多轴传动的组合机床，每台动力箱分别驱动多根主轴，从两侧面同时进行多孔的镗削。

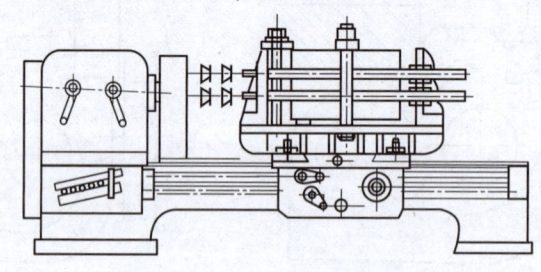

图 3-10 车床改装的镗床

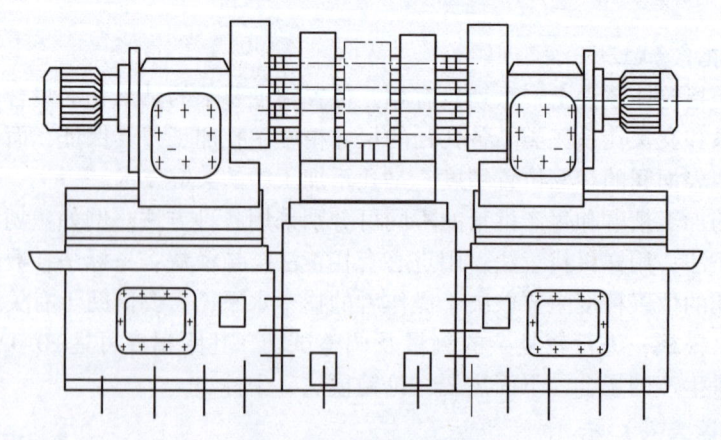

图 3-11 专用组合镗床

镗模制造周期较长，成本较高，镗削速度受到镗模导向套的限制。导向套与镗杆间有一定的配合间隙，使用过程中有磨损，会影响到孔的位置精度。因此，现已逐步被坐标法所替代。

4. 坐标法

坐标法是按照孔系的坐标尺寸，在普通卧式镗床、坐标镗床或数控镗铣床上，借助于测量装置，调整机床主轴在水平及垂直方向的坐标位置来进行镗孔的一种方法，孔距精度取决于坐标的移动精度，即坐标测量装置的精度。此方法不需要采用专用的镗夹具即可适应各种箱体的镗孔。

普通镗床的坐标测量装置主要有四种：

(1) 普通刻线尺与游标尺，再加上放大镜，位置精度为 0.1~0.3 mm。

(2) 千分尺与块规（量块），一般与普通刻线尺配合使用，位置精度达±(0.02~0.04) mm。

(3) 经济刻线尺与光学读数头装置，刻线尺的任意两刻线间的误差小于 5 μm，光学读数头的读数精度为 0.01 mm，其精度较高，且操作方便。这是国内外卧式镗床上用得最多的测量装置。

(4) 光栅数字显示装置和感应同步器测量系统，读数精度高达 2.5~10 μm，在国产 T610 镗床上已被应用。

精密度更高的孔系直接在坐标镗床上镗孔，既有很好的经济效果，又有稳定的高加工精度。其坐标定位精度高达 3~8 μm，镗削后的孔距精度可达 0.01~0.03 mm。高精度的线位移测量系统目前有精密丝杆、线纹尺、光栅、感应同步器、磁尺及激光干涉仪等。

精密镗床上的回转台一般分为机械转台、光学转台和感应同步器转台三种，利用它们就即进行高精度交叉孔系的加工。其中，机械转台的转位精度为 10 s 左右，光学转台则为 1~8 s，感应同步器转位精度达 1~4 s。

在箱体的设计零件图样上，由于孔与孔之间有齿轮啮合的传动关系，故对孔间中心距尺寸都有严格的公差要求。当采用坐标加工时，事先需要将各孔中心距的尺寸及公差进行换算，成为以主轴孔中心为原点的、相互垂直的两维坐标尺寸公差，其计算方法根据几何三角关系和工艺尺寸链的有关知识进行。

5. 数控法

它是利用数字控制、大功率多功能、可自动更换刀具的精密镗铣床卧式加工中心，在一次安装中，对主轴箱体实现多工位多工步的连续加工。此法无须专用的镗模，各孔的位置精度由机床数控系统保证，移动坐标尺寸的定位精度约为 0.01 mm，特别适用于单件小批和成批生产。其加工精度高，生产率也高，成本较低。

三、课题实施：主轴箱箱体加工工艺过程

通常平面的加工精度高，容易达到，而箱体上一系列孔的精度较难保证，所以在制定箱体加工工艺过程时，应以如何保证孔系的精度作为重点，同时也要注意批量大小和工厂的条件。

1. 不同批量箱体工艺

表 3-6 与表 3-7 所示为不同生产批量的主轴箱箱体的两个工艺过程，表中 M、N、O、

P 及 Q 各面与图 3-6 中相符。

表 3-6　中小批生产的主轴箱箱体工艺过程

序号	工序内容	定位基准	序号	工序内容	定位基准
1	铸造		9	精加工装配基准面 M、N 及侧面 O	顶面 R 及侧面 O
2	时效				
3	油漆		10	精加工两端面 P、Q	
4	划线：考虑主轴孔余量足够并尽量均匀；孔与平面及不加工平面的尺寸要求	先划出主轴孔中心	11	粗、半精加工各纵向孔	装配基准面 M、N
			12	精加工主轴孔	
			13	粗、精加工横向孔	
5	粗、半精加工顶面 R	按线找正	14	精加工主轴孔 Ⅵ	
6	粗、半粗加工装配基准面 M、N 及侧面 O	顶面 R 并校正主轴孔轴线	15	加工螺孔、紧固孔、油孔等次要孔，修锉毛刺	
7	粗、半精加工两端面 P、Q	装配基准面 M、N	16	清洗	
8	精加工顶面 R		17	检验	

表 3-7　大批量生产的主轴箱箱体工艺过程

序号	工序内容	定位基准	序号	工序内容	定位基准
1	铸造		9	精镗各纵向孔	R 面及两工艺孔
2	时效		10	半精镗、精镗主轴三孔	R 面及 Ⅲ~Ⅴ 轴孔
3	油漆		11	加工各横向孔	R 面及两工艺孔
4	铣顶面 R	Ⅵ 轴与 Ⅰ 轴铸孔	12	磨 M、N、O、P、Q 平面	R 面及两工艺孔（装配时，尚以主轴孔为基准磨 M、N）
5	钻、扩、铰两工艺孔及钻 M8 螺纹孔	顶面 R，Ⅵ 轴孔导向，中间隔墙支承			
6	铣 M、N、O、P 及 Q 五个平面	顶面 R 及两工艺孔	13	去毛刺	
7	磨 R 面	M 面和 Q 面	14	清洗	
8	粗镗各纵向孔	R 面及两工艺孔	15	检验	

（1）先面后孔的工艺顺序。先加工平面，后加工轴孔，符合一般的加工规律。在加工轴孔时，往往采用平面作为精基准，所以作为精基准的平面需要先加工。

（2）粗、精加工分开。主轴箱箱体的主要加工表面通常都明确地划分为粗、精加工两个阶段，按先粗后精原则，总是把粗、精加工分别安排在两道工序及两台机床上进行。特别是精度和表面质量要求最高的主轴孔，其精加工工序应放在后面。

（3）热处理的安排。箱体毛坯铸造后，需进行时效处理，以改善金相组织、降低铸造内应力、改善工件材料的可切削性，从而有利于保持加工精度的稳定。

对于精密机床或壁薄而结构复杂的主轴箱体，有时在粗加工后需再进行一次人工时效处理。

2. 不同批量箱体工艺的特殊性

由于生产批量的不同，加工箱体所用的机床设备和工艺装备也不同，加工工艺中选用的定位基准也有区别。

（1）精基准的确定。选择合适的定位基准，对保证箱体的加工质量尤为重要，应尽可能选择设计基准作为精基准，以使基准重合，且还可作为箱体其他各表面加工的定位基准，做到基准统一。精基准还要注意到应保证主轴孔的加工余量均匀。一般有下列两种方案：

1）以箱体底面 M 和导向面 N 作为精基准。M 及 N 面是主轴箱的装配基准，也是主轴孔的设计基准，并且与各主要纵向轴承孔及大端面、侧面等均有直接的相互位置关系。此方案的优点如下：

① 符合基准重合原则；

② 有利于各工序的基准统一，简化了夹具设计；

③ 定位稳定可靠，安装误差较小；

④ 由于箱口朝上，故在加工各孔时更换导向套、安装调整刀具、测量尺寸、观察加工情况均非常方便；

⑤ 有利于清除切屑。

然而，箱体内中间壁上往往还有支承孔需要镗削，为了保证这些孔的相互位置精度，必须在箱内相应位置设置导向支承模板，以支承镗杆，提高刀具系统刚度。由于箱口朝上，故中间导向支承模板只能悬吊在夹具上。如图 3-12 所示，每加工一个工件，吊架需装卸一次，使工序辅助时间增加。中间吊架由定位销定位，但其制造安装精度较低，且吊架本身刚性较差，影响了加工孔的位置精度。因此，这种方案适用于中小批量生产。

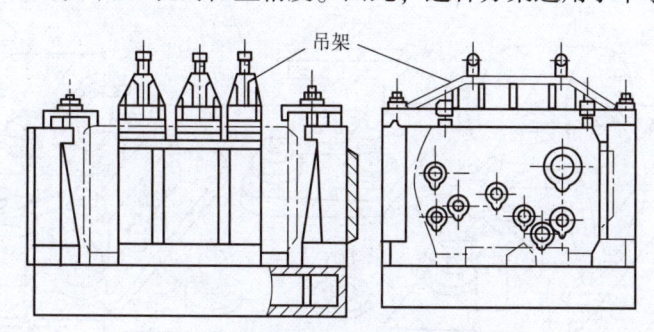

图 3-12 吊架式镗模

2）以箱体顶面 R 及两销孔作定位精基准，如图 3-13 所示。其特点如下：

① 箱体口朝下，中间导向支承模板可以紧固在夹具上，固定支架刚性强，对保证各支承孔的加工位置精度有利，且工件装卸方便，辅助时间少。

② 各工序定位基准符合基准统一的原则，但与设计基准或装配基准不重合，应进行尺寸链的换算。

③ 由于箱口朝下，故加工过程中不便于观察、调整刀具及测量。为此，可采用定尺寸刀具控制孔径误差。

④ 原箱体零件上本无须销孔，但因工艺定位需要，故在前几道工序中必须增加钻—扩—铰两工艺销孔的工序。尽管如此，但因为此方案生产率高，精度也好，故多应用于大批量生产。

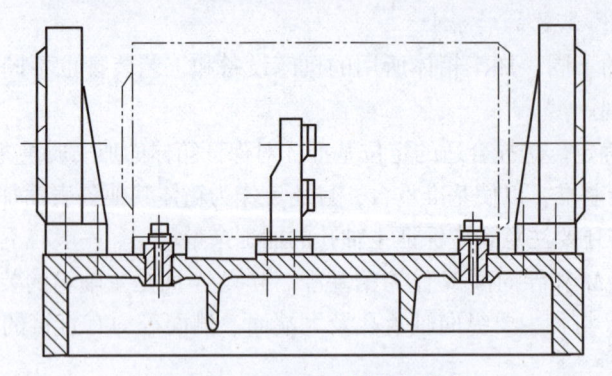

图 3-13　顶面及两销定位镗模

(2) 粗基准的选择。选择主轴箱体粗基准时应注意以下几点。

1) 保证最重要的主轴孔有足够而均匀的加工余量。

2) 装入箱内的回转零件如齿轮等距内壁有足够的空隙。通常应选择主轴孔和距主轴孔较远的一个轴承孔作为粗基准。一般铸造时各轴孔和内腔的泥芯是整体的，毛坯精度较高，故上述要求不难满足。大批量生产时，所采用的粗铣顶面 R 的专用铣夹具如图 3-14 所示，箱体工件先放在预定位支架 1、2、3、4 上，侧面紧靠于支架 5，端面紧靠支承 8；操纵手柄 9 后由压力油推动两短轴 6 插入两端主轴孔内，两短轴 6 上各有三个活动支承柱 7 伸出并支承住两端主轴孔，工件将被略微抬起，调整两夹紧块并用样板校正另一轴孔位置，然后操纵手柄 9，使两只压板 11 插入两端孔中完成夹紧动作。

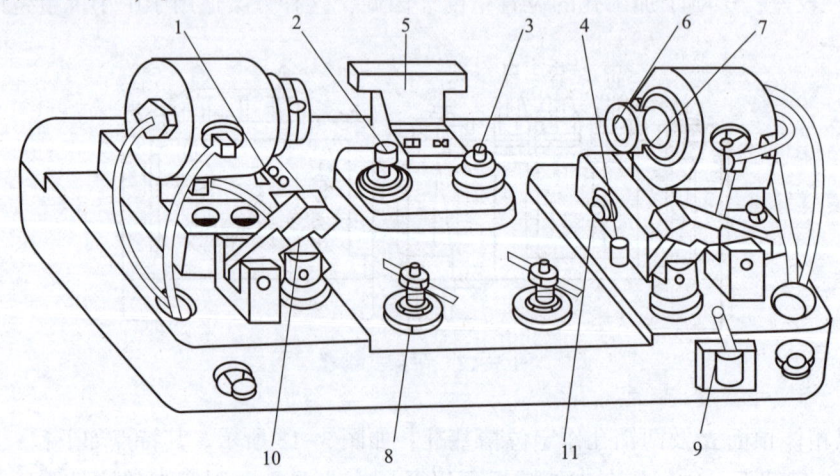

图 3-14　主轴孔为粗基准的铣夹具

1、2、3、4、5—支架；6—短轴；7—活动支承柱；
8—可调支承；9—操纵手柄；10—夹紧块；11—压板

小批量生产时，则采用划线工序，先划出主轴毛坯孔的中心位置，然后校核箱体上各表面与箱壁间的尺寸，适当照顾到其他各轴孔和平面有足够的余量。加工时，按划的线找正，先加工出顶面 R，再以 R 面为基准加工 M、N 面。

3）加工方式与机床设备的选用。对于中小批量生产的主轴箱体，加工设备均采用通用机床，各工序原则上依赖于工人技术的熟练程度和机床的工作精度，除孔系加工工序外，一般不采用专用夹具。而大批量生产中则广泛采用组合加工方式，例如，平面加工采用多轴龙门铣床、组合磨床，各主要轴承孔采用多工位组合机床、专用镗床等，生产率得到了较大的提高。

课题三 圆柱齿轮加工

知识点

- 圆柱齿轮的技术要求及齿轮精度
- 磨齿
- 圆柱齿轮加工工艺

技能点

- 磨齿工艺

课题分析

在机械制造中，齿轮生产占有极其重要的地位。圆柱齿轮的结构形状大致有盘形、套形、圈形和轴形四种，按材质不同可分为铸铁、钢、有色金属和塑料齿轮四种，按热处理方式又可分为淬硬齿轮、调质齿轮和氮化齿轮等。磨齿是齿轮精加工最常用、最重要的方法，尤其适用于淬硬精密齿轮的加工。圆柱齿轮的加工工艺过程是根据齿轮精度要求、结构形式、产量多少、材料及各工厂设备条件而制成的，大致的路线如下：毛坯制造→热处理→齿坯加工→齿轮加工→轮齿热处理→定位基面精加工→轮齿精加工。

相关知识

一、圆柱齿轮的技术要求及齿轮精度

齿轮技术要求主要包括四个方面：齿轮精度及齿侧间隙；齿轮主要表面的尺寸精度及表面位置精度；表面粗糙度；热处理要求。

圆柱齿轮按精度要求的不同，通常分为四类：超精密、精密、普通精度和低精度齿轮。按照 GB/T 10095—2008《渐开线圆柱齿轮精度》规定，圆柱齿轮及其齿轮副有十二个精度等级，按精度高低依次为 1、2、…、12 级。其中 8 级以下为低精度级；7~8 级为普通级；5~6 级为精密级；3~4 级为超精密级。而 7 级是用滚、插、剃、珩等常用切齿工

艺方法能达到的基础级。

齿轮和齿轮副主要的误差项目有十五项，可查阅 GB/T 10095—2008。按照齿轮公差对其传动性能的影响，将十五项公差分为三个公差组：

第Ⅰ组为齿轮传递运动准确性项目，有切向综合公差、齿距公差、齿距累积公差、径向综合公差、齿圈径向跳动和公法线长度变动公差。

第Ⅱ组为齿轮传递运动平稳性、噪声振动项目，有齿切向综合公差、齿径向综合公差、齿形公差、齿距极限偏差、基节极限偏差和螺旋线波度公差。

第Ⅲ组为齿轮传动载荷分布均匀性项目，有齿向公差、接触线公差和轴向齿距偏差。

根据齿轮副使用时的精度等级要求和生产规模，在各公差组中选定 1~2 项，作为齿轮加工时控制与验收齿轮的检验组。因此，制定圆柱齿轮工艺规程的关键在于：如何采用合理的渐开线齿形的加工方法，达到上述所需的公差项目。

齿轮的材料应根据其工作性能要求而选定。齿轮材料不同对齿轮加工方法和热处理工序的安排均有很大影响，常用的齿轮材料有铸铁、45 钢、40Cr、18CrMnTi 和 38CrMoAlA 等。

45 钢经正火或调质后，可改善金相组织及加工性，再经高频淬火便可提高齿面硬度。40Cr 钢晶粒细，比 45 钢淬透性强，淬火变形较小。18CrMnTi 钢采用渗透淬火处理，齿面硬度较高，而芯部有较好的韧性和抗弯强度。38CrMoAlA 经氮化后，具有更高的耐磨性和耐腐蚀性，用于制造高速齿轮。

齿轮毛坯以锻件为主，常用模锻法。锻造后的齿轮毛坯需经过正火处理，以消除锻造内应力。大直径齿轮常用铸造齿坯。

1. 渐开线齿形加工方法

齿形切削加工分为成形法和展成法两类。成形法是采用切削刃形状与被加工齿槽形状相仿的成形刀具来进行切齿加工的方法，常用的有模数铣刀铣齿、成形砂轮磨齿和齿轮拉刀拉齿（齿扇）等。

展成法是利用齿轮啮合原理，刀具与工件以展成运动而切出齿槽的方法，常用的有滚齿、插齿、剃齿、珩齿和磨齿等。展成法加工精度高，生产率也较高，生产中应用十分广泛。

（1）滚齿与插齿。

滚齿与插齿是两种最基本的常用切齿方法。下面做一些工艺性分析。

滚齿精度一般可达 7~8 级，精密滚齿可达 4~5 级，齿面表面粗糙度达 $Ra1.6$~$0.8~\mu m$。插齿精度一般达 7~8 级，最高不超过 6 级，齿面表面粗糙度达 $Ra1.6$~$0.8~\mu m$。在齿轮加工工艺中，其滚齿和插齿选择的原则如下：

在加工齿圈附近的多联齿轮、内齿轮、人字齿轮等工件时只能用插齿，而要加工蜗轮时只能用滚齿。加工斜齿轮时，滚齿比插齿方便。同一把滚刀可以加工模数与压力角相同的直齿轮和任意螺旋角的斜齿轮，而插齿不能。因为滚齿时交叉轴螺旋齿轮啮合，故安装角在滚齿机上可以在一定范围内调整大小。插齿时平行轴啮合，工件螺旋角改变，故只能换插齿刀，且使用的插齿刀的螺旋角必须与工件一致。

当遇到既可滚齿又可插齿的场合，应从加工精度与生产率方面进行比较。

一般来说滚齿的运动精度比插齿高，但插齿的齿形精度高，表面粗糙度小，其原因是：插齿机的内传动链中除了工作台蜗轮副外，还多了一个刀具蜗轮副，增加了部分传动链误差；插齿刀主轴往复运动和工作台让刀运动也引起了误差；插齿刀本身的齿距槽在展成过程中被刀刃切削的次数比滚齿多得多，包络而成的齿形更接近于圆滑的渐开线；插齿刀的安装误差对工件齿形误差影响小；插齿刀结构比滚刀简单，制作的精确度高。所以，插齿的齿形精度高，表面粗糙度值也小。

从生产率方面比较，一般模数中等以上的齿轮，滚齿生产率高，其原因为：滚刀转动的切削速度高，插齿往复运动有冲击；插齿有空行程损失；采用多头滚刀可方便地提高滚齿效率。但是，在加工模数小、齿数多或齿宽小的齿轮时，插齿生产率会高于滚齿。

(2) 剃齿。

图3-15所示为剃齿原理图。剃齿刀实质上是一只高精度的螺旋齿轮，在其齿面上，沿渐开线方向开有许多形成切削刃的小槽，它与被加工齿轮以螺旋齿轮双面紧密啮合的自由对滚来完成切削过程，因此，剃齿也相当于一对螺旋齿轮的啮合。

剃齿刀齿向与工件齿轮的齿向要吻合，因此，剃齿刀与工件轴线间夹角 φ 要根据剃齿刀螺旋角 $\beta_刀$、工件齿轮螺旋角 $\beta_工$，以及它们之间的螺旋方向来决定。$\varphi=\beta_工 \pm \beta_刀$，螺旋方向相同时取+，相反时取-。图3-15（b）所示为左旋的剃齿刀加工右旋工件齿轮的情况。

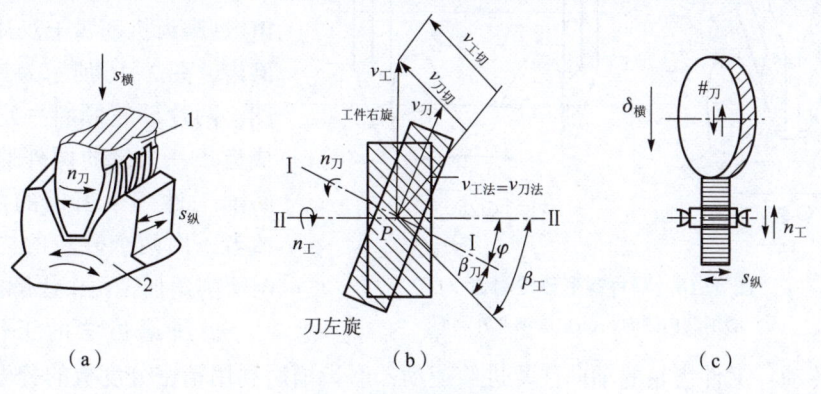

图 3-15 剃齿原理

在啮合点 P 处，剃齿刀与工件各自的圆周速度为 $v_刀$、$v_工$，它们都可以分解为齿的法向分速度 $v_{刀法}$、$v_{工法}$ 和切向分速度 $v_{刀切}$、$v_{工切}$。在啮合点上：$v_{刀法}=v_{工法}$，而 $v_{刀切}$ 与 $v_{工切}$ 不相等，两者间产生了相对滑动，此相对滑动速度即为剃齿的切削速度。

当遇有剃齿刀与被加工齿轮点接触时，待工件转过一齿后，齿面上仅切去一条线，因而，工件还需进行纵向往复运动 $s_纵$ 才能剃除全齿宽。

剃齿后的齿轮精度可达6~7级，齿面粗糙度为 $Ra0.8\sim0.4\mu m$。剃齿工序大多安排在齿面淬硬之前，生产率高。剃齿刀的齿数与被剃齿轮齿数通常应互为质数，以避免刀具误差直接复映到工件上。剃齿能修正前面工序留下的齿形误差、基节偏差、齿距偏差以及齿圈径向跳动，还可改善齿面粗糙度。但是，由于剃齿是自由啮合，剃齿刀至工件齿轮间无强制的内传动链。因此，对工件齿轮运动精度的提高几乎不起作用，被剃齿轮的运动精度应在剃前的工序中保证。由于滚齿的运动精度比插齿高，所以剃前加工都要采用滚齿。

(3) 珩齿。

珩齿的原理和运动与剃齿相同，但珩齿所用的刀具为珩磨齿轮，它是由磨料与塑性黏结剂等制成的螺旋齿轮。当珩磨齿轮与工件齿轮自由对滚啮合时，借助于齿面间一定的压力和相对滑动速度进行加工。珩磨速度远远低于一般的磨削速度，且黏结剂的弹性较大，因此，珩齿是低速磨削、研磨和抛光的综合过程。

珩齿的余量很小，一般不超过 0.025 mm，能有效地降低齿面表面粗糙度值至 $Ra0.4~\mu m$，但对齿轮的其他精度项目修正能力甚微。一般将珩齿用于齿面淬硬以后的光整加工工序，其生产率高、成本低，且设备简单。

2. 磨齿

磨齿是齿轮精加工最常用最重要的方法，尤其适用于淬硬精密齿轮的加工。其加工精度一般高达5~6级，甚至3~4级，齿面表面粗糙度达 $Ra0.8~0.2~\mu m$，但生产率不如剃齿及珩齿加工。磨齿可分成仿形磨齿和展成磨齿两类。仿形磨齿用得不多，是磨削内齿轮的唯一方法。展成磨齿有许多种，主要有锥面砂轮磨齿、碟形砂轮磨齿、大平面砂轮磨齿和蜗杆砂轮磨齿。下面仅以双片碟形砂轮磨齿法作进一步介绍。

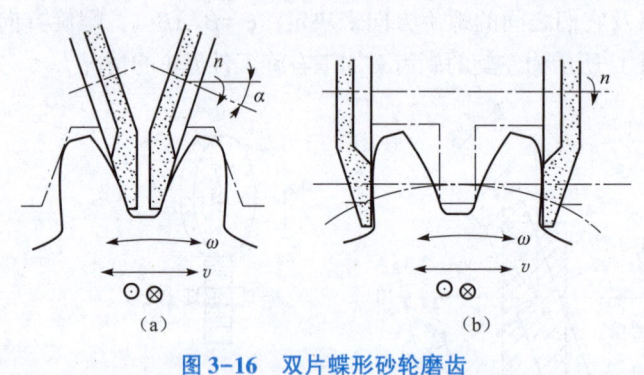

我国的 Y70100、Y7032 及瑞士的马格 Maag 公司的 HSS-30-BC 型磨齿机都属于双片碟形砂轮磨齿，图 3-16 所示为其磨齿示意图，两片砂轮倾斜一定角度，构成齿条一个齿的两外侧面，同时磨削工件一个齿槽的两内侧面；或者采用两个砂轮的内侧面，以 0°磨削角加工两个齿廓的外侧面。

图 3-16 双片碟形砂轮磨齿
(a) 磨削两内侧面；(b) 磨削两外侧面

这种磨齿法的工作运动为：砂轮高速转动；工件齿轮的轴向往复进给运动；磨齿槽后利用精密分度板的分度运动；利用滚圆盘与钢带机构实现渐开线的展成运动。机床的工作原理如图 3-17 所示。滚圆盘 5 上分别有左右两条拉紧的钢带 6，钢带的一端固定在滚圆盘 5 上，另一端固定在支架 3 上；工作台 1 上的溜板 2 由偏心轮 7 带动后，即可沿导轨 4 移动，则工件主轴也要做水平移动。由于两条钢带拉着滚圆盘，因而在工件主轴做水平移动的同时，迫使工件主轴产生转动，使主轴头端的工件齿轮 8 实现了渐开线展成运动，钢制的滚圆盘直径即为渐开线的基圆直径。

这种方法一般能磨出 4~5 级精度的齿轮。其精度高的原因如下：

(1) 展成运动直接利用了渐开线行程的基本原理，滚圆盘制造精确，展成运动精度高，保证了被磨齿轮的齿形精度。

(2) 机床主轴上装有精密的分度板装置，分度定位精确，提高了齿距精度。

(3) 砂轮与工件齿面接触面很小，磨削热非常小。

(4) 机床上装有砂轮磨损的自动补偿机构。

总之，齿形加工方法很多，现将常用方法的加工精度与使用范围列于表 3-8 之中。

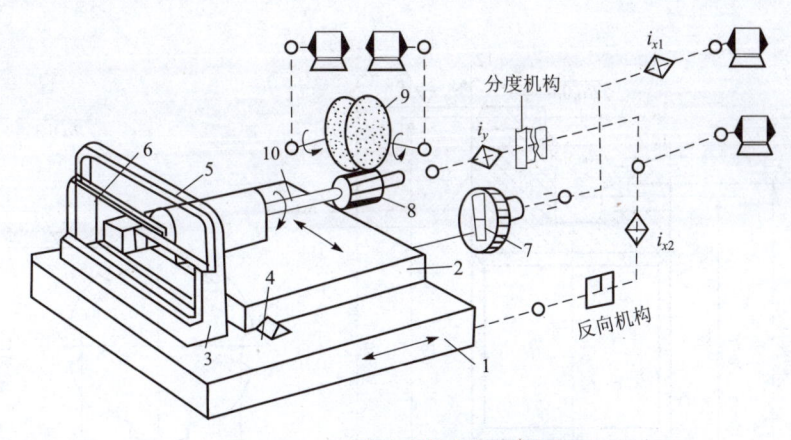

图 3-17 双蝶形砂轮磨齿工作原理

1—工作台；2—溜板；3—支架；4—导轨；5—滚圆盘；6—钢带；
7—偏心轮；8—工作齿轮；9—砂轮；10—主轴

表 3-8 常用齿形加工方法

齿形加工方法		机床	刀具	加工精度及适用范围
仿形法	成形铣齿	铣床	模数铣刀	加工精度及生产率均较低，一般精度为9级以下
	拉齿	拉床	齿轮拉刀	精度和生产率均较高，但拉刀制造困难，价格高，故只在大量生产时采用，且宜拉内齿轮
	成形磨齿	磨齿机	砂轮	能加工 5~6 级精度齿轮
展成法	滚齿	滚齿机	齿轮滚刀	通常加工 6~10 级精度齿轮，最高能达到 4 级，生产率较高，通用性大，常用以加工直齿、斜齿的外啮合圆柱齿轮和蜗轮
	插齿	插齿机	插齿刀	通常加工 7~9 级精度齿轮，最高能达 6 级，生产率较高，通用性大，适宜于加工内、外啮合齿轮（包括阶梯齿轮）及扇形齿轮和齿条等
	剃齿	剃齿机	剃齿刀	能加工 6~7 级精度齿轮，生产率高，主要用于齿轮滚、插预加工后，淬火前的齿形精加工
	珩齿	珩齿机或剃齿机	珩磨刀	能加工 6~7 级精度齿轮，多用于经过剃齿和高频淬火后的齿形精加工
	磨齿	磨齿机	砂轮	能加工 3~7 级精度齿轮，生产率较低，加工成本较高，多用于齿形淬硬后的精密加工

二、课题实施：圆柱齿轮加工工艺

圆柱齿轮的加工工艺过程是根据齿轮精度要求、结构形式、产量多少、材料及各工厂设备条件而制定的，其大致的路线如下：

毛坯制造→热处理→齿坯加工→齿轮加工→轮齿热处理→定位基面精加工→轮齿精加工。图 3-18 所示为一双联齿轮零件，小齿轮精度为 7 级，大齿轮精度为 6 级，齿面硬度为 52 HRC，生产批量为中批生产（齿轮参数见表 3-9）。表 3-10 所示为其加工工艺过程。由此可归纳出一些共同的规律：

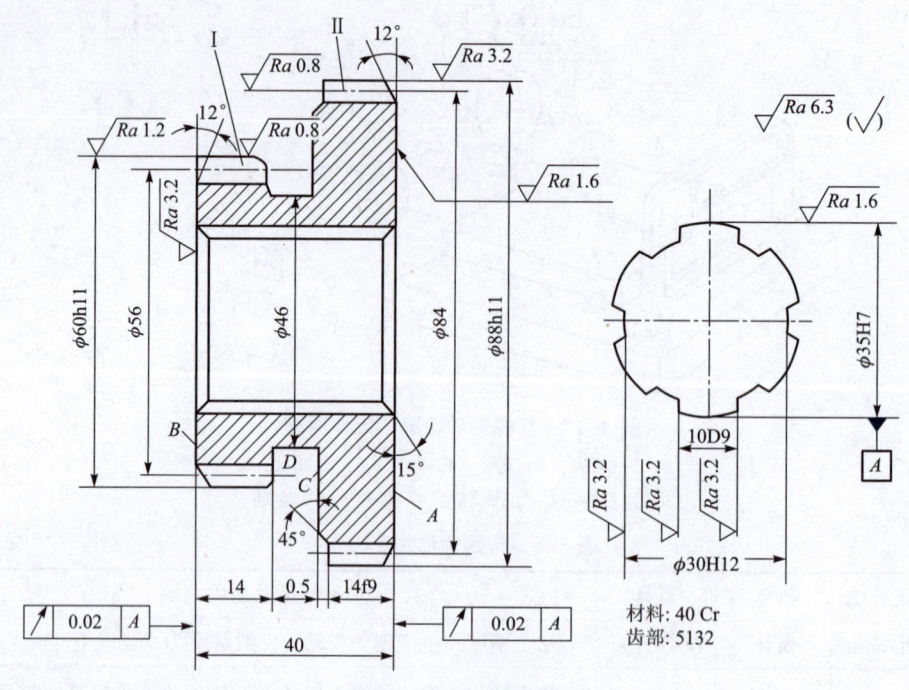

图 3-18 双联齿轮

表 3-9 双联齿轮参数

齿轮号		Ⅰ	Ⅱ	齿轮号		Ⅰ	Ⅱ
模数/mm	m	2	2	基节极限偏差/mm	F_{pb}	±0.013	±0.013
齿数	z	28	42	齿形公差/mm	F_f	0.011	0.011
精度等级		7GK	7JL	齿向公差/mm	F_β	0.011	0.011
齿圈径向跳动/mm	F_r	0.036	0.036	跨齿数		4	5
公法线长度变动/mm	F_w	0.028	0.028	公法线平均长度/mm		$21.36_{-0.05}^{0}$	$27.61_{-0.05}^{0}$

表 3-10 双联齿轮加工工艺过程

序号	工序内容	定位基准
1	毛坯锻造	
2	正火	
3	粗车外圆及端面，留余量 1.5~2 mm，钻、镗花键底孔至尺寸 ϕ30 H12	外圆及端面
4	拉花键孔	ϕ30 H12 及 A 面
5	钳工去毛刺	
6	上心轴，精车外圆、端面及槽至要求尺寸	花键孔及 A 面
7	检验	
8	滚齿（z=42），留剃余量 0.07~0.10 mm	花键孔及 A 面
9	插齿（z=28），留剃余量 0.04~0.06 mm	花键孔及 A 面
10	倒角（Ⅰ、Ⅱ齿圆 12°牙角）	花键孔及端面

续表

序号	工序内容	定位基准
11	钳工去毛刺	
12	剃齿（z=42），公法线长度至尺寸上限	花键孔及 A 面
13	剃齿（z=28），公法线长度至尺寸上限	花键孔及 A 面
14	齿部高频感应加热淬火	
15	推孔	花键孔及 A 面
16	珩齿（Ⅰ、Ⅱ）至要求尺寸	花键孔及 A 面
17	总检入库	

1. 定位基准的确定与加工

齿轮加工的定位基准应尽可能与设计基准相重合，而且在加工齿形的各工序中尽可能应用相同的定位基准。

对于小直径的轴齿轮，定位基准采用两端中心孔；大直径的轴齿轮通常用轴颈及一个较大的端面来定位；带孔（或花键孔）齿轮则以孔和一端面来定位。

必须注意：齿面经淬火后，在齿面精加工之前必须对基准孔进行修整，如表 3-10 中 14 号工序，以修整淬火变形。内孔的修整通常采用在内圆磨床上磨孔，或用推刀在压床上推孔的工序。

磨孔时应以齿轮的分度圆作定位基准，若工件齿数是 3 的倍数，则可用如图 3-19 所示的方法：用三只滚柱三等分装卡在内圆磨床的三爪卡盘里。磨削后孔的中心与齿圈的径向跳动小，对以后的磨齿有利。如果工件齿数不能被 3 整除，则需采用专用的齿轮节圆夹具。

2. 齿坯加工

圆盘带孔齿轮的齿坯加工，主要加工齿坯内孔（或带键槽、花键孔）、齿顶外圆和两个端面。

孔加工可采用钻、扩、铰、插，或钻、扩、拉，或钻、扩、拉、磨，或镗、拉、磨等方法。

在成批生产中，常用六角车床或单轴多刀半自动车床加工齿坯；在大批大量生产中，则采用多轴、多刀、半自动机床或自动线加工齿坯。

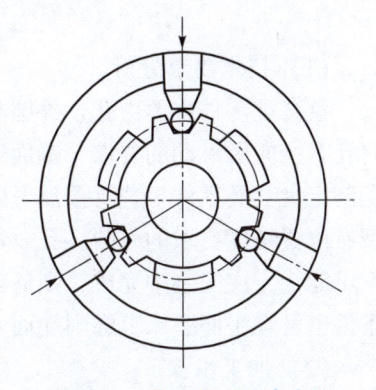

图 3-19 分度圆定位磨内孔

3. 齿形加工工序的安排

齿形加工工序的安排主要取决于齿轮精度等级和热处理要求。

（1）对于 8 级精度的齿轮，用滚齿或插齿就能满足要求。采取的工艺路线为：滚（或插）齿→齿端倒角→齿面热处理→校正内孔的路线。热处理前的齿形加工精度应提高一级。

（2）7 级精度的齿轮，一般的工艺路线为：锻造→粗车→正火→拉孔→精车→钳工→滚齿→齿端倒角、剃齿→热处理（齿面高频淬火）→磨内孔（或校正花键孔）→珩齿→检验。

7 级齿轮齿形的基本加工工艺为：滚→剃→热→珩；或者也可以采用粗滚→精滚；有

时还采用滚→热→磨的工艺，但这样做增加了成本。

（3）对于 6 级以上的精密圆柱齿轮，常用齿形加工路线有：粗滚→精滚→淬火→磨齿（4~6 级）；或粗滚→精滚（或精插）→剃→高频淬火→珩。

如果所用的精密滚齿机的周期误差非常小，且滚齿机的传动链带有误差校正装置，则也可以精滚 4~5 级的齿轮与蜗轮。

案例：盘套类零件加工。

图 3-20 所示为一齿轮坯零件。

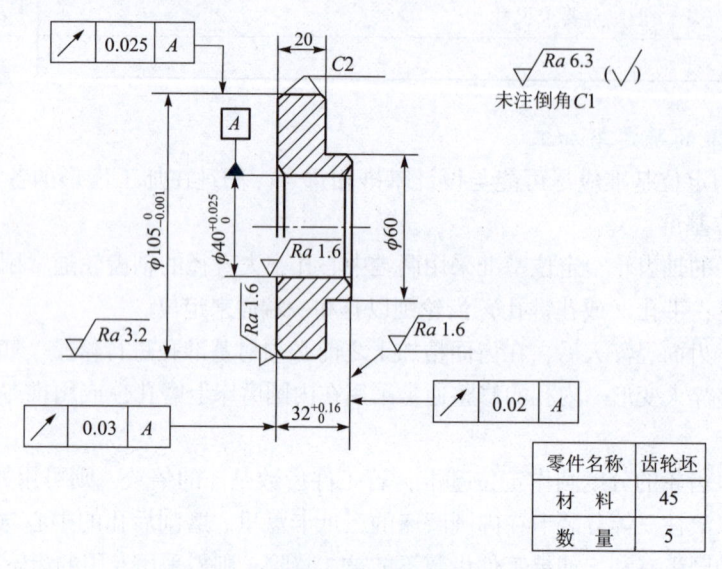

图 3-20 齿轮坯

（1）技术要求分析。

盘套类零件主要由孔、外圆与端面组成。除尺寸精度、表面粗糙度有要求外，其外圆对孔有径向圆跳动的要求，端面对孔有端面圆跳动的要求。保证径向圆跳动和端面圆跳动是制定盘套类零件工艺要重点考虑的问题。在工艺上一般分粗车和精车，精车时，尽可能把有位置精度要求的外圆、孔、端面在一次安装中全部加工完。若有位置精度要求的表面不可能在一次安装中完成，则通常先把孔制出，然后以孔定位心轴来加工外圆或端面（有条件也可在平面磨床上磨削端面）。其常使用心轴装夹方式。

（2）加工步骤。

1）下料 ϕ110 mm×36.5 mm。

2）夹持 ϕ110 mm 外圆，长 20 mm；车端面；车外圆 ϕ63 mm×10 mm；三爪卡盘装夹。

3）夹持 ϕ63 mm 外圆；粗车端面，车外圆至 ϕ107 mm；钻孔 ϕ36 mm；粗、精镗孔 $\phi40^{+0.025}_{0}$ mm 至尺寸；精车端面，保证总长 33 mm；精车外圆 $\phi105^{\ 0}_{-0.001}$ mm 至尺寸；倒内角 $C1$、外角 $C2$；三爪卡盘装夹。

4）夹持 ϕ105 mm 外圆，垫铁皮，找正；精车台肩面，保证长度 20 mm；车小端面，总长 $32.3^{+0.2}_{0}$ mm，精车外圆 ϕ60 mm 至尺寸；倒小内、外角 $C1$，大外角 $C2$；三爪卡盘安装。

5）精车小端面，保证总长 $\phi32^{+0.16}_{0}$ mm；用顶尖、卡箍和锥度心轴安装。（有条件可平磨小端面。）

项 目 驱 动

1. 机床主轴有哪些主要加工表面及技术要求？
2. 主轴所用材料是如何选用的？
3. 主轴（有通孔）机械加工工艺路线的大致过程是怎样安排的？
4. 主轴加工过程中的热处理是如何安排的？各种热处理的目的与具体做法是什么？
5. 主轴工艺中，定位基准面的确定有什么规律？具体实施中要注意什么？
6. 主轴箱体加工工艺编制的过程中，遵循了什么原则？
7. 主轴箱加工中定位粗基准面是如何确定和具体实施的？
8. 坐标法加工孔系的机床上坐标测量装置有哪些形式？
9. 不同精度要求的齿轮工艺是如何安排的？

项目四

机械加工质量分析

知识目标

1. 理解机械加工精度、加工误差的概念和影响因素；
2. 了解表面质量对零件使用性能的影响；
3. 理解机械加工表面粗糙度及其影响因素；
4. 掌握工艺系统的误差对零件几何形状与尺寸的影响规律与解决方法。

能力目标

1. 能够通过采取适当的途径或措施来保证和提高加工精度；
2. 掌握分析机械加工表面质量的方法，有针对性地提出改善加工质量的途径；
3. 具备独立解决工业现场实际工程技术问题的能力。

课程思政案例五

素质目标

引导学生应具备高尚的职业道德和较高的人文科学素养。

课题一 机械加工精度

知识点

- 加工精度的基本概念
- 获得加工精度的方法
- 影响加工精度的原始误差
- 加工原理误差
- 机床的几何误差
- 刀具、夹具的制造误差及磨损
- 工艺系统受力变形引起的加工误差
- 工艺系统受热变形引起的加工误差
- 工件残余应力引起的误差

技能点

- 提高加工精度的工艺措施

课题分析

加工精度是指零件加工后实际几何参数（尺寸、形状和位置）与理想几何参数相符合的程度。提高加工精度的方法，大致可概括为以下几种：减小误差法、误差补偿法、误差分组法、误差转移法、就地加工法以及误差平均法等。加工误差的大小反映了加工精度的高低，误差越大，加工精度就越低；反之，加工精度越高。

相关知识

一、加工精度的基本概念

加工精度是指零件加工后实际几何参数（尺寸、形状和位置）与理想几何参数相符合的程度。实际加工不可能做得与理想零件完全一致，总会有大小不同的偏差，零件加工后实际几何参数对理想几何参数的偏离程度，称为加工误差。加工误差的大小反映了加工精度的高低，误差越大，加工精度就越低；反之，加工精度越高。

加工精度问题

加工精度包括以下三个方面：
(1) 尺寸精度。指加工后零件实际尺寸与零件设计尺寸相符合的程度。
(2) 形状精度。指零件加工后表面实际几何形状与理想几何形状相符合的程度。
(3) 位置精度。指加工后零件有关表面之间实际位置与理想位置相符合的程度。

二、获得加工精度的方法

1. 获得尺寸精度的方法

(1) 试切法。通过试切—测量—调整—再试切，反复进行到被加工尺寸达到要求为止的加工方法。试切法达到的精度可能很高，由于需要多次调整、试切、测量和计算，因此，比较费时、效率低，且依赖技工水平，所以只适用于单件小批生产。

(2) 调整法。预先用样板、样件或根据试切工件来调整好刀具和工件在机床上的相对位置，然后加工一批工件，在加工这一批工件的过程中，不再调整，也不试切，即可保证达到被加工尺寸的要求。调整法比试切法的加工精度稳定性好，并有较高的生产率，因此，适用于成批及大量生产。

(3) 定尺寸刀具法。用一定形状和尺寸的刀具（或组合刀具）来保证被加工部位尺寸的加工形状和尺寸精度。定尺寸刀具法的加工精度取决于刀具的精度和磨损，几乎和工人的技术水平无关，生产率较高，在各类型生产中广泛应用。

(4) 自动获得尺寸法。这种方法是由测量装置、进给装置和控制系统等组成的自动控制加工系统，在加工系统中一旦工件达到要求的尺寸时，能自动停止加工，具体方法有两种：自动测量，自动停止；数字控制。如在数控机床上加工时，将数控加工程序输入到 CNC 装置中，由 CNC 装置发出的指令信号，通过伺服驱动机构使机床工作，检测装置进行自动测量和比较，输出反馈信号使工作台补充位移，最终达到零件规定的形状和尺寸精度。

2. 获得形状精度的方法

工件在加工时，其形状精度的获得方法有以下三种。

（1）轨迹法。依靠刀具运动轨迹来获得所需要工件形状的一种方法，如利用工件的回转和车刀按靠模做的曲线运动来车削成形表面等。

（2）成形法。为了提高生产率，简化机床结构，通常采用成形刀具来代替通用刀具，此时，机床的某些成形运动就被成形刀具的刃形所代替，如用成形车刀车曲面。成形法是使用成形刀具加工，获得工件表面的方法。

（3）展成法。在加工时刀具和工件做展成运动，在展成运动过程中，刀刃包络出被加工表面的形状称为展成法（范成法、滚切法）。如滚齿时，滚刀与工件保持一定的速比关系，而工件的齿形则是由一系列刀齿的包络线所形成的。

3. 获得位置精度的方法

获得位置精度的方法有两种：一是根据工件加工过的表面进行找正的方法；二是用夹具安装工件，工件的位置精度由夹具来保证。

三、影响加工精度的原始误差

在机械加工中，机床、夹具、工件和刀具构成了一个完整的系统，称为工艺系统。由于工艺系统本身的结构和状态、操作过程以及加工过程中的物理现象而产生刀具和工件之间的相对位置关系发生偏移所产生的误差称为原始误差，从而影响零件的加工精度。一部分原始误差与切削过程有关，一部分原始误差与工艺系统本身的初始状态有关，这两部分误差又受环境条件、操作者技术水平等因素的影响。

1. 与工艺系统本身的初始状态有关的原始误差

（1）原理误差，即加工方法原理上存在的误差。

（2）工艺系统几何误差。它可归纳为以下两类：

1）工件与刀具的相对位置在静态下已存在的误差，如刀具和夹具的制造误差、调整误差以及安装误差。

2）工件与刀具的相对位置在运动状态下已存在的误差，如机床的主轴回转运动误差、导轨的导向误差、传动链的传动误差等。

2. 与切削过程有关的原始误差

（1）工艺系统力效应引起的变形，如工艺系统受力变形、工件内应力引起的变形及振动等。

（2）工艺系统热效应引起的变形，如机床、夹具、工件的热变形等。

四、加工原理误差

加工原理误差是由于采用了近似的加工运动方式或近似的刀具轮廓而产生的误差。因为它在加工原理上存在误差，因此称为原理误差。原理误差应在允许范围内。

1. 采用近似的加工运动造成的误差

在许多场合，为了得到要求的工件表面，必须在工件与刀具的相对运动之间建立一定的联系，从理论上讲，即应采用完全准确的运动联系。但是，采用完全准确的加工原理有时会使机床或夹具极为复杂，导致制造困难，反而难以达到较高的精度，有时甚至是不可能做到的。如在车削或磨削模数螺纹时，由于其导程 $t=\pi m$ 中有 π 这个无理数因子，故在用配换齿轮来得到导程数值时就存在原理误差。

2. 采用近似的刀具轮廓造成的误差

用成形刀具加工复杂的曲面时，要使刀具刃口做得完全符合理论曲线的轮廓，有时非常困难，往往采用圆弧、直线等简单近似的线型代替理论曲线。如用滚刀滚切渐开线齿轮时，为了滚刀的制造方便，多采用阿基米德蜗杆或法向直廓基本蜗杆来代替渐开线蜗杆，从而产生了加工原理误差。

五、机床的几何误差

机床是工艺系统中重要的组成部分，加工中刀具相对于工件的成形运动一般都是通过机床完成的，因此，机床的制造误差、安装误差、使用中的磨损都直接影响工件的加工精度。这里着重分析对工件加工精度影响较大的主轴回转运动误差、导轨导向误差和传动链传动误差。

1. 主轴回转运动误差

机床主轴是装夹工件或刀具的基准，并将运动和动力传给工件或刀具，故主轴回转误差将直接影响被加工工件的精度。

（1）主轴回转精度的概念。主轴回转时，在理想状态下，其回转轴线在空间的位置是稳定不变的，但是，由于主轴、轴承、箱体的制造和安装误差以及受静力、动力作用引起的变形、温升热变形等，主轴回转轴线任一瞬时都在变化（漂移），通常以各瞬时回转轴线的平均位置作为平均轴线来代替理想轴线。主轴回转精度是指主轴的实际回转轴线与平均回转轴线相符合的程度，它们的差异就称为主轴回转运动误差。主轴回转运动误差可分解为三种形式：纯径向圆跳动、轴向窜动和角度摆动，如图 4-1 所示。

（2）影响主轴回转精度的主要因素。实践和理论分析表明，影响主轴回转精度的主要因素有主轴的误差、轴承的误差、床头箱体主轴孔的误差以及与轴承配合零件的误差等。当采用滑动轴承时，影响主轴回转精度的因素有主轴颈和轴瓦内孔的圆度误差以及轴颈和轴瓦内孔的配合精度。

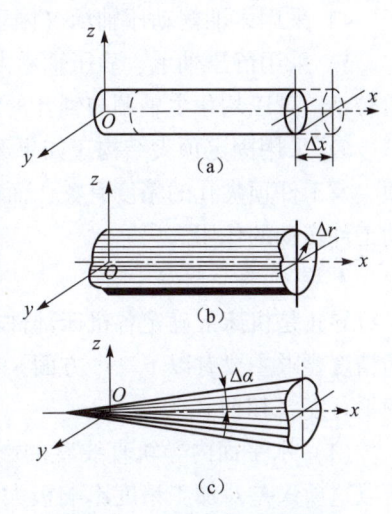

图 4-1 主轴回转运动误差
(a) 轴向窜动；(b) 纯径向圆跳动；
(c) 角度摆动

对于镗床类机床，因为切削力方向是变化的，轴瓦的内孔总是与主轴颈的某一固定部分接触，因而轴瓦内孔的圆度误差对主轴回转精度影响较大，主轴轴颈的圆度误差对主轴回转精度影响较小，如图 4-2 (a) 所示。

对于车床类机床，轴瓦内孔的圆度误差对加工误差影响很小。因为切削力方向不变，回转的主轴轴颈总是与轴瓦内孔的某固定部分接触，因而轴瓦内孔的圆度误差对主轴回转运动误差的影响几乎为零，如图 4-2（b）所示。

采用滚动轴承的主轴部分影响主轴回转精度的因素很多，如内圈与主轴颈的配合精度，外圈与箱体孔的配合精度，外圈、内圈滚道的圆度误差，内圈孔与滚道的同轴度，以及滚动体的形状精度和尺寸精度。

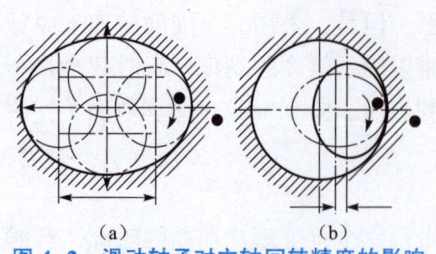

图 4-2 滑动轴承对主轴回转精度的影响
（a）镗床类；（b）车床类

床头箱体的轴承孔不圆，使外圈滚道变形；主轴轴颈不圆，使轴承内圈滚道变形，都会产生主轴回转误差。主轴前后轴颈之间、床头箱体的前后轴承孔之间存在同轴度误差，会使滚动轴承内外圈相对倾斜，使主轴产生径向跳动和端面跳动。此外，锁紧螺母端面的跳动等也会影响主轴的回转精度。

（3）提高主轴回转精度的措施。

1）提高主轴、箱体的制造精度。主轴回转精度只有 20% 决定于轴承精度，而 80% 取决于主轴与箱体的精度和装配质量。

2）高速主轴部件要进行动平衡，以消除激振力。

3）滚动轴承采用预紧。轴向施加适当的预加载荷（为径向载荷的 20%～30%）、消除轴承间隙，使滚动体产生微量弹性变形，可提高刚度、回转精度和使用寿命。

4）采用多油楔动压轴承（限于高速轴承）。

5）采用静压轴承。静压轴承由于是纯液体摩擦，摩擦系数为 0.000 5。因此，摩擦阻力较小，可以均化主轴颈与轴瓦的制造误差，具有很高的回转精度。

6）采用固定顶尖结构。如果磨床前顶尖固定，不随主轴回转，则工件圆度只和一对顶尖及工件顶尖孔的精度有关，而与主轴回转精度关系很小。主轴回转只起传递动力、带动工件转动的作用。

2. 导轨导向误差

导轨是机床上确定各机床部件相对位置关系的基准，也是机床运动的基准。车床导轨的精度要求主要有以下三个方面：在水平面内的直线度；在垂直面内的直线度；前后导轨的平行度（扭曲）。

（1）水平面内导轨直线度的影响。由于车床的误差敏感方向在水平面（y 轴方向），所以这项误差对加工精度影响极大。若导轨误差为 ΔY，则引起的尺寸误差 $\Delta d = 2\Delta Y$。当导轨形状有误差时，会造成圆柱度误差，如当导轨中部向前凸出时，工件产生鞍形（中凹形）；当导轨中部向后凸出时，工件产生鼓形（中凸形）。

（2）垂直面内导轨直线度的影响。对车床来说，垂直面内（z 轴方向）虽不是误差的敏感方向，但也会产生直径方向的误差。

（3）前后导轨平行度的影响。当前后导轨存在平行度误差（扭曲）时，刀架运动时会产生摆动，刀尖的运动轨迹是一条空间曲线，使工件产生形状误差。

3. 传动链误差

传动链误差是指传动链始末两端传动元件间相对运动的误差，一般用传动链末端元件的转角误差来衡量。传动机构越多，传动线路越长，传动误差就越大。若要减小这一误差，除了提高传动机构的制造精度和安装精度外，还可以缩短传动路线或附加校正装置。

六、刀具、夹具的制造误差及磨损

一般刀具（车刀、镗刀及铣刀等）的制造误差，对加工精度没有直接的影响。

定尺寸刀具（如钻头、铰刀、拉刀及槽铣刀等）的尺寸误差会直接影响被加工零件的尺寸精度；同时刀具的工作条件，如机床主轴的跳动或刀具安装不当引起的径向或端面跳动等，都会影响加工面的尺寸。

成形刀（成形刀、成形铣刀以及齿轮滚刀等）的误差主要影响被加工面的形状精度。

夹具的制造误差一般指定位元件、导向元件及夹具等零件的加工和装配误差，这些误差对被加工零件的精度影响较大。所以在设计和制造夹具时，凡是影响零件加工精度的尺寸都应该进行严格控制。

刀具的磨损会直接影响刀具相对被加工表面的位置，造成被加工零件的尺寸误差；夹具的磨损会引起工件的定位误差。所以，在加工工程中，上述两种磨损均应引起足够的重视。

七、工艺系统受力变形引起的加工误差

工艺系统在切削力、传动力、惯性力、夹紧力以及重力的作用下会产生相应的变形和振动，破坏刀具与工件之间成形运动的位置关系和速度关系，影响切削运动的稳定性，从而产生各种加工误差和表面粗糙度。

1. 切削过程中受力点位置变化引起的加工误差

在切削过程中，工艺系统的刚度随切削力着力点位置的变化而变化，引起系统变形的差异，使零件产生加工误差。

（1）在两顶尖间车削粗而短的光轴时，由于刚度较大，在切削力作用下的变形相对机床、夹具和刀具的变形要小得多，故可忽略不计。此时，工艺系统的总变形完全取决于机床头、尾架（包括顶尖）和刀架（包括刀具）的变形，工件产生的误差为双曲线圆柱度误差。

（2）在两顶尖车削细长轴时，由于工件细长、刚度小，在切削力的作用下，其变形大大超过机床、夹具和刀具的变形。因此，机床、夹具和刀具承受力可忽略不计，工艺系统的变形完全取决于工件的变形，工件产生的误差为腰鼓形圆柱度误差，如图4-3所示。

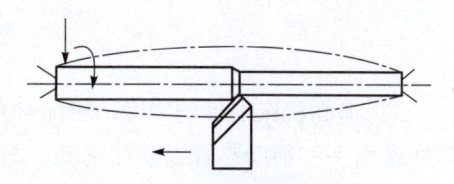

图4-3 腰鼓形圆柱度误差

2. 切削力大小变化引起的加工误差——复映误差

工件的毛坯外形虽然具有粗略的零件形状，但它在尺寸、形状以及表面层材料硬度上都有较大的误差。毛坯的这些误差在加工时会使切削深度不断发生变化，从而导致切削力的变化，进而引起工艺系统产生相应的变形，使得零件在加工后还保留与毛坯表面类似的形状或尺寸误差，当然工件表面残留的误差比毛坯表面误差要小得多。这种现象称为"误差复映规律"，所引起的加工误差称为"复映误差"。

除切削力外，传动力、惯性力、夹紧力等其他作用力也会使工艺系统的变形发生变化，从而引起加工误差，影响加工质量。

3. 减小工艺系统受力变形的措施

减小工艺系统受力变形，不仅可以提高零件的加工精度，而且有利于提高生产率。因此，生产中必须采取有力措施，以减小工艺系统的受力变形。

(1) 提高工艺系统各部分的刚度。

1) 提高工件加工时的刚度。有些工件因其自身刚度很差，加工中将产生变形而引起加工误差，因此必须设法提高工件自身刚度。

例如车削细长轴时，为提高细长轴刚度，可采取以下措施：

① 减小工件支承长度 L，为此常采用跟刀架或中心架及其他支承架。

② 减小工件所受背向力，通常可采取增大前角 γ_0、主偏角 k_γ 选为 90°以及适当减小进给量 f 和切削深度 a_p 等措施减小 F_p。

③ 采用反向走刀法，使工件从原来的轴向受压变为轴向受拉。

2) 提高工件安装时的夹紧刚度。对薄壁件，夹紧时应选择适当的夹紧方法和夹紧部位，否则会产生很大的形状误差。

如图 4-4 所示的薄壁工件，由于工件本身有形状误差，故用电磁吸盘吸紧时，工件产生弹性变形，磨削后松开工件，弹性应恢复，工件表面仍有形状误差（翘曲）。解决办法是在工件和电磁吸盘之间垫入一薄橡皮（0.5 mm 以下），当吸紧时，橡皮被压缩，工件变形减小，经几次反复磨削逐渐修正工件的翘曲，将工件磨平。

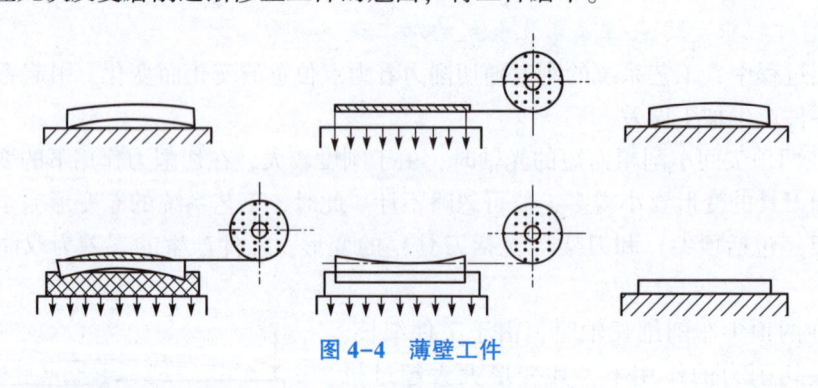

图 4-4 薄壁工件

3) 提高机床部件的刚度。机床部件的刚度在工艺系统中占有很大的比重，在机械加工时常用一些辅助装置提高其刚度。图 4-5（a）所示为六角车床上提高刀架刚度的装置。该装置的导向加强杆与辅助支承套或装于主轴孔内的导套配合，从而使刀架刚度大大提高，如图 4-5（b）所示。

(2) 提高接触刚度。由于部件的接触刚度远远低于实体零件本身的刚度，因此，提高接触刚度是提高工艺系统刚度的关键，常用的方法有：

1) 改善工艺系统主要接触面的配合质量，如机床导轨副、锥体与锥孔、顶尖与顶尖等配合采用刮研与研磨，以提高配合表面的形状精度，降低表面粗糙度。

2) 预加载荷，由于配合表面的接触刚度随所受载荷的增大而不断增大，所以对机床部件的各配合表面施加预紧载荷不仅可以消除配合间隙，而且还可以使接触表面之间

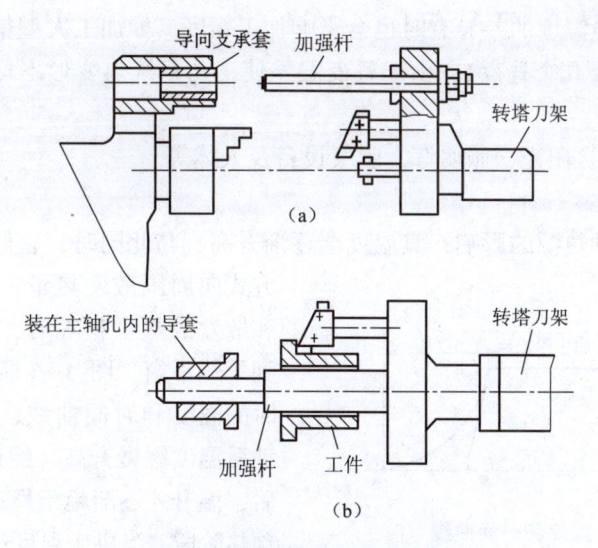

图 4-5　提高刀架刚度的装置
（a）六角车床上提高刀架刚度的装置；
（b）该装置的导向加强杆与转塔刀架

产生预变形，从而大大提高接触刚度。例如为了提高主轴部件刚度，常常对机床主轴轴承进行预紧等。

八、工艺系统受热变形引起的加工误差

在机械加工中，工艺系统在各种热源的作用下会产生一定的热变形。由于工艺系统热源分布的不均匀性及各环节结构、材料的不同，使工艺系统各部分的变形产生差异，从而破坏了刀具与工件的准确位置及运动关系，产生加工误差，尤其是由精密加工、热变形引起的加工误差占总加工误差的一半以上。因此，在近代精密自动化加工中，控制热变形对精加工的影响已成为一项重要的任务和研究课题。

1. 工艺系统的热源

在加工过程中，工艺系统的热源主要有两大类：内部热源和外部热源。

（1）内部热源。内部热源主要来自切削过程，主要包括：

1）切削热。切削过程中，切削金属层的弹性、塑性变形及刀具、工件、切屑间摩擦消耗的能量绝大多数转化为切削热。这些热能量以不同的比例传给工件、刀具、切屑及周围的介质。

2）摩擦热。机床中的各种运动副，如导轨副、齿轮副、丝杠螺母副、蜗轮蜗杆副、摩擦离合器等，在相对运动时因摩擦而产生热量。机床的各种动力源如液压系统、电动机、马达等，工作时也要产生能量损耗而发热。这些热量是机床热变形的主要热源。

3）派生热源。切削中的部分切削热由切屑、切削液传给机床床身，摩擦热由润滑油传给机床各处，从而使机床床身热变形。这部分热源称为派生热源。

（2）外部热源。外部热源主要来自外部环境。

1）环境温度。一般来说，工作地周围环境随气温而变化，而且不同位置处的温度也

各不相同，这种环境温度的差异有时也会影响加工精度。如加工大型精密件往往需要较长时间（有时甚至需要几个昼夜），由于昼夜温差使工艺系统热变形不均匀，从而产生加工误差。

2) 热辐射。来自阳光、照明灯、暖气设备及人体等。

2. 工艺系统的热平衡

工艺系统受各种热源的影响，其温度会逐渐升高，与此同时，它们也会通过各种传热方式向周围散发热量。当单位时间内传入和散发的热量相等时，则认为工艺系统达到了热平衡。图 4-6 所示为一般机床工作时的温度和时间曲线，由图可知，机床开动后温度缓慢升高，经过一段时间（2~6 h）后，温升才逐渐趋于稳定，这一段时间称为预热阶段。当机床温度达到稳定值后，则被认为处于热平衡阶段，此时温度场处于稳定，其热变形也就趋于稳定，处于稳定温度场时引起的加工误差是有规律的。若机床处于平衡之前的预热期，则温度随时间而升高，其热变形将随温度的升高而变化，故对加工精度影响比较大。因此，精密及大型工件应在工艺系统达到热平衡后进行加工。

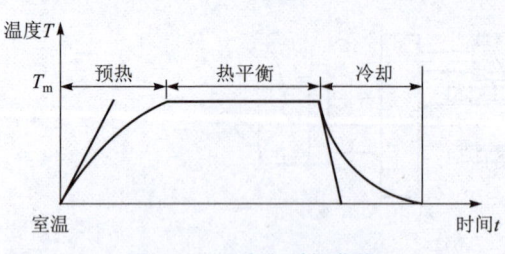

图 4-6 温度和时间曲线

3. 机床热变形引起的加工误差

由于机床的结构使工作条件差别很大，因此引起热变形的主要热源也不大相同，大致可分为以下三种：

（1）主要热源来自机床的主传动系统，如普通机床、六角机床、铣床、卧式镗床和坐标镗床等。

（2）主要热源来自机床导轨的摩擦，如龙门刨床和立式车床等。

（3）主要热源来自液压系统，如各种液压机床。

热源的热量，一部分传给周围的介质，一部分传给热源近处的机床零部件和刀具，以致产生热变形，影响加工精度。由于机床各部分的体积较大，热容量也大，因而机床热变形进行的较为缓慢（车床主轴箱一般不高于 60 ℃）。实践表明，车床部件中受热最多、变形最大的是主轴箱，其他部分如刀架、尾座等温升不高，热变形较小。

如图 4-7 所示的虚线表示车床的热变形，可以看出，车床主轴前轴承的温升最高。在加工过程中，对加工精度影响最大的因素是主轴轴线的抬高和倾斜。实践表明，主轴轴线抬高是主轴轴承温度升高而引起主轴箱变形的结果，它约占总抬高量的 70%；由机床热变形所引起的抬高量一般小于 30%。影响主轴轴线倾斜的主要原因是机床的受热弯曲，它约占总倾斜量的 75%；主轴前后轴承的温差所引起的主轴轴线倾斜只占 25%。

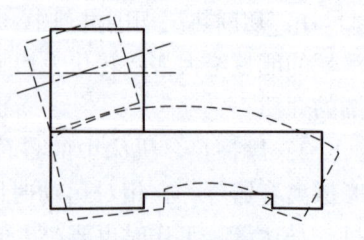

图 4-7 车床的热变形

4. 刀具热变形及对加工精度的影响

在切削过程中，一部分切削热传给刀具，尽管这部分热量很少（高速车削时只占

1%~2%），但由于刀具体积较小、热容量较小，所以刀具切削部分的温升仍较高，例如高速钢车刀的工作表面温度可达 700 ℃~800 ℃，刀具的热伸长量可达 0.03~0.05 mm，从而产生加工误差，影响加工精度。

（1）刀具连续工作时的热变形引起的加工误差。当刀具连续工作，如车削长轴或在立式车床上车大端面时，传给刀具的切削热随时间不断增加，刀具产生热变形而逐渐伸长，工件产生圆度误差或平面度误差。

（2）刀具间歇工作。当采用调整法加工一批短轴零件时，由于每个工件切削时间较短，刀具的受热与冷却间歇进行，故刀具的热伸长比较缓慢。

总的来说，刀具能够迅速达到热平衡，且刀具的磨损又能与刀具的受热伸长进行部分补偿，故刀具热变形对加工质量的影响并不显著。

5. 工件热变形引起的加工误差

（1）工件均匀受热。当加工比较简单的轴、套、盘类零件的内外圆表面时，切削热比较均匀地传给工件，工件产生均匀热变形。

在加工盘类零件或较短的轴套类零件时，由于加工行程较短，故可以近似认为沿工件轴向的温升相等。因此，加工出的工件只产生径向尺寸误差而不产生形位误差。若工件精度要求不高，则可忽略热变形的影响。对于较长工件（如长轴）的加工，在开始走刀时，工件温升较低、变形较小。随着切削的进行，工件温升逐渐升高，直径逐渐增大，因此工件表面被切去的金属层厚度越来越大，冷却后不仅会产生径向尺寸误差，而且还会产生圆柱度误差。若该长轴工件用两顶尖装夹，且后顶尖固定锁紧，则加工中工件的轴向热伸长使工件产生弯曲并可能引起切削不稳。因此，在加工长轴时，工人经常车一刀后转一下后顶尖，再车下一刀，或后顶尖改用弹簧顶尖，目的是消除工件热应力和弯曲变形。

对于轴向精度要求较高的工件（如精密丝杠），其热变形引起的伸长将产生螺距误差。因此，加工精密丝杠时必须采用有效的冷却措施，以减少工件过热伸长。

（2）工件不均匀受热。当工件进行铣、刨、磨等平面的加工时，工件单侧受热，上下表面温升不等，从而导致工件向上凸起，中间切去的材料较多，冷却后被加工表面呈凹形。这种现象对于加工薄片零件尤为突出。

为了减小工件不均匀变形对加工精度的影响，应采取有效冷却措施，以减小切削表面温升。

6. 控制温度变化，均衡温度场

由于工艺系统温度变化会引起工艺系统热变形变化，进而产生加工误差，并且具有随机性。因此，必须采取措施控制工艺系统的温度变化，保持温度稳定，使热变形产生的加工误差具有规律性，以便于采取相应的措施给予补偿。

对于床身较长的导轨磨床，为了均衡导轨面的热伸长，可利用机床润滑系统回油的余热来提高床身下部的温度，使床身上下表面的温差减小、变形均匀。

九、工件残余应力引起的误差

1. 基本概念

残余应力也称内应力，是指当外部荷载去掉以后仍残留在工件内部的应力。残余应力是由于金属内部组织发生了不均匀体积变化而产生的,其外界因素来自热加工和冷加工。

具有内应力的工件,是处于一种不稳定状态之中,它内部的组织有强烈的恢复到没有内应力稳定状态的倾向,即使在常温下工件的内部组织也不断发生变化,直到内应力完全消失为止。在这一过程中,工件的形状逐渐改变(如翘曲变形),从而丧失其原有精度。如果把存在内应力的工件装配到机器中,则会因其在使用中的变形而破坏整台机器的精度。

2. 残余应力产生的原因

(1) 毛坯制造中产生的残余应力。在铸、锻、焊及热处理等加工过程中,由于工件各部分热胀冷缩不均匀以及金相组织转变时的体积变化,故使毛坯内部产生了相当大的残余应力。毛坯的结构越复杂,各部分壁厚越不均匀,散热条件差别越大,毛坯内部产生的残余应力也越大。具有残余应力的毛坯在短时间内还看不出有什么变化,残余应力暂时处于相对平衡的状态,但当切去一层金属后,就打破了这种平衡,残余应力重新分布,工件就明显地出现了变形。

(2) 冷校直产生的残余应力。一些刚度较差、容易变形的工件(如丝杠等),通常采用冷校直的办法修正其变形。如图4-8 (a) 所示,当工件中部受到载荷 F 的作用时,工件内部产生应力,其轴心线以上产生压应力,轴心线以下产生拉压力(图4-8 (b)),而且两条虚线之间为弹性变形区,虚线之外为塑性变形区。等去掉外力后,工件的弹性恢复受到塑性变形区的阻碍,致使残余应力重新分布(图4-8 (c))。由此可见,工件经冷校直后内部产生残余应力,处于不稳定状态,若再进行切削加工,则工件将重新发生弯曲。

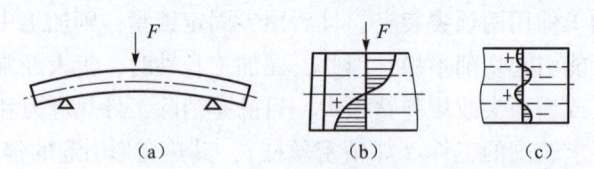

图 4-8 冷校直产生的残余应力
(a) 应力产生;(b) 拉压力;(c) 残余应力重新分布

(3) 切削加工中产生的残余应力。工件切削加工时,在各种力和热的作用下,其各部分将产生不同程度的塑性变形及金相组织变化,从而产生残余应力,引起工件变形。

实践证明,在加工过程中切去表面一层金属后,所引起残余应力的重新分布,变形最为剧烈。因此,粗加工后,应将被夹紧的工件松开使之有时间使残余应力重新分布。否则,在继续加工时,工件处于弹性应力状态下,而在加工完成后,必然会逐渐产生变形,进而破坏最终工序所得到的精度。因而机械加工中常将粗、精加工分开,以消除残余应力对加工精度的影响。

3. 减少或消除残余应力的措施

(1) 采取时效处理。自然时效处理,主要是在毛坯制造之后,或粗、精加工之间,让工件停留一段时间,利用温度的自然变化,经过多次热胀冷缩,使工件的晶体内部或晶界之间产生微观滑移,从而达到减少或消除残余应力的目的。这种过程对大型精密件(如床身、箱体等)需要很长时间,往往会影响产品的制造周期,所以除特别精密件外,一般较少采用。

人工时效处理，这是目前使用最广的一种方法，它是将工件放在炉内加热到一定温度，使工件金属原子获得大量热能来加速它的运动，并保温一段时间，使原子组织重新排列，再随炉冷却，以达到消除残余应力的目的。这种方法对大型件就需要一套很大的设备，其投资和能源消耗都较大。

振动时效处理，这是消除应力、减小变形以及保持工件尺寸稳定的一种新方法，可用于铸造件、锻件、焊接件以及有色金属件等。它是以激振的形式将机械能加到含有大量残余应力的工件内，引起工件金属内部晶格错位蠕变，使金属的结构状态稳定，以减少和消除工件的内应力。操作时，将激振器牢固地夹持在工件的适当位置上，根据工件的固有频率调节激振器的频率，直到达到共振状态，再根据工件尺寸及残余应力调整激振力，使工件在一定的振动强度下保持几分钟甚至十几分钟的振动，这样不需要庞大的设备，经济简便、效率高。

（2）合理安排工艺路线。对于精密零件，粗、精加工分开。对于大型零件，由于粗、精加工一般安排在一个工序内进行，故粗加工后先将工件松开，使其自由变形，再以较小的夹紧力夹紧工件进行精加工。对于焊接件，在焊接前工件必须经过预热，以减小温差，进而减小残余应力。

（3）合理设计零件结构。在设计零件结构时，应注意简化零件结构，提高其刚度，减小壁厚差，如果是焊接结构，则应使焊缝均匀，以减小残余应力。

十、课题实施：提高加工精度的工艺措施

提高加工精度的方法，大致可概括为以下几种：减小误差法、误差补偿法、误差分组法、误差转移法、就地加工法以及误差平均法等。

1. 减少误差法

减少误差法是生产中应用较广的一种方法，它是在查明产生加工误差的主要原因之后，设法消除或减少误差。例如细长轴的车削，现在采用"大走刀反走向车削法"，基本消除了轴向切削力引起的弯曲变形。若辅之以弹簧顶尖，则可进一步消除热变形引起的热伸长的危害。

2. 误差补偿法

误差补偿法，是人为地制造一种新的误差，去抵消工艺系统固有的原始误差。当原始误差是负值时误差就取正值，反之则取负值，尽量使两者大小相等、方向相反。或者利用一种原始误差去抵消另一种原始误差，也是尽量使两者大小相等、方向相反，从而达到减小加工误差、提高加工精度的目的。

例如，用预加载荷法精加工磨床床身导轨，借以补偿装配后受部件自重而引起的变形。磨床床身是一个狭长的结构，刚度较差，虽然在加工时床身导轨的各项精度都能达到，但装上横向进给机构、操纵箱以后，往往发现导轨精度超差。这是因为这些部件的自重引起了床身的变形。为此，某些磨床厂在加工床身导轨时采用"配重"代替部件重量，或者先将该部件装好再磨削的办法，使加工、装配和使用条件一致，以保持导轨高的精度。

3. 误差分组法

在加工中，由于上道工序"毛坯"误差的存在，造成了本工序的加工误差。由于工

件材料性能改变，或者上道工序的工艺改变（如毛坯精化后，把原来的切削加工工序取消），引起毛坯误差发生较大的变化，这种毛坯误差的变化对本工序的影响主要有两种情况：

(1) 复映误差，引起本工序误差。

(2) 定位误差扩大，引起本工序误差。

解决这个问题，最好是采用分组调整、均分误差的办法。这种办法的实质就是把毛坯按误差的大小分为 n 组，每组毛坯的误差就缩小为原来的 $1/n$，然后按各组分别调整加工。

例如，某厂生产 Y7520W 齿轮磨床时，产生了剃齿时与工件定位孔的配合问题，即配合间隙大了，剃后的工件产生了较大的几何偏心，反映为齿圈径向跳动超差；同时剃齿时也容易产生振动，引起齿面波度，使齿轮工作时噪声较大。因此，必须设法限制配合间隙，保证工件孔和心轴间的同轴度要求。由于工件孔已是 IT6 级精度，故不宜再提高。为此，采用了多挡尺寸的心轴，对工件孔进行分组选配，减少了由于间隙而产生的定位误差，从而提高了加工精度。

4. 误差转移法

误差转移法实质上是转移工艺系统的几何误差、受力变形和热变形等。

误差转移的实例很多。如当机床精度达不到零件加工要求时，常常不是一味提高机床精度，而是在工艺或夹具上想办法，创造条件，使机床的几何误差转移到不影响加工精度的方面上去。如在磨削主轴锥孔时，其与轴颈的同轴度不是靠机床主轴的回转精度来保证，而是靠夹具保证。当机床主轴与工件主轴之间用浮动连接以后，机床主轴的原始误差就被转移掉了。在箱体的孔系加工中，介绍过用坐标法在普通镗床上保证孔系的加工精度，其要点就是采用了精密量棒、内径千分尺和百分表等进行精密定位，这样镗床上因丝杠、刻度盘和刻度尺而产生的误差就不会反映到工件的定位精度上去了。

5. 就地加工法

在加工和装配中有些精度问题牵涉很多零、部件间的相互关系，相当复杂，如果单纯地依靠提高零、部件本身精度来满足设计要求，有时不仅困难，甚至不可能达到。此时，若采用就地加工法，则可能很方便地解决这种难题。

例如，在六角车床制造中，转塔上六个安装刀架的大孔，其轴心线必须保证主轴旋转中心线重合，而六个面必须和主轴中心线垂直。如果把转塔作为单独零件，加工出这些表面后再装配，因包含了很复杂的尺寸链关系，要想达到上述两项要求是很困难的，因而实际生产中采用了就地加工法。这些表面在装配前不进行精加工，而是等它装配到机床上以后再加工六个大孔及端面。

6. 误差平均法

对配合精度要求很高的轴和孔，常采用研磨方法。研具本身并不要求具有高精度，但它却能在与工件的相对运动过程中对工件进行微量切削，最终达到很高的精度。这种工件与研具表面间的相对摩擦和磨损的过程也是误差不断减少的过程，即称为误差平均法。

如内燃机进、排气阀门座的配合的最终加工，船用气、液阀座间配合的最终加工，常采用误差平均法消除配合间隙。

利用误差平均法制造精密零件，在机械行业中由来已久，在没有精密机床的时代，即用"三块平板合研"的误差平均法刮研制造出号称原始平面的精密平板。平面度一般为几个微米,像平板一类的"基准"工具,如直尺、角度尺、角规尺、多棱体、分度盘及标准丝杠等高精度量具和工具,如今还采用误差平均法来制造。

课题二　机械加工表面质量

知识点

- 表面质量的基本概念
- 表面质量对零件使用性能的影响
- 影响表面粗糙度的因素
- 影响加工表面层物理力学性能的因素
- 防止磨削烧伤的途径

技能点

- 影响表面粗糙度的因素分析

课题分析

机械加工表面质量,是指零件在机械加工后表面层的微观几何形状误差和物理、化学及力学性能。表面质量对零件的耐磨性、疲劳强度、耐蚀性、配合质量等性能有直接的影响,其影响因素是多方面的,在实际加工过程中应合理地加以限制和克服。

相关知识

一、表面质量的基本概念

加工表面质量检测系统

机械加工表面质量,是指零件在机械加工后表面层的微观几何形状误差和物理、化学及力学性能。机械加工后的表面,由于加工方法原理的近似性及加工表面是通过弹塑性变形而形成的,故不可能是理想的光滑表面,总存在一定的微观几何形状偏差。表面层材料在加工时受到切削力、切削热及其他因素的影响,使原有的内部组织结构和物理、化学及力学性能均发生了变化,这些都会对加工表面质量造成一定的影响。下面主要讨论对机械加工表面质量有重要影响的两个方面:加工表面的几何特征和表面层物理、力学性能的变化。

1. 加工表面的几何特征

加工表面的几何特征主要包括表面粗糙度和表面波度。

(1) 表面粗糙度。它是指已加工表面的微观几何形状误差。我国现行的表面粗糙度标准是 GB/T 1031—2009。表面粗糙度指标有 Ra、Ry、Rz,并优先选用 Ra。表面粗糙度通常是由机械加工中切削刀具的运动轨迹所形成的,如图 4-9(a)所示。

(2) 表面波度。它是介于宏观几何形状误差($\Delta_形$)与表面粗糙度之间的周期性几何

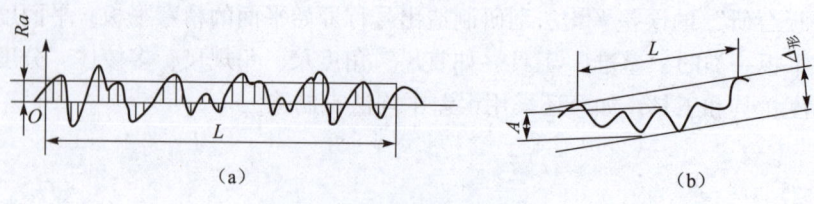

图 4-9 表面粗糙度与波度
(a) 表面粗糙度；(b) 表面波度

形状误差。图4-9（b）中 A 表示波度的高度。表面波度通常是由于加工过程中工艺系统的低频振动所造成的。

一般情况下，波距/波高<50时为表面粗糙度，波距/波高≥50~1 000时为表面波度，波距/波高>1 000时为宏观的形状误差。

2. 表面层物理、力学性能的变化

表面层物理、力学性能的变化主要是指以下三个方面：

(1) 表面层加工硬化。

(2) 表面层金相组织的变化。

(3) 表面层残余应力。

二、表面质量对零件使用性能的影响

1. 表面质量对零件耐磨性的影响

（1）表面粗糙度对零件耐磨性的影响。零件的耐磨性主要与摩擦副的材料、热处理状态、表面质量和使用条件有关。在其他条件均相同的情况下，零件的表面质量对零件的耐磨性有重要影响。

当摩擦副的两个接触表面存在表面粗糙度时，只是在两个接触表面的凸峰处接触，实际接触面积远小于理论接触面积，相互接触的凸峰受到非常大的单位应力，使实际接触处产生弹塑性变形和凸峰之间的剪切破坏，导致零件表面在使用初期产生严重磨损。

表面粗糙度对零件表面初期磨损的影响很大。一般情况下，表面粗糙度值越小，其耐磨性就越好。但表面粗糙度值太小，润滑油不易储存，接触面之间容易发生分子黏结，磨损反而增加。因此，接触面的表面粗糙度有一个最佳值，其值与零件的工作条件有关。工作载荷增大时，初期磨损量增大，表面粗糙度最佳值随之增大。图4-10所示为初期磨损量与表面粗糙度之间的关系。

（2）表面层加工硬化对零件耐磨性的影响。表面层的加工硬化使零件表面层金属的显微硬度提高，故一般可使耐磨性提高。但也不是加工硬化程度越高，耐磨性就越高。过度的加工硬化将引起表面层金属脆性增大、组织疏松，甚至出现裂纹和表层金属的剥落，从而使耐磨性下降。

2. 表面质量对零件疲劳强度的影响

金属受交变应力作用后产生的疲劳破坏往往起源于零件表面和表面冷硬层，因此零件的表面质量对零件疲劳强度的影响很大。

（1）表面粗糙度对零件疲劳强度的影响。在交变载荷的作用下，表面粗糙度的凹谷部位容易引起应力集中,产生疲劳裂纹。表面粗糙度值越大,表面的纹痕越深,纹底半径越小,抗疲劳破坏的能力就越差。实验表明,减小表面粗糙度值可以使零件的疲劳强度有所提高。

(2) 残余应力、加工硬化对零件疲劳强度的影响。残余应力对零件疲劳强度的影响很大,表面层存在的残余拉应力将使疲劳裂纹扩大,加速疲劳破坏,而表面层存在的残余压应力能够阻止疲劳裂纹的扩展,延缓疲劳破坏的产生。

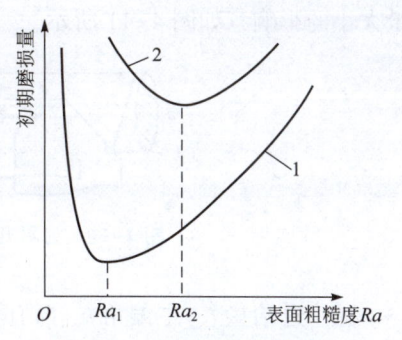

图 4-10　初期磨损量与表面粗糙度之间的关系
1—轻负载；2—重负载

加工硬化可以在零件表面形成硬化层,使其硬度、强度提高；可以防止裂纹产生并阻止已有裂纹的扩展,从而使零件的疲劳强度提高。但表面层硬化程度过高会导致表面层的塑性过低,反而易于产生裂纹,使零件的疲劳强度降低。因此,零件的硬化程度应控制在一定的范围之内。如果加工硬化时伴随有残余压应力的产生,则能进一步提高零件的疲劳强度。

3. 表面质量对零件耐蚀性的影响

零件的耐蚀性在很大程度上取决于表面粗糙度。表面粗糙度值越大,则凹谷中聚积的腐蚀性物质就越多,渗透与腐蚀作用越强烈,表面的抗蚀性就越差。

表面层的残余拉应力会产生应力腐蚀开裂,降低零件的耐蚀性,而残余压应力则能防止应力腐蚀开裂。

4. 表面质量对配合质量的影响

表面粗糙度值的大小会影响配合表面的配合质量。表面粗糙度值大的表面由于其初期耐磨性差,故初期磨损量较大。对于间隙配合,因使间隙增大,故破坏了要求的配合性质；对于过盈配合,在装配过程中由于一部分表面凸峰被挤平,故实际过盈量减小,减小了配合件间的连接强度,使配合的可靠性降低。

5. 表面质量对其他性能的影响

表面质量对零件的接触刚度,接合面的导热性、导电性、导磁性、密封性,光的反射与吸收,气体和液体的流动阻力均有一定程度的影响。

由以上分析可以看出,表面质量对零件的使用性能有很大影响,提高表面质量对保证零件的使用性能、提高零件寿命是很重要的。

三、影响表面粗糙度的因素

在机械加工中,表面粗糙度产生的主要原因：一是加工过程中切削刃在已加工表面上留下的残留面积——几何因素；二是切削过程中产生的塑性变形及工艺系统的振动等——物理因素。

1. 切削加工中影响表面粗糙度的因素

(1) 刀具几何形状及切削运动的影响。当刀具相对于工件做进给运动时,在加工表面留下了切削层残留面积,从而产生表面粗糙度。

残留面积的形状是刀具几何形状的复映。残留面积的高度 H 受刀具几何角度和切削用量大小的影响，如图4-11所示。

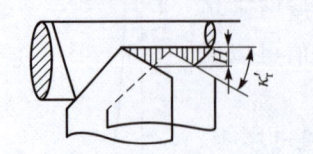

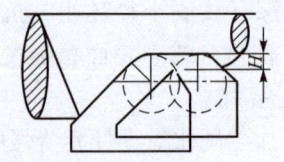

图4-11 刀具几何形状和切削运动对表面粗糙度的影响

减小进给量 f、主偏角 k_r、副偏角 k_r' 以及增大刀尖圆弧半径 γ_ε，均可减小残留面积的高度。

此外，适当增大刀具的前角以减小切削时塑性变形的程度，合理地选择切削液和提高刀具刃磨质量以减小切削时的塑性变形，抑制积屑瘤、鳞刺的生成，这些措施也能有效地减小表面粗糙度值。

（2）工件材料性质的影响。工件材料的机械性能对切削过程中的切削变形有重要影响。在加工塑性材料时，由于刀具对加工表面的挤压和摩擦，使之产生了较大的塑性变形，加之刀具迫使切屑与工件分离时的撕裂作用，使表面粗糙度值加大。工件材料韧性越好，金属的塑性变形越大，加工表面就越粗糙。

加工脆性材料时，塑性变形很小，形成崩碎切屑，由于切屑的崩碎而在加工表面留下许多麻点，使表面粗糙值增大。

背吃刀量对表面粗糙度的影响不明显，一般可忽略。但当 $a_P<0.02\sim0.03$ mm 时，由于刀刃有一定的圆弧半径，使正常切削不能维持，刀刃仅与工件发生挤压与摩擦，从而使表面恶化。因此加工时不能选用过小的背吃刀量。

2. 磨削加工中影响表面粗糙度的因素

磨削加工是由砂轮的微刃磨削形成加工表面，单位面积上刻痕越多，且刻痕越细密均匀，则表面粗糙度越细。影响磨削表面粗糙度的主要因素如下：

（1）磨削用量。砂轮速度 v_s 对表面粗糙度影响较大，v_s 大时，参与磨削的磨粒数增多，可以增加工件单位面积上的刻痕数，同时塑性变形减小，因而表面粗糙度减小。高速磨削时塑性变形减小是因为高速下塑性变形的传播速度小于磨削速度，材料来不及变形。

磨削深度与进给速度增大时，将使工件表面塑性变形加剧，从而使表面粗糙度值增大。为了提高磨削效率，通常在开始磨削时采用较大的磨削深度，然后采用小的磨削深度或光磨，以减小表面粗糙度值。

（2）砂轮。砂轮的粒度越细，则砂轮工作表面单位面积上的磨粒数越多，在工件上的刀痕也越密而细，所以粗糙度值越小。粗粒度的砂轮如果经过精细修整，在磨粒上车出微刃后，则也能加工出粗糙度值小的表面。

砂轮硬度应适宜，砂轮的硬度太大，磨粒钝化后不容易脱落，工件表面受到强烈的摩擦和挤压，加剧了塑性变形，使表面粗糙度值增大甚至产生表面烧伤；砂轮太软，则磨粒易脱落，会产生不均匀磨损现象，影响表面粗糙度。因此，砂轮的硬度应适中。

砂轮应及时修整，以去除已钝化的磨粒，保证砂轮具有等高微刃。砂轮的修整是用金刚石笔尖在砂轮的工作表面上车出一道螺纹，修整导程和修整深度越小，修出磨粒的微刃数量越多，修出的微刃等高性也越好，因而磨出的工件表面粗糙度值也就越小。修整用的金刚石笔尖是否锋利对砂轮的修整质量有很大影响。

（3）工件材料。一般来讲，太硬、太软、韧性大的材料都不易磨光。太硬的材料易使磨粒磨钝，磨削时的塑性变形和摩擦加剧，使表面粗糙度增大，且表面易烧伤甚至产生裂纹而使零件报废。铝、铜合金等较软的材料，由于塑性大，在磨削时磨屑易堵塞砂轮，使表面粗糙度增大。韧性大、导热性差的耐热合金易使砂粒早期崩落，使砂轮表面不平，导致磨削表面粗糙度值增大。

（4）切削液。磨削时切削温度高，切削热的作用占主导地位，因此切削液的作用十分重要。采用切削液可以降低磨削区温度，减少烧伤，冲去脱落的磨粒和切屑，避免划伤工件，从而降低表面粗糙度。但必须合理选择冷却方法和切削液。

四、影响加工表面层物理、力学性能的因素

在切削加工中，工件由于受到切削力和切削热的作用，使表面层金属的物理力学性能产生变化，最主要的变化是表面层金属显微硬度的变化、金相组织的变化和残余应力的产生。磨削加工时所产生的塑性变形和切削热比刀刃切削时更为严重。下面主要讨论加工表面层因上述三方面的变化而导致的表面层物理和力学性能的变化。

1. 加工表面的加工硬化

机械加工过程中表面层的金属因受到切削力的作用而产生塑性变形，使晶格扭曲、畸变，晶粒间产生剪切滑移，晶粒被拉长和纤维化，甚至破碎，这些都会使表面层金属的硬度和强度提高，这种现象称为加工硬化（或称为冷作硬化或强化）。表面层金属产生加工硬化会增大金属变形的阻力，减小金属的塑性，金属的物理性质也会发生变化。

加工硬化后的金属处于高能位的不稳定状态，只要一有可能，金属的不稳定状态就要向比较稳定的状态转化，这种现象称为弱化（或回复现象）。弱化作用的大小取决于温度的高低、温度持续时间的长短和加工硬化程度的大小。由于金属在机械加工过程中同时受到力和热的作用，因此，加工后表层金属的最后性质取决于加工硬化和弱化综合作用的结果。

2. 影响加工硬化的主要因素

（1）刀具。刀具的刃口圆角和后面的磨损对表面层的加工硬化有很大影响。当刀具刃口圆弧半径 r_ε 较大时，对表层金属的挤压作用增强，塑性变形加剧，导致加工硬化增强。当刀具后面磨损 VB 增大时，后面与被加工表面的摩擦加剧，塑性变形增大，导致加工硬化增强。但当后面的磨损超过一定值时，摩擦热急剧增大，从而使得硬化的表面得以回复，所以显微硬度并不继续随 VB 的增大而增大。

（2）切削用量。在切削用量中，影响较大的是切削速度和进给量。切削速度增大，则表面层的硬化程度和深度都有所减小。这是由于一方面切削速度增大会使温度增高，有助于加工硬化的恢复；另一方面由于切削速度的增大，刀具与工件的作用时间缩短，使塑性变形扩展深度减小。但当切削速度高于 100 m/min 时，由于切削热在工件表面层上的作用时间缩短使恢复作用降低，故将使加工硬化程度增加。当进给量增大时，切削力也增大，表层金属的塑性变形加剧，加工硬化程度增加。

(3) 工件材料。工件材料的塑性越大，切削加工中的塑性变形就越大，加工硬化现象就越严重。碳钢中含碳量越高，强度越高，其加工硬化程度越小。有色金属的熔点较低，容易恢复，故加工硬化程度要比结构钢小得多。

3. 表面层材料金相组织的变化

金相组织的变化主要受温度的影响。磨削时由于磨削温度较高，故极易引起表面层金相组织的变化和表面的氧化，严重时会导致工件报废。

当被磨削工件表面层温度达到相变温度以上时，表层金属发生金相组织的变化，使表层金属强度和硬度发生变化，并伴有残余应力产生，甚至出现微观裂纹，这种现象称为磨削烧伤。在磨削淬火钢时，可能产生以下三种烧伤：

1) 回火烧伤。如果磨削区的温度未超过淬火钢的相变温度，但已超过马氏体的转变温度，工件表层金属的回火马氏体组织将转变成硬度较低的回火组织（索氏体或托氏体），这种烧伤称为回火烧伤。

2) 淬火烧伤。如果磨削区温度超过了相变温度，再加上切削液的急冷作用，表层金属发生二次淬火，使表层金属出现二次淬火马氏体组织，其硬度比原来的回火马氏体的高，在它的下层，因冷却较慢，故出现了硬度比原先的回火马氏体低的回火组织（索氏体或托氏体），这种烧伤称为淬火烧伤。

3) 退火烧伤。如果磨削区温度超过了相变温度，而磨削区域又无切削液进入，表层金属将产生退火组织，表面硬度将急剧下降，这种烧伤称为退火烧伤。

五、课题实施：防止磨削烧伤的途径

磨削热是造成磨削烧伤的根源，故防止和抑制磨削烧伤有两个途径：一是尽可能地减少磨削热的产生；二是改善冷却条件，尽量使产生的热量少传入工件。

1. 正确选择砂轮

一般选择砂轮时，应考虑砂轮的自锐能力（即磨粒磨钝后自动破碎产生新的锋利磨粒或自动从砂轮上脱落的能力），同时磨削时砂轮应不致产生黏屑堵塞现象。硬度太高的砂轮由于自锐性能不好，磨粒磨钝后使磨削力增大，摩擦加剧，产生的磨削热较大，容易产生烧伤，故当工件材料的硬度较高时选用软砂轮较好。立方氮化硼砂轮磨粒的硬度和强度虽然低于金刚石，但其热稳定性好，且与铁元素的化学惰性高，磨削钢件时不产生黏屑，磨削力小，磨削热也较低，能磨出较高的表面质量。因此是一种很好的磨料，适用范围也很广。

砂轮的结合剂也会影响磨削表面的质量。选用具有一定弹性的橡胶结合剂或树脂结合剂砂轮磨削工件，当由于某种原因导致磨削力增大时，结合剂的弹性能够使砂轮做一定的径向退让，从而使磨削深度自动减小，以缓和磨削力突增而引起的烧伤。

另外，为了减少砂轮与工件之间的摩擦热，将砂轮的气孔内浸入某种润滑物质，如石蜡、锡等，对降低磨削区的温度、防止工件烧伤也能起到良好的效果。

(2) 合理选择切削用量。磨削用量的选择应在保证表面质量的前提下尽量不影响生产率和表面粗糙度。

磨削深度增加时，温度随之升高，易产生烧伤，故磨削深度不能选得太大。一般在生

产中常在精磨时逐渐减少磨深，以便逐渐减小热变质层，并能逐步去除前一次磨削形成的热变质层。最后再进行若干次无进给磨削。这样可有效地避免表面层的热烧伤。

由于工件的纵向进给量增大，砂轮与工件的表面接触时间相对减少，因而热的作用时间较短，散热条件得到改善，不易产生磨削烧伤。为了弥补纵向进给量增大而导致的表面粗糙的缺陷，可采用宽砂轮磨削。

工件线速度增大时磨削区温度会上升，但热的作用时间却减少了。因此，为了减少烧伤而同时又能保持高的生产率，应选择较大的工件线速度和较小的磨削深度，同时为了弥补工件线速度增大而导致表面粗糙度值增大的缺陷，一般在提高工件速度的同时应提高砂轮的速度。

（3）改善冷却条件。现有的冷却方法由于切削液不易进入到磨削区域内，故往往冷却效果很差。由于高速旋转的砂轮表面上产生的强大气流层阻隔了切削液进入磨削区，故大量的切削液常常是喷注在已经离开磨削区的已加工表面上，此时磨削热量已进入工件表面造成了热损伤，所以改进冷却方法、提高冷却效果是非常必要的。具体改进措施如下：

1）采用高压大流量切削液，不但能增强冷却作用，而且还能对砂轮表面进行冲洗，使其空隙不易被切屑堵塞。为了减轻高速旋转砂轮表面高压附着气流的作用，可以加装空气挡板，使冷却液能顺利地喷注到磨削区，这对于高速磨削尤为必要。

2）采用内冷却法。其砂轮是多孔隙渗水的，切削液被引入砂轮中心孔后靠离心力的作用甩出，从而使切削液可以直接冷却磨削区，起到有效的冷却作用。由于冷却时有大量喷雾，故机床应加防护罩。使用内冷却的切削液必须经过仔细过滤，以防止堵塞砂轮空隙。这种方法的缺点是操作者看不到磨削区的火花，在精密磨削时不能判断试切时的吃刀量，很不方便。

磨削烧伤除了受上面两方面因素的影响外，还受工件材料的影响。工件材料硬度越高，磨削热量越多；但材料过软，易堵塞砂轮，使砂轮失去切削作用，反而会使加工表面温度急剧上升。工件强度越高，磨削时消耗的功率越多，发热量也越多。工件材料韧性越大，磨削力越大，发热越多。导热性能较差的材料，如耐热钢、轴承钢、高速钢、不锈钢等，在磨削时都容易产生烧伤。

（4）加工表面的残余应力。表面层残余应力主要是因为在切削加工过程中工件受到切削力和切削热的作用，在表面层金属和基体金属之间发生了不均匀的体积变化。

项 目 驱 动

1. 叙述加工精度的概念。
2. 表面质量包含哪几方面的含义？
3. 机床几何误差有哪几项？
4. 工艺系统受力变形对加工精度有何影响？
5. 工艺系统受热变形对加工精度有何影响？
6. 表面质量对产品使用性能有何影响？
7. 什么叫作表面冷作硬化？什么叫作磨削烧伤？有哪些措施可以减少或避免磨削烧伤？

项目五

装配工艺基础

知识目标

1. 理解各种生产机械的装配特点、装配中的连接方式；
2. 了解零件精度与装配精度的关系；
3. 掌握互换法、选配法、修配法、调整法等常用装配方法。

能力目标

1. 掌握机械装配的工艺方法；
2. 能够对机械装配过程中出现的装配问题进行分析并提出解决方案。

素质目标

1. 培养学生应用所学知识解决实际问题的能力；
2. 培养学生能够在工程实践中理解、遵守工程职业道德和规范，并履行好自己的责任。

课程思政案例六

课题一 概 述

知识点

- 各种生产类型的装配特点
- 零件精度与装配精度的关系
- 装配中的连接方式

技能点

- 合理装配，保证装配精度

课题分析

由于一般零件都有一定的加工误差，所以在装配时这种误差的积累就会影响装配精度。从装配工艺角度考虑，装配工作最好是只进行简单的连接过程，不必进行任何修配或调整就能满足精度要求。固定连接能保证装配好后的相配零件间相互位置不变；活动连接能保证装配好后的相配零件间有一定的相对运动。

相关知识

一、各种生产类型的装配特点

机械爪装配

机械装配的生产类型按生产批量可分为大批量生产、成批生产及单件小批生产三种。生产类型不同，其装配工作的特点，如在组织形式、装配方法、使用的工艺装备等方面都有所不同。例如在汽车、拖拉机或缝纫机等大量生产的工厂，装配工艺主要是互换装配法，只允许少量简单的调整，工艺过程划分较细，即采用工序分散原则，要求有较高的均衡性和严格的节奏性。其组织形式是在高效工艺装备的物质条件基础上，建立起移动式流水线乃至自动装配线。

在单件小批生产中，装配方法以修配法及调整法为主，互换件比例较小；工艺上灵活性较大，工艺文件不详细，多用通用装备；工序集中，组织形式以固定式为主，装配工作的效率一般较低。当前，提高单件小批生产的装配工作效率是重要课题，具体措施是吸收大批、大量生产类型的一些装配方法，例如，采用固定式流水装配就是一种组织形式上的改进。这种装配组织形式，实际上是分工装配，即把装配对象放在工段中心的台架上，装配工人（或小组）在台架旁进行装配操作，一个工人做完一道工序后立即对下一个装配对象进行同一工序操作，同时将已做完的转给第二个工人继续另一工序的装配。由于装配工序是由许多工人同时完成，一个工人只进行单一工序的重复操作，所以能缩短装配周期。又如，尽可能采用机械加工或机械化手持工具代替繁重的手工修配操作及采用先进的调整和测试手段也可以提高调整工作的效率。

成批生产类型的装配工作特点则介于大批、大量与单件小批两种生产类型之间。各种生产类型装配工作的特点详见表 5-1。

表 5-1　各种生产类型装配工作的特点

生产类型	大批、大量生产	成批生产	单件小批生产
基本特征	产品固定，生产过程长期重复，生产周期一般较短	产品在系列化范围内变化，分批交替投产或多品种同时投产，生产过程在一定时期内重复	产品经常交换，不定期重复生产，生产周期一般较长
组织形式	采用流水装配线；有连续移动、间歇移动及可变节奏移动等方式，还可以采用自动装配机或自动装配线	产品笨重、批量不大的产品多采用固定流水线装配；批量较大时，采用流水线装配；多品种平行投产时用多品种可变节奏流水线装配	多采用固定装配或固定式流水装配进行总装

·121·

续表

生产类型	大批、大量生产	成批生产	单件小批生产
装配工艺方法	按互换装配，允许有少量的调整，精密偶件成对供应或分组供应装配，无任何修配工作	主要采用互换法，并灵活运用其他保证装配精度的装配方法，如调整法、修配法及合并法	以修配法及调整法为主，互换件比例较小
工艺过程	工艺过程划分很细，力求达到高度的均衡性	工艺过程划分须适合于批量的大小，尽量使生产均衡	一般不定详细工艺文件，工序可适当调整，工艺也可灵活掌握
手工操作要求	手工操作比重小，熟练程度容易提高，便于培养新工人	手工操作比重不小，技术水平要求较高	手工操作比重大，要求工人有高的技术水平和各方面的工艺知识
工艺装配	专业化程度高，宜采用专用、高效工艺装备，易于实现机械化和自动化	多用通用装备，但也采用一定数量的专用工艺装备，以保证装配质量和提高工效	一般用通用装备及通用工、夹、量具
应用实例	汽车、拖拉机、内燃机、滚动轴承、手表、缝纫机、电器开关	机床、机车车辆、中小型锅炉、矿山采掘机械	重型机床、重型机器、汽轮机、大型内燃机、大型锅炉、新产品试制

二、零件精度与装配精度的关系

为了使机器具有正常工作性能，必须保证其装配精度。机器的装配精度通常包括三个方面的含义：

（1）尺寸精度。如一定的尺寸要求和一定的配合。

（2）相互位置精度。如平行度、垂直度、同轴度等。

（3）运动精度。如传动精度、回转精度等。

由于一般零件都有一定的加工误差，所以在装配时这种误差的积累就会影响装配精度。如果这种积累误差超出装配精度指标所规定的允许范围，则将产生不合格品。从装配工艺角度考虑，装配工作最好是只进行简单的连接过程，不必进行任何修配或调整就能满足精度要求。因此，一般装配精度要求高的，则要求零件精度也高，但零件的加工精度不但在工艺技术上受到加工条件的限制，而且受到经济性的制约，甚至有的机械设备的组成零件较多，而最终装配精度的要求又较高时，即使不考虑经济性，尽可能地提高零件的加工精度以降低积累误差，还是达不到装配精度要求。因此，要求达到装配精度，就不能只靠提高零件的加工精度，在一定程度上还必须依赖于装配的工艺技术，在装配精度要求较高、批量较小时，尤其是这样。

三、课题实施：装配中的连接方式

在装配中，零件的连接方式可分为固定连接和活动连接两类。固定连接能保证装配好后的相配零件间相互位置不变；活动连接能保证装配好后的相配零件间有一定的相对运动。在固定连接和活动连接中，又根据它们能否拆卸的情况不同，分为可拆卸连接和不可拆卸连接两种。所谓可拆卸连接是指这类连接不损坏任何零件，拆卸后还能重新装在一起。

固定不可拆卸的连接可用下述方法实现：焊接、铆接、过盈配合、金属镶嵌件铸造、黏结剂黏合、塑性材料的压制等。固定可拆卸的连接方法有各种过渡配合，螺纹连接、圆锥连接等；活动可拆卸的连接可由圆柱面、圆锥面、球面和螺纹面等的间隙配合以及其他各种方法来达到；活动不可拆卸的连接用得较少，如滚珠和滚柱轴承、油封等的连接。

重型机械
设备装配

课题二　装配方法及其选择

知识点

- 互换法
- 选配法
- 修配法
- 调整法
- 分组选配应用举例

技能点

- 各装配方法的原理及选择

课题分析

保证装配精度的方法可归纳为互换法、选配法、修配法和调整法四种，在具体工作过程中应灵活应用。

相关知识

一、互换法

零件按一定公差加工装配时，不经任何修配和调整即能达到装配精度要求的装配方法

· 123 ·

称为互换法。按其互换程度，互换法可分为完全互换法和不完全互换法。

1. 完全互换法

零件加工误差的规定应使各有关零件公差之和小于或等于装配公差，可用下式表示：

$$T_o \geq \sum T_i = T_1 + T_2 + T_3 + \cdots + T_{n-1} \tag{5-1}$$

式中，T_o 为封闭环公差（装配公差）；T_i 为各有关零件的制造公差；n 为总环数。

按式（5-1）制定零件公差，在装配时零件是可以完全互换的，故称"完全互换法"，其优点是：

(1) 装配过程简单，生产率高。
(2) 对工人技术水平要求不高。
(3) 便于组织流水装配和自动化装配。
(4) 便于实现零部件专业化协作。
(5) 备件供应方便。

但是，在装配精度要求高，同时组成零件数目又较多时，就难以实现对零件的经济精度要求，有时零件加工非常困难，甚至无法加工。

由此可见，完全互换法只适用于大批、大量生产中装配精度要求高而尺寸链环数很少的组合或装配精度要求不高的多环尺寸链的组合。

要做到完全互换装配，必须根据装配精度的要求把各装配零件有关尺寸的制造公差规定在一定范围内，这就需要进行装配尺寸链分析计算。根据零件加工误差的规定原则，从式（5-1）中可以看出，完全互换法是用极大极小法（极值法）解尺寸链。

2. 不完全互换法

不完全互换法又称部分互换法，其实质是令尺寸链中各组成环公差比用完全互换法时放宽，以使加工容易，降低成本；当各组成环按正态分布时，用概率法求得的组成环平均公差比极值法扩大 $(n-1)^{1/2}$ 倍，这仅适用于大批、大量的生产类型；当各组成环和封闭环的尺寸按正态分布时，用概率法求解尺寸链（可参照有关公式）。

二、选配法

此法的实质是将相互配合的零件按经济精度加工，即把尺寸链中组成环的公差放大到经济可行的程度，然后选择合适的零件进行装配，以保证封闭环的精度达到规定的技术要求，这种装配方法称为选配法。采用这种装配方法，能达到很高的装配精度要求，而又不增加零件机械加工的费用和难度。它适用于成批或大量生产时组成的零件不太多而装配精度要求很高的场合，此时采用完全互换法或不完全互换法都会使零件公差过严，甚至超过了现实加工方法的可能性。例如精密滚动轴承内外环与滚动体的配合，就不宜甚至不能只依靠零件的加工精度来保证装配精度要求。

1. 选配法的种类

选配法有三种：直接选配、分组选配和复合选配。

(1) 直接选配法就是由装配工人从许多待装配零件中，挑选合适的零件装在一起。这种方法与下述的分组选配法相比较，可以省去零件分组工作，但是要想选择合适的零件往往需要花费较长的时间，并且装配质量在很大程度上取决于工人的技术水平。

（2）分组选配法就是将组成环的公差按完全互换法（极值解法）求得的值，加大数倍（一般为2~4倍），使其能按经济精度加工，然后将加工后的零件按测量尺寸分组，再按对应组分别进行装配，以满足装配精度要求。由于同组零件可以互换，故亦称分组互换法。

（3）复合选配法就是上述两种方法的复合使用，即把加工后的零件进行测量分组，装配时再在各对应组中直接选配。例如汽车发动机气缸与活塞的装配采用的就是这种方法。

上述三种方法，由于直接选配和复合选配方法在生产节拍要求严格的大批、大量流水线装配中使用有困难，故在实际生产中多采用分组选配法。

2. 分组选配的一般要求

（1）要保证分组后各组的配合精度性质与原来的要求相同，为此，要求配合件的公差范围应相等，公差的增加要向同一方向，增大的倍数应相同（增大的倍数就是分组数）。

（2）要保证零件分组后在装配时能够配套，一般按正态分布规律，零件分组后是可以互相配套的。根据概率理论，不会产生相配零件各组数量不等的情况。

（3）分组数不宜太多。尺寸公差放大到经济加工精度就行，否则由于零件的测量、分组、保管的工作复杂化，容易造成生产紊乱。

（4）配合件的表面粗糙度、形状和位置误差必须保持原设计要求，决不能随着公差的放大而降低粗糙度要求和放大形状及位置误差。

（5）应严格组织对零件的测量、分组、标记、保管和运送工作。

三、修配法

在单件小批生产中，当装配精度要求高而且组成环多时，完全互换法或不完全互换法、选配法均不能采用。此时可将零件按经济精度加工，而在装配时通过修配方法改变尺寸链中某一预先规定的组成环尺寸，使之能满足装配精度要求。这个被预先规定的组成环称为"修配环"，这种装配方法称为修配法。

生产中利用修配法来达到装配精度要求的方式很多，应用比较广泛的有按件修配法、合并加工修配法和自身加工修配法。

采用修配法时应注意以下事项：

（1）应正确选择修配对象，首先应该选择那些只与本项装配精度有关而与其他装配精度项目无关的零件作为修配对象（在尺寸链关系中不是公共环）。然后再考虑以其中易于拆装，且面积不大的零件作为修配件。

（2）应该通过装配尺寸链计算，合理确定修配件的尺寸公差，既保证它具有足够的修配量，又不要使修配量过大。

四、调整法

调整法的实质与修配法相似，只是具体办法有所不同。在调整法中，一种是用一个可调整的零件来调整它在装备中的位置以达到装配精度，另一种是增加一个定尺寸零件（如垫片、垫圈、套筒）以达到装配精度。前者称为移动调整法，后者称为固定调整法。上述两种零件都起到了补偿装配累积误差的作用，故称为补偿件。

1. 移动调整法

所谓移动调整法，就是通过改变补偿件的位置（移动、旋转或移动和旋转二者兼用）来达到装配精度的，调整过程中不需要拆卸零件，故比较方便。在机械制造中使用移动调整的方法来达到装配精度的例子很多，如图 5-1 所示的结构就是靠转动螺钉来调整轴承外环相对于内环的位置以取得合适的间隙或过盈。又如图 5-2 所示，为了保证装配间隙 A，通常加工一个可移动的套筒（补偿件）来调整装配间隙。再如图 5-3 所示自行车车轮的轴承，就是用可调整零件（轴挡）以螺纹连接方式来调整轴承间隙的。还有在机床导轨结构中常用楔铁调整来得到合适的间隙；自动机械分配轴上的凸轮是用调整法装配并调整到合适位置后，再用销钉固定在已调整好的位置上的。

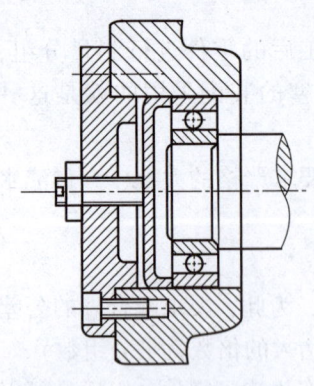

图 5-1　轴向间隙的调整

2. 固定调整法

固定调整法，是在尺寸链中选定一个或加入一个零件作为调整环，作调整环的零件是按一定的尺寸间隔级别制成的一组专门零件，根据装配需要，选用其中某一级别的零件作补偿件，从而保证所需要的装配精度。常用的补偿件有垫圈、垫片、轴套等。在采用固定调整法时，为了保证所需的装配精度，最重要的问题是如何确定补偿件尺寸的计算方法。

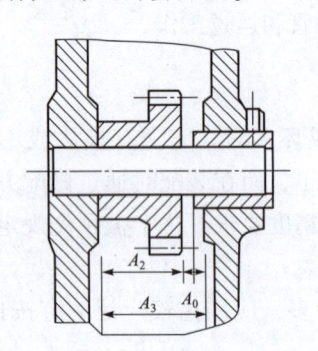

图 5-2　齿轮与轴承间隙的调整　　**图 5-3　自行车轴承间隙调整**

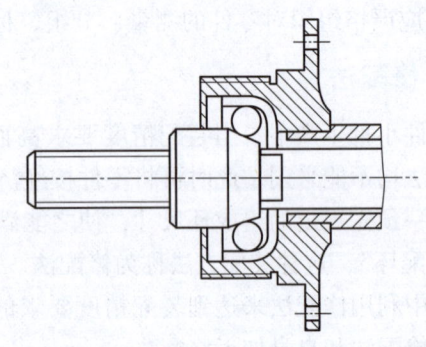

五、课题实施：分组选配应用举例

某种发动机的活塞销与活塞销孔的装配如图 5-4 所示，采用分组装配法。

滚珠丝杆的装配

假设活塞销与销孔的基本尺寸 d、D 均为 28 mm，装配技术要求规定冷态装配时销与销孔间应有 0.002 5~0.007 5 mm 的过盈量，即：

$$d_{\min} - D_{\max} = 0.002\ 5\ \text{mm}$$
$$d_{\max} - D_{\min} = 0.007\ 5\ \text{mm}$$

则可求得

$$T_0 = 0.007\ 5 - 0.002\ 5 = 0.005\ (\text{mm})$$

若销与销孔采用完全互换法装配，其公差按"等公差法"分配，则它们的公差为

$$T_D = \frac{T_O}{2} = 0.0025 \text{ mm}$$

按基轴制原则标注偏差，则其尺寸为

$$d = 28_{-0.0025}^{0} \text{ mm}$$

$$D = 28_{-0.0075}^{-0.0050} \text{ mm}$$

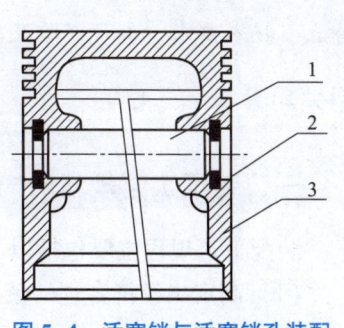

图 5-4 活塞销与活塞销孔装配
1—活塞销；2—挡圈；3—活塞

很明显，这样精确的销子是难以加工的，制造很不经济，故生产上常用分组装配法将它们的公差值按同向（尺寸减小方向）放大 4 倍，则活塞销尺寸为 $\phi 28_{-0.010}^{0}$ mm，活塞销孔尺寸为 $\phi 28_{-0.015}^{-0.005}$ mm。这样，销轴外圆可用无心磨削加工，销孔可用金刚镗加工，然后用精密量具测量，按尺寸大小分成 4 组，用不同颜色标记，以便进行分组装配。具体分组情况见表 5-2。

表 5-2 活塞销和活塞销孔的分组尺寸   mm

组号	标志颜色	活塞销直径分组尺寸范围	活塞销孔直径分组尺寸范围	过盈量最大值	过盈量最小值
1	浅蓝	28.000 0~27.997 5	27.995 0~27.992 5	0.002 5	0.007 5
2	红	27.997 5~27.995 0	27.992 5~27.990 0	0.002 5	0.007 5
3	白	27.995 0~27.992 5	27.990 0~27.987 5	0.002 5	0.007 5
4	黑	27.992 5~27.990 0	27.987 5~27.985 0	0.002 5	0.007 5

课题三 装配工艺规程的制定

知识点

- 装配工艺规程的内容
- 装配工艺规程的制定步骤和方法

技能点

- 掌握装配工艺规程的制定步骤和方法

课题分析

装配工艺规程根据其机械结构及装配技术要求便可确定工作内容。为完成这些工作，需要选择合适的装配工艺及相应的设备和工、夹、量具。例如，对过盈连接采用压入装配还是热胀（或冷缩）装配法，采用哪种压入工具或哪种加热方法及设备等，都要根据结构

特点、技术要求、工厂经验及具体条件来确定。

相关知识

一、装配工艺规程的内容

装配工艺规程主要包括以下内容：

（1）制定出经济合理的装配顺序，并根据所设计的结构特点和要求，确定机械各部分的装配方法。

（2）选择和设计装配中须用的工艺装备，并根据产品的生产批量确定其复杂程度。

（3）规定部件装配技术要求，使之达到整机的技术要求和实用性能。

（4）规定产品的部件装配和总装配的质量检验方法及使用工具。

（5）确定装配中的工时定额。

（6）其他需要提出的注意事项及要求。

二、装配工艺规程的制定步骤和方法

1. 产品分析

（1）研究产品图纸和装配时应满足的技术要求。

（2）对产品结构进行分析，其中包括装配尺寸链分析、计算和结构装配工艺分析。

（3）装配单元的划分。

对复杂的机械，为了组织装配工作的平行流水作业，在制定装配工艺中，划分装配单元是一项重要工作。装配单元一般分为五种等级，这五种等级分别是零件、合件、组件、部件和机器。图 5-5 所示为装配单元系统图。

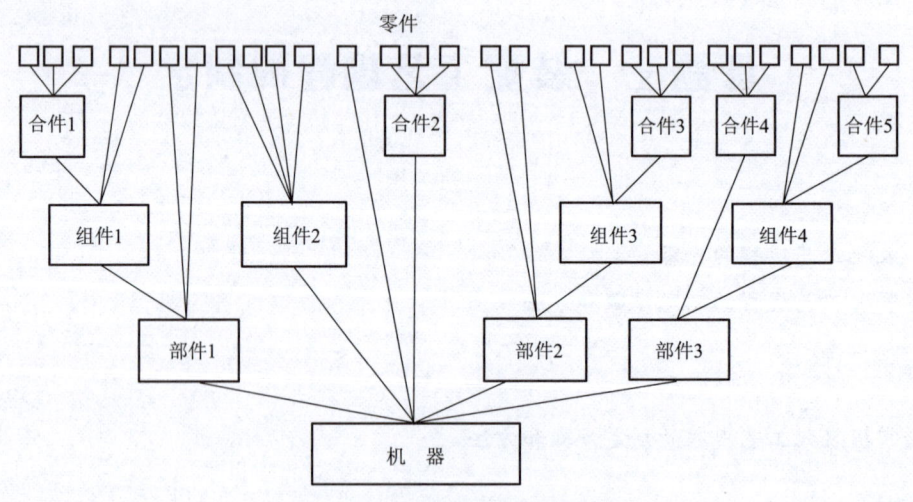

图 5-5 装配单元系统示意图

零件——组成机器的基本单元。一般零件都是预先装成合件、组件或部件才进入总装，直接装入机器的零件不太多。

合件——可以是若干零件永久连接（焊、铆接等）或者是连接在一个"基准零

件"上的少数零件的组合。合件组成后，有可能还要加工，前面提到的"合并加工法"中，如果组成零件数较少，就属于合件。图 5-6（a）即属于合件，其中蜗轮属于"基准件"。

组件是指一个或几个合件与几个零件的组合。图 5-6（b）即属于组件，其中蜗轮与齿轮的组合是事先装好的一个合件，阶梯轴即为"基准件"。

部件——一个或几个组件、合件和零件的组合。

机器也称产品，它是由上述全部装配单元结合而成的整体。

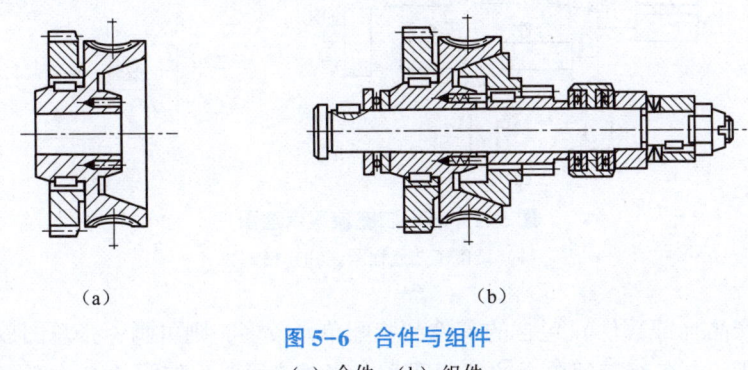

（a）　　　　　　　　　　（b）

图 5-6　合件与组件
(a) 合件；(b) 组件

2. 装配组织形式的确定

装配组织形式一般分为固定式和移动式两种。固定式装配可直接在地面上进行和在装配台上分工进行。移动式装配又分为连续移动式和间歇移动式，可在小车或输送带上进行。装配组织形式的选择主要取决于产品的结构特点（尺寸或重量大小）和生产批量。

3. 装配工艺过程的确定

（1）装配顺序的确定。装配顺序主要根据装配单元的划分来确定，即根据单元系统图，画出装配工艺流程示意图，此项工作是制定装配工艺过程的重要内容之一。图 5-7（a）所示为一个部件装配工艺流程示意图，在绘制时先画一条横线，左端绘出长方格，表示所装配产品基准零件或合件、组件、部件；右端也绘出长方格，表示部件或产品。然后，将能直接进行装配的零件，按照装配顺序画在横线上面，再把直接能进行装配的部件（或合件、组件），按照装配顺序画在横线的下面，使所装配的每一个零件和部件都能表示清楚，没有遗漏。

由图 5-7 可以看出该部件的构成及其装配过程。装配是由基准件开始的，沿水平线自左向右到装配成部件为止。进入部件装配的各级单元依次是：一个零件、一个组件、三个零件、一个合件、一个零件。在装配过程中有两次检验工序，其中组件的构成及其装配过程也可以从图上看出，它是以基准件开始，由一条向上的垂直线一直引到装成组件为止，然后由组件再引垂线向上与部件装配水平线衔接。进入该组件装配的有一个合件、两个零件，在装配过程中有钻孔和攻丝的工作。至于两个合件的组成及其装配过程也可从图中明显地看出。

图 5-7 上每一个方框中都需填写零件或装配单元的名称、代号和件数，格式如图 5-7（b）所示，或按实际需要自定。

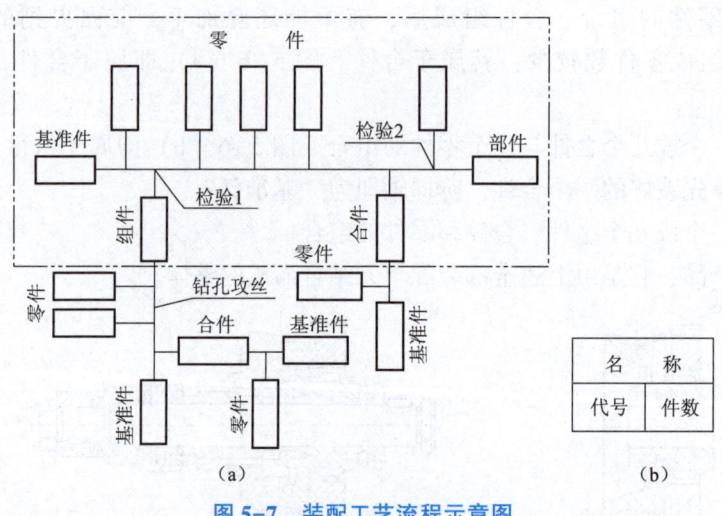

图 5-7 装配工艺流程示意图
(a) 装配工艺流程图；(b) 格式

如果实际产品（或部件）包含的零件和装配单元较多，则可画一张总图放大，而在实际应用时可分别绘制各级装配单元的流程图和一张总流程图。如图 5-7 中双点画线框内为部件装配总流程图，其中进入部装的一个组件和一个合件已另有它们各自的装配流程图，故在部件装配流程图上无须再画，只画上该组件及合件的方框即可。这样做，一方面可简化总流程图，同时便于组织平行和流水装配作业。

不论哪一等级的装配单元的装配，都要选定某一零件或比它低一级的装配单元作为基准件，首先进入装配工作；然后根据结构具体情况和装配技术要求考虑其他零件或装配单元装入的先后次序。总之，要有利于保证装配精度以及使装配连接、校正等工作顺利进行。一般次序是：先下后上，先内后外，先难后易，先重大后轻小，先精密后一般。

(2) 装配工作基本内容的确定。

1) 清洗。进入装配的零件必须进行清洗，清洗工作对保证和提高机器装配质量、延长产品使用寿命有着重要意义。特别是对于机器的关键部分，如轴承、密封、润滑系统、精密偶件等更为重要。清洗工艺的要点，主要是清洗液、清洗方法及其工艺参数等，在制定清洗工艺时可参考《机械工程手册》第 50 篇有关内容。

2) 刮削。用刮削（刮研）方法可以提高工件的尺寸精度和形状精度，降低表面粗糙度值，提高接触刚度；装饰性刮削的刀花可美化外观。因刮削劳动量大，故多用于中小批量生产中，目前广泛采用机械加工来代替刮削。但是刮削具有结构简单、不受工件形状、位置及设备条件限制等优点，便于灵活应用，所以在机器装配或修理中，其仍是一种重要的工艺方法。

3) 平衡。旋转体的平衡是装配过程中的一项重要工作，对于转速高且运转平稳性要求高的机械，尤其应该严格要求回转零件的平衡，并要求总装后在工作转速下进行整机平衡。

4) 过盈连接。在机器中过盈连接采用较多，大多数都是轴与孔的过盈连接。

5) 螺纹连接。螺纹连接在机械结构中应用也较广泛。螺纹连接的质量除与螺纹加工精度有关外，还与装配技术有很大关系。例如，拧紧螺母次序不对、施力不均匀，将使工件变形，降低装配精度。运动部件上的螺纹连接要有足够的紧固力，必须规定预紧力大小。控制预紧力的方法有：对于中小型螺栓，常用定扭矩扳手或扭角法控制；精度控制则采用千分尺或在螺栓光杆部位装应变片，以精确测量螺栓伸长量。

6）校正。校正是指各零部件间相互位置的找正、找平及相应的调整工作。在校正时常采用平尺、角尺、水平仪、拉钢丝、光学、激光等校正方法。

除上述装配工作外，部件或总装后的检验、试运转、油漆、包装等一般也属于装配工作，对于它们的工艺编制，可参考《机械工程手册》有关内容。

（3）装配工艺设备的确定。由以上所述可知，根据机械结构及其装配技术要求便可确定工作内容。为完成这些工作，需要选择合适的装配工艺及相应的设备及工、夹、量具。例如，对过盈连接采用压入装配还是热胀（或冷缩）装配法，以及采用哪种压入工具或哪种加热方法及设备等，都要根据结构特点、技术要求、工厂经验及具体条件来确定。

当有必要使用专用工具或设备时，则需提出设计任务书。

项 目 驱 动

1. 什么叫装配？装配的基本内容有哪些？
2. 装配的组织形式有几种？有何特点？
3. 弄清装配精度的概念及其与加工精度的关系。
4. 保证装配精度的工艺方法有哪些？各有何特点？
5. 装配工艺规程的制定大致有哪几个步骤？有何要求？

项目六

机床夹具设计基础

知识目标

1. 了解机床夹具的结构、功能及分类；
2. 掌握工件定位的基本原理和常见的几种定位方式；了解常用的工件定位方法及其定位元件；
3. 掌握夹紧装置的组成及基本要求，了解常用夹紧机构；
4. 了解各类机床夹具设计时的要点及专用夹具设计的基本方法。

能力目标

1. 能够合理选用机床夹具和夹紧装置；
2. 具备使工件正确、合理定位的能力；
3. 具备设计简单机床夹具结构的能力。

素质目标

1. 培养基于科学的原理及方法对机械工程领域复杂工程问题进行研究分析的能力；
2. 培养学生树立正确的价值观和职业态度；
3. 培养学生的国家使命感、民族自豪感和社会责任感。

课程思政案例七

课题一 概 述

知识点

- 机床夹具的作用
- 机床夹具的分类
- 机床夹具的组成

技能点

- 机床夹具的分类与选用

课题分析

机床夹具对零件加工的质量、生产率和产品成本都有着直接的影响。因此，无论是在传统制造还是现代制造系统中，夹具都是重要的工艺装备。采用夹具安装，可以准确地确定工件与机床、刀具之间的相互位置；工件的位置精度由夹具保证，不受工人技术水平的影响；加工精度高，产品质量稳定，废品率下降，生产成本降低。

相关知识

一、机床夹具在机械加工中的作用

机床夹具的作用

1. 保证加工精度

采用夹具安装，可以准确地确定工件与机床、刀具之间的相互位置；工件的位置精度由夹具保证，不受工人技术水平的影响；加工精度高而且稳定。

2. 提高生产率、降低成本

用夹具装夹工件，无须找正便能使工件迅速地定位和夹紧，显著地减少了辅助工时；用夹具装夹工件提高了工件的刚性，因此可加大切削用量；可以使用多件、多工位夹具装夹工件，并采用高效夹紧机构，这些因素均有利于提高劳动生产率。另外，采用夹具后，产品质量稳定，废品率下降，可以安排技术等级较低的工人，明显地降低了生产成本。

3. 扩大机床的工艺范围

使用专用夹具可以改变原机床的用途和扩大机床的使用范围，实现一机多能。例如，在车床或摇臂钻床上安装镗模夹具后，就可以对箱体孔系进行镗削加工；通过专用夹具还可将车床改为拉床使用，以充分发挥通用机床的作用。

4. 减轻工人的劳动强度

用夹具装夹工件方便、快速，当采用气动、液压等夹紧装置时，可减轻工人的劳动强度；应用机床夹具，有利于保证工件的加工精度、稳定产品质量；有利于提高劳动生产率和降低成本；有利于改善工人的劳动条件，保证安全生产；有利于扩大机床工艺范围，实现"一机多用"。

二、夹具的分类

机床夹具的种类繁多，可以从不同的角度对机床夹具进行分类。常用的分类方法有以下几种。

1. 按夹具的使用特点分类

根据夹具在不同生产类型中的通用特性，机床夹具可分为通用夹具、专用夹具、可调夹具、组合夹具和拼装夹具五大类。

（1）通用夹具。已经标准化的、可加工一定范围内不同工件的夹具，称为通用夹具，其结构、尺寸已规格化，而且具有一定的通用性，如三爪自定心卡盘、机床用平口虎钳、四爪单动卡盘、台虎钳、万能分度头、顶尖、中心架和磁力工作台等。这类夹具适应性强，可用于装夹一定形状和尺寸范围内的各种工件。这些夹具已作为机床附件由专门工厂制造供应，只需选购即可。其缺点是夹具的精度不高，生产率也较低，且较难装夹形状复杂的工件，故一般适用于单件小批量生产中。

（2）专用夹具。专为某一工件的某道工序设计制造的夹具，称为专用夹具。在产品相对稳定、批量较大的生产中，采用各种专用夹具，可获得较高的生产率和加工精度。专用夹具的设计周期较长、投资较大。专用夹具一般在批量生产中使用。除大批大量生产之外，中小批量生产中也需要采用一些专用夹具，但在结构设计时要进行具体的技术经济分析。

（3）可调夹具。某些元件可调整或更换，以适应多种工件加工的夹具，称为可调夹具。可调夹具是针对通用夹具和专用夹具的缺陷而发展起来的一类新型夹具。对不同类型和尺寸的工件，只需调整或更换原来夹具上的个别定位元件和夹紧元件便可使用。它一般又可分为通用可调夹具和成组夹具两种。前者的通用范围比通用夹具更大；后者则是一种专用可调夹具，它按成组原理设计并能加工一组相似的工件，故在多品种，中、小批量生产中使用有较好的经济效果。

（4）组合夹具。采用标准的组合元件、部件，专为某一工件的某道工序组装的夹具，称为组合夹具。组合夹具是一种模块化的夹具。标准的模块元件具有较高的精度和耐磨性，可组装成各种夹具。夹具用完后可拆卸，清洗后留待组装新的夹具。由于使用组合夹具可缩短生产准备周期，元件能重复多次使用，并具有减少专用夹具数量等优点，因此组合夹具在单件，中、小批量多品种生产和数控加工中，是一种较经济的夹具。

（5）拼装夹具。用专门的标准化、系列化的拼装零部件拼装而成的夹具，称为拼装夹具。它具有组合夹具的优点，但比组合夹具精度和效能高，结构紧凑。它的基础板和夹紧部件中常带有小型液压缸。此类夹具更适合在数控机床上使用。

2. 按使用机床分类

夹具按使用机床不同，可分为车床夹具、铣床夹具、钻床夹具、镗床夹具、齿轮机床夹具、数控机床夹具、自动机床夹具、自动线随行夹具以及其他机床夹具等。

3. 按夹紧的动力源分类

夹具按夹紧的动力源可分为手动夹具、气动夹具、液压夹具、气液增力夹具、电磁夹具以及真空夹具等。

三、机床夹具的组成

机床夹具的种类和结构虽然繁多，但它们的组成均可概括为以下几个部分，即定位元件、夹紧装置、对刀或导向装置、连接元件、夹具体、其他装置或元件，这些组成部分既相互独立又相互联系。

1. 定位元件

定位元件的作用是保证工件在夹具中处于正确的位置。如图 6-1 所示，钻后盖上的 $\phi 10$ mm 孔，其钻夹具如图 6-2 所示。夹具上的圆柱销 5、菱形销 9 和支承板 4 都是定位元件，通过它们使工件在夹具中占据正确的位置。

2. 夹紧装置

夹紧装置的作用是将工件压紧夹牢，保证工件在加工过程中受到外力（切削力等）作用时不离开已经占据的正确位置。如图6-2所示的螺杆8（与圆柱销合成一个零件）、螺母7和开口垫圈6就起到了上述作用。

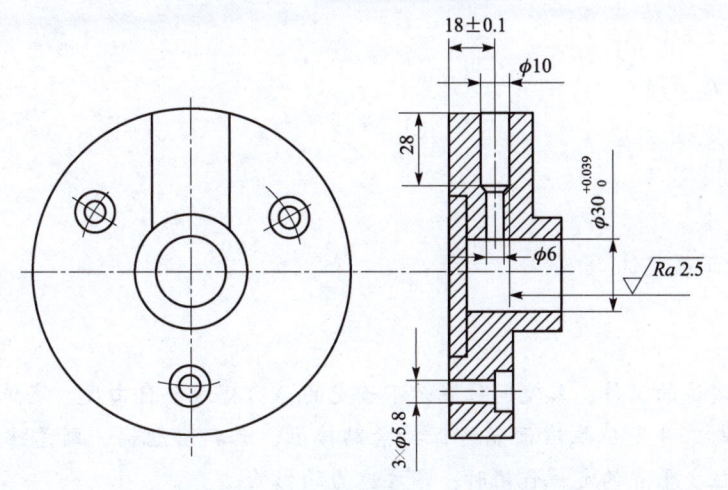

图6-1 后盖零件钻径向孔的工序图

3. 对刀或导向装置

对刀或导向装置用于确定刀具相对于定位元件的正确位置。如图6-2中钻套1和钻模板2组成导向装置，确定了钻头轴线相对定位元件的正确位置。铣床夹具上的对刀块和塞尺为对刀装置。

4. 连接元件

连接元件是确定夹具在机床上正确位置的元件。如图6-2中夹具体3的底面为安装基面，保证了钻套1的轴线垂直于钻床工作台以及圆柱销5的轴线平行于钻床工作台。因此，夹具体可兼作连接元件。车床夹具上的过渡盘、铣床夹具上的定位键都是连接元件。

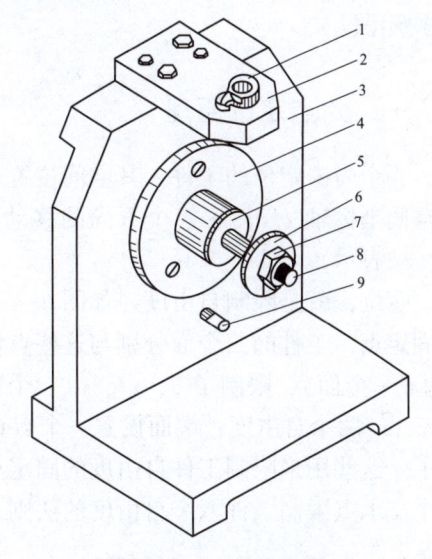

图6-2 后盖钻夹具

1—钻套；2—钻模板；3—夹具体；4—支承板；
5—圆柱销；6—开口垫圈；7—螺母；
8—螺杆；9—菱形销

5. 夹具体

夹具体是机床夹具的基础件，如图6-2中的夹具体3，通过它可将夹具的所有元件连接成一个整体。

6. 其他装置或元件

它们是指夹具中因特殊需要而设置的装置或元件。若需加工按一定规律分布的多个表面，常设置分度装置；为了能方便、准确地定位，常设置预定位装置；对于大型夹具，常设置吊装元件等。

课题二　工件定位的基本原理

知识点

- 六点定位原理
- 工件的定位方式

技能点

- 工件的正确定位

课题分析

一个尚未定位的工件，其空间位置是不确定的，均有六个自由度。定位，就是限制自由度。支承点与工件定位基准面始终保持紧贴接触，若二者脱离，则意味着失去定位作用。在分析定位支承点的定位作用时，不考虑力的影响。

相关知识

一、六点定位原理

一个尚未定位的工件，其空间位置是不确定的，均有六个自由度，如图6-3所示，即沿空间坐标轴 x、y、z 三个方向的移动和绕这三个坐标轴的转动（分别以 $\vec{x}$、$\vec{y}$、$\vec{z}$、$\hat{x}$、$\hat{y}$、$\hat{z}$ 表示）。

定位，就是限制自由度。如图6-4所示的长方体工件，欲使其完全定位，可以设置六个固定点，工件的三个面分别与这些点保持接触，在其底面设置三个不共线的点1、2、3（构成一个面），限制了 $\vec{z}$、$\hat{x}$、$\hat{y}$ 三个自由度；侧面设置两个点4、5（成一条线），限制了 $\vec{y}$、$\hat{z}$ 两个自由度；端面设置一个点6，限制 $\vec{x}$ 自由度。于是工件的六个自由度便都被限制了。这些用来限制工件自由度的固定点，称为定位支承点，简称支承点。用合理分布的六个支承点限制工件六个自由度的法则，称为六点定位原理。

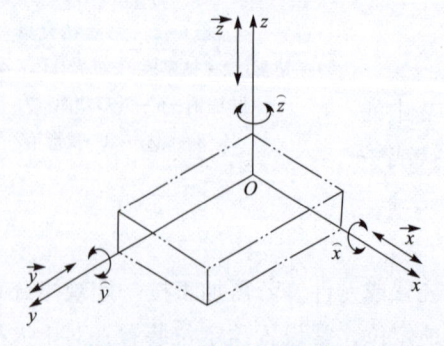

图6-3　工件的六个自由度　　　图6-4　长方体工件定位

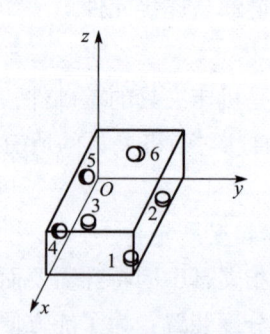

在应用"六点定位原理"分析工件的定位时,应注意以下几点:

(1) 定位支承点限制工件自由度的作用,应理解为定位支承点与工件定位基准面始终保持紧贴接触。若二者脱离,则意味着失去定位作用。

(2) 一个定位支承点仅限制一个自由度,一个工件仅有六个自由度,所设置的定位支承点数目,原则上不应超过六个。

(3) 分析定位支承点的定位作用时,不考虑力的影响。工件的某一个自由度被限制,并非指工件在受到使其脱离定位支承点的外力时不能运动,欲使其在外力作用下不能运动,是夹紧的任务;反之,工件在外力作用下不能运动,即被夹紧,也并非是说工件的所有自由度都被限制了。所以,定位和夹紧是两个概念,绝不能混淆。

二、课题实施:工件的定位

根据夹具定位元件限制工件运动自由度的不同,工件在夹具中的定位方式有下列几种情况。

1. 完全定位

工件的六个自由度全部被限制的定位,称为完全定位。当工件在 x、y、z 三个坐标方向上均有尺寸要求或位置精度要求时,一般采用这种定位方式。

例如在如图 6-5 所示的工件上铣槽,槽宽 20 mm±0.05 mm 取决于铣刀的尺寸;为了保证槽底面与 A 面的平行度和尺寸 $60_{-0.2}^{0}$ mm 两项加工要求,必须限制 $\vec{z}$、$\hat{x}$、$\hat{y}$ 三个自由度;为了保证槽侧面与 B 面的平行度和尺寸 30 mm±0.1 mm 两项加工要求,必须限制 $\vec{x}$、$\hat{z}$ 两个自由度;由于所铣的槽不是通槽,在长度方向上,槽的端部距离工件右端面的尺寸是 50 mm,所以必须限制 $\vec{y}$ 自由度。为此,应对工件采用完全定位的方式,选 A 面、B 面和右端面作定位基准。

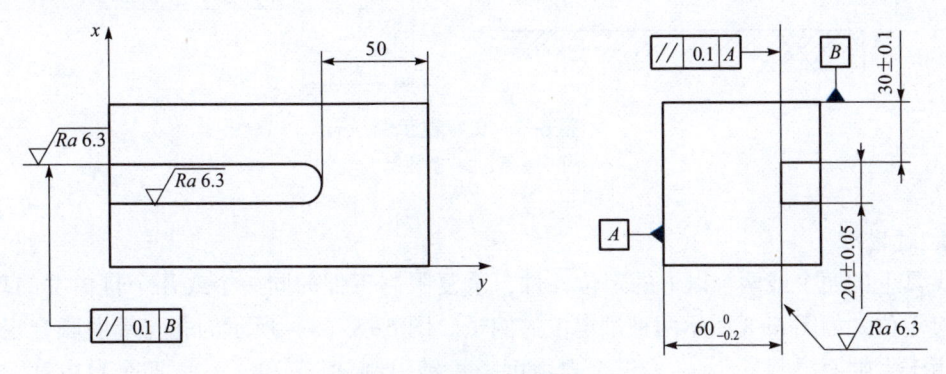

图 6-5 完全定位示例分析

2. 不完全定位

根据工件的加工要求,并不需要限制工件的全部自由度,这样的定位称为不完全定位。

如图 6-6 所示,图 6-6(a)所示为在车床上加工通孔,根据加工要求,不需要限制 $\vec{x}$ 和 $\hat{x}$ 两个自由度,故用三爪卡盘夹持限制其余四个自由度,就能实现四点定位;图 6-6(b)所示为平板工件在磨床上磨平面,工件只有厚度和平行度要求,故只需限制 $\vec{z}$、$\hat{x}$、$\hat{y}$ 三个自由度,在磨床上采用电磁工作台即可实现三点定位。

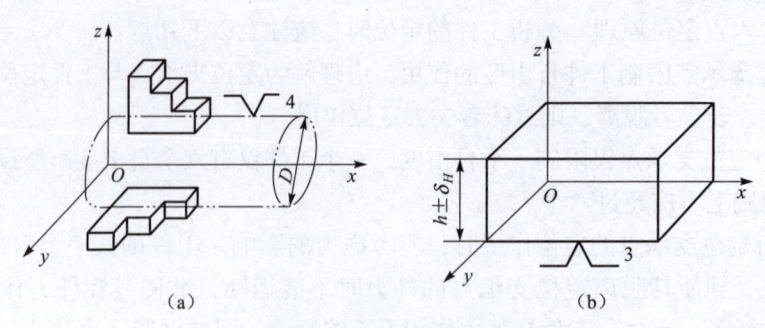

图 6-6 不完全定位示例

(a) 在车床上加工通孔；(b) 在磨床上磨平面

3. 欠定位

根据工件的加工要求，应该限制的自由度没有完全被限制的定位，称为欠定位。欠定位无法保证加工要求，所以是绝不允许的。

如图 6-7 所示，工件在支承 1 和两个圆柱销 2 上定位，按此定位方式，$\vec{x}$ 自由度没被限制，属欠定位。工件在 x 方向上的位置不确定（如图 6-7 中的双点画线位置和虚线位置），因此钻出孔的位置也不确定，无法保证尺寸 A 的精度。只有在 x 方向设置一个止推销后，工件在 x 方向才能取得确定的位置。

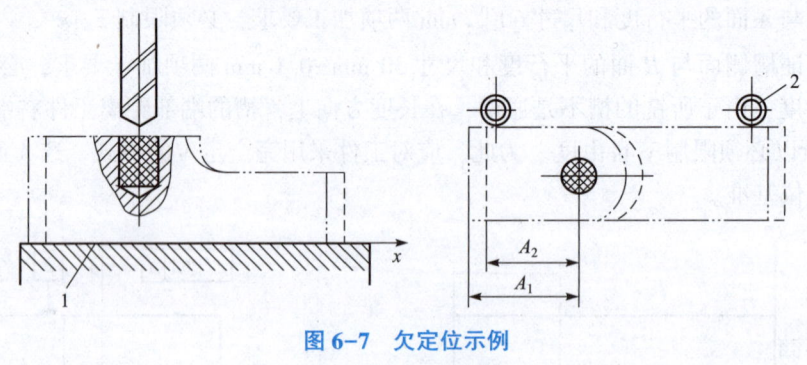

图 6-7 欠定位示例

1—支承；2—圆柱销

4. 过定位

夹具上的两个或两个以上的定位元件，重复限制工件的同一个或几个自由度的现象，称为过定位。如图 6-8 所示两种过定位的例子。图 6-8（a）所示为孔与端面联合定位情况，由于大端面限制 $\vec{y}$、$\hat{x}$、$\hat{z}$ 三个自由度，长销限制 $\vec{x}$、$\vec{z}$ 和 $\hat{x}$、$\hat{z}$ 四个自由度，可见 $\hat{x}$、$\hat{z}$ 被两个定位元件重复限制，出现过定位；图 6-8（b）所示为平面与两个短圆柱销联合定位情况，平面限制 $\vec{z}$、$\hat{x}$、$\hat{y}$ 三个自由度，两个短圆柱销分别限制 $\vec{x}$、$\vec{y}$ 和 $\vec{y}$、$\hat{z}$ 共四个自由度，则 $\vec{y}$ 自由度被重复限制，出现过定位。

过定位可能导致下列后果：

(1) 工件无法安装。

(2) 造成工件或定位元件变形。由于过定位往往会带来不良后果，故一般确定定位方案时，应尽量避免。消除或减小过定位所引起的干涉，一般有以下两种方法：

项目六　机床夹具设计基础

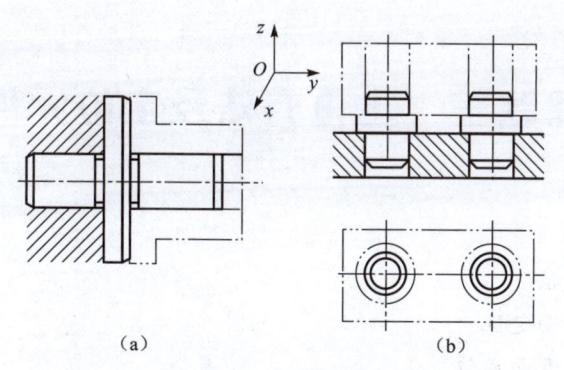

图6-8　过定位示例
(a) 长销和大端面定位；(b) 平面和两短圆柱销定位

1）改变定位元件的结构，使定位元件重复限制自由度的部分不起定位作用。例如将图6-8（b）所示右边的圆柱销改为削边销；对图6-8（a）的改进措施见图6-9，其中图6-9（a）所示为在工件与大端面之间加球面垫圈，图6-9（b）所示为将大端面改为小端面，从而避免过定位。

2）合理应用过定位，提高工件定位基准之间以及定位元件的工作表面之间的位置精度。图6-10所示为滚齿夹具，其是可以使用过定位这种定位方式的典型实例，前提是齿坯加工时工艺上已保证了作为定位基准用的内孔和端面具有很高的垂直度，而且夹具上的定位心轴和支承凸台之间也保证了很高的垂直度。此时，不必刻意消除被重复限制的 $\hat{x}$、$\hat{y}$ 自由度，利用过定位装夹工件，还可提高齿坯在加工中的刚性和稳定性，有利于保证加工精度，以获得良好的效果。

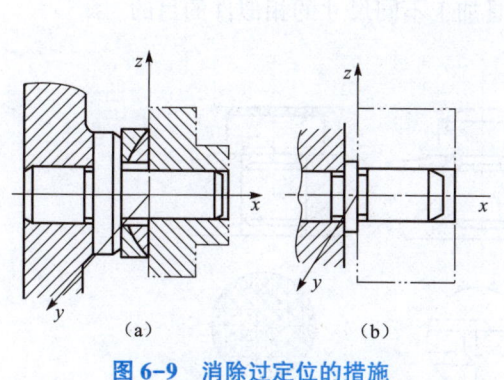

图6-9　消除过定位的措施
(a) 大端面加球面垫圈；(b) 大端面改为小端面

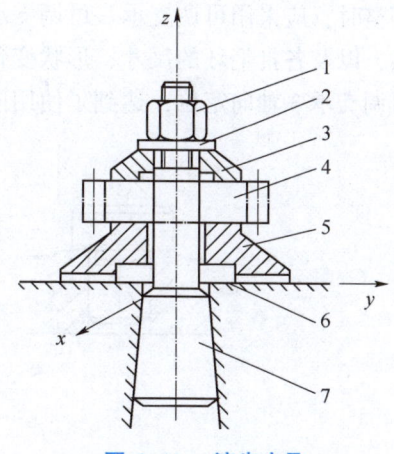

图6-10　滚齿夹具
1—压紧螺母；2—垫圈；3—压板；4—工件；
5—支承凸台；6—工作台；7—心轴

课题三　定位方法及定位元件

知识点

- 工件以平面定位
- 工件以内孔表面定位
- 工件以外圆柱表面定位

技能点

- 工件的合理定位

课题分析

工件上的定位基准面与相应的定位元件合称为定位副。定位副的选择及其制造精度直接影响工件的定位精度和夹具的工作效率以及制造使用性能等。

相关知识

一、工件以平面定位

1. 支承钉

如图6-11所示，当工件以粗糙不平的毛坯面定位时，常采用球头支承钉（B型），使其与毛坯面良好接触。齿纹头支承钉（C型）用于工件的侧面，能增大摩擦系数，防止工件滑动。当工件以加工过的平面定位时，可采用平头支承钉（A型），在支承钉的高度需要调整时，应采用可调支承。可调支承主要用于工件以粗基准面定位，或定位基面的形状复杂，以及各批毛坯的尺寸、形状变化较大时。图6-12所示为在规格化的销轴端部铣槽，用可调支承3轴向定位，达到了使用同一夹具加工不同尺寸的相似件的目的。

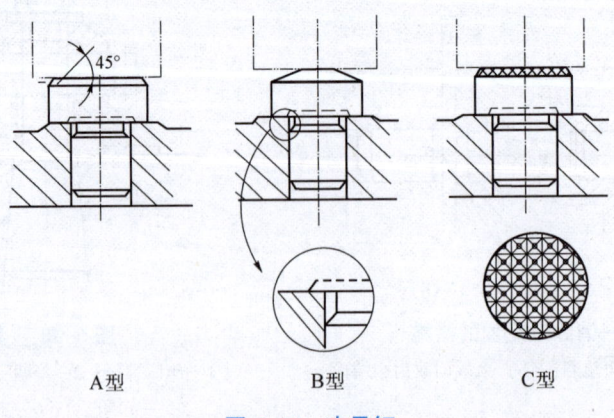

图6-11　支承钉

可调支承在一批工件加工前调整一次，调整后需要锁紧，其作用与固定支承相同。在工件定位过程中能自动调整位置的支承称为自位支承，其作用相当于1个固定支承，只限制1个自由度。由于增加了接触点数，可提高工件的装夹刚度和稳定性，但夹具结构稍复杂，故自位支承一般适用于毛面定位或刚性不足的场合，如图6-9（a）中的球面支承。

工件因尺寸形状或局部刚度较差，使其定位不稳或受力变形等，需增设辅助支承，用以承受工件重力、夹紧力或切削力。辅助支承的工作特点是：待工件定位夹紧后，再调整辅助支承，使其与工件的有关表面接触并锁紧，而且辅助支承是每安装一个工件就调整一次。但此支承不限制工件的自由度，也不允许破坏原有定位。

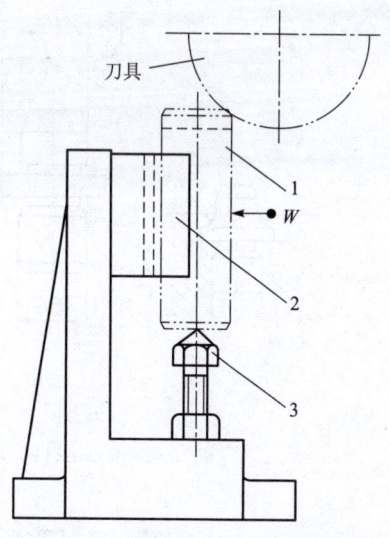

图 6-12 用可调支承加工相似件
1—销轴；2—V 形块；3—可调支承

2. 支承板

工件以精基准面定位时，除采用上述平头支承钉外，还常用如图6-13所示的支承板作定位元件。A型支承板结构简单，便于制造，但不利于清除切屑，故适用于顶面和侧面定位；B型支承板则易保证工作表面清洁，故适用于底面定位。夹具装配时，为使几个支承钉或支承板严格共面，装配后，需将其工作表面一次磨平，从而保证各定位表面的等高性。

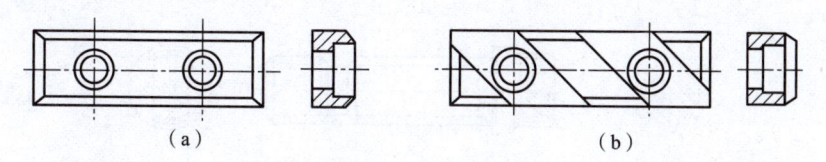

图 6-13 支承板
(a) A型；(b) B型

二、工件以内孔表面定位

1. 工件以圆柱孔定位

各类套筒、盘类、杠杆、拨叉等零件，常以圆柱孔定位，所采用的定位元件有圆柱销和各种心轴。这种定位方式的基本特点是：定位孔与定位元件之间处于配合状态，并要求确保孔中心线与夹具规定的轴线相重合。孔定位还经常与平面定位联合使用。

（1）圆柱销。图6-14所示为常用的标准化的圆柱定位销结构。图6-14（a）～图6-14（c）所示为最简单的定位销，用于不经常需要更换的情况下；图6-14（d）所示为带衬套可换式定位销。

（2）圆柱心轴。心轴主要用于套筒类和空心盘类工件的车、铣、磨及齿轮加工。图6-15所示为常用圆柱心轴的结构形式。其中图6-15（a）所示为间隙配合心轴，图6-15（b）所示为过盈配合心轴，图6-15（c）所示为花键心轴。

图 6-14　圆柱定位销

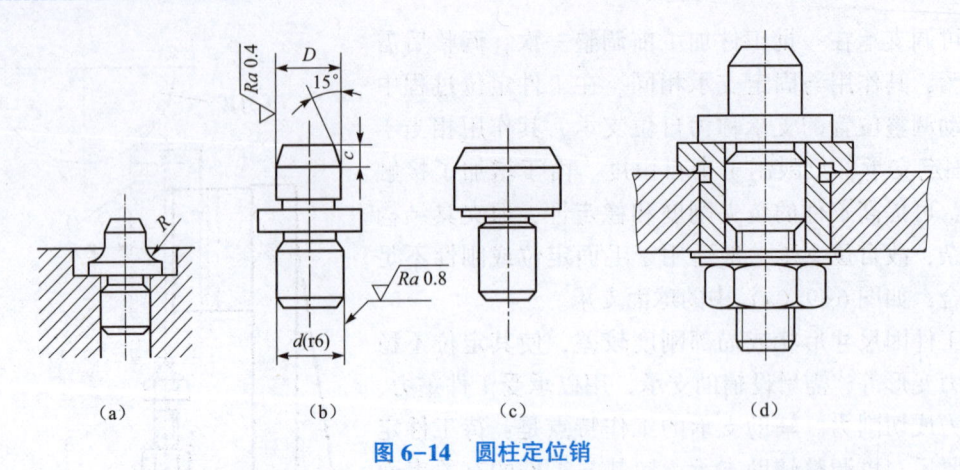

(a) $D>3\sim10$ mm；(b) $D>10\sim18$ mm；(c) $D>18$ mm；(d) 带套可换定位销

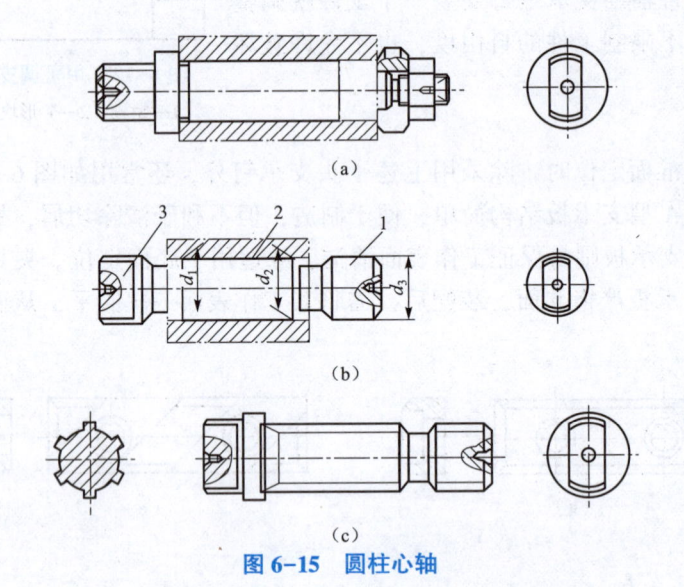

图 6-15　圆柱心轴

(a) 间隙配合心轴；(b) 过盈配合心轴；(c) 花键心轴
1—引导部分；2—工作部分；3—传动部分

(3) 圆锥销。如图 6-16 所示，工件以圆柱孔在圆锥销上定位。孔端与锥销接触，其交线是一个圆，相当于三个止推定位支承，限制了工件的三个自由度（$\vec{x}$、$\vec{y}$、$\vec{z}$）。图 6-16（a）用于粗基准，图 6-16（b）用于精基准。但是工件以单个圆锥销定位时易倾斜，故在定位时可成对使用，或与其他定位元件联合使用。如图 6-17 所示采用圆锥销组合定位，均限制了工件的五个自由度。

(4) 小锥度心轴。这种定位方式的定心精度较高，但工件的轴向位移误差较大，适用于

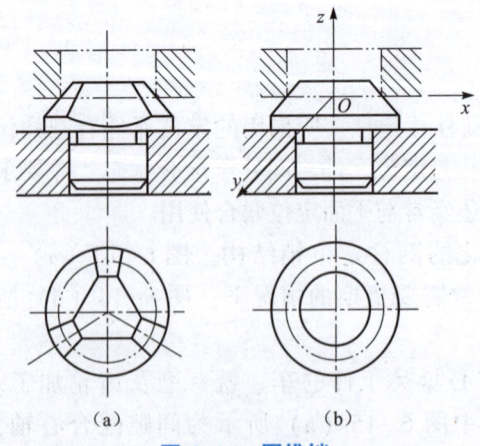

图 6-16　圆锥销

(a) 粗基准定位；(b) 精基准定位

工件定位孔精度不低于 IT7 的精车和磨削加工,不能加工端面。

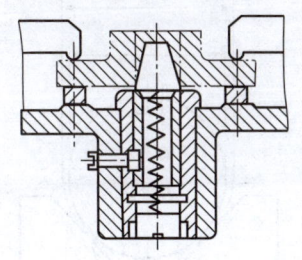

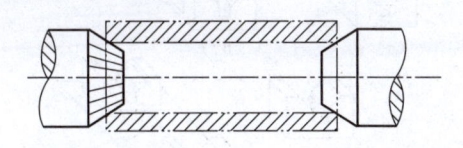

图 6-17　圆锥销组合定位

2. 工件以圆锥孔定位

（1）圆锥形心轴。圆锥心轴限制了工件除绕轴线转动自由度以外的其他五个自由度。

（2）顶尖。在加工轴类或某些要求准确定心的工件时,在工件上专为定位加工出工艺定位面——中心孔。中心孔与顶尖配合,即为锥孔与锥销配合。两个中心孔是定位基面,所体现的定位基准是由两个中心孔确定的中心线。如图 6-18 所示,左中心孔用轴向固定的前顶尖定位,限制了 $\vec{x}$、$\vec{y}$、$\vec{z}$ 三个自由度;右中心孔用活动后顶尖定位,与左中心孔一起联合限制了 $\hat{y}$、$\hat{z}$ 两个自由度。中心孔定位的优点是定心精度高,还可实现定位基准统一,并能加工出所有的外圆表面。这是轴类零件加工普遍采用的定位方式。

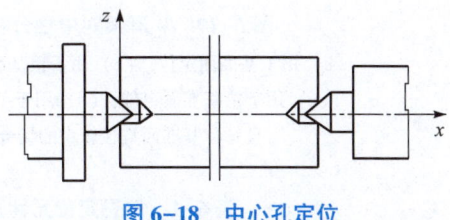

图 6-18　中心孔定位

三、工件以外圆柱表面定位

1. V 形架

V 形架定位的最大优点是对中性好,即使作为定位基面的外圆直径存在误差,仍可保证一批工件的定位基准轴线始终处于 V 形架的对称面上,并且安装方便,如图 6-19 所示。

图 6-20 所示为常用的 V 形架结构。图 6-19（a）用于较短的精基准面的定位,图 6-19（b）和图 6-19（c）用于较长的或阶梯轴的圆柱面,其中图 6-19（b）用于粗基准面,图 6-19（c）用于精基准面;图 6-19（d）用于工件较长且定位基面直径较大的场合,V 形架做成在铸铁底座上镶装淬火钢垫板的结构。V 形架可分为固定式和活动式。固定式 V 形架在夹具体上的装配,一般用螺钉和两个定位销连接。活动 V 形架除限制工件一个自由度外,还兼有夹紧作用。

2. 定位套

工件以外圆柱面在圆孔中定位,这种定位方法一般适用于精基准定位,常与端面联合定位,所用定位件结构简单,通常做成钢套装于夹具中,有时也可在夹具体上直接做出定位孔。

工件以外圆柱面定位,有时也可用半圆套或锥套作定位元件。

常见定位元件及其组合所能限制的工件自由度见表 6-1。

· 143 ·

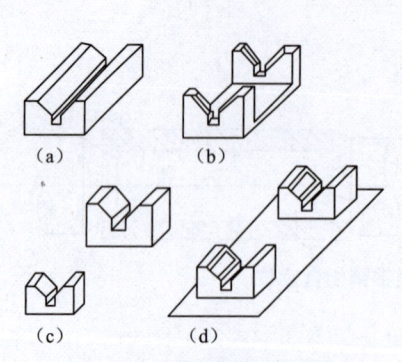

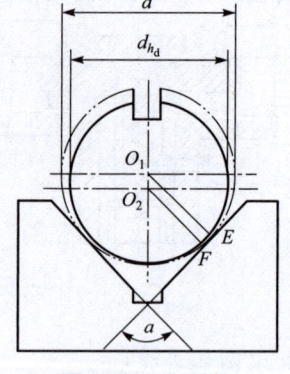

图 6-19　V形架对中性分析　　　　　图 6-20　V形架
（a）用于基准面定位；（b）用于粗基准面定位；
（c）用于精基准面定位；（d）用于工件较长
　　且定位基准面直径较大的场合

表 6-1　常见定位元件及其组合所示能限制的工件自由度

工件定位基面	定位元件	定位简图	定位元件特点	限制的自由度
平面	支承钉		平面组合	1, 2, 3—$\vec{z}$, $\hat{x}$, $\hat{y}$；4, 5—$\vec{x}$, $\hat{z}$；6—$\vec{y}$
	支承板		平面组合	1, 2—$\vec{z}$, $\hat{x}$, $\hat{y}$；3—$\vec{x}$, $\hat{z}$
圆孔	定位销（心轴）		短销（短心轴）	$\vec{x}$, $\vec{y}$
			长销（长心轴）	$\vec{x}$, $\vec{y}$, $\hat{x}$, $\hat{y}$

· 144 ·

续表

工件定位基面	定位元件	定位简图	定位元件特点	限制的自由度
圆孔	菱形销		短菱形销	$\vec{y}$
			长菱形销	$\vec{y}, \hat{x}$
	锥销		单锥销	$\vec{x}, \vec{y}, \vec{z}$
			1—固定锥销；2—活动锥销	$\vec{x}, \vec{y}, \vec{z}, \hat{x}, \hat{y}$
外圆柱面	支承板或支承钉		短支承板或支承钉	$\vec{z}$
			长支承板或两个支承钉	$\vec{z}, \hat{x}$

续表

工件定位基面	定位元件	定位简图	定位元件特点	限制的自由度
外圆柱面	V形架		窄V形架	$\vec{x}, \vec{z}$
			宽V形架	$\vec{x}, \vec{z}, \hat{x}, \hat{z}$
	定位套		短套	$\vec{x}, \vec{z}$
			长套	$\vec{x}, \vec{z}, \hat{x}, \hat{z}$
	半圆套		短半圆套	$\hat{x}, \hat{z}$
			长半圆套	$\vec{x}, \vec{z}, \hat{x}, \hat{z}$
	锥套		单锥套	$\vec{x}, \vec{y}, \vec{z}$
			1—固定锥套；2—活动锥套	$\vec{x}, \vec{y}, \vec{z}, \hat{x}, \hat{z}$

四、课题实施：定位方案的选择实例

以上叙述了夹具定位的原理及方法。确定工件的定位方案，首先要根据工件的加工要求和工艺规程提出的定位要求，运用定位基本原理进行定位分析，可能有几种定位方案可供选择。然后分析、计算各定位方案的定位误差，并进行各方案的比较分析。最后确定合适的定位方案，进行必要的设计计算，决定各定位结构参数。下面以一面两孔定位为例介绍定位方案的选择过程。

案例1：有一批如图 6-21 所示的工件，除 $12_{-0.11}^{0}$ mm 槽子外其余各表面均已加工合格。现需设计铣床夹具铣槽 $12_{-0.11}^{0}$ mm，保证图示的位置要求。试确定铣床夹具的定位方案。

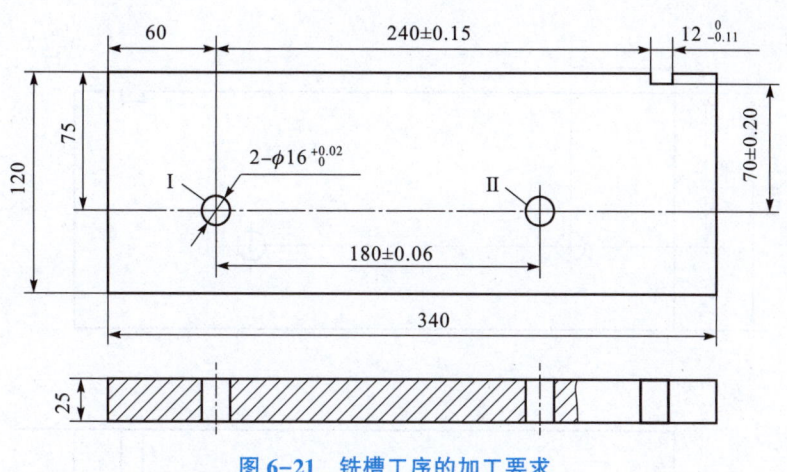

图 6-21 铣槽工序的加工要求

（1）定位方案的提出与分析。

方案一：如图 6-22（a）所示，根据工件形状与加工要求选择 A 面定位限制三个方向自由度。按槽位置尺寸 240 mm±0.15 mm 和 70 mm±0.20 mm 的要求，选用两孔定位，也限制三个方向自由度（见图 6-22（a）），达到完全定位。此定位方案基准重合，没有第一类定位误差（基准不重合误差），但结构较为复杂。

方案二：图 6-22（b）所示为采用 A、B、C 三面定位方案，此方案结构简单，但存在第一类定位误差（基准不重合误差）。因为位置尺寸 240 mm±0.15 mm 的设计基准是通过定位孔 I 并垂直两定位孔连心线的垂线，而用 C 面定位，定位基准是 C 面，二者不重合，与尺寸 60 mm 相联系。若未注尺寸公差按 12 级精度计算，则 $T(60)= ±0.15$ mm，第一类定位误差已占加工允差 100%，无法保证 240 mm±0.15 mm 的尺寸要求。至于 70 mm±0.20 mm 位置尺寸情况更为严重，设计基准是两定位孔连心线，而定位基准却是 B 面，基准不重合，它们之间还没有直接尺寸联系，而是通过以 120 mm、75 mm 两尺寸为组成环所构成的尺寸链的封闭环相联系的，若未注公差尺寸也按 12 级精度计算，则定位误差 $\Delta_{dw}(70)= T(120)+T(75)= ±(0.175+0.15)= ±0.325$（mm），大大超过了加工允差。

（2）确定定位方案。

根据对上述两种定位方案的对比分析，应选取图 6-22（a）所示的定位方案。

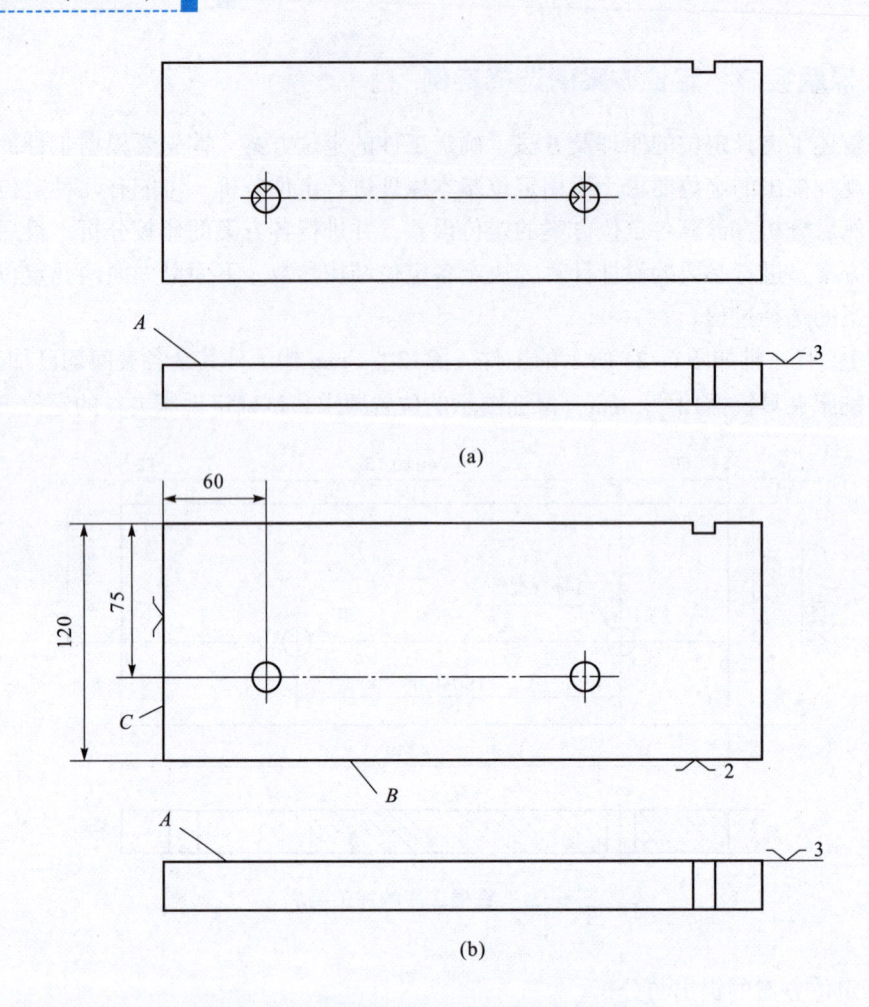

图 6-22　铣槽工序两种定位方案的定位分析

课题四　定位误差的分析与计算

知识点

- 定位误差的概念
- 基准不重合误差
- 基准位置误差
- 定位误差的分析与计算

技能点

- 定位误差的分析与计算

课题分析

在成批大量生产中，广泛使用专用夹具对工件进行装夹加工，加工工艺规程设计的工序图则是设计专用夹具的主要依据。由于在夹具设计、制造和使用中都不可能做到完美、精确，故当使用夹具装夹加工一批工件时，不可避免地会使工序的加工精度参数产生误差，定位误差就是这项误差中的一部分。判断夹具的定位方案是否合理可行、夹具设计质量是否满足工序的加工要求，是计算定位误差的目的所在。

相关知识

一、用夹具装夹加工时的工艺基准

用夹具装夹加工时涉及的基准可分为设计基准和工艺基准两大类。设计基准是指在设计图上确定几何要素的位置所依据的基准；工艺基准是指在工艺过程中所采用的基准。与夹具定位误差计算有关的工艺基准有以下三种。

1. 工序基准

工序基准是在工序图上用来确定加工表面的位置所依据的基准。工序基准可简单地理解为工序图上的设计基准。分析计算定位误差时所提到的设计基准，是指零件图上的设计基准或工序图上的工序基准。

2. 定位基准

定位基准是在加工过程中使工件占据正确加工位置所依据的基准，即工件与夹具定位元件定位工作面接触或配合的表面。为提高工件的加工精度，应尽量选设计基准作定位基准。

3. 对刀基准（即调刀基准）

对刀基准是由夹具定位元件的定位工作面体现的，用于调整加工刀具位置所依据的基准。必须指出，对刀基准与上述两工艺基准有本质的不同，它不是工件上的要素，而是夹具定位元件定位工作面体现出来的要素（平面、轴线、对称平面等）。如果夹具定位元件是支承板，对刀基准就是该支承板的支承工作面。如图 6-23 所示，轴套件以内孔定位，在其上加工一直径为 ϕd 的孔，要求保证 ϕd 轴线到左端面的尺寸 L_1 及孔中心线对内孔轴线的对称度要求。尺寸 L_1 的设计基准是工件的左端面 A'，对刀基准是定位心轴的台阶面 A；ϕd 轴线对内孔轴线的对称度的设计基准是内孔轴线，对刀基准是夹具定位心轴 2 的轴线 $O—O$。

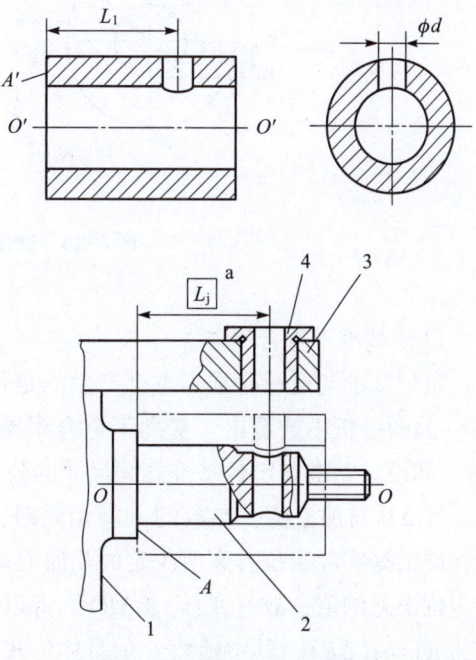

图 6-23　钻模加工时的基准

二、定位误差

1. 定位误差的概念

用夹具装夹加工一批工件时,由于定位不准确引起该批工件某加工精度参数(尺寸、位置)的加工误差,称为该加工精度参数的定位误差(简称定位误差)。定位误差以其最大误差范围来计算,其值为设计基准在加工精度参数方向上的最大变动量,用 Δ_{dw} 表示。

2. 定位误差产生的原因及其计算

先以图 6-24 为例,分析定位误差产生的原因。图 6-24 所示为以心轴定位在轴套件的外圆柱面上加工槽子的具体定位方案。槽底尺寸 h 的设计基准是外圆的母线 A,定位基准是内孔的轴线 $O'—O'$,对刀基准是夹具定位心轴的轴线 $O—O$,而一批工件外圆直径、内孔直径及夹具定位心轴直径都在其公差范围内变化,故对一批工件来说,必然会存在定位不准确的问题,必将引起一批工件加工精度参数的变化,即定位误差。如图 6-24 所示的定位方案,当以内孔定位加工槽子时,工件外圆尺寸的变化会引起加工精度参数槽底尺寸 h 的变化(即产生定位误差),这是因为设计基准与定位基准不重合引起的。当工件内孔与定位心轴配合定位时,由于其配合间隙的存在会使内孔轴线(定位基准)对心轴轴线(对刀基准)的位置在圆周 360°方向发生变化。加工刀具的位置由心轴轴线确定,对一批工件而言,必将引起内孔轴线到槽底尺寸的变化,进而引起槽底尺寸 h 的变化(即产生定位误差),这是由定位基准相对对刀基准存在位置变动造成的。可见,定位误差产生的原因有两个,即定位基准与设计基准的不重合和定位基准相对对刀基准的位置变动。

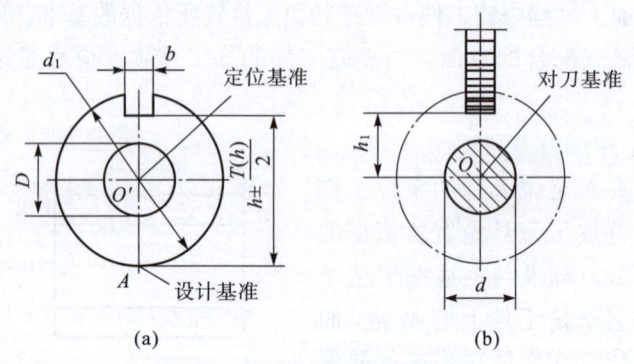

图 6-24 铣槽工序定位误差分析

(1)基准不重合误差。

定位基准与设计基准不重合产生的定位误差称为基准不重合误差,用 Δ_{jb} 表示。从对图 6-24 的分析不难看出,基准不重合误差 Δ_{jb} 与设计基准相对于定位基准的最大变动量 ΔB(即设计基准与定位基准之间尺寸的公差值)密切相关。

当 ΔB 与加工精度参数的方向相同时,$\Delta_{jb} = \Delta B$;当 ΔB 与加工精度参数的方向不同时,应根据实际定位方案所决定的几何关系按一定的函数关系进行计算,以确定 ΔB 产生的定位误差的值,故有 $\Delta_{jb} = f_1(\Delta B)$。将以上两种情况概括起来,基准不重合误差的计算应为 $\Delta_{jb} = f_1(\Delta B)$,其中函数 f_1 的具体形式根据具体的定位方案分析确定。

(2) 基准位置误差。

定位基准相对对刀基准的位置移动产生的定位误差称为基准位置误差，用 Δ_{jw} 表示。同理，从对图 6-24 的分析不难看出，基准位置误差 Δ_{jw} 与定位基准相对对刀基准的最大位置移动量 ΔE（一般为工件定位表面与定位元件工作面配合的最大间隙）密切相关。

当 ΔE 与加工精度参数的方向相同时，$\Delta_{jw} = \Delta E$；当 ΔE 与加工精度参数的方向不同时，应根据实际定位方案所决定的几何关系按一定的函数关系进行计算，以确定 ΔE 产生的定位误差的值，故有 $\Delta_{jw} = f_2(\Delta E)$。

将以上两种情况概括起来，基准位置误差的计算应为 $\Delta_{jw} = f_2(\Delta E)$，其中函数 f_2 的具体形式根据具体的定位方案分析确定。

因为定位误差是对一批工件而言，是以其最大误差范围来计算的，故在上述 Δ_{jb} 和 Δ_{jw} 计算的分析中，考虑的是设计基准相对于定位基准的最大变动量 ΔB 和定位基准相对对刀基准的最大位置移动量 ΔE。

(3) 定位误差的计算。

由上述定位误差产生的原因及两类定位误差的计算（基准不重合误差 Δ_{jb}，基准位置误差 Δ_{jw}），可以得出定位误差 Δ_{dw} 的计算公式：

$$\Delta_{dw} = \Delta_{jb} \pm \Delta_{jw} = f_1(\Delta B) \pm f_2(\Delta E) \tag{6-1}$$

式中，Δ_{dw} 为定位误差；Δ_{jb} 为基准不重合误差；Δ_{jw} 为基准位置误差；ΔB 为设计基准相对定位基准的最大变动量；ΔE 为定位基准相对对刀基准的最大位置移动量；f_1、f_2 为求解 ΔB、ΔE 在加工精度参数方向上产生的定位误差的函数，其具体形式根据具体的定位方案来分析确定。

在式（6-1）中，当 Δ_{jb} 和 Δ_{jw} 由两个互不相关的变量引起时，用"+"；当 Δ_{jb} 和 Δ_{jw} 是同一变量引起时，要判断两者对 Δ_{dw} 的影响是否同向，方向相同时用"+"，方向相反时用"-"。

3. 分析计算定位误差时应注意的问题

(1) 定位误差是指工件某工序中某加工精度参数的定位误差，它是该加工精度参数（尺寸、位置）加工误差的一部分。

(2) 某工序的定位方案对本工序的多个不同加工精度参数产生不同的定位误差，应分别逐一计算。

(3) 分析计算定位误差的前提是用夹具装夹加工一批工件，用调整法保证加工要求。

(4) 计算出的定位误差数值是指加工一批工件时某加工精度参数可能产生的最大误差范围（加工精度参数最大值与最小值之间的变动量），它是个界限范围，而不是某一个工件定位误差的具体值。

(5) 一批工件的设计基准相对定位基准、定位基准相对对刀基准产生最大位置变动量 ΔB、ΔE 是产生定位误差的原因，而不一定就是定位误差的数值。

三、工件在夹具中加工精度的分析与定位方案的确定

任何一种机械产品，在加工的工艺过程中都不可避免地存在着加工误差，即加工几何参数的实际值与其理想值之间存在偏差。这种偏差越大，加工误差就越大，实际参数的精度就越低。所谓合格零件，是指加工误差不超出设计给定的公差值的零件。产生加工误差

的原因是多方面的,其中一部分就来源于夹具。在夹具设计时,分析产生加工误差的原因,并把加工误差控制在允许的范围之内,对于提高夹具设计质量、保证工件加工质量具有重要意义。

1. 工序精度参数的加工误差

所谓工序加工精度参数,是指在工序图上标注出的、通过本工序的加工来保证精度的参数,如位置尺寸、垂直度、同轴度、平行度等。机械加工过程中,夹具的主要功能是保证零件上要素间的位置精度。当用夹具装夹加工一批零件时,工序加工精度参数的加工误差由两部分组成,其一是与夹具的设计、制造、使用等有关的加工误差,简称夹具误差;其二是与工艺系统中除夹具之外的其他组成部分(机床、刀具、工件)有关的加工误差,简称其他误差。

(1)夹具误差。由于使用夹具进行装夹加工而引起的工序加工精度参数的加工误差称为夹具误差。它主要包括以下三项:

1)定位误差。工件在夹具上定位不准确而引起的加工误差,用 Δ_{dw} 表示。

2)夹具位置误差。夹具在机床上的位置不准确而引起的加工误差,用 Δ_{jj} 表示。

3)刀位误差。刀具相对于夹具的位置不准确而引起的加工误差,或刀具与引导元件、对刀元件之间配合间隙引起的导向或对刀误差,用 Δ_{dj} 表示。

夹具的设计、制造,夹具在机床上的装夹,夹紧时夹具变形,夹具的磨损等因素引起的工序加工精度参数的加工误差,是上述三项误差的组成部分,这些误差的存在,最终引起刀具相对于工件位置的不准确而产生加工误差。

(2)其他误差。工艺系统中除夹具以外的其他组成部分引起的加工误差,用 Δ_{qt} 表示。产生这项误差的原因有机床、刀具、工件的几何误差、受力变形、热变形、磨损以及由各种随机因素引起的加工误差。

2. 工序加工精度参数公差的分配与定位方案的确定

(1)工序加工精度参数公差的分配。

为了保证工件的加工精度,使其成为合格的产品,上述的各项加工误差之和应不超出工序加工精度参数设计时给定的公差值,即

$$\Delta_{dw}+\Delta_{jj}+\Delta_{dj}+\Delta_{qt} \leqslant T \tag{6-2}$$

在生产实际中,一般将工序加工精度参数设计给定的公差值 T 分成三份,定位误差 Δ_{dw} 占一份,夹具位置误差 Δ_{jj} 和刀位误差 Δ_{dj} 合起来占一份,其他误差 Δ_{qt} 占一份。这样的分配并非完全合理,仅作为公差分配的初步方案,应用时还应根据具体情况进行调整,因为不是在所有的夹具中几种加工误差都同时存在,例如钻床夹具无夹具位置误差、定位误差等于零的情况等,即使几种加工误差都同时存在,也可按具体情况做适当调整。在夹具设计中,夹具总图上标注的与上述误差对应的位置精度都是通过求解式(6-2)而给出的。下面对图 6-25 所示定位方案进行分析,以说明工序加工精度参数公差值的分配方法。

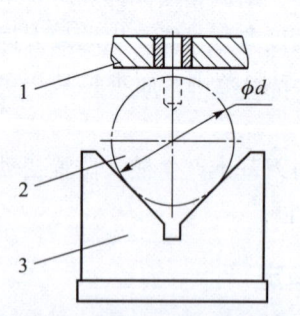

图 6-25 用夹具装夹的精度分析
1—钻模板;2—工件;3—V 形块

在图 6-25 中，圆柱形工件在 V 形块上定位，在立式钻床上用钻模钻孔。设计给定加工孔的轴线对圆柱轴线的对称度公差为 0.1 mm。由于 V 形块具有良好的对中性能，故该方案对称度的定位误差 $\Delta_{dw}=0$；钻模在钻床上的位置是由钻套来找正，然后再固定的，所以夹具位置误差 $\Delta_{jj}=0$。根据式（6-2）有

$$\Delta_{dj}+\Delta_{qt}\leqslant T=0.1 \tag{6-3}$$

将公差做平均分配，则取 $\Delta_{dj}=0.05$，$\Delta_{qt}=0.05$。

为了保证导向误差控制在 0.05 mm 以内，考虑随机因素的影响，夹具设计时可取对称度公差为 0.03 mm。所以，在夹具设计总图中的技术要求注明"钻套轴线应通过 V 形块标准试棒的轴线，其对称度误差不超出 0.03 mm。"

（2）定位方案的确定。

由定位误差的组成可知，只要合理选择定位基准、定位元件并进行合理的组合与布置，就可以大大减小定位误差甚至使定位误差为零，这就是所谓的定位方案的设计问题。往往一道工序的定位方案有多个，需要择优选用。定位方案是否能满足工序的加工要求，一般的判断准则是看定位误差是否超出工序加工精度参数设计公差的三分之一，即判断定位方案是否可行的依据为

$$\Delta_{dw}\leqslant \frac{1}{3}T \tag{6-4}$$

式中，Δ_{dw} 为定位误差；T 为工序加工精度参数的公差值。

在多个可行的定位方案中，应考虑夹具结构的繁简、制造的难易、操作的方便与否等诸多因素综合择优选用。

四、课题实施：定位误差分析计算综合实例

定位误差的分析与计算，在夹具设计中占有重要的地位，定位误差的大小是定位方案能否确定的重要依据。为了掌握定位误差计算的相关知识，下面将给出一些计算实例，抛砖引玉，以使学习者获得触类旁通、融会贯通的学习效果。

案例 2：如图 6-26 所示，工件以底面定位加工孔内键槽，求尺寸 h 的定位误差。

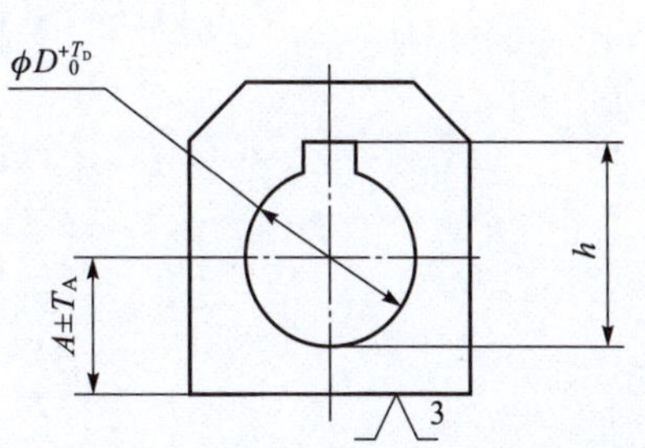

解：（1）基准不重合误差 Δ_{jb}。设计基准为孔的下母线，定位基准为底平面，影响两者的因素有尺寸 h 和 h_1，故 Δ_{jb} 由两部分组成：ϕD 半径的变化产生 $\frac{\Delta D}{2}$，尺寸 h_1 的变化产生 $2T_{h_1}$，所以

$$\Delta_{jb}=\frac{\Delta D}{2}+2T_{h_1}$$

图 6-26 内键槽槽底尺寸定位误差计算

（2）基准位置误差 Δ_{jw}。定位基准为工件底平面，对刀基准为与定位基准接触的支承板的工作表面，不计形状误差，则有

$$\Delta_{jw}=0$$

所以槽底尺寸 h 的定位误差为

$$\Delta_{dw} = \frac{\Delta D}{2} + 2T_{h_1}$$

案例3：有一批直径为 $\phi d_{-T_d}^{0}$ 的工件，如图 6-27 所示，外圆已加工合格，现用 V 形块定位铣宽度为 b 的槽。若要求保证槽底尺寸分别为 L_1、L_2 和 L_3，试分别分析计算这三种不同尺寸要求的定位误差。

解：（1）首先计算 V 形块定位外圆时的基准位置误差 Δ_{jw}。

在图 6-27 中，对刀基准是一批工件平均轴线所处的位置 O 点，设定位基准为外圆的轴线，加工精度参数的方向与 $\overline{O_1O_2}$ 相同，则基准位置误差 Δ_{jw} 为图中 O_1 点到 O_2 点的距离。

在 $\triangle O_1CO_2$ 中，$\overline{CO_2} = \frac{T_d}{2}$，$\angle CO_1O_2 = \frac{\alpha}{2}$，根据勾股定理求得

$$\Delta_{jw} = \Delta E = \overline{O_1O_2} = \frac{T_d}{2\sin\frac{\alpha}{2}}$$

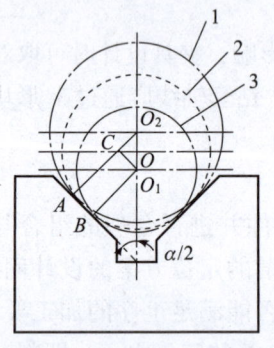

图 6-27 V 形块定位外圆时基准位置误差 Δ_{jw} 的计算
1—最大直径；2—平均直径；3—最小直径

（2）分别计算图 6-28 所示三种情况的定位误差。

1）图 6-28（a）中 L_1 尺寸的定位误差。

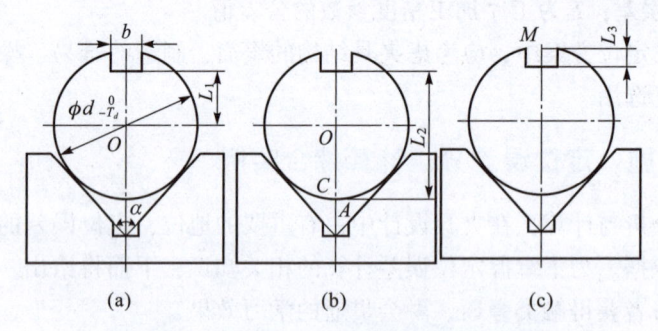

图 6-28 V 形块定位外圆时定位误差的计算

$$\Delta_{jb} = \Delta B = 0$$

$$\Delta_{jw} = \Delta E = \frac{T_d}{2\sin\frac{\alpha}{2}}$$

$$\Delta_{dw(L_1)} = \frac{T_d}{2\sin\frac{\alpha}{2}}$$

2）图 6-28（a）中 L_2 尺寸的定位误差。

$$\Delta_{jb} = \Delta B = \frac{T_d}{2}$$

$$\Delta_{jw} = \Delta E = \frac{T_d}{2\sin\frac{\alpha}{2}}$$

需要说明的是 L_2 尺寸定位误差 Δ_{dw} 的合成问题。由于 Δ_{jb} 和 Δ_{jw} 中都含有 T_d，即外圆直径的变化同时引起 Δ_{jb} 和 Δ_{jw} 的变化，因而要判别二者合成时的符号。当外圆直径由大变小时，设计基准相对定位基准向上偏移，而当此圆放入 V 形块中定位时，因外圆直径的变小，定位基准相对调刀基准是向下偏移的，二者变动方向相反。故设计基准相对对刀基准的位移是二者之差，即

$$\Delta_{dw(L_2)} = \frac{T_d}{2}\left(\frac{1}{\sin\frac{\alpha}{2}} - 1\right)$$

3）图 6-28（c）中 L_3 尺寸的定位误差。

与 2）类似，只是当外圆直径由大变小时，Δ_{jb} 和 Δ_{jw} 的变动方向相同，故 Δ_{jb} 和 Δ_{jw} 合成时应该相加，即

$$\Delta_{jb} = \Delta B = \frac{T_d}{2}$$

$$\Delta_{jw} = \Delta E = \frac{T_d}{2\sin\frac{\alpha}{2}}$$

所以

$$\Delta_{dw(L_3)} = \frac{T_d}{2}\left(\frac{1}{\sin\frac{\alpha}{2}} + 1\right)$$

案例 4：有一批如图 6-29 所示的工件，$\phi50h6$（$_{-0.016}^{0}$）外圆、$\phi30H7$（$_{0}^{+0.021}$）内孔和两端面均已加工合格，并保证外圆对内孔的同轴度误差在 $T(e) = \phi0.015$ mm 范围内。现按图 6-29 所示的定位方案，用 $\phi30g6$（$_{-0.020}^{+0.007}$）心轴定位，在立式铣床上用顶尖顶住心轴铣 12h9（$_{-0.043}^{0}$）的槽子。除槽宽要求外，还应保证下列要求：

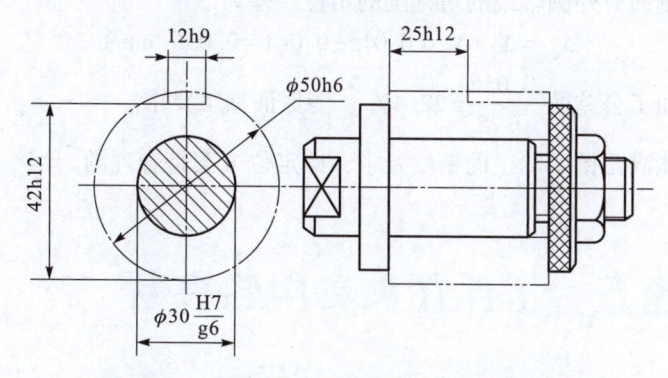

图 6-29 心轴定位内孔铣键槽定位误差的计算

(1) 槽的轴向位置尺寸 $L_1 = 25\text{h}12(^{\ 0}_{-0.21})$；

(2) 槽底位置尺寸 $H_1 = 42\text{h}12(^{\ 0}_{-0.25})$；

(3) 槽子两侧面对 $\phi50$ 外圆轴线的对称度公差 $T(c) = 0.25$。

试分析计算定位误差，判断定位方案的合理性。

解：(1) 槽的轴向位置尺寸 L_1 的定位误差。

定位基准与设计基准重合：

$$\Delta_{jb} = \Delta B = 0$$

定位基准与对刀基准重合：

$$\Delta_{jw} = \Delta E = 0$$

所以

$$\Delta_{dw} = \Delta_{jb} + \Delta_{jw} = 0$$

(2) 槽底位置尺寸 H_1 的定位误差。

槽底的设计基准是外圆的下母线，定位基准是内孔的轴线，不重合，有同轴度误差，即

$$\Delta_{jb} = \Delta B = \frac{\Delta d}{2} + T(e) = \frac{0.016}{2} + 0.015 = 0.023(\text{mm})$$

定位基准是内孔的轴线，对刀基准是心轴的轴线，两者有位置变动量，即

$$\Delta_{jw} = \Delta E = D_{max} - d_{min} = 0.021 + 0.020 = 0.041(\text{mm})$$

所以槽底位置尺寸 H_1 的定位误差为

$$\Delta_{dw} = 0.023 + 0.041 = 0.064(\text{mm})$$

定位误差占尺寸公差的 $\dfrac{0.064}{0.25} = 25.6\% < 33.3\%$，能保证加工要求。

(3) 槽子两侧面对外圆轴线的对称度的定位误差。

设计基准是外圆轴线，定位基准是内孔轴线，两者不重合，有同轴度误差，即

$$\Delta_{jb} = \Delta B = 0.015$$

定位基准是内孔的轴线，对刀基准是心轴的轴线，两者有位置变动量，即

$$\Delta_{jw} = \Delta E = D_{max} - d_{min} = 0.021 + 0.020 = 0.041(\text{mm})$$

所以槽子两侧面对外圆轴线的对称度的定位误差为

$$\Delta_{dw} = \Delta_{jb} + \Delta_{jw} = 0.015 + 0.041 = 0.056(\text{mm})$$

定位误差占加工公差的 $\dfrac{0.056}{0.25} = 22.4\%$，能保证加工要求。

该定位方案能满足槽子加工的精度要求，即定位方案是合理的。

课题五　工件在夹具中的夹紧

知识点

- 斜楔夹紧

夹紧装置的组成微课

- 螺旋夹紧机构
- 偏心夹紧机构
- 定心夹紧机构
- 联动夹紧机构

技能点

- 常用夹紧机构的结构及工作原理

课题分析

工件装夹时,将原始作用力转化为夹紧力是通过夹紧机构来实现的。在众多的夹紧机构中,以斜楔、螺旋、偏心、定心、联动以及由它们组合而成的夹紧机构应用较为普遍。选择合适的夹紧机构能够提高加工效率和零件的加工精度。

相关知识

一、斜楔夹紧

斜楔夹紧是夹紧机构中最基本的一种形式,其他一些夹紧如偏心轮、螺钉等都是这种楔块的变型。

斜楔夹紧的工作特点:

(1) 楔块的自锁性。当原始力 Q 消失或撤除后,夹紧机械在纯摩擦力的作用下,仍应保持其处于夹紧状态而不松开,以保证夹紧的可靠性。

楔块的自锁条件为: $\alpha \leq \phi_1 + \phi_2$。为保证自锁可靠,手动夹紧时一般取 $\alpha = 5° \sim 7°$(α 为斜楔升角,$\alpha = \phi_1 + \phi_2$,其中 ϕ_1 为平面摩擦时作用在斜楔面的摩擦角,ϕ_2 为平面摩擦时作用在斜楔基面上的摩擦角)。

(2) 楔块能改变夹紧作用力的方向。

(3) 楔块具有增力作用,增力比 $i = Q/\omega \approx 3$(ω 为斜楔夹紧时产生的夹紧力)。

(4) 楔块夹紧行程小。

(5) 结构简单,夹紧和松开需要敲击大、小端,操作不方便。

对于楔块夹紧,由于增力比、行程大小和自锁条件是相互制约的,故在确定楔块升角 α 时,应兼顾三者在不同条件下的实际需要。当机构既要求自锁,又要有较大的夹紧行程时,可采用双斜面楔块(见图6-30),前部大升角用于夹紧前的快速行程,后部小升角用于保证自锁。

单一楔块夹紧机构夹紧力和增力比较小且操作不便,夹紧行程也难以满足实际需要,因此很少使用,通常用于机动夹紧或组合夹紧机构中。

楔块一般用20钢渗碳淬火达到HRC58~62,有时也用45钢淬硬至HRC42~46。

二、螺旋夹紧机构

将楔块的斜面绕在圆柱体上就成为螺旋面,因此螺旋夹紧的作用原理与楔块相同。最

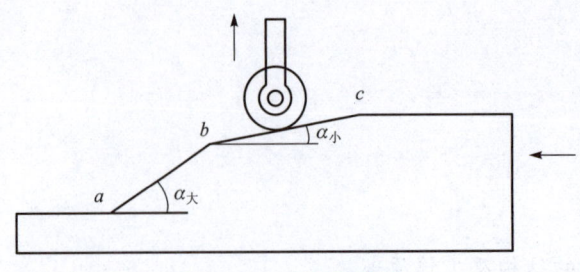

图 6-30 双升角楔块

简单的单螺旋夹紧机构是夹具体上装有螺母、转动螺杆，通过压块将工件夹紧。螺母为可换式，通过螺钉防止其转动。压块可避免螺杆头部与工件直接接触，夹紧时可带动工件转动，并造成压痕。

螺旋夹紧的工作特点如下：

(1) 自锁性能好。通常采用标准的夹紧螺钉，螺旋升角 α 甚小，如 M8~M48 的螺钉，$\alpha=1°50'$~$3°10'$，远小于摩擦角，故夹紧可靠，保证自锁。

(2) 增力比大（$i\approx 75$）。

(3) 夹紧行程调节范围大。

(4) 夹紧动作慢、工件装卸费时。

由于螺旋夹紧具有以上特点，故很适用于手动夹紧，在机动夹紧机构中应用较少。针对其夹紧动作慢、辅助时间长的缺点，通常采用各种形式的快速夹紧机构，在实际生产中，螺旋—压板组合夹紧比单螺旋夹紧用得更为普遍。

三、偏心夹紧机构

用偏心件直接或间接夹紧工件的机构，称为偏心夹紧机构。偏心件有两种形式，即圆偏心和曲线偏心，其中，圆偏心机构因结构简单、制造容易而得到广泛应用。

偏心夹紧加工操作方便、夹紧迅速，但夹紧力和夹紧行程都小，一般用于切削力不大、振动小、没有离心力影响的加工中。图 6-31（a）所示为直径为 D、偏心距为 e 的偏心轮。可以将偏心轮看作一个绕在转轴上的弧形楔（图中径向影线部分），将偏心轮上起夹紧作用的廓线展开，如图 6-31（b）所示，则圆偏心实质是一曲线斜楔，夹紧的最大行程为 $2e$，曲线上各点的升角不相等，P 点升角最大即夹紧力最小，但 P 点附近升角变化小，因而夹紧比较稳定。

(1) 圆偏心夹紧的自锁条件：$D/e \geqslant 14$。D/e 值叫作偏心轮的偏心特性，表示偏心轮工作的可靠性，此值大，自锁性能好，但结构尺寸也大。

(2) 增力比：$i=12$-13。偏心夹紧的主要优点是操作方便、动作迅速、结构简单；其缺点是工作行程小，自锁性不如螺旋夹紧好，结构不耐振，适用于切削平稳且切削力不大的场合，常用于手动夹紧机构。由于偏心轮带手柄，所以在旋转的夹具上不允许用偏心夹紧机构，以防误操作。

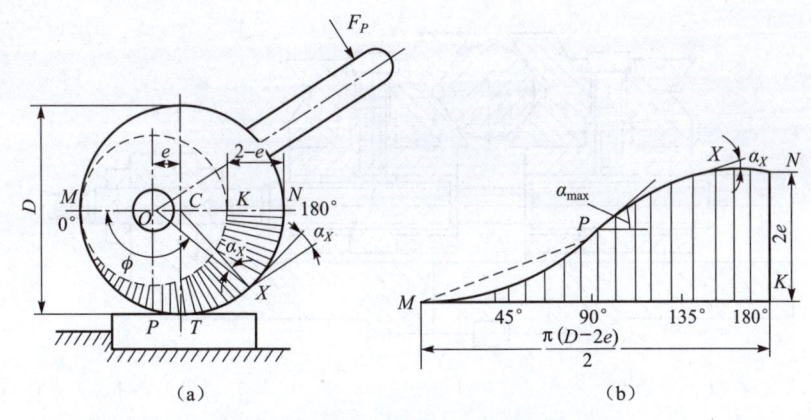

图 6-31 圆偏心夹紧及其圆偏心展开图
(a) 偏心轮夹紧；(b) 圆偏心展开图

四、定心夹紧机构

当工件被加工面以中心要素（轴线、中心平面等）为工序基准时，为使基准重合以减少定位误差，须采用定心夹紧机构。

定心夹紧机构具有定心和夹紧两种功能，如卧式车床的三爪自定心卡盘即为最常用的典型实例。

定心夹紧机构按其定心作用原理有两种类型，一种是依靠传动机构使定心夹紧元件等速移动，从而实现定心夹紧，如螺旋式、杠杆式、楔式机构等；另一种是利用薄壁弹性元件受力后产生均匀的弹性变形（收缩或扩张），来实现定心夹紧，如弹簧筒夹、膜片卡盘、波纹套、液性塑料等。

图 6-32 所示为螺旋式定心夹紧机构。螺杆两端的螺纹旋向相反、螺距相同。当其旋转时，使两个 V 形钳口做对向等速移动，从而实现对工件的定心夹紧或松开。V 形钳口可按工件的不同形状进行更换。

这种定心夹紧机构的特点是：结构简单、工作行程大、通用性好，但定心精度不高，主要适用于粗加工或半精加工中需要行程大而定心精度要求不高的场合。

五、联动夹紧机构

联动夹紧机构是操作一个手柄或用一个动力装置在几个夹紧位置上同时夹紧一个工件（单件多位夹紧）或夹紧几个工件（多件多位夹紧）的夹紧机构。根据工件的特点和要求，为了减少工件装夹时间，提高生产率，简化结构，常采用联动夹紧机构。

联动夹紧机构微课

在设计联动夹紧机构时应注意的问题：
（1）必须设置浮动环节，以补偿同批工件尺寸偏差的变化，保证同时且均匀地夹紧工件。
（2）联动夹紧一般要求有较大的总夹紧力，故机构要有足够的刚度，以防止夹紧变形。
（3）在工件定位和夹紧联动时，应保证夹紧时不破坏工件在定位时所取得的位置。

图 6-33 所示为单件同向多点联动夹紧装置，图 6-34 所示为平行式多件联动夹紧机构。

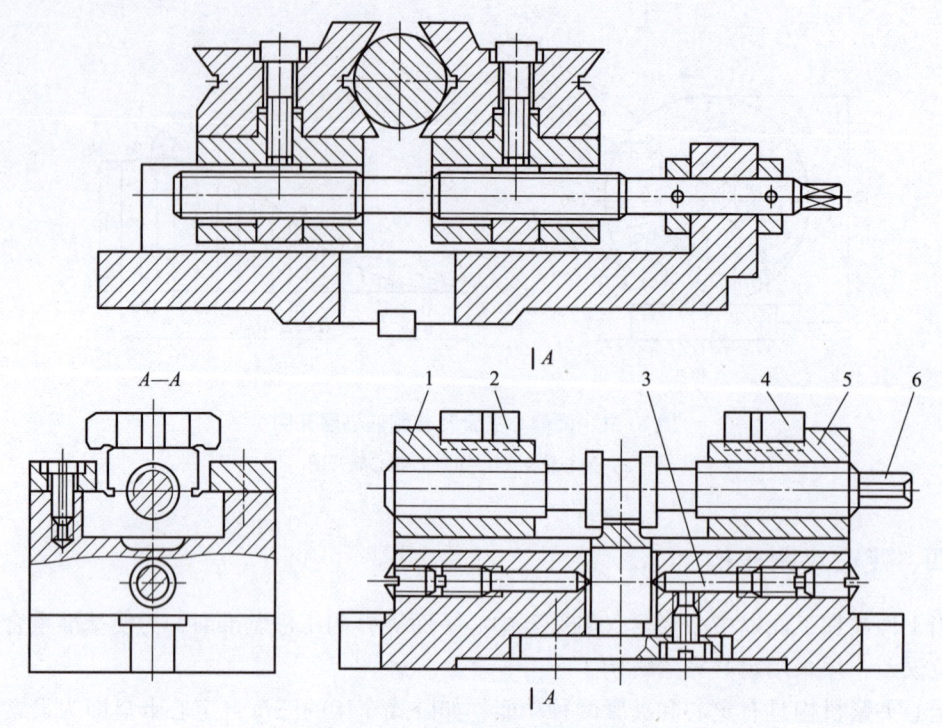

图 6-32 螺旋式定心夹紧机构

1,5—滑座；2,4—V形块钳口；3—调节杆；6—双向螺杆

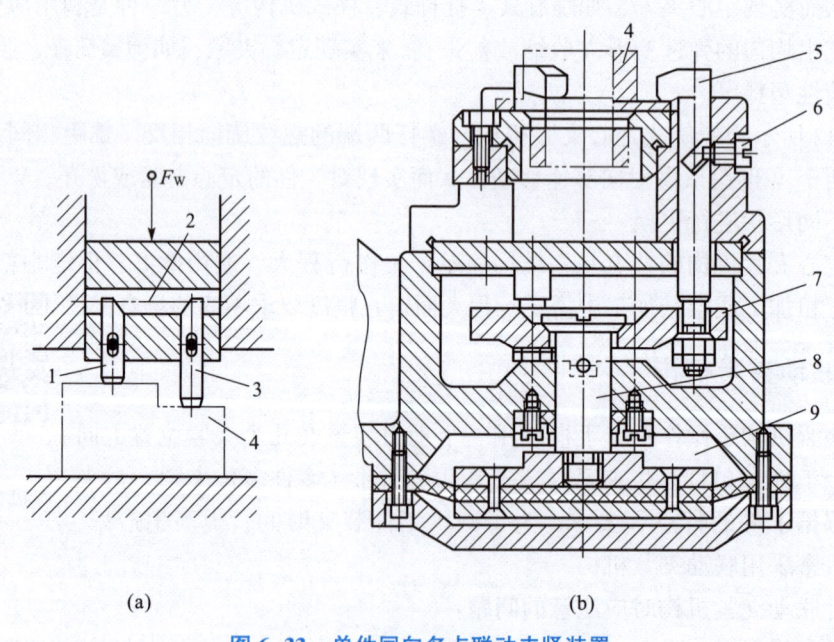

(a) (b)

图 6-33 单件同向多点联动夹紧装置

(a) 浮动压力；(b) 联动钩形压板夹紧机构

1,3—浮动压头；2—浮动柱；4—工件；5—钩形压板；6—螺钉；
7—浮动盘；8—活塞杆；9—薄膜气缸

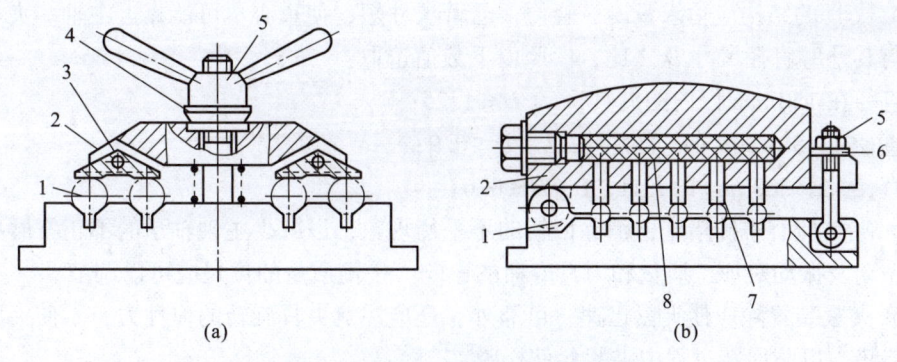

图 6-34 平行式多件联动夹紧机构

（a）平行式浮动压板机构；（b）液性介质联动夹紧机构
1—工件；2—刚性压板；3—摆动压块；4—球面垫圈；5—螺母；
6—垫圈；7—柱塞；8—液性介质

课题六　各类机床夹具的设计要点

知识点

- 车床夹具的设计要点
- 铣床专用夹具的设计要点
- 钻床专用夹具的设计要点
- 镗床专用夹具的设计要点
- 切齿机床专用夹具的设计要点
- 磨床专用夹具的设计要点

技能点

- 专用夹具的设计要点

课题分析

机床夹具的主要特点是夹具与机床主轴连接，工作时由机床主轴带动其高速回转。在设计机床夹具时应保证工件达到工序的精度要求。

相关知识

一、车床夹具设计要点

车床夹具的主要特点是夹具与机床主轴连接，工作时由机床主轴带动其高速回转。因此在设计车床夹具时除了保证工件达到工序的精度要求外，还应考虑：

（1）夹具的结构应力求紧凑、轻便，悬臂尺寸短，使重心尽可能靠近主轴。夹具悬伸长度 L 与其外廓直径尺寸 D 之比，参照以下数值选取：

对直径在 150 mm 以内的夹具，$L:D \leq 1.25$；

对直径在 150~300 mm 的夹具，$L:D \leq 0.9$；

对直径大于 300 mm 的夹具，$L:D \leq 0.6$。

（2）夹具应有平衡措施，消除回转的不平衡现象，以减少主轴轴承的不正常磨损，避免产生振动及振动对加工质量和刀具寿命的影响。平衡质量的位置应可以调节。

（3）夹紧装置除应使夹紧迅速、可靠外，还应注意夹具旋转的惯性力，不使夹紧力有减小的趋势，以防回转过程中夹紧元件松脱。

（4）夹具上的定位、夹紧元件及其他装置的布置不应大于夹具体的直径；靠近夹具外缘的元件不应该有凸出的棱角，必要时应加防护罩。

（5）车床夹具与主轴连接精度对夹具的回转精度有决定性的影响。因此，回转轴线与车床主轴轴线要有尽可能高的同轴度。

（6）当主轴有高速转动、紧急制动等情况时，夹具与主轴之间的连接应该有防松装置。

（7）在加工过程中，工件在夹具上应能用量具测量，切屑能顺利排出或清理。

车床专用夹具的设计要点也适用于磨床夹具。

二、铣床专用夹具的设计要点

（1）由于铣削过程不是连续切削，且加工余量较大、切削力较大，而方向随时都可能在变化，所以夹具应有足够的刚性和强度，夹具的重心应尽量低，夹具的高度与宽度之比应为 1~1.25，并应有足够的排屑空间。

（2）夹紧装置要有足够的强度和刚度，保证必需的夹紧力，并有良好的自锁性能，一般在铣床夹具上特别是粗铣，不宜采用偏心夹紧。

（3）夹紧力应作用在工件刚度较大的部位上。工件与主要定位元件的定位表面接触刚度要大。当从侧面压紧工件时，压板在侧面的着力点应低于工件侧面的支承点。

（4）为了调整和确定夹具与铣刀的相对位置，应正确选用对刀装置。对刀装置应在使用塞尺方便和易于观察的位置，并在铣刀开始切入工件的一端。

（5）切屑和冷却液应能顺利排出，必要时应开排屑孔。

（6）为了调整和确定夹具与机床工件台轴线的相对位置，在夹具体的底面应具有两个定向键，定向键与工作台 T 形槽宜用单面贴合，当工作台 T 形槽平整时可采用圆柱销，精度高的或重型夹具宜采用夹具体上的找正基面。

由于刨床夹具的结构和动作原理与铣床夹具相近，故其设计要点可参照上述内容。

三、钻床专用夹具的设计要点

1. 钻模类型的选择

钻模类型很多，在设计钻模时首先需要根据工件的形状尺寸、重量、加工要求和批量来选择钻模的结构类型。选择时应注意以下几点：

（1）被钻孔直径大于 ϕ10 mm 时（特别是加工钢件），宜采用固定式钻模。

（2）翻转式钻模适用于加工中小件，包括工件在内总质量不宜超过 10 kg。

（3）当加工分布不在圆周上的平行孔系时，如工件和夹具的总重量超过 15 kg，宜采用固定钻模在摇臂钻床上加工。如生产批量大，则可在立式钻床上采用多轴传动头加工。

（4）对于孔的垂直度和孔心距要求不高的中小型工件，宜优先采用滑柱钻模。当孔的垂直度公差小于 0.1 mm、孔距位置公差 $\delta < \pm 0.15$ mm 时，一般不宜采用这类钻模。

（5）钻模板和夹具体为焊接式的钻模，因焊接应力不能彻底消除，精度不能长期保持，故一般在工件孔距公差要求不高($\delta \geqslant \pm 0.15$ mm)时采用。

（6）孔距与孔和基面公差小于 0.05 mm 时采用固定式钻模。

2. 钻套的选择和设计

根据钻套的结构有固定钻套、可换钻套、快换钻套及特殊钻套四种类型，分别适用于不同情况。

3. 钻模板的设计

钻模板是供安装钻套用的，钻模板多装配在夹具体或支架上，与夹具上的其他元件相连接或与夹具体铸成一体。常见钻模板的结构形式及使用说明参见表 6-2。

设计模板时应注意以下几点：

（1）钻模板上安装钻套的孔之间及孔与定位元件的位置应有足够的精度。

（2）钻模板应具有足够的刚度，以保证钻套位置的准确性，但又不能做得太厚太重。注意布置加强肋以提高钻模板的刚性，钻模板一般不应承受夹紧力。

（3）为保证加工的稳定性，悬挂式钻模板导杆上的弹簧力必须足够，使模板在夹具上能维持足够的定位压力。如当钻模板本身重量超过 80 kg 时，导杆上可不装弹簧。

表 6-2 钻模板结构形式及使用说明

结 构 形 式	使 用 说 明
(a)	整体式钻模板。它和钻模基体铸成（或焊成）一体，结构刚度好，加工孔的位置精度高，适用于简单钻模
(b)	固定式钻模板。它和钻模夹具体的连接采用销钉定位，用螺钉紧固成一整体，结构刚度好，加工孔的位置精度较高

续表

结构形式	使用说明
(c)	可卸式钻模板。在夹具体上为钻模板设有定位装置,以保持钻模板准确的位置精度,其钻孔精度较高,装卸工件费时
(d)	铰链式钻模板。铰链孔和轴销的配合按 H78/f8,由于铰链存在间隙,故它的加工精度不如固定式钻模板高,但装卸工件方便
(e)	悬挂式钻模板。它配合多轴传动头同时加工平行孔系用,由导柱引导来保证钻模板的升降及工件的正确位置,适用于大批量生产中
(f)	滑柱式钻模板。钻模板紧固在滑柱上,当钻模板与滑柱向下移动时,可将工件夹紧,其动作快、工作方便,多用于大批量生产中

4. 支脚设计

为保证夹具在钻床工作台上放置平稳,减少夹具底面与工作台的接触面积,翻转式钻模一般在夹具体上设计支脚。图 6-35 所示为钻模支脚的几种结构形式。其中图 6-35（a）与图 6-35（b）为整体结构,图 6-35（a）为铸造结构,图 6-35（b）为焊接结构；图 6-35（c）与图 6-35（d）为装配式结构,图 6-35（c）为低支脚,图 6-35（d）为高支脚。装配式结构用的支脚已标准化,可参阅国标《夹具零部件》中 GB/T 2234—1991 和 GB/T 2235—1991。

设计支脚应注意：

（1）支脚必须设置四个,以便使钻模安放稳定。矩形支脚断面宽度 B 和圆形支脚直

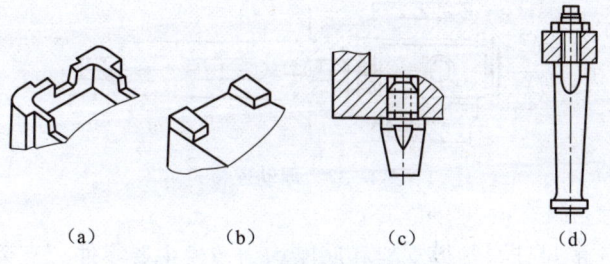

图 6-35　钻模支脚的结构形式
(a) 铸造结构；(b) 焊接结构；(c)、(d) 装配式结构

径 D 与工作台 T 形槽的宽度 b 应符合以下关系：$B \geqslant 2b$，$D \geqslant b$。

(2) 支脚布置应保证夹具重心钻削轴向力落在支脚形成的支承面内，且钻套轴线与支脚形成的支承面垂直或平行。

四、镗床专用夹具的设计要点

一般在设计镗模的结构前，须先确定镗孔工具。这里主要介绍镗杆的设计和浮动接头设计。

(1) 镗杆的结构。镗杆导引部分的结构，如图 6-36 所示。图 6-36 (a) 所示为开有油槽的圆柱导引，这种结构简单，但与镗套接触面大，润滑不好，加工时切屑易进入导引部分。

图 6-36 (b) 和图 6-36 (c) 所示为开有直槽和螺旋槽的导引，它与镗套的接触面小，沟槽又可以容屑，但一般切削速度不宜超过 20 m/s。

图 6-36 (d) 所示为镶滑块的导引结构，它与导套接触面小，而且用铜块时的摩擦较小，故速度可较高一些，但滑块磨损较快。采用钢滑块可比铜滑块磨损小，但与镗套摩擦增大。滑块磨损后，可在滑块下加垫，再修磨外圆。

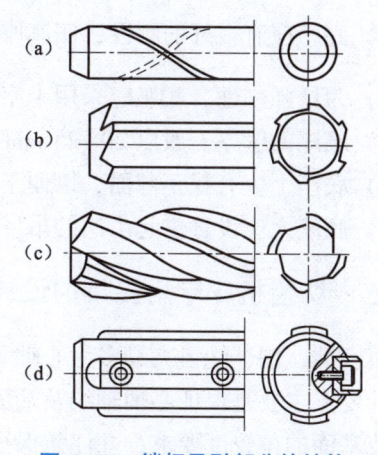

图 6-36　镗杆导引部分的结构
(a) 圆柱导引；(b) 直槽导引；
(c) 螺旋槽导引；(d) 镶滑块导引

(2) 镗杆尺寸。镗杆直径和长度对刚性影响较大，其直径受到加工孔径的限制，但应尽量大些，一般按下式选取：

$$d = (0.6 \sim 0.8)D$$

粗镗用小值，精镗用大值。

镗孔直径 D、镗杆直径 d、镗刀截面 $B \times B$ 之间的关系为

$$\frac{D-d}{2} = (1 \sim 1.5)B$$

(3) 浮动接头。在用双面镗套镗孔时，镗杆与机床主轴采用浮动连接，如图 6-37 所示。对于浮动接头的基本要求是应能自动补偿镗杆主轴线与机床主轴轴线间的角度偏差和平移偏差。

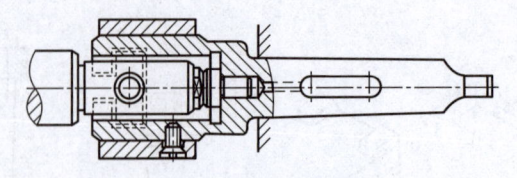

图 6-37 浮动连接

（4）支架和底座的设计。镗模支架和底座均为镗模主要零件。支架供安装镗套和承受切削力用。镗模底座承受包括工件、镗杆、镗套、镗模支架、定位元件和夹紧装置等在内的全部重量以及加工过程中的切削力，因此支架和底座的刚性要好，变形要小。

在设计支架和底座时应注意：

1）支架与底座宜分开，以便于制造。支架在底座上必须用两定位销定位，用螺钉紧固。

2）支架必须有很好的刚性。支架装配基面宽度沿孔轴线方向不小于高度 H 的 1/2。

3）支架的厚度应根据高度 H 的大小确定，一般取 15~25 mm。

4）支架应尽量避免承受夹紧力。

5）底座应有很好的刚性，底座厚度尺寸 H 与长度尺寸 L 之比为 $\frac{H}{L}=\frac{1}{7}\sim\frac{1}{5}$。

6）为增强刚性，底座应采用十字形肋条，肋条间距一般为 100 mm×100 mm。

7）底座的壁厚一般取 20~25 mm，筋厚一般取 15~20 mm。

8）底座上应有找正基面，以便于夹具的制造和装配，找正基面的平面度为 0.05 mm。

9）底座上应设置供起吊用的吊环螺钉或起重螺栓。

五、切齿机床专用夹具的设计要点

滚、插、刨、铣齿夹具多为心轴和套筒类结构，根据齿轮齿形的成形原理，这类夹具的设计要点主要是保证心轴轴线及端面的垂直度要求、套筒内外圆柱面的同轴度及对端面和安装基面的位置度要求，并注意保证夹具在机床上安装后定位元件工作面与机床工作台面回转轴线的同轴度要求，必要时还应设计找正基面。

六、磨床专用夹具的设计要点

磨床专用夹具的设计要点，其中内、外圆磨床夹具设计要点与车床夹具类同，而平面磨床专用夹具设计要点与铣、刨床夹具类同。

课题七 专用夹具的设计方法

知识点

- 专用夹具设计的基本要求

- 专用夹具设计的规范化程序

技能点

- 专用夹具设计的基本方法。

课题分析

夹具设计一般是在零件的机械加工工艺过程制定之后按照某一工序的具体要求进行的。制定工艺过程，应充分考虑夹具实现的可能性，而设计夹具时，如确有必要也可以对工艺过程提出修改意见。夹具设计质量的高低，应以能否稳定地保证工件的加工质量，生产效率高低，成本高低，排屑是否方便，操作是否安全、省力，以及制造、维护是否容易等为其衡量指标。

相关知识

一、专用夹具设计的基本要求

一个优良的机床夹具必须满足下列基本要求：

（1）保证工件的加工精度。保证加工精度的关键，首先在于正确地选择定位基准、定位方法和定位元件，必要时还需进行定位误差分析，还要注意夹具中其他零部件的结构对加工精度的影响，确保夹具能满足工件的加工精度要求。

（2）提高生产效率。专用夹具的复杂程度应与生产纲领相适应，应尽量采用各种快速、高效的装夹机构，保证操作方便，缩短辅助时间，提高生产效率。

（3）工艺性能好。专用夹具的结构应力求简单、合理，便于制造、装配、调整、检验和维修等。

专用夹具的制造属于单件生产，当最终精度由调整或修配保证时，夹具上应设置调整和修配结构。

（4）使用性能好。专用夹具的操作应简便、省力、安全可靠。在客观条件允许且又经济适用的前提下，应尽可能采用气动、液压等机械化夹紧装置，以减轻操作者的劳动强度。专用夹具还应排屑方便，必要时可设置排屑机构，以防止切屑破坏工件的定位和损坏刀具，而且切屑的积聚也会带来大量的热量，从而引起工艺系统结构变形。

（5）经济性好。专用夹具应尽可能采用标准元件和标准结构，力求结构简单、制造容易，以降低夹具的制造成本。因此，设计时应根据生产纲领对夹具方案进行必要的技术经济分析，以提高夹具在生产中的经济效益。

二、专用夹具设计的规范化程序

1. 夹具设计规范化概述

（1）夹具设计规范化的意义。

研究夹具设计规范化程序的主要目的在于：

1）保证设计质量，提高设计效率。夹具设计质量主要表现在：

① 设计方案与生产纲领的适应性。
② 高位设计与定位副设置的相容性。
③ 夹紧设计技术经济指标的先进性。
④ 精度控制项目的完备性以及各控制项目公差数值规定的合理性。
⑤ 夹具结构设计的工艺性。
⑥ 夹具制造成本的经济性。

有了规范的设计程序，即可指导设计人员有步骤、有计划、有条理地进行工作，提高设计效率，缩短设计周期。

2) 有利于计算机辅助设计。有了规范化的设计程序，就可以利用计算机进行辅助设计，实现优化设计，减轻设计人员的负担。利用计算机进行辅助设计，除了进行精度设计之外，还可以寻找最佳夹紧状态，并利用有限元法对零件的强度、刚度进行设计计算，实现包括绘图在内的设计过程的全部计算机控制。

3) 有利于初学者尽快掌握夹具设计的方法。近年来，关于夹具设计的理论研究和实践经验总结已日见完备，在此基础上总结出来的夹具规范化设计程序，使初级夹具设计人员的设计工作提高到了一个新的科学化水平。

（2）夹具设计精度的设计原则。

为了保证设计的夹具制造成本低，故在规定零件的精度要求时应遵循以下原则：

1) 对一般精度的夹具。
① 应使主要组成零件具有相应终加工方法的平均经济精度。
② 应按获得夹具精度的工艺方法所达到的平均经济精度，规定基础件夹具体加工孔的形位公差。

对一般精度或精度要求低的夹具，组成零件的加工精度按此规定，既保证了制造成本低，又使夹具具有较大的精度，能使设计的夹具获得最佳的经济效果。

2) 对精密夹具。除遵循一般精度夹具的两项原则外，对某个关键零件，还应规定与偶件配作或配研等，以达到无间隙滑动。

2. 夹具设计的规范程序

工艺人员在编制零件的工艺规程时，便会提出相应的夹具设计任务书，经有关负责人批准后下达给夹具设计人员。夹具设计人员根据任务书提出的任务进行夹具结构设计。现将夹具结构设计的规范化程序具体分述如下。

（1）明确设计要求，认真调查研究，收集设计资料。

1) 仔细研究零件工作图、毛坯图及其技术条件。
2) 了解零件的生产纲领、投产批量以及生产组织等有关信息。
3) 了解工件的工艺规程和本工序的具体技术要求，了解工件的定位、夹紧方案，了解本工序的加工余量和切削用量的选择。
4) 了解所使用量具的精度等级、刀具和辅助工具等的型号、规格。
5) 了解本企业制造与使用夹具的生产条件和技术现状。
6) 了解所使用机床的主要技术参数、性能、规格、精度以及与夹具连接部分结构的联系尺寸等。

7）准备好设计夹具用的各种标准、工艺规定、典型夹具图册和有关夹具的设计指导资料等。

8）收集国内外有关设计、制造同类型夹具的资料，吸取其中先进而又能结合本企业实际情况的合理部分。

（2）确定夹具的结构方案。

在广泛收集和研究有关资料的基础上，着手拟定夹具的结构方案，主要包括：

1）根据工艺的定位原理，确定工件的定位方式，选择定位元件。

2）确定工件的夹紧方案和设计夹紧机构。

3）确定夹具的其他组成部分，如分度装置、对刀块或引导元件、微调机构等。

4）协调各元件、装置的布局，确定夹具体的总体结构和尺寸。

在确定方案的过程中，会有各种方案供选择，但应从保证精度和降低成本的角度出发，选择一个与生产纲领相适应的最佳方案。

（3）绘制夹具总图。

绘制夹具总图通常按以下步骤进行：

1）遵循国家制图标准，绘图比例应尽可能选取 1∶1，根据工件的大小，也可用较大或较小的比例；通常选取操作位置为主视图，以便使所绘制的夹具总图具有良好的直观性；视图剖面应尽可能少，但必须能够清楚地表达夹具各部分的结构。

2）用双点画线绘出工件轮廓外形、定位基准和加工表面。将工件轮廓线视为"透明体"，并用网纹线表示出加工余量。

3）根据工件定位基准的类型和主次，选择合适的定位元件，合理布置定位点，以满足定位设计的相容性。

4）根据定位对夹紧的要求，按照夹紧原则选择最佳夹紧状态及技术经济合理的夹紧系统，画出夹紧工件的状态。对空行和较大的夹紧机构，还应用双点画线画出放松位置，以表示出与其他部分的关系。

5）围绕工件的几个视图依次绘出对刀元件、导向元件以及定向键等。

6）最后绘制出夹具体及连接元件，把夹具的各组成元件和装置连成一体。

7）确定并标注有关尺寸。夹具总图上应标注的有以下五类尺寸：

① 夹具的轮廓尺寸：即夹具的长、宽、高尺寸。若夹具上有可动部分，则应包括可动部分极限位置所占的空间尺寸。

② 工件与定位元件的联系尺寸：常指工件以孔在心轴或定位销上（或工件以外圆在内孔中）定位时，工件定位表面与夹具上定位元件间的配合尺寸。

③ 夹具与刀具的联系尺寸：用来确定夹具上对刀、导引元件位置的尺寸。对于铣、刨床夹具，是指对刀元件与定位元件的位置尺寸；对于钻、镗床夹具，则是指钻（镗）套与定位元件间的位置尺寸、钻（镗）套之间的位置尺寸，以及钻（镗）套与刀具导向部分的配合尺寸等。

④ 夹具内部的配合尺寸：它们与工件、机床、刀具无关，主要是为了保证夹具装置能满足规定的使用要求。

⑤ 夹具与机床的联系尺寸：用于确定夹具在机床上正确位置的尺寸。对于车、磨床

·169·

夹具，主要是指夹具与主轴端的配合尺寸；对于铣、刨床夹具，则是指夹具上的定向键与机床工作台上 T 形槽的配合尺寸。在标注尺寸时，常以夹具上的定位元件作为相互位置尺寸的基准。

上述尺寸公差的确定可分为两种情况处理：一是夹具上定位元件之间，以及对刀元件、导引元件之间的尺寸公差，直接对工件上相应的加工尺寸发生影响，因此可根据工件的加工尺寸公差确定，一般可取工件加工尺寸公差的 1/3~1/5；二是定位元件与夹具体的配合尺寸公差、夹紧装置各组成零件间的配合尺寸公差等，应根据其功用和装配要求，按一般公差与配合原则决定。

8）规定总图上应控制的精度项目，标注相关的技术条件。夹具的安装基面、定向键侧面以及与其相垂直的平面（称为三基面体系）是夹具的安装基准，也是夹具的测量基准，因而应该以此作为夹具的精度控制基准来标注技术条件。在夹具总图上应标注的技术条件（位置精度要求）有以下几个方面：

① 定位元件之间或定位元件与夹具体底面间的位置要求，其作用是保证工件加工面与工件定位基准面间的位置精度要求。

② 定位元件与连接元件（或找正基面）间的位置精度要求。

③ 对刀元件与连接元件（或找正基面）间的位置精度要求。

④ 定位元件与导引元件的位置精度要求。

⑤ 夹具在机床上安装时的位置精度要求。

上述技术条件是保证工件相应的加工要求所必需的，其数量应取工件相应技术要求所规定数值的 1/5~1/3。当工件没注明要求时，夹具上的那些主要元件间的位置公差可以按经验取为（100∶0.02）~（100∶0.05）mm，或在全长上不大于 0.03~0.05 mm。

9）编制零件明细表。夹具总图上还应画出零件明细表和标题栏，写明夹具名称及零件明细表上所规定的内容。

(4) 夹具精度校核。

在夹具设计中，当结构方案拟订之后，应该对夹具的方案进行精度分析和估算；在夹具总图设计完成后，还应该根据夹具有关元件的配合性质及技术要求，再进行一次复核。这是确保产品加工质量而必须进行的误差分析。

(5) 绘制夹具零件工作图。

夹具总图绘制完毕后，对夹具上的非标准件要绘制零件工作图，并规定相应的技术要求。零件工作图应严格遵照所规定的比例绘制，视图、投影应完整，尺寸要标注齐全，所标注的公差及技术条件应符合总图要求，加工精度及表面粗糙度应选择合理。

在夹具设计图纸全部完毕后，还有待于精心制造、实践和使用来验证设计的科学性。经试用后，有时还可能要对原设计做必要的修改。因此，要获得一项完善的优秀的夹具设计，设计人员通常应参与夹具的制造、装配、鉴定和使用的全过程。

(6) 设计质量评估。

夹具设计质量评估，就是对夹具的磨损公差的大小和过程误差的留量这两项指标进行考核，以确保夹具的加工质量稳定及其使用寿命。

项目驱动

1. 何谓机床夹具？夹具有哪些作用？
2. 机床夹具有哪几个组成部分？各起什么作用？
3. 怎样合理选用夹紧机构？
4. 为什么说夹紧不等于定位？
5. 各类机床夹具设计的要点是什么？
6. 专用夹具设计的基本要求是什么？
7. 用如图 6-38 所示的定位方式铣削连杆的两个侧面，计算加工尺寸（12+0.3）mm 的定位误差。

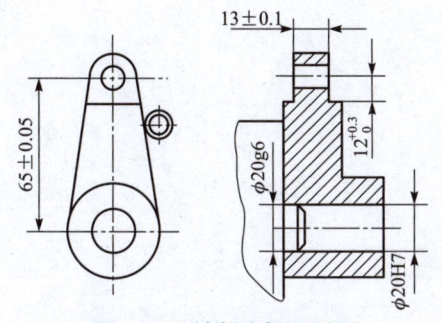

图 6-38 铣削连杆两侧面

8. 用如图 6-39 所示的定位方式在阶梯轴上铣槽，V 形块的 V 形角 $\alpha=90°$，试计算加工尺寸（74±0.1）mm 的定位误差。

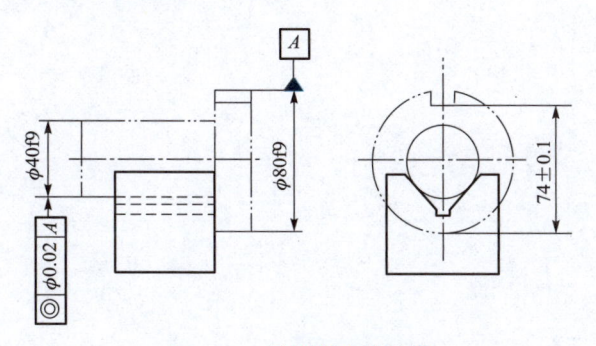

图 6-39 阶梯轴上的铣槽

9. 工件在夹具中夹紧的目的是什么？定位和夹紧有何区别？
10. 夹紧装置设计的基本要求是什么？确定夹紧力的方向和作用点的准则有哪些？
11. 试分析如图 6-40 所示各夹紧机构中夹紧力的方向和作用点是否合理。若不合理应如何改进？

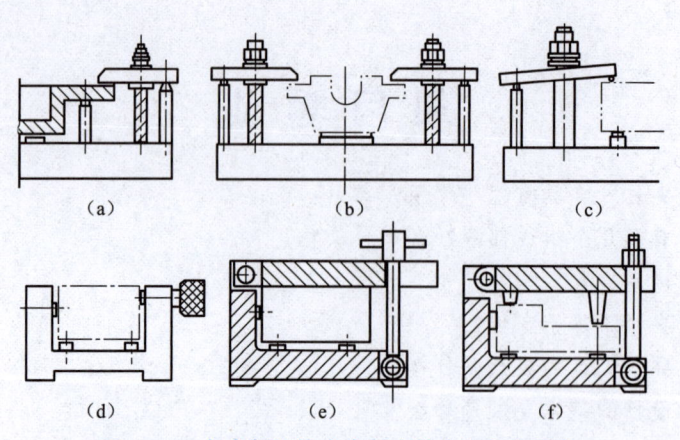

图 6-40 各夹紧机构中夹紧力的方向和作用点

项目七

常用机械加工方法及其装备

知识目标

1. 了解生产中常用加工方法（车削、铣削、钻削、磨削等）及所需装备；
2. 熟悉各加工方法所创设的加工环境，从而选择合适的加工方法。

能力目标

1. 具备选择常用机械加工方法及机床的能力；
2. 具备选用机床常用刀具的能力。

素质目标

1. 培养学生应用所学知识解决机械工程领域中实际问题的能力；
2. 培养学生良好的学习能力，提升学生的综合素养和良好的社会责任感。

课程思政案例八

课题一　车削及其装备

知识点

- 车削加工
- 车床
- 车刀
- 车床附件及夹具
- 精车与镜面车

技能点

- 车削加工时装备的合理选用

课题分析

车削加工是在由车床、车刀、车床夹具和工件共同构成的车削工艺系统中完成的。车床是完成车削加工必备的加工设备。根据不同的车削内容，需采用不同种类的车刀。为使零件方便地在车床上安装，常用到一些通用夹具及工具，如三爪卡盘、顶尖、花盘、弯板等，它们又往往被称为车床附件。当被加工工件形状不够规则，生产批量又较大时，生产中会采用专用车床及专用夹具来完成工件安装，以达到高效和稳定质量的目的。

相关知识

一、车削加工

车削螺纹螺栓演示

常用车刀有外圆车刀、端面车刀、切断刀、内孔车刀、圆头刀、螺纹刀等，车削加工是机械加工方法中应用最广泛的加工方法之一，主要用于回转体零件上回转面的加工，如轴类、盘套类零件上的内外圆柱面、圆锥面、台阶面及各种成形回转面等。采用特殊的装置或技术后，利用车削还可以加工非圆零件表面，如凸轮、端面螺纹等；借助于标准或专用夹具，在车床上还可完成非回转体零件上回转表面的加工。车削加工的主要工艺类型如图7-1所示。

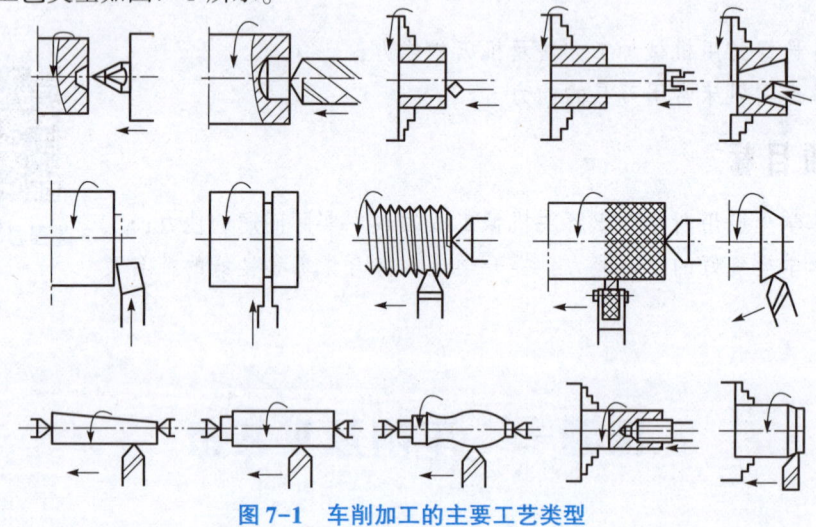

图7-1 车削加工的主要工艺类型

车削加工时，以主轴带动工件的旋转做主运动，以刀具的直线运动为进给运动。车削螺纹表面时，需要机床实现复合运动——螺旋运动。

车削加工是在由车床、车刀、车床夹具和工件共同构成的车削工艺系统中完成的。根据所用机床精度不同，所用刀具材料、结构参数及所采用工艺参数不同，能达到的加工精度及表面粗糙度不同，因此，车削一般可以分为粗车、半精车和精车等。如在普通精度的卧式车床上，加工外圆柱表面，可达IT7～IT6级精度，表面粗糙度达$Ra 1.6 \sim 0.8\ \mu m$；在精密和高精密机床上，利用合适的工具及合理的工艺参数，还可完成对高精度零件（如计算机硬盘的盘基）的超精加工。

二、车床

车床是完成车削加工必备的加工设备，它为车削加工提供特定的位置（刀具、工件相对位置)、环境及所需的运动和动力。由于大多数轴类零件上都具有回转面,加之车床较广的通用性,所以车床在金属切削中占有较大比重,为机床总数的20%~35%。

立式车床的主轴处于垂直位置,在立式车床上,工件安装和调整均较为方便,机床精度保持性也好,因此,加工大直径零件比较适合采用立式车床。

转塔车床上多工位的转塔刀架可以安装多把刀具,通过转塔转位可使不同刀具依次对零件进行不同内容的加工,因此,可在成批加工形状复杂的零件时获得较高的生产率。由于转塔车床上没有尾座和丝杠,故只能采用丝锥、板牙等刀具进行螺纹的加工。

卧式车床在通用车床中应用最普遍、工艺范围最广。但卧式车床自动化程度和加工效率不高,加工质量受操作者技术水平的影响较大。

卧式车床主要用于轴类零件和直径不太大的盘类零件的加工,故采用卧式布局。

1. 卧式车床结构及组成

(1) 床身。床身是用于支承和连接车床上其他各部件并带有精确导轨的基础件。溜板箱和尾座可沿导轨移动。床身由床脚支承,并用地脚螺栓固定在地基上。

(2) 主轴箱。主轴箱是装有主轴部件及其变速机构的箱形部件,安装于床身左上端,速度变换靠调整变速手柄的位置来实现。主轴端部可安装卡盘,用于装夹工件,亦可插入顶尖。

(3) 进给箱。进给箱是装有进给变换机构的箱形部件,安装于床身的左下方前侧,箱内变速机构可帮助光杠、丝杠获得不同的运动速度。

(4) 溜板箱。溜板箱是装有操纵车床进给运动机构的箱形部件,安装在床身前侧拖板的下方,与拖板相连。它带动拖板、刀架完成纵横进给运动和螺旋运动。

(5) 刀架部件。刀架部件为一多层结构。刀架安装在拖板上,刀具安装在刀架上,拖板安装在床身的导轨上,可带动刀架一起沿导轨纵向移动,刀架也可在拖板上做横向移动。

(6) 尾座。尾座安装在床身的右端尾座导轨上,可沿导轨纵向移动。它用于支承工件和安装刀具,保证加工的稳定性。

2. 卧式车床的传动系统

卧式车床的通用性强,以CA6140型普通车床为代表的普通精度级卧式车床,可以用于加工轴类、盘套类零件,加工公制、英制、模数制、径节制等4种标准螺纹和精密、非标准螺纹,可进行钻、扩、铰孔加工。而要完成以上工作,机床须提供主轴旋转运动、刀架进给运动和螺旋运动,因此,机床的传动系统就需具备主运动传动链、车螺纹传动链和进给运动传动链。另外,为节省辅助时间和减轻工人劳动强度,还有一条快速空行程运动传动链。CA6140型普通车床的传动系统如图7-2所示。

(1) 主运动传动链。CA6140型车床主运动传动链的首末端件分别为电动机和主轴。主电动机的运动经V带传至主轴箱的Ⅰ轴,Ⅰ轴上的双向摩擦片式离合器可实现主轴的启动、停止和换向。离合器左移,主轴正转。Ⅰ轴的运动经离合器和Ⅱ轴上的滑移变速齿轮传至Ⅱ轴,再由Ⅲ轴上滑移变速齿轮传至Ⅲ轴后分两路传至主轴:一是主轴上滑移齿轮处左位时,Ⅲ轴上运动经由齿轮63/50直接传给主轴,使主轴获高转速(故又称高速传动分支);另一条传动路线是滑移齿轮右移与M2离合器连成一体,运动经Ⅲ轴、Ⅳ轴、Ⅴ轴之间的背轮机构传给主轴,使主轴获得中、低速转速。

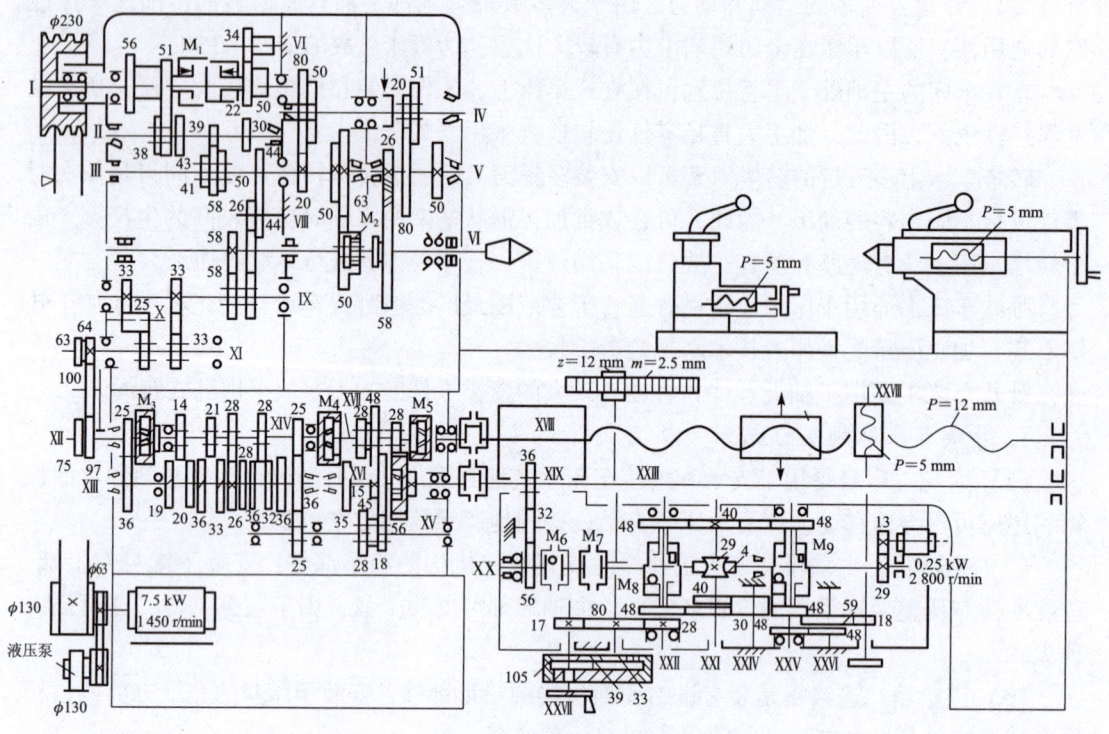

图 7-2　CA6140 型普通车床的传动系统

主运动传动链可使主轴获得正转转速 24 级和反转转速 12 级。主轴转速可按下列运动平衡式计算：

$$n_{主}=1\,450\times\frac{130}{230}\times u_{\mathrm{I-II}}u_{\mathrm{II-III}}u_{\mathrm{III-V}}$$

式中，$n_{主}$ 为主轴转速，r/min；$u_{\mathrm{I-II}}$、$u_{\mathrm{II-III}}$、$u_{\mathrm{III-V}}$ 分别为Ⅰ-Ⅱ轴、Ⅱ-Ⅲ轴、Ⅲ-Ⅴ轴间的可变传动比。

车床主轴反转通常不用于切削，而是用于退刀，在不断开主轴和刀架间传动链的情况下，切完一刀后迅速（反转转速高于正转）使车刀沿螺纹线退至起始位置，节省辅助时间。

（2）车螺纹传动链。车螺纹传动链是首末端件分别为主轴和刀架，该传动链为内联系传动链，因此，主轴转动与刀具纵向移动必须保持严格的运动关系，即主轴转一圈，刀具移动一个导程。车螺纹传动路线表达式如下：

CA6140 型车床的车螺纹传动链中包含了换向机构（保证左右螺纹加工）、挂轮机构（含螺纹挂轮、蜗杆挂轮及其他）、移换机构（保证公制螺纹及蜗杆和英制螺纹及蜗杆的加工）、基本螺距机构（获得等差排列的传动比）、倍增机构（扩大螺纹加工范围）及丝杠螺母机构（转换运动方式）等各个机构。

（3）进给运动传动链。进给运动传动链的首末端件分别为主轴和刀架，但与车螺纹传动链不同，它为一条外联系传动链。由主轴至进给箱ⅩⅦ轴的传动路线与车螺纹相同，其后运动经齿轮副 28/56 及联轴器传至光杠（ⅩⅢ轴），再由光杠经溜板箱中的传动机构，

$$主轴-\frac{58}{58}-\text{IX}-\begin{bmatrix}\frac{33}{23}\\(右旋)\\\frac{33}{25}\times\frac{25}{33}\\(左旋)\end{bmatrix}-\text{XI}-\begin{bmatrix}\begin{bmatrix}\frac{63}{100}\times\frac{100}{75}\\(米制)\\\frac{64}{100}\times\frac{100}{97}\\(模数)\end{bmatrix}(米制及模数螺纹)-\text{XII}-\frac{25}{36}-\text{XIII}-u-\text{XIV}-\frac{25}{36}\times\frac{36}{25}\\\begin{bmatrix}\frac{63}{100}\times\frac{100}{75}\\(英制)\\\frac{64}{100}\times\frac{100}{97}\\(径节)\end{bmatrix}(英制及径节螺纹)-\text{XII}-\overline{M}_3-\text{XIII}-\alpha'_{基}-\text{XIV}-\frac{36}{25}\\\qquad\qquad-\frac{a}{b}\times\frac{c}{d}(挂轮)-\overline{M}_3-M_4\quad(车较精密、非标准螺纹)\end{bmatrix}-\text{XV}-\alpha'_{基}-\text{XVI}$$

(车大导程螺纹)

$$-\frac{58}{26}-\text{V}-\frac{80}{20}-\text{IV}-\begin{bmatrix}\frac{50}{50}\\(4:1)\\\frac{80}{20}\\(16:1)\end{bmatrix}-\text{III}-\frac{44}{44}-\text{III}-\frac{26}{58}$$

$$-\overline{M}_3-\text{XII}(丝杠)-刀架$$

分别传至齿轮条机构（纵进给）和丝杠螺母机构（横进给），使刀架做纵向或横向机动进给。其传动路线表达式如下：

$$主轴(\text{VI})-\begin{bmatrix}公制螺纹传动路线\\英制螺纹传动路线\end{bmatrix}-\text{XVII}-\frac{28}{56}-\text{XIX}(光杠)-\frac{36}{32}\times\frac{32}{56}$$

$$-M_6(超越离合器)-M_7(安全离合器)-\text{XX}-\frac{4}{29}-\text{XXI}-\begin{bmatrix}\begin{bmatrix}\frac{40}{48}-M_8\uparrow\\\frac{40}{30}\times\frac{30}{48}-M_8\downarrow\end{bmatrix}\\\begin{bmatrix}\frac{40}{48}-M_9\uparrow\\\frac{40}{30}\times\frac{30}{48}-M_9\downarrow\end{bmatrix}\end{bmatrix}$$

$$-\text{XXV}-\frac{48}{48}\times\frac{59}{18}-\text{XXI}(丝杠)-刀架(横向进给)$$

$$-\text{XXI}-\frac{28}{80}-\text{XXI}-Z12-齿条-刀架(纵向进给)$$

溜板箱由双向牙嵌离合器 M_8、M_9 和数对齿轮副组成，两个换向机构分别用于变换纵向和横向进给运动的方向。进给运动传动链可使车床获得纵向和横向进给量各64种，纵向进给量变换范围为 0.028~6.33 mm/r，横向进给量变换范围为 0.014~3.165 mm/r。

（4）快速空行程运动传动链。刀架的快速移动由装于溜板箱内的快速电动机

(0.25 kW, 2 800 r/min) 带动。快速电动机的运动经齿轮副传至XX轴,再经溜板箱与进给运动相同的传动路线传至刀架,使刀架快速纵移或横移。

当快速电动机带动XX轴快速旋转时,为避免与进给箱传来的慢速进给运动发生干涉,在XX轴上装有单向超越离合器 M_6,可保证XX轴的工作安全。

单向超越离合器 M_6 的结构原理如图 7-3 所示,它由空套齿轮 1(即溜板箱中的 Z56 齿轮)、星形体 2、滚柱 3、顶销 4 和弹簧 5 组成。当机动进给运动由空套齿轮 1 传入并逆时针转动时,带动滚柱 3 挤入楔缝,使星形体随同齿轮 1 一起转动,再经安全离合器 M_7 带动XX轴转动。当快速运动传入,星形体由XX轴带动逆时针快速转动时,由于星形体 2 超越齿轮 1 转动,使滚柱 3 退出楔缝,星形体与齿轮 1 自动脱开,由进给箱传至齿轮 1 的运动虽未停机,但超越离合器将自动接合,刀架恢复正常的进给运动。

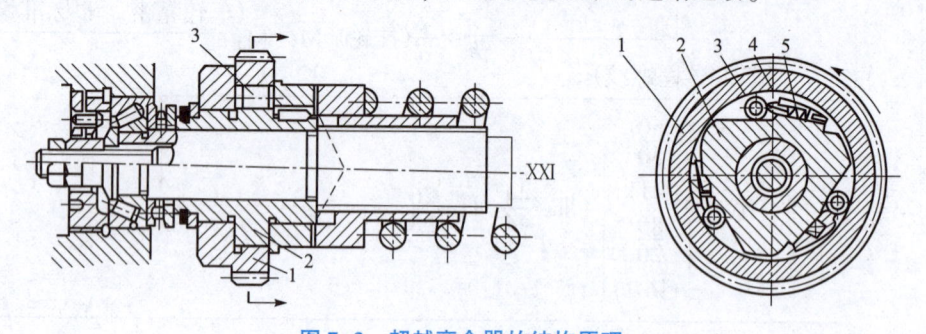

图 7-3 超越离合器的结构原理
1—空套齿轮;2—星形体;3—滚柱;4—顶销;5—弹簧

3. 卧式车床的主要构件

(1) 主轴箱。主轴箱主要由主轴部件、传动机构、开停与制动装置、操纵机构等组成。

1) 卸荷式皮带轮。如图 7-4 所示,主电动机通过 V 带使 I 轴转动,为提高 I 轴的旋转平衡性,ϕ230 mm皮带轮采用了卸荷结构。皮带轮 1 通过螺钉和定位销与花键套筒 2 连接并支承在法兰 3 内的两个向心球轴承上,法兰 3 用螺钉固定在箱体上。当皮带轮 1 通过花键套筒 2 的内花键带动 I 轴旋转时,皮带所产生的拉力经法兰 3 直接传给箱体4,使 I 轴不受皮带拉力而减小弯曲变形,提高了传动平稳性。卸荷式皮带轮特别适合用于要求传动平稳性高的精密机床的主轴。

2) 主轴部件。CA6140 型卧式车床的主轴为空心阶梯结构,主轴的内孔(ϕ48 mm)可穿过(ϕ40 mm以下的)棒料和拆卸顶尖,也可用于通过气动、电动或液压夹紧装置的机构。主轴前端为莫氏 6 号锥孔,用于安装顶尖或心轴。主轴轴端为短锥法兰型结构,用于安装卡盘或夹具。主轴后端的锥孔为工艺孔。主轴采用前后双支承、后端定位的结构。

3) 主轴开、停及制动操纵机构。I 轴上装有双向片式摩擦离合器 M_1,用于实现主轴的启动、停止及换向。机床工作中,主轴用于装卸及测量工件,启、停比较频繁。当机床停车时,为使主轴克服惯性迅速停转,在主轴箱IV轴上装有一闸带制动器,当齿条轴的凸起部分移至将杠杆下端顶起时,杠杆逆时针摆动,使制动带包紧制动轮,主轴可在较短时间内停转。制动器和离合器 M_1 是配合工作的,用一套操纵机构实现联动。当左、右离合器中任何一个接合时,杠杆与齿条轴左或右侧的凹槽接触,制动器处于松弛状态,

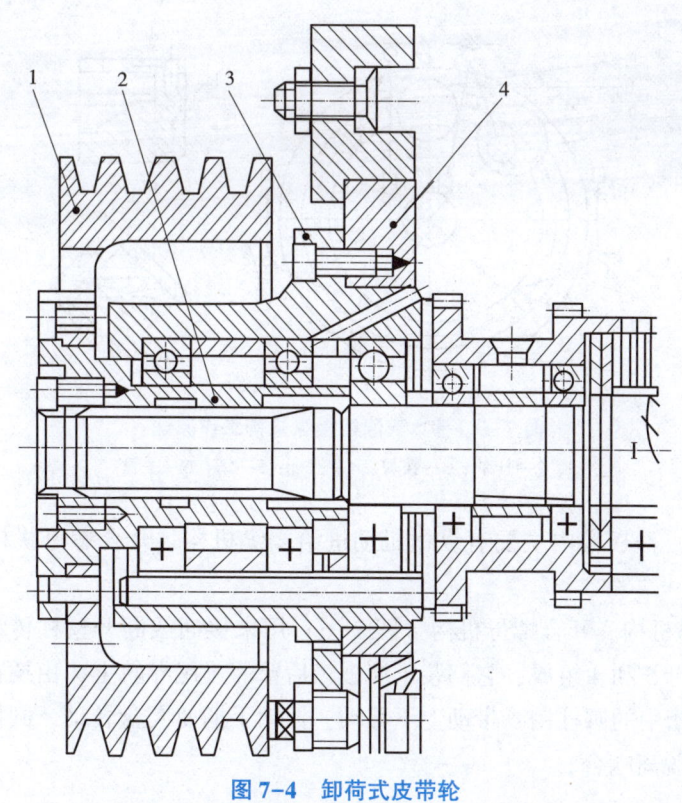

图 7-4 卸荷式皮带轮
1—皮带轮；2—花键套筒；3—法兰；4—主轴箱箱体

而当离合器左、右都脱开处于中位，且齿条亦处于中位时，其凸起部分顶起杠杆，制动器工作，主轴迅速停转。

4）六速操纵机构。主轴箱中Ⅱ轴上的双联滑移齿轮和Ⅲ轴上的三联滑移齿轮是由一个操纵机构同时操纵的。它以凸轮槽盘（两种直径）控制双联滑移齿轮的移动，用曲柄转动中获得的不同轴向位置（左、中、右三位）控制三联滑移齿轮，手柄转一圈时，曲柄和凸轮槽盘面的配合有六种组合，使Ⅲ轴获得六种不同转速。

5）主轴箱中各传动件的润滑。为保证机床正常工作和减少零件磨损，CA6140车床采用油泵供油循环润滑的方式对主轴箱中的轴承、齿轮、离合器等进行润滑。润滑系统中分油器上的油管泵提供的经过滤的油供给发热较大的离合器和轴承，而分油管上所开的许多径向孔则将压力油由高速旋转的齿轮溅至各处，润滑其他传动件及机构。从润滑面流回的油集中在主轴箱底部，经油管流回油池。

（2）进给箱。CA6140型车床的进给箱中安装有基本变速组等各变速组及其控制操纵机构。

基本变速组的操纵机构工作原理如图7-5所示。手轮6的背面有环形槽，环形槽中有两个相隔45°的孔，孔中分别安装带斜面的压块1、2，压块1斜面向外（见A—A），压块2斜面向内（见B—B）；环形槽中有4个销子5，分别控制4个滑移齿轮，销子5转至孔中时，通过杠杆4、拨块3控制滑移齿轮处于左或右位（工作位置），且同一时间内只有一对齿轮啮合。手轮在圆周方向有8个均匀分布的位置，可获得8个不同的传动比。

·179·

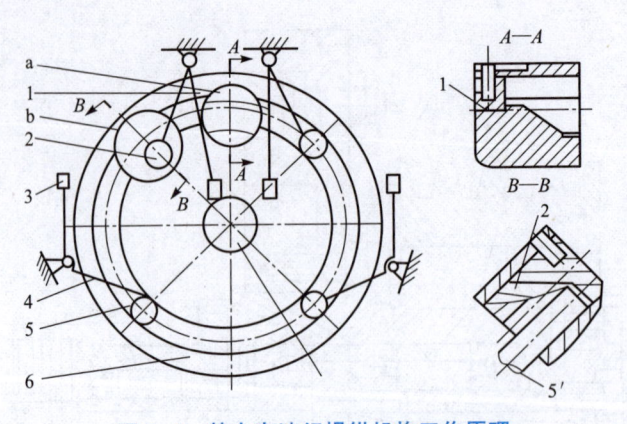

图 7-5　基本变速组操纵机构工作原理

1，2—压块；3—拨块；4—杠杆；5—销；6—手轮

(3) 溜板箱。溜板箱内主要有纵横机动进给操纵机构、开合螺母机构及过载保护机构等。

1) 开合螺母机构。开合螺母机构（图 7-6）用来接通或断开丝杠传动。开合螺母由上、下两个半螺母 5 和 4 组成，它们装于溜板箱后壁的燕尾导轨上，由插在操纵手柄左端圆盘 7 两条曲线槽中的圆柱销 6 带动上下移动，扳动手柄使圆盘转动，圆柱销 6 同时向螺母合拢或分开（脱离啮合）。

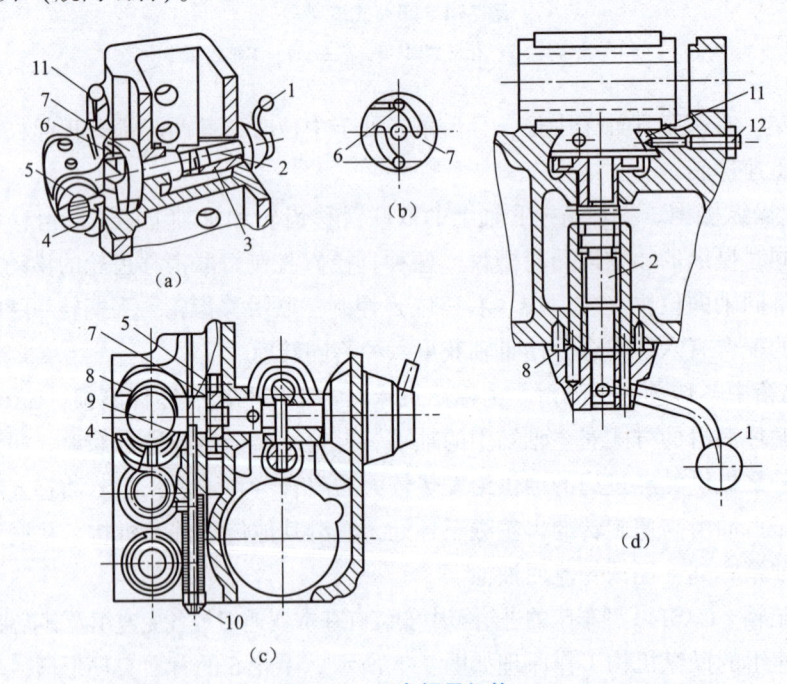

图 7-6　开合螺母机构

1—手轮；2—轴；3—轴承套；4—下半螺母；5—上半螺母；6—圆柱销；
7—圆盘；8—定位钢球；9—销钉；10，12—螺钉；11—平镶条

溜板箱中设有为防止进给中力过大而使进给受损的过载保护装置，可使刀架在过载时

停止进给。CA6140车床所用的过载保护装置为安全离合器,其工作原理如图7-7所示。它由两个带波形齿的部分组成,在弹簧压力的作用下,两半部在克服工作中产生的轴向分力后啮合,超载时,轴向分力超过弹簧压力而将两半离合器分开,传动链断开;过载消失后,弹簧力又促使离合器恢复至啮合状态。

2)纵、横向机动进给操纵机构。CA6140型车床利用一个手柄集中操纵纵、横向机动进给运动的接通、断开和换向,手柄扳动方向与刀架移动方向一致。

3)互锁机构。为使机床安全工作,丝杠运动不能同时接通,溜板箱中设置了互锁机构。

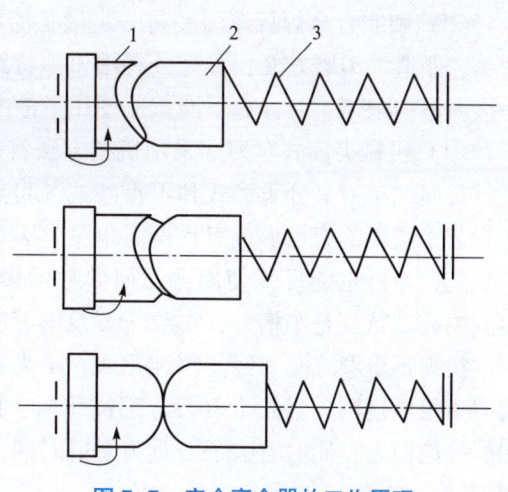

图7-7 安全离合器的工作原理
1—左端面齿;2—右端面齿;3—弹簧

三、车刀

1. 车刀种类及应用

根据不同的车削内容,须采用不同种类的车刀。常用车刀有外圆车刀、端面车刀、切断刀、内孔车刀、圆头刀和螺纹车刀等,其应用状况如图7-8所示。如90°偏刀可用于加工工件的外圆、台阶面和端面;45°弯头刀用来加工工件的外圆、端面和倒角;切断刀可用于切断或切槽;圆头刀(R刀)则可用于加工工件上的成形面;内孔车刀可车削工件内孔;螺纹车刀则用于车削螺纹。

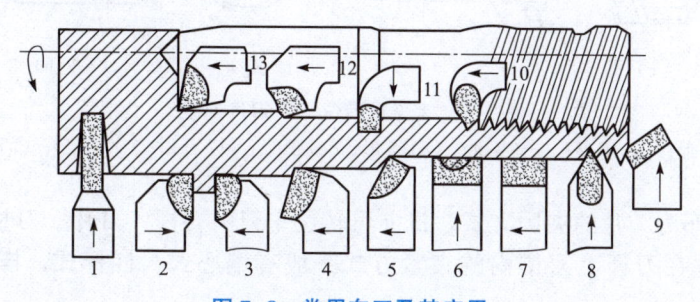

图7-8 常用车刀及其应用
1—切断刀;2—90°左偏刀;3—90°右偏刀;4—弯头车刀;5—直头车刀;6—成形车刀;
7—宽刃槽车刀;8—外螺纹车刀;9—端面车刀;10—内螺纹车刀;11—内切槽车刀;
12—通孔车刀;13—盲孔车刀

按刀片与刀体的连接结构,车刀有整体式、焊接式及机夹式之分。

(1)整体式高速钢车刀。在整体高速钢的一端刃磨出所需的切削部分形状即可。这种车刀刃磨方便,磨损后可多次重磨,较适宜制作各种成形车刀(如切槽刀、螺纹车刀等)。其刀杆亦同样是高速钢,会造成刀具材料的浪费。

(2) 硬质合金焊接车刀。将一定形状的硬质合金刀片焊于刀杆的刀槽内即成。其结构简单，制造、刃磨方便，可充分利用刀片材料；但其切削性能要受到工人刃磨水平及刀片焊接质量的限制，刀杆亦不能重复使用。故一般用于中小批量的生产和修配生产。

(3) 机械夹固式车刀。采用机械方法将一定形状的刀片安装于刀杆中的刀槽内即可，机械夹固式车刀又分重磨式和不重磨式（可转位）之分。其中机夹重磨式车刀通过刀片刃磨安装于倾斜的刀槽形成刀具所需角度，刃口钝化后可重磨。这种车刀可避免由焊接引起的缺陷，刀杆也能反复使用，几何参数的设计、选用均比较灵活，可用于加工外圆、端面、内孔，特别是车槽刀、螺纹车刀及刨刀应用较广。

机夹不重磨式车刀经使用钝化后，不需要重磨，只需将刀片转过一个位置，即可使新的刀刃投入切削，当几个刀刃全部钝化后，则更换新的刀片。刀片参数稳定、一致性好，切削性能稳定，同时省去了刀具刃磨的时间，生产率高，故很适合大批量生产和数控车床使用。

1) 可转位车刀刀片的形状。机夹可转位车刀的刀片按国标 GB/T 2076—2007，大致可分为带圆孔、带沉孔以及无孔三大类，常见的形状有 T 形、F 形、W 形、S 形、P 形、D 形、R 形和 C 形等多种，如图 7-9 所示。

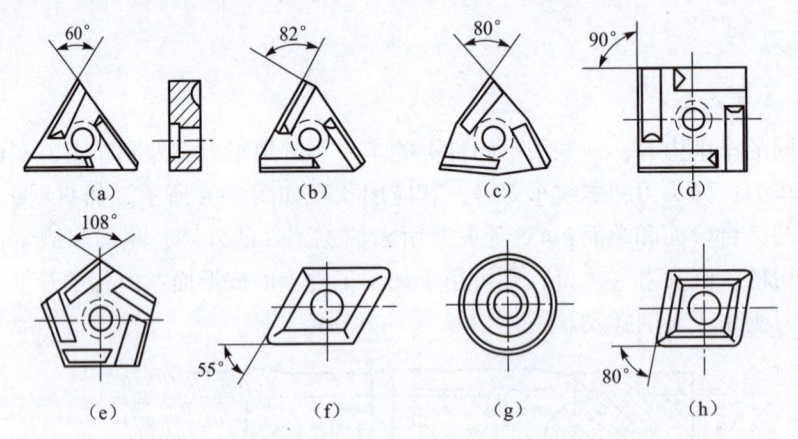

图 7-9 常见可转位车刀刀片形状

(a) T 形；(b) F 形；(c) W 形；(d) S 形；(e) P 形；(f) D 形；(g) R 形；(h) C 形

2) 可转位车刀刀片的夹固方式。机夹可转位车刀由刀杆、刀片、刀垫及夹紧元件几部分组成。刀片在刀杆上刀槽内的夹紧方式一般有偏心式、杠杆式、楔销式及上压式四种。

2. 车刀的选择

车刀选择包括车刀种类、刀片材料及几何参数、刀杆及刀槽的选择等。

车刀种类主要根据被加工工件形状、加工性质、生产批量大小及所使用机床类型等条件进行选择。刀片材料应根据被加工工件的材料、加工要求等条件选择与之适应的材料，其几何参数也应与加工条件以及选好的刀片材料相适应。

刀片的长度一般为切削宽度的 1.6~2 倍，切槽刀刃宽不应大于工件槽宽。刀槽的形式则根据车刀形式和选好的刀片形式来选择。车刀刀杆有方形和矩形，一般选择矩形刀杆，孔加工刀具则可选圆形刀杆。

3. 成形车刀

成形车刀是用刀刃形状直接加工出回转体、成形表面的专用刀具，刀刃刃形及其质量决定工件廓形。采用成形车刀加工工件不受操作者水平的限制，可获得稳定的质量，其加工精度一般可达 IT10~IT9，表面粗糙度达 $Ra3.2$~$0.63\ \mu m$。

（1）成形车刀的种类及应用。成形车刀按形状结构的不同有平体、棱体和圆体成形车刀三种；按进给方式的各异又有径向、切向、轴向成形车刀之分（生产中径向成形车刀应用最多）。

平体成形车刀形状结构简单，易制造，但可重磨次数少，一般用于加工批量不大的外成形表面。棱体成形车刀可重磨次数多，刀具寿命长，且成形精度较高，但亦只能加工外成形表面。圆体成形车刀可重磨次数多，刀具易制造，并可加工内成形表面，生产中应用较多。

（2）成形车刀的角度形成。与普通车刀一样，成形车刀也必须具备合理的前角和后角才能正常地投入切削。为方便测量，成形车刀的前、后角规定在假定工作平面内（切深平面）度量。成形车刀的刃形面位于刀具后面，故刀具用钝后只能重磨前面。刀具制造（含重磨）时，常将成形车刀磨成一定的角度（前、后角之和），工作时，通过刀具安装（棱体刀倾斜后角，圆体刀中心高于工件中心 $H = R\sin\alpha_f$）即可获得合理的前角和后角，如图7-10所示。

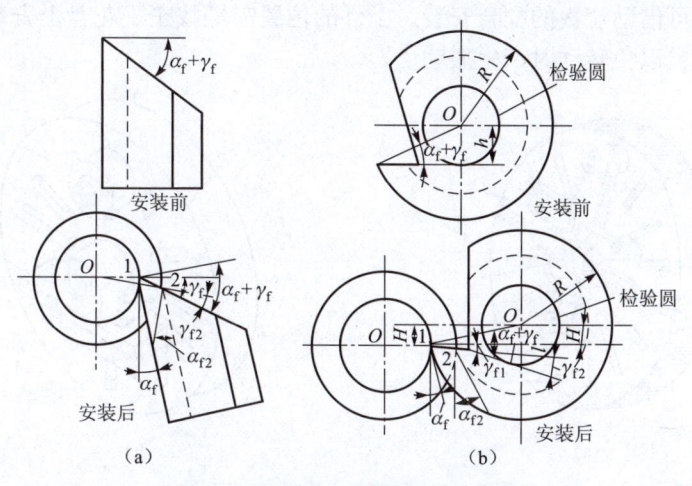

图7-10 成形车刀前角和后角的形成

（3）成形车刀的截形设计要点。成形车刀通过其前面内的刃形促成工件形状的获得，在前面（成形面）内，刀具截形与工件处于共轭状态，截形深度与宽度均相等。由于成形车刀须具备一定的切削前角和后角，故致使刀具截形不同于工件截形，截形宽度都相等，但截形深度都不同。因此，在设计成形车刀的截形时，应根据工件各处截形的深度，刀具所取前、后角数值计算出刀具对应点的截形深度，再由截形宽度相等性得到刀具截形。具体计算方法可参照相关刀具设计手册及资料。

四、车床附件及夹具

为使零件方便地在车床上安装，常用到一些通用夹具及工具，如三爪卡盘、顶尖、花盘、弯板等，它们又往往被称为车床附件。当被加工工件形状不够规则，生产批量又较大时，生产中会采用专用车床夹具来完成工件的安装，以达到高效及质量稳定。

1. 车床常用附件

（1）三爪卡盘。三爪卡盘是一种自动定心的通用夹具，装夹工件方便（卡爪还可反向安装），在车床上最为常用。但其定心精度不高，夹紧力较小，一般用于装夹外形规则的中小型工件。

（2）四爪卡盘。卡盘的四爪位置通过四个螺钉分别调整（单动），因此，它不能自动定心，须与划针盘、百分表配合进行工件中心的找正。经找正后的工件安装精度高，夹紧可靠，一般用于方形、长方形、椭圆形及各种不规则零件的装夹。

（3）顶尖。用于顶夹工件，工件的旋转由安装于主轴上的卡盘带动。顶尖有死顶尖和活顶尖之分，用顶尖顶夹工件时，应在工件两端用中心钻加工出中心孔。工件可对顶安装，以获得较高的同轴度；工件亦可一夹一顶安装，此时夹紧力较大，但精度不高。

（4）中心架与跟刀架。加工细长轴时，为提高工件的刚性和加工精度，常采用中心架和跟刀架。中心架用压板及螺栓紧固在床身导轨上；跟刀架则紧固在刀架滑板上，与刀架一起移动。

（5）花盘与弯板。花盘是一个安装于主轴的、端面有许多用来压紧螺栓长槽的圆盘，用来安装无法使用三爪和四爪卡盘装夹的形状不规则的工件，如图7-11所示。工件可直接装于花盘，也可借助弯板的配合安装。工件的位置需经找正。花盘上安装工件的另一边须加平衡铁平衡，以免转动时产生振动。

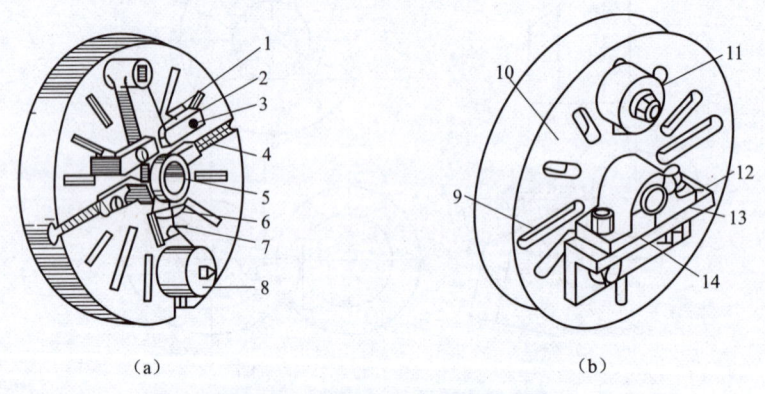

图7-11 用花盘、弯板安装工件
(a)在花盘上安装工件；(b)在花盘弯板上安装工件
1—垫铁；2—压板；3—螺钉；4—螺钉槽；5，12—工件；6—角铁；7—紧定螺钉；8，11—平衡铁；
9—螺钉孔槽；10—花盘；13—安装基面；14—弯板

2. 车床夹具

车床夹具按其结构特征，一般有心轴式、卡盘式、圆盘式、花盘式和角铁式等。

（1）心轴式车床夹具。心轴式车床夹具以孔作主要定位基准，用于形状复杂或同轴度要求较高的零件。夹具定位可设计成圆柱面、圆锥面、可胀圆柱面及花键、螺纹等特形面，与机床主轴的连接方式有顶尖式和锥柄式两种，如图7-12所示。这类夹具结构简单，易制造。

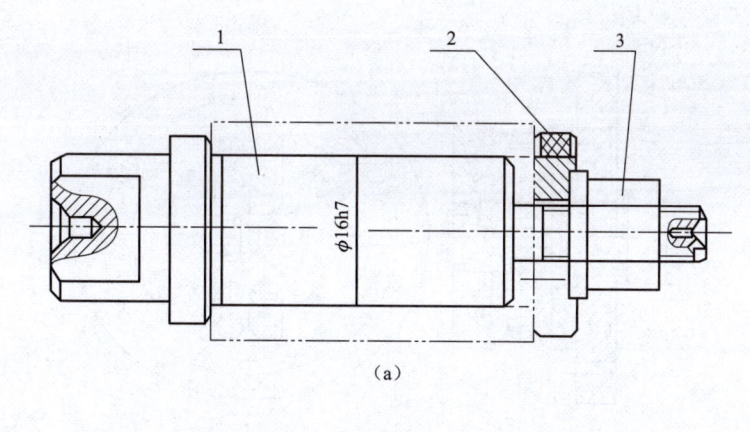

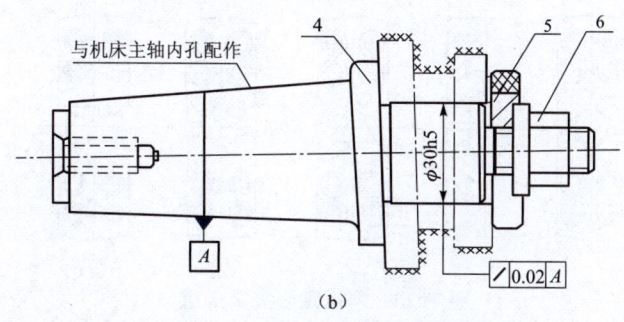

图 7-12 夹具与机床主轴的连接

(a) 顶尖式心轴；(b) 锥柄式心轴

1—心轴；2，5—开口垫圈；3，6—螺母；4—锥柄心轴

(2) 卡盘式车床夹具。卡盘式车床夹具宜用于以规则或不规则外圆表面作主要基准的各种管接头、三通、四通和小型壳体类零件。夹具的主要部分采用标准化、系列化的两爪或三爪自动定心夹紧卡盘，如图 7-13（a）所示。卡爪可根据不同形状的工件进行设计、制造，如图 7-13（b）~图 7-13（e）所示，在使用时更换。

(3) 圆盘式车床夹具。圆盘式车床夹具适用于各种定位基准与加工表面间有同轴度、垂直度要求的盘、套类及齿轮类等外形对称的工件。这类夹具对机床主轴轴线对称平衡。

(4) 花盘式车床夹具。花盘式车床夹具宜用于定位基准与工件加工表面间有同轴度、平行度、垂直度要求的非对称旋转体零件。这类夹具既可单工位加工，也可多工位加工，结构一般不对称，须进行平衡。

(5) 角铁式车床夹具。角铁式车床夹具宜用于加工表面与定位基准平行或成任意角度的零件。这类夹具体成角铁形，夹具须平衡。

车床夹具在车床主轴上的安装方式一般有两种，一种是用与主轴锥孔相配的锥柄安装于主轴孔，并用拉杆拉紧；另一种是通过过渡盘（法兰盘）在主轴上安装，此时，夹具需经找正（用定位塞或找正环）。

由于车床夹具跟随机床主轴高速旋转，因此，平衡和安全是夹具设计中两个应注意的主要问题。用车床夹具安装工件，必须保证工件被加工表面与机床主轴同轴，因此，与此相关的各位置精度要求均在夹具设计时相应提出。

图 7-13 两爪定心夹紧卡盘

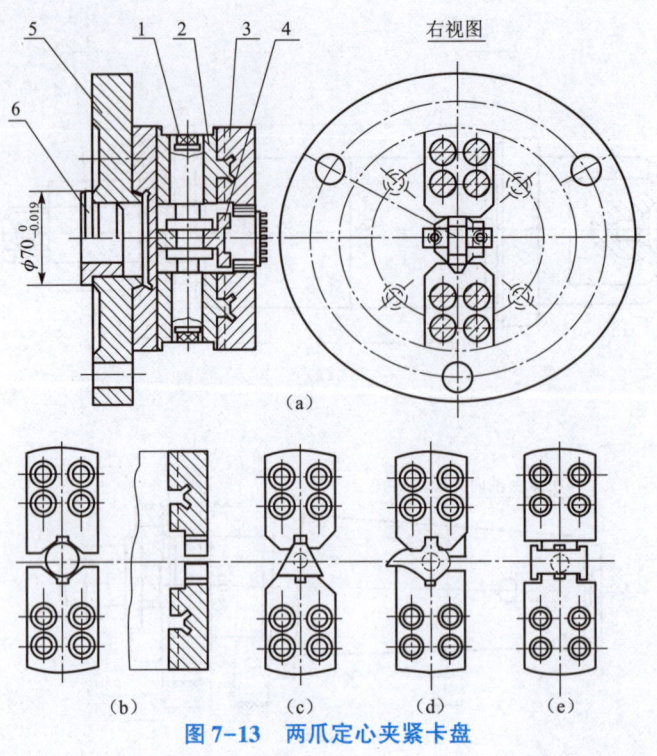

(a) 两爪或三爪自动定心夹紧卡盘；(b)，(c)，(d)，(e) 设计、制造
1—左右螺杆；2—滑块；3—卡爪；4—轴向定位器；5—圆盘；6—定位器

五、精车与镜面车

精车是指直接用车削方法获得 IT7~IT6 级公差，Ra 为 1.6~0.04 μm 的外圆加工方法。生产中采用精车的主要原因有三个方面：一是有色金属、非金属等较软材料不宜采用砂轮磨削（易堵塞砂轮）；二是某些特殊零件（如精密滑动轴承的轴瓦等），为防止磨粒等嵌入较软的工件表面而影响零件使用，不允许采用磨削加工；三是当生产现场未配备磨床，无法进行磨削时，则采用精车获得零件所需的高精度和小的表面粗糙度。

镜面车是用车削方法获得工件尺寸公差≤1 μm 数量级、Ra≤0.04 μm 的外圆加工方法。

生产中采用精车、镜面车获得高质量工件，须注意两个关键问题：一是有精密的车床提供刀具、工件间的精密位置关系及高精度的运动（车床主要精度指标参见表 7-1）；二是有优质刀具材料及良好刃具（一般为金刚石刀具），使其具备锋利刃口（r_ε = 1.6~4 μm），均匀去除工件表面极薄层余量（参见表 7-2 精车、镜面车切削用量）。除此之外，还应有良好、稳定及净化的加工环境，工艺条件亦应具备，如精车前，工件表面需经半精车，精度达 IT8 级，Ra≤3.2 μm；而镜面车前，工件需经精车，表面不允许有缺陷，加工中采用酒精喷雾进行强制冷却。

表 7-1 车削加工的主要精度指标

精度项目	普通车床	精密车床	高精度车床
外圆圆度/mm	0.01	0.003 5	0.001 4
外圆圆柱度/mm	0.01/100	0.005/100	0.001 8/100
端面平面度/mm	0.02/200	0.008 5/200	0.003 5/200
螺纹螺距精度/mm	0.06/300	0.018/300	0.007/300
外圆粗糙度 Ra/μm	2.5~1.25	1.25~0.32	0.32~0.02

表 7-2 精车、镜面车外圆切削用量

加工方法 \ 切削用量	切削速度 v_c/(m·min^{-1})	进给量 f/(mm·r^{-1})	切削深度 a_p/mm
精车	≥200	0.02~0.08	0.02~0.05
镜面车	≥200~300	0.02~0.08	0.01~0.02

课题二 铣削及其装备

知识点

- 铣削加工
- 铣床
- 铣刀
- 铣床附件及夹具

技能点

- 铣削加工及其设备的合理选用

课题分析

铣床的主要类型有卧式升降台铣床、立式升降台铣床、龙门铣床、工具铣床、圆台铣床、仿形铣床和各种专门化铣床。按不同的用途，铣刀可分为圆柱铣刀、盘形铣刀、锯片铣刀、立铣刀、键槽铣刀、模具铣刀、角度铣刀和成形铣刀等。铣刀按结构不同，有整体式、焊接式、装配式和可转位式等。在铣床上加工工件时，工件的安装方式主要有三种：一是直接将工件用螺栓、压板安装于铣床工作台，并用百分表、划针等工具找正；二是采用平口钳、V形架、分度头等通用夹具安装工件；三是用专用夹具装夹工件。铣削加工可以对工件进行粗加工和半精加工，加工精度可达 IT7~IT9 级，精铣表面粗糙度达 Ra3.2~1.6 μm。

相关知识

一、铣削加工

铣削加工是在铣床上用旋转的铣刀对各种平面进行的加工。铣削加工在机械零件切削和工具生产中占相当大的比重，仅次于车削。

铣削加工的适应范围很广，可以加工各种零件的平面、台阶面、沟槽、成形表面和螺旋表面等，如图 7-14 所示。

铣削加工演示

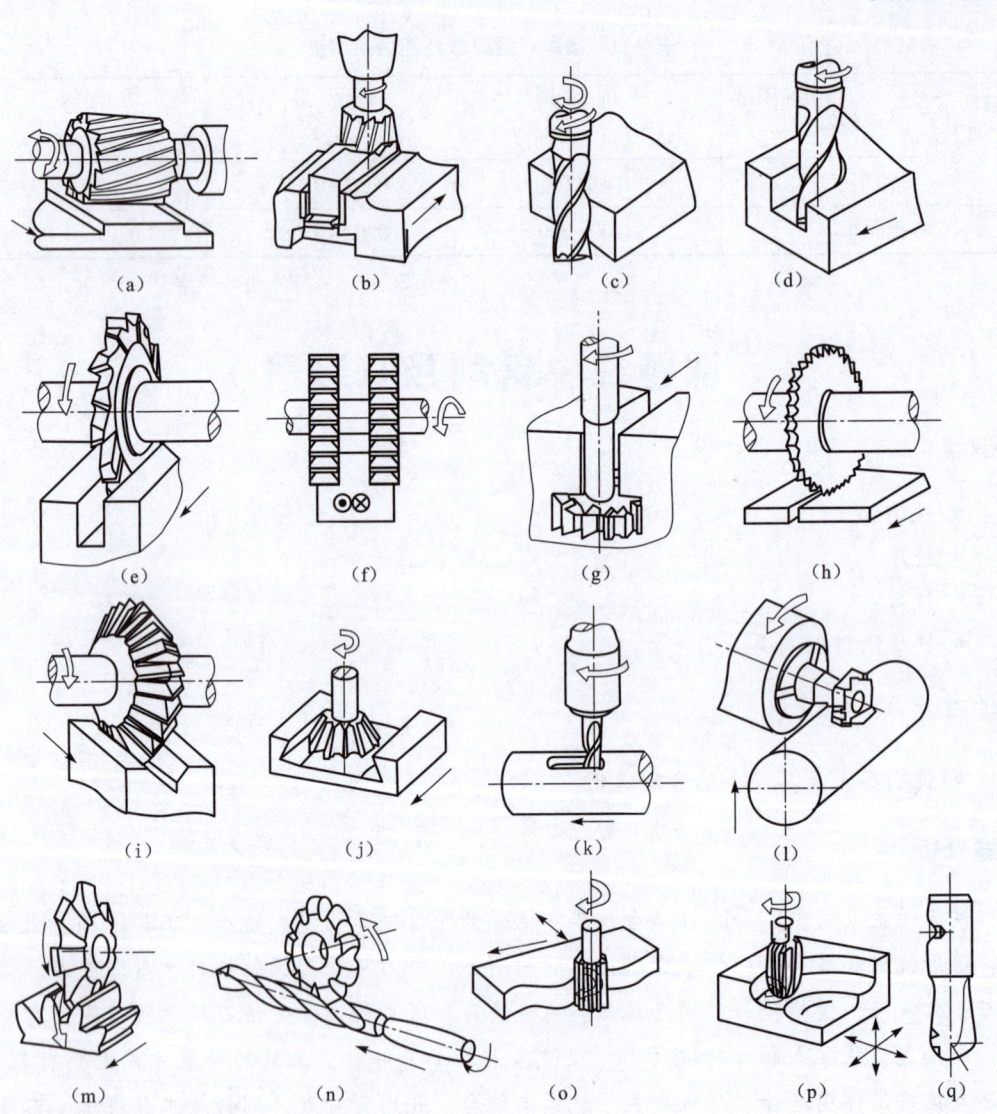

图 7-14 铣削加工应用范围

(a), (b), (c) 铣平面；(d), (e) 铣沟槽；(f) 铣台阶；(g) 铣 T 形槽 (h) 切断；(i), (j) 铣角度槽；(k), (l) 铣键槽；(m) 铣齿形；(n) 铣螺旋槽；(o) 铣曲面；(p) 铣立体曲面；(q) 球头铣刀

铣削加工中，铣刀的旋转运动为主运动，转动转速 n（r/min）由机床主电动机提供；铣削速度 v_c 为铣刀旋转的线速度（$v_c = \pi dn/1\ 000$，m/min）；铣刀或工件沿坐标轴方向的直线运动或回转运动为进给运动，刀具切入工件的深度有背吃刀量 a_p（平行于铣刀轴线测量的切削层尺寸，单位 mm。端铣时 a_p 为切削层深度，而圆周铣时则为被加工表面的宽度。）和侧吃刀量 a_e（垂直于铣刀轴线测量的切削层尺寸，mm。端铣时 a_e 为被加工表面宽度，而圆周铣时则为切削层深度）之分，如图 7-15 所示。铣刀进给量也有每转进给量 f、每齿进给量 f_z 和进给速度 v_f，其关系如下：

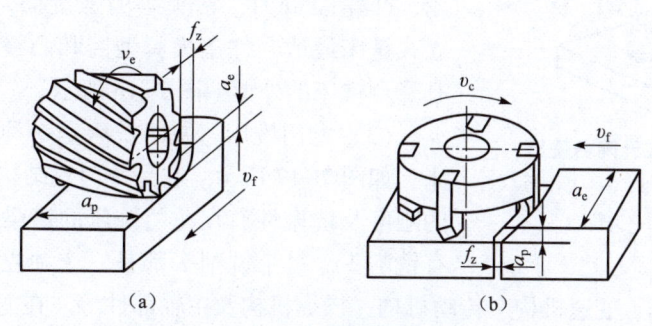

$$v_f = fn = f_z nz$$

图 7-15 铣削用量要素
(a) 背吃刀量（周铣）；(b) 侧吃刀量（端铣）

由于铣刀为多刃刀具，故铣削加工生产率高；铣削中每个铣刀刀齿逐渐切入和切出，形成断续切削，加工中会因此而产生冲击和振动；每个刀齿一圈中只切削一次，一方面刀齿散热较好，而另一方面（主要是高速铣削时）刀齿还受周期性的温度变化；冲击、振动、热应力均会对刀具耐用度及工件表面质量产生影响。

铣削加工可以对工件进行粗加工和半精加工，加工精度可达 IT9~IT7 级，精铣表面粗糙度达 $Ra1.6~0.8\ \mu m$，背吃刀量为 0.1~0.4 mm；粗铣表面粗糙度为 $Ra50~12.5\ \mu m$，背吃刀量在机床和刀具寿命允许的条件下，尽量一次切除工序全部余量，若余量过大，则多次走刀。

二、铣床

1. 铣床的种类

铣床的类型很多，主要以布局形式和适用范围加以区分。铣床的主要类型有卧式升降台铣床、立式升降台铣床、龙门铣床、工具铣床、圆台铣床、仿形铣床和各种专门化铣床。

（1）卧式铣床。卧式铣床的主轴是水平安装的。卧式升降台铣床、万能升降台铣床和万能回转头铣床都属于卧式铣床。卧式升降台铣床主要用于铣平面、沟槽和多齿零件等。万能升降台铣床由于比卧式升降台铣床多一个在水平面内可调整±45°范围内角度的转盘，因此，它除完成与卧式升降台铣床同样的工作外，还可以让工作台斜向进给加工螺旋槽。万能回旋头铣床除具备一个水平主轴外，还有一个可在一定空间内进行任意调

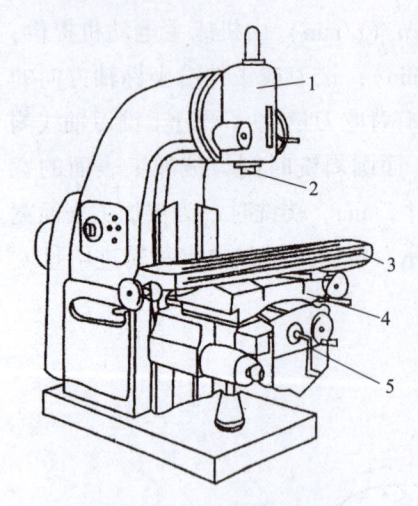

整的主轴，其工作台和升降台分别可在三个方向运动，而且还可以在两个互相垂直的平面内回转，故有更广泛的工艺范围，但机床结构复杂，刚性较差。

（2）立式铣床。立式铣床的主轴是垂直安装的。立铣头取代了卧铣的主轴悬梁、刀杆及其支承部分，且可在垂直面内调整角度。立式铣床适用于单件及成批生产中平面、沟槽、台阶等表面的加工，还可加工斜面；若与分度头、圆形工作台等配合，还可加工齿轮、凸轮及铰刀、钻头等的螺旋面。在模具加工中，立式铣床最适合加工模具型腔和凸模成形表面。立式升降台铣床的外形如图7-16所示。

（3）龙门铣床。龙门铣床是一种大型高效能的铣床，如图7-17所示。它是龙门式结构布局，具有较高的刚度及抗振性。在龙门铣床的横梁及立柱上均安装有铣削头，每个铣削头都是一个独立部件，其中包括单独的驱动电动机、变速机构、传动机构、操纵机构及主轴部件等。在龙门铣床上可利用多把铣刀同时加工几个表面，生产率很高。所以，龙门铣床广泛应用于成批、大量生产中大中型工件的平面和沟槽加工。

（4）万能工具铣床。万能工具铣床（图7-18）常配备有可倾斜工作台、回转工作台、平口钳、分度头、立铣头、插削头等附件，所以，万能工具铣床除能完成卧式与立式铣床的加工内容外，还有更多的万能性，故适用于工具、刀具及各种模具加工，也可用于仪器、仪表等行业加工形状复杂的零件。

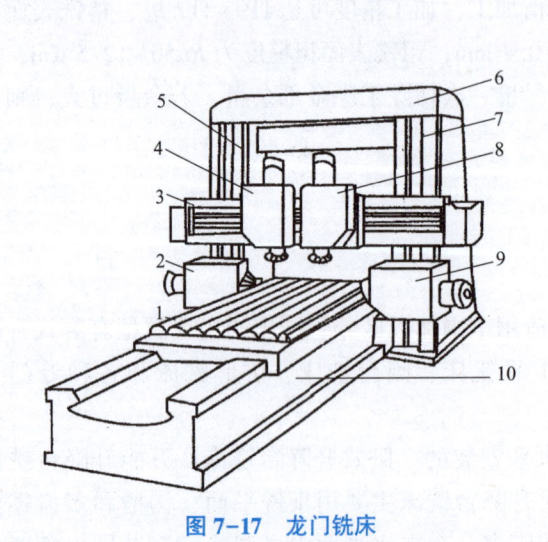

图7-16 立式升降台铣床
1—铣头；2—主轴；3—工作台；
4—床鞍；5—升降台

图7-17 龙门铣床
1—工作台；2，9—水平铣头；3—横梁；
4，8—垂直铣头；5，7—立柱；6—顶梁；10—床身

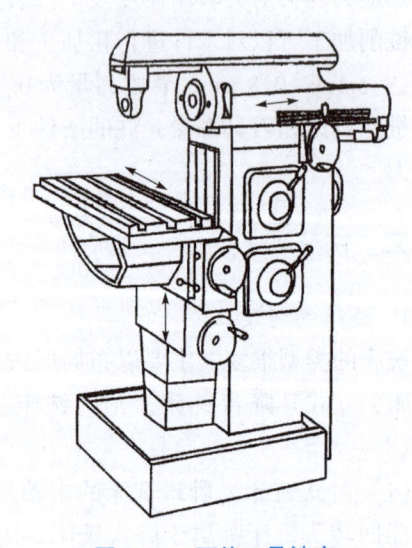

图7-18 万能工具铣床

· 190 ·

(5) 圆台铣床。圆台铣床的圆工作台可装夹多个工件做连续的旋转，使工件的切削加工时间与装卸等辅助时间重合，获得较高的生产率。圆台铣床又可分为单轴和双轴两种型式。图7-19所示为双轴圆台铣床，它的两个主轴可分别安装粗铣和半精铣的端铣刀，同时进行粗铣和半精铣，使生产率更高。圆台铣床适用于加工成批大量生产中小零件的平面。

2. 万能升降台铣床的组成与布局

万能升降台卧式铣床应用非常广泛，以XA6132型万能升降台铣床为代表，该机床结构合理，刚性好，变速范围大，操作比较方便。

XA6132型万能升降台铣床的外形及结构布局如图7-20所示。机床的床身安放在底座上，床身内装有主传动系统和孔盘变速操纵机构，可方便地选择18种不同转速；床身顶部有燕尾形导轨，供横梁调整滑动；机床空心主轴的前端带有7:24锥孔，装有两个端面键，用于安装刀杆并传递扭矩；机床升降台安装于床身前面的垂直导轨上，用于支承床鞍、工作台和回转盘，并带动它们一起上下移动；升降台内装有进给电动机和进给变速机构；机床的床鞍可做横向移动，回转盘处于床鞍和工作台之间，它可使工作台在水平面上回转一定角度；带有T形槽的工作台用于安装工件和夹具并可做纵向移动。

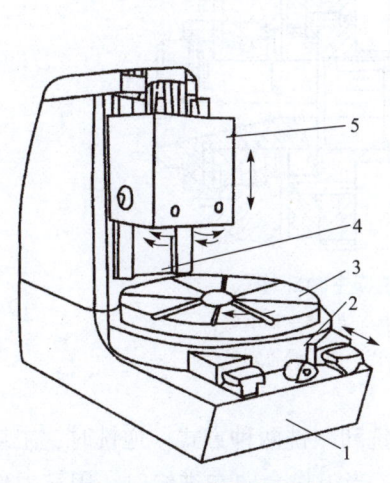

图7-19 双轴圆台铣床
1—床身；2—滑座；3—工作台；
4—滑鞍；5—主轴箱

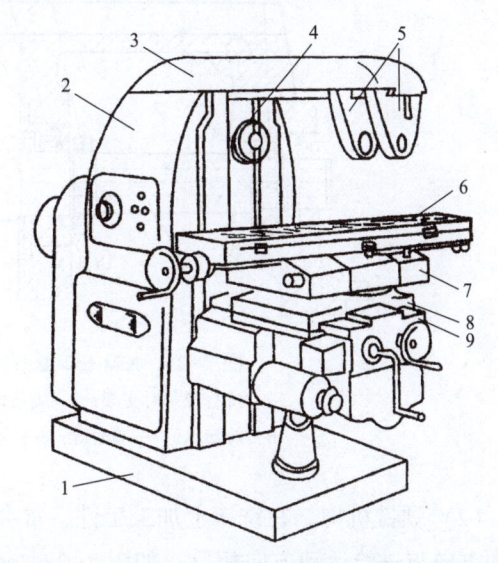

图7-20 XA6132型万能升降台铣床外形及结构布局
1—底座；2—床身；3—悬梁；4—主轴；5—刀轴支架；
6—工作台；7—回转盘；8—床鞍；9—升降台

3. 万能升降台铣床的传动系统

XA6132型铣床传动系统有主运动传动链、进给运动传动链和快速空行程传动链。由于其主运动、进给运动分别采用不同的电动机驱动，因此，与车床相比，它的传动系统简单而结构紧凑，多采用滑移齿轮变速机构达到变速目的，采用电动机换向。

(1) 主运动传动链。主运动传动链首、末件分别为主电动机和主轴。主电动机将运动经弹性联轴器传至Ⅰ轴，再经Ⅰ-Ⅱ轴间的一对齿轮26/54及Ⅱ-Ⅲ轴、Ⅲ-Ⅳ轴、Ⅳ-Ⅴ

轴间的三个滑移齿轮变速机构，使主轴获得18种不同转速的旋转运动。

（2）进给运动传动链。进给运动传动链的首、末件分别为进给电动机和工作台。进给电动机将运动分别由两条路线传至 X 轴，以达到变速目的（九段一般转速和九段低转速）；X 轴的运动又经 28/35 齿轮副、Z18 齿轮传至Ⅶ轴 Z33 齿轮后，分别传至纵、横、垂直进给丝杆，实现三个方向的进给。

（3）快速空行程运动传动链。接通传动系统中电磁离合器 M_4 并脱开 M_3，进给电动机的运动便经齿轮副 26/44-44/57-57/43 和 M_4 传至 X 轴，再与进给运动相同的传动路线使工作台三个进给运动方向均有快速移动。

4. 万能升降台铣床的主要构件

（1）主轴部件。铣床主轴（见图 7-21）用于安装铣刀并带动其旋转，考虑到铣削力的周期变化易引起机床振动，主轴采用三支承结构以提高刚性；在靠近主轴前端安装的 Z71 齿轮上连接有一大直径飞轮，以增加主轴旋转平稳性及提高抗振性。主轴为空心轴，前端有 7∶24 精密锥孔，用于安装铣刀刀杆或带尾柄的铣刀，并可通过拉杆将铣刀或刀杆拉紧；前端的两个端面键 7 嵌入铣刀柄部（或刀杆），以传递扭矩。

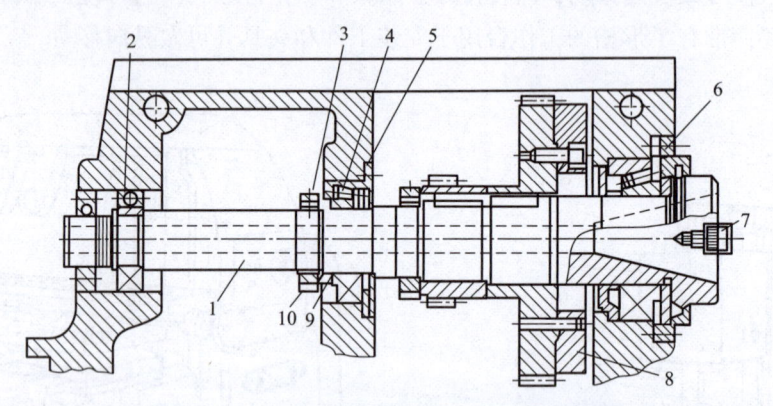

图 7-21　XA6132 型万能升降台铣床主轴部件
1—主轴；2—后支架；3—旋紧螺钉；4—中支架；5—轴承盖；
6—前支承；7—端面键；8—飞轮；9—隔套；10—调整螺母

（2）顺铣机构。在铣床上加工工件，常会采用逆铣和顺铣两种方式。逆铣时，主运动 v_c 的方向与进给运动方向相反，如图 7-22（a）所示。当工作台向右进给时，因铣刀作用于工件上的水平切削分力 F_f 与进给方向相反，左侧始终与螺母螺纹右侧接触，故切削过程稳定。顺铣时，主运动 v_c 的方向与进给运动方向相同，如图 7-22（b）所示。当工作台向右进给时，铣刀作用于工件上的水平切削分力 F_f 与进给方向相同，使丝杆螺纹右侧与螺母螺纹左侧仍有间隙，F_f 通过工作台带动丝杆向右窜动。加工中 F_f 是变化的，切削过程很不稳定，甚至出现打刀现象。加工中若采用顺铣方式，机床中就应设顺铣机构。

XA6132 型万能升降台铣床所采用的顺铣机构结构如图 7-23 所示。顺铣机构实为一个双螺母机构，其工作原理为：丝杆 3 为右旋丝杆，齿条 5 在弹簧的作用下向右移（A—A 截面），推动冠状齿轮 4 沿图中箭头方向回转，带动左、右螺母 1、2 沿相反方向回转，使螺母 1 螺纹左侧紧靠丝杆螺纹右侧，螺母 2 螺纹右侧紧靠丝杆螺纹左侧，机床工作时，工

（a）
（b）

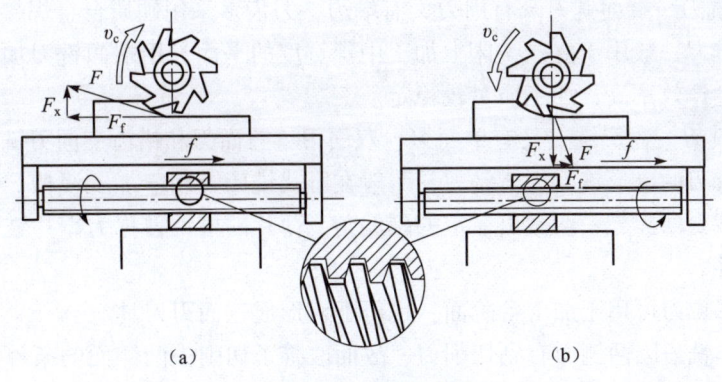

图7-22 顺铣与逆铣
(a) 逆铣；(b) 顺铣

作台向右的作用力通过丝杆由螺母1承受，向左的作用力由螺母2承受。逆铣时（工作台向右移动），螺母2承受轴向力，由于螺母2与丝杆螺纹间摩擦力较大，故螺母2有随丝杆一起转动的趋势，并通过齿轮4传动至螺母1，使螺母1有与丝杆反向转动的趋势，进而使螺母1螺纹左侧与丝杆螺纹右侧间产生间隙，以减少丝杆磨损。顺铣时，由螺母1承受轴向力。因螺母1与丝杆间摩擦力较大，故螺母1有随丝杆一起转动的趋势，并通过齿轮4传动至螺母2，使螺母有与丝杆反向转动的趋势，进而使螺母2螺纹右侧紧靠丝杆螺纹左侧，自动消除丝杆螺母间隙。随水平力F_f及传动件阻力的增减，顺铣机构能自动调节螺母与丝杆间隙，并使两者压紧力为一定值。

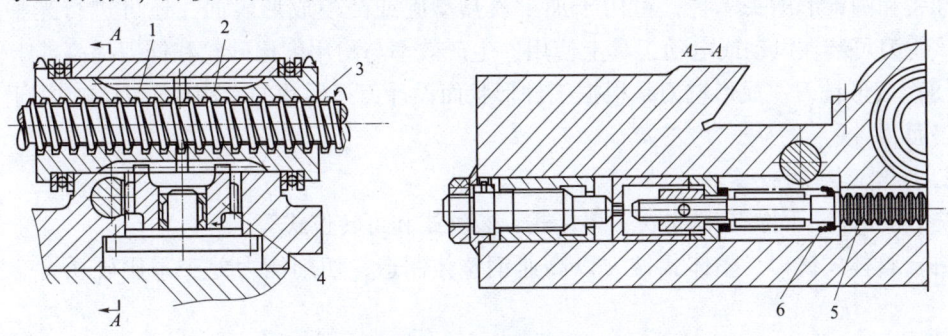

图7-23 顺铣机构
1，2—螺母；3—右旋丝杆；4—冠状齿轮；5—齿条；6—弹簧

三、铣刀

铣刀的种类很多，它们的工作内容有所不同，结构形状各异，刀齿数目不等，刀齿齿背形状也有区别。

1. 按不同用途分类

按不同的用途，铣刀可分为圆柱铣刀、盘形铣刀、锯片铣刀、立铣刀、键槽铣刀、模具铣刀、角度铣刀和成形铣刀等。

（1）圆柱铣刀。圆柱铣刀一般只有周刃，常用高速钢整体制造，也可镶焊硬质合金刀片。圆柱铣刀用于卧式铣床上以周铣方式加工较窄的平面。

(2) 端面铣刀。端面铣刀既有周刃又有端刃，刀齿多采用硬质合金焊接于刀体或机夹于刀体。端面铣刀一般用于立式铣床上加工中等宽度的平面。用端面铣刀加工平面，工艺系统刚度好，生产效率高，加工质量较稳定。

(3) 盘形铣刀。盘形铣刀又有单面刃、双面刃、三面刃和错齿三面刃铣刀之分。

只在圆周有刃的盘形铣刀为槽铣刀，一般在卧式铣床上用于加工浅槽。切槽时，两侧摩擦力大，为减少摩擦，一般做出一定的副偏角。薄片的槽铣刀称为锯片铣刀，用于切削窄槽或切断工件。

两面刃盘形铣刀可用于加工台阶面，也可配对形成三面刃刀具。

三面刃盘形铣刀因两侧面有副切削刃，故而改善了切削中两侧面的条件，使表面粗糙度降低，在生产中主要用于在卧式铣床上加工沟槽和台阶面。圆周上的刀刃可以是直齿亦可以是斜齿，斜齿使刀刃锋利、切削平稳、易排屑，但会产生轴向力。为平衡之，可将刀齿设计成错齿状，即刀齿交错向左、右倾斜一定的螺旋角。

(4) 立铣刀。立铣刀的周刃为主刃，端刃为副刃，故立铣刀不宜轴向进刀。立铣刀主要在立式铣床上用于加工台阶、沟槽、平面或相互垂直的平面，也可利用靠模加工成形表面。

(5) 键槽铣刀。键槽铣刀形似立铣刀，只是它只有两个刀刃，且端刃强度高，为主刃，周刃为副刃。键槽铣刀有直柄（小直径）和锥柄（较大直径）两种，用于加工圆头封闭键槽。

(6) 角度铣刀。角度铣刀有单角铣刀和双角铣刀之分，用于加工沟槽和斜面。

(7) 模具铣刀。模具铣刀由立铣刀演变而成，其工作部分形状通常有圆锥形平头、圆柱形球头和圆锥形球头三种，可用于加工模具型腔或凸模成形表面，还可进行光整加工等。该铣刀可装在风动或电动工具上使用，生产效率与耐用度比砂轮和锉刀提高数十倍。

(8) 成形铣刀。成形铣刀是根据工件形状而设计刀刃形状的专用成形刀具，用于加工成形表面。

2. 按刀具结构分类

铣刀按结构不同，有整体式、焊接式、装配式和可转位式等。

(1) 整体式铣刀。整体式铣刀以高速钢整体制造，切削能力差于采用硬质合金刃的铣刀。

(2) 焊接式铣刀。焊接式铣刀又有整体和机夹焊接式两种。前者结构紧凑、易制造，但刀齿磨损后会导致整把刀的报废；后者将刀片焊于小刀头上（如面铣刀），再将刀头安装于刀体，刀具使用寿命长。

(3) 装配式铣刀。装配式铣刀的刀片安装于刀体，如镶齿盘铣刀（见图7-24），刀片背部的齿纹与刀体齿槽内齿纹相配，完成安装。刀齿磨损后会带来刀具宽度的减小，为此，刀体各齿槽内的齿纹在轴向并不对齐，相邻齿槽内齿纹轴向位置错移一个 t/z 量（t 为齿纹的齿矩，z 为齿槽数），当铣刀重磨后宽度减少时，可将刀齿顺次移入相邻齿槽内，调整，刀具宽度增加了 t/z，再通过刃磨使刀具恢复原来的宽度。对错齿三面刃也可用同样原理设计齿槽，以达到使刀具宽度可调的目的。

(4) 可转位式铣刀。铣刀刀片采用机夹式安装于刀体，切削刃用钝后，将刀片转位或更换即可继续使用，如图7-25所示。

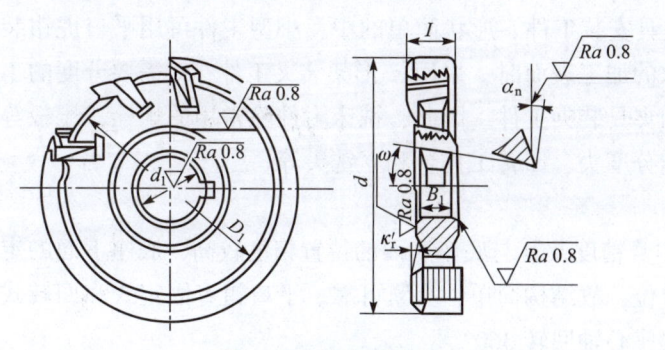

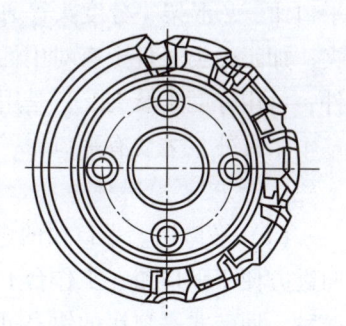

图 7-24　镶齿盘铣刀　　　　　　　　　图 7-25　可转位面铣刀

3. 按刀齿数目分类

按刀齿数目的不等，铣刀一般有粗齿铣刀和细齿铣刀之分。

（1）粗齿铣刀。刀齿数目少，刀齿强度高，容屑空间大，可重磨次数多，一般适用于粗加工。

（2）细齿铣刀。刀齿数较多，故工作平稳，主要适用于精加工。

4. 按刀齿齿背形式分类

铣刀按刀齿齿背形式的不同有尖齿铣刀、铲齿铣刀之分。

（1）尖齿铣刀。尖齿铣刀的齿背有直线形齿背、折线形齿背及抛物线形齿背三种形式，如图 7-26 所示。直线形齿背的齿形简单，易制造（用角度铣刀开槽即成），但刀齿强度较弱；抛物线形齿背符合刀齿在切削中的受力规律（刀齿内应力分布为抛物线），所以刀齿强度高，但制造麻烦（须用成形铣刀开槽）；折线形齿背介于前两者之间。生产中的大多数铣刀为尖齿铣刀。

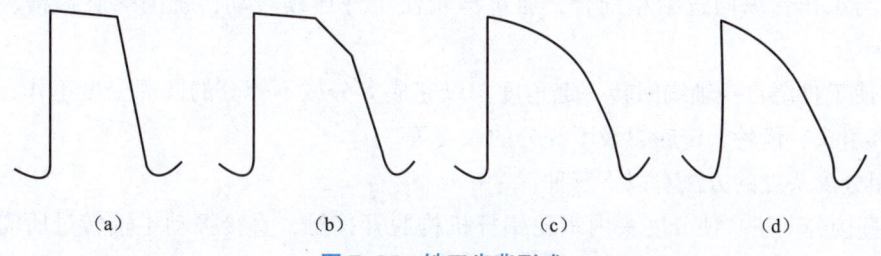

图 7-26　铣刀齿背形式

(a) 直线形齿背；(b) 折线形齿背；(c) 抛物线形齿背；(d) 铲齿形齿背

（2）铲齿铣刀。铲齿铣刀的齿背为阿基米德螺旋线，它经铲削加工（铣刀每转过一个刀齿，铲刀径向移过一个铲背量）而成。其优点是，在获得切削所需后角的同时，刀具磨钝后重磨前面可保持刃形不变。因此，生产中大部分成形铣刀都采用铲齿形齿背形式，如图 7-25（d）所示。

四、铣床附件及夹具

在铣床上加工工件时，工件的安装方式主要有三种。一是直接将工件用螺栓、压板安装于铣床工作台，并用百分表、划针等工具找正，大型工件常采用此安装方式。二是采用

· 195 ·

平口钳、V形架、分度头等通用夹具安装工件。形状简单的中、小型工件可用平口虎钳装夹；加工轴类工件上有对中性要求的加工表面时，采用V形架装夹工件；对需要分度的工件，可用分度头装夹。三是用专用夹具装夹工件。因此，铣床附件除常用的螺栓、压板等基本工具外，主要有平口钳、万能分度头、回转工作台和立铣头等。

1. 铣床常用附件

（1）平口钳。平口钳的钳口本身精度及其与底座底面的位置精度较高，底座下面的定向键方便于平口钳在工作台上的定位，故结构简单，夹紧可靠。平口钳有固定式和回转式两种，回转式平口钳的钳身可绕底座心轴回转360°。

（2）回转工作台。回转工作台除了能带动安装其上的工件旋转外，还可完成分度工作，如利用它加工工件上的圆弧形周边、圆弧形槽、多边形工件以及有分度要求的槽或孔等。

（3）立铣头。立铣头可装于卧式铣床，并能在垂直平面内顺时针或逆时针回转90°，起到立铣作用而扩大铣床工艺范围。

（4）万能分度头。分度头通过底座安装于铣床工作台，其主轴可在垂直方向调整-6°~+95°，主轴的前端可装顶尖或卡盘以便于装夹工件，摇动手柄即可通过分度头的传动带动主轴旋转，脱开内部的蜗杆机构，也可直接转动主轴，转过的角度由刻度盘读出。分度盘为一个有许多均布同心圆孔的圆盘，插销可帮助确定选好的孔圈，分度头则可方便地调整所需角度。

利用安装于铣床的分度头，可进行以下三方面的工作：

1）用分度头上的卡盘装夹工件，使工件轴线倾斜一所需角度，加工有一定倾斜角度的平面或沟槽（如铣削直齿圆锥齿轮的齿形）。

2）与工作台纵向进给相配合，通过挂轮使工件连续转动，铣削螺旋沟槽、螺旋齿轮等。

3）使工件绕自身轴线回转一定角度，以完成等分或不等分的圆周分度工作，如铣削方头、六角头、齿轮、链轮以及不等分的铰刀等。

利用分度头度的方法有以下三种：

① 直接分度法。使分度头内蜗轮蜗杆机构脱开接触，直接扳动主轴转过所需角度即可分度。当工件等分数目较少、分度精度要求不高时，可采用此分度法。

② 简单分度法。摇动手柄，带动主轴转动，借助于分度盘上的孔圈获得所需分度数。其传动比为1/40，因此，当所需分度数为z时，手柄的转动应为

$$\frac{40}{z} = \alpha + p/q$$

式中，α为手柄转过的整圈数；q为所选孔圈数；p为插销在q孔圈中转过的孔眼数。

当工件所需分度数正好等于孔圈数，所需分度数与40的约分数或其扩大数正好等于孔圈数时，可方便地采用简单分度法进行分度。FW250型万能分度头备有三块分度盘，每块分度盘有8个孔圈供分度时选用，其孔数分别为：

第一块：16，24，30，36，41，47，57，59；

第二块：23，25，28，33，39，43，51，61；

第三块：22，27，29，31，37，49，53，63。

③ 差动分度法。由于分度盘的孔圈数有限，故当无法满足简单分度的条件，如 z 为 67、71、73 等大于 63 的质数时，可采用差动分度法。差动分度法是指在分度盘上先选定一个接近所需分度数的孔圈 z_0，在摇动手柄带动主轴转动的同时，通过在分度头主轴与侧轴间的挂轮 a、b、c、d 使分度盘随动出差异 $\left(\dfrac{40}{z}-\dfrac{40}{z_0}\right)$，实现工件要求的等分数 z_0。通过换算有：

$$\frac{a}{b} \times \frac{c}{d} = \frac{40}{z_0}(z_0 - z)$$

2. 铣床夹具

铣床夹具都是安装在铣床工作台上，随工作台做进给运动。为保证夹具在工作台上的正确安装，铣床夹具上一般设有安装元件——定向键，成对的定向键嵌于铣床工作台的T形槽内，使夹具定位于铣床工作台。铣削属于生产中效率较高的一种加工方法，为保持加工中的高效率，夹具上还设有对刀元件——对刀块，以便能迅速地调整好刀具相对于工件的位置。除此之外，夹具还可采用联动夹紧和多件夹紧方式，提高生产率。由于铣削为断续切削，又多用于粗加工及半精加工，故加工中有较大的冲击和振动。铣床夹具应有足够的刚度、强度，并且夹紧可靠。

铣床夹具通常按进给方式的不同，分为直线进给、圆周进给及靠模铣床夹具三种类型，其中直线进给最为常见。

(1) 直线进给铣床夹具。直线进给铣床夹具既有单工位，亦有多工位（中小零件的大批量加工时）形式。

(2) 圆周进给铣床夹具。圆周进给铣床夹具一般与回转工作台一起使用，夹具装在转盘上，随转盘带动工件圆周进给，既可用于加工单个工件的回转面，也可用于大批量生产。

(3) 靠模铣床夹具。靠模铣床夹具除具备一般铣床夹具元件外，还带有靠模。靠模的作用是使工件获得辅助运动。因此，该类夹具主要用于在专用或通用铣床加工各种非圆曲面、直线曲面或立体、成形面。按送进方式，靠模铣床夹具可分为直线进给靠模铣床夹具和圆周进给靠模铣床夹具两种。

直线进给靠模铣床夹具的工作原理如图 7-27（a）所示，靠模 2 和工件 4 都装在铣床工作台的夹具上，滚柱滑座 6 和铣刀滑座 5 连成一体，两者间轴距 k 保持不变。滑座 5、6 在重锤或弹簧拉力的作用下，使滚柱 1 始终靠紧在靠模 2 上，铣刀 3 接触工件。当工作台纵向直线进给时，靠模推动滚柱 1，使铣刀滑座 5 产生横向辅助运动，进而使铣刀按靠模曲线在工件上铣出相似曲面。

圆周进给靠模夹具工作原理如图 7-27（b）所示。工件 4 和靠模 2 装在回转台 7 上，转台做圆周运动，在强力弹簧的作用下，滑座 8 带动工件沿导轨相对于工件做辅助运动，以加工出与靠模相似的成形面。

(a)

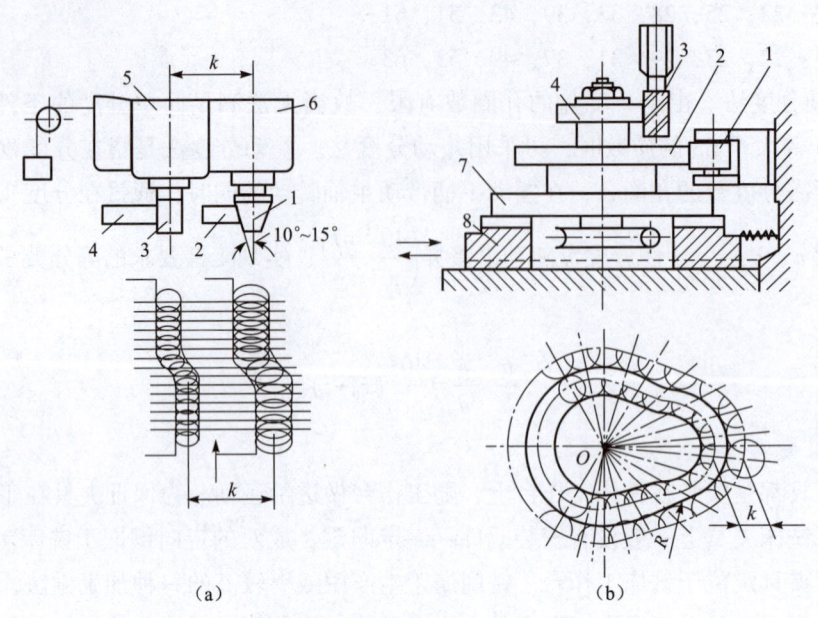

图 7-27 铣削靠模夹具

(a) 直线进给；(b) 圆周进给

1—滚柱；2—靠模；3—铣刀；4—工件；5—铣刀滑座；6—滚柱滑座；7—回转台；8—滑座

课题三　钻、铰、镗削及其装备

知识点

- 钻、铰、镗削加工
- 钻、镗设备
- 常用孔加工刀具
- 钻、镗削常用附件及夹具

技能点

- 钻、铰、镗削加工及其装备的合理选用

课题分析

在实体工件上加工出孔是采用钻削加工；对已有孔进行扩大并提高精度及减小表面粗糙度是采用铰削、镗削加工；对孔进行精加工，生产中主要采用磨削，而进一步提高孔的表面质量还需采用精细镗、研磨、珩磨、滚压等光整加工方法。钻削除可以在车床、镗床、钻床、组合机床和加工中心进行外，多数情况下，尤其是当生产批量较大时，可在钻床上进行。孔加工刀具种类很多，从单刃到多刃，从适应粗加工到适应精加工，从加工通孔到加工盲孔，从加工小孔到加工大孔，从加工浅孔到加工深孔，各具特色，但多数为定尺寸刀具。钻削时所用附件除安装工件用的虎钳、压板、螺栓和V形架外，还包含安装钻头用的钻夹头和变径套。镗削所用附件主要有安装镗刀用的刀杆座和安装工件用的压板、螺栓、弯板和角铁等。

相关知识

大多数的机械零件上都存在内孔表面，根据孔与其他零件相对连接关系的不同，孔有配合孔与非配合孔之分；据孔几何特征不同，孔有通孔、盲孔、阶梯孔、锥孔等区别；按其形状，孔还有圆孔和非圆孔等不同。

由于孔在各零件中的作用不同，孔的形状、结构、精度及技术要求不同，为此，生产中亦有多种不同的孔加工方法与之适应。通常可对实体材料直接进行孔加工，亦能对已有孔进行扩大尺寸及提高质量的加工。与外圆表面相比，由于受孔径的限制，加工内孔表面时刀具的速度、刚度不易提高，孔的半封闭式切削又大大增加了排屑、冷却及观察、控制的难度，因此，孔加工难度远大于外圆表面的加工，并且随着孔的深度越大，孔的加工难度越大。

一、钻、铰、镗削加工

在实体工件上加工出孔是采用钻削加工；对已有孔进行扩大尺寸并提高精度及减小表面粗糙度是采用铰削、镗削加工；对孔进行精加工，生产中主要采用磨削，而进一步提高孔的表面质量还需采用精细镗、研磨、珩磨、滚压等光整加工方法。

1. 钻削加工

在钻床上以钻头的旋转做主运动，钻头向工件的轴向移动做进给运动，在实体工件上加工出孔的加工称为钻削。按孔直径、深度的不同，生产中有各种不同结构的钻头，其中，麻花钻最为常用。由于麻花钻存在的结构问题，故用麻花钻钻孔时，轴向力很大，定心能力较差，孔易引偏；加工中摩擦严重，加之冷却润滑不便，故表面较为粗糙。麻花钻钻孔的精度不高，一般为IT13~IT12，表面粗糙度达 Ra12.5~6.3 μm，生产效率也不高。钻孔主要用于 ϕ80 mm 以下孔径的粗加工，如加工精度、粗糙度要求不高的螺钉孔、油孔或对精度、粗糙度要求较高的孔做预加工。生产中为提高孔的加工精度、生产效率和降低生产成本，广泛使用钻模、多轴钻或组合机床进行孔的加工。

钻削加工演示

当孔的深径比达到 5 级以上时为深孔。深孔加工难度较大，主要表现在刀具刚性差、导向难、排屑难、冷却润滑难几方面，有效地解决以上加工问题，是保证深孔加工质量的关键。一般对深径比在 5~20 的普通深孔，在车床或钻床上用加长麻花钻加工；对深径比达 20 以上的深孔，在深孔钻床上用深孔钻加工；当孔径较大、孔加工要求较高时，可在深孔镗床上加工。

当工件上已有预孔（如铸孔，锻孔或已加工孔）时，可采用扩孔钻进行孔径扩大的加工，称为扩孔。扩孔亦属钻削范围，但精度、质量在钻孔基础上均有所提高，一般扩孔精度达 IT12~IT10，表面粗糙度达 Ra6.2~3.2 μm，故扩孔除可用于较高精度的孔的预加工外，还可使一些要求不高的孔达到加工要求。其加工孔径一般不超过 ϕ100 mm。

铰削加工演示

2. 铰削加工

铰削是对中小直径的已有孔进行精度、质量提高的一种常用加工方法。

铰削时，采用的切削速度较低，加工余量较小（粗铰时一般为 $\phi0.15 \sim \phi0.35$ mm，精铰为 $\phi0.05 \sim \phi0.15$ mm），校准部分长，铰削过程中虽挤压变形较大，但对孔壁有修光熨压作用，因此，铰削通过对孔壁薄层余量的去除使孔的加工精度、表面质量得到提高。一般铰孔加工精度可达 IT9~IT6，表面粗糙度达 $Ra1.6 \sim 0.4$ μm，但铰孔对位置精度的保证不够理想。

铰孔既可用于加工圆柱孔，亦可用于加工圆锥孔，既可加工通孔，亦可加工盲孔。铰孔前，被加工孔应先经过钻削或钻、扩孔加工，铰削余量应合理，既不能过大也不能过小，速度与用量也应合适，才能保证铰削质量。另外，铰削中，铰刀不能倒转；铰孔后，应先退铰刀后停车。

3. 镗削加工

在镗床上以镗刀的旋转为主运动，工件或镗刀移动做进给运动，对孔进行扩大孔径及提高质量的方法为镗削加工。镗削加工能获得较高的加工精度，一般可达 IT8~IT7；较小的表面粗糙度，一般为 $Ra1.6 \sim 0.8$ μm。但要保证工件获得高的加工质量，除与所用加工设备密切相关外，对工人的技术水平要求也较高，且加工中调整机床、刀具的时间较长，故镗削加工生产率不高，但镗削加工灵活性较大，适应性强。

镗削加工演示

生产中，镗削加工一般用于加工机座、箱体、支架及非回转体等外形复杂的大型零件上的较大直径孔，尤其是有较高位置精度要求的孔与孔系；对外圆、端面、平面也可采用镗削进行加工，且加工尺寸可大可小；当配备各种附件、专用镗杆和相应装置后，镗削还可以用于加工螺纹孔、孔内沟槽、端面、内外球面和锥孔等。

当利用高精度镗床及具有锋利刃口的金刚石镗刀，采用较高的切削速度和较小的进给量进行镗削时，可获得更高的加工精度及表面质量，称为精镗或金刚镗。精镗一般用于对有色金属等软材料进行孔的精加工。

二、钻、镗设备

钻削可以在车床、镗床、钻床、组合机床和加工中心进行，但在多种情况下，尤其是当生产批量较大时，在钻床上应用较多。

1. 钻床

钻床是进行孔加工的主要机床之一，其主运动是主轴的旋转运动，主轴向工件的移动为进给运动，加工中工件不动。钻床种类较多，主要有立式钻床、台式钻床、摇臂钻床、深孔钻床、中心孔钻床、数控钻床等。

（1）立式钻床。立式钻床由垂直布置的主轴、主轴箱、立柱、水平布置的工作台等组成。主轴与工作台间距离可沿立柱导轨调整上、下位置，以适应不同高度的工件；主轴轴线位置固定，加工中靠移动工件位置使主轴对准孔的中心；主轴可机动或手动进给。在立式钻床上可对中小型工件完成钻孔、扩孔、铰孔、攻螺纹、锪沉头孔、锪孔口端面等工作。

台式钻床是一种放在桌子上使用的小型钻床,它可加工的孔径通常为 $\phi 0.1 \sim \phi 13$ mm。一般为手动进给,是钻小直径孔的主要设备。

(2) 摇臂钻床。机床的主轴箱装于可绕立柱回转的摇臂上,并可沿摇臂水平移动,摇臂还可以沿立柱调整高度,以适应不同的工件。加工中,工件固定于工作台或底座,钻头与孔轴线的对准依据灵活的主轴箱位置调整加以实现。

2. 镗床

镗床主要用于加工重量、尺寸较大工件上的大直径孔系,尤其是有较高位置、形状要求的孔系加工。镗床主要有卧式镗床、坐标镗床和金刚镗床等。

(1) 卧式镗床。卧式镗床是一种应用较广泛的镗床,其外形如图 7-28 所示。前立柱 7 固定连接在床身 10 上,在前立柱 7 的侧面轨道上,安装着可沿立柱导轨上下移动的主轴箱 8 和后尾筒 9,主轴箱中装有主运动和进给运动的变速及其操纵机构;可做旋转运动的平旋盘 5 上铣有径向 T 形槽,供安装刀夹或刀盘用;平旋盘端面的燕尾形导轨槽中可安装径向刀架 4,装在径向刀架上的刀杆座可随刀架在燕尾导轨槽中做径向进给运动;镗轴 6 的前端有精密莫氏锥孔,可用于安装刀具或刀杆;后立柱 2 和工作台 3 均能沿床身导轨做纵向移动,安装于后立柱上的支架 1 可支撑悬伸较长的镗杆,以增加其刚度;工作台除能随下滑座 11 沿轨道纵向移动外,还可在上滑座 12 的环形导轨上绕垂直轴转动。由上述可知,在卧式镗床上可实现多种运动。

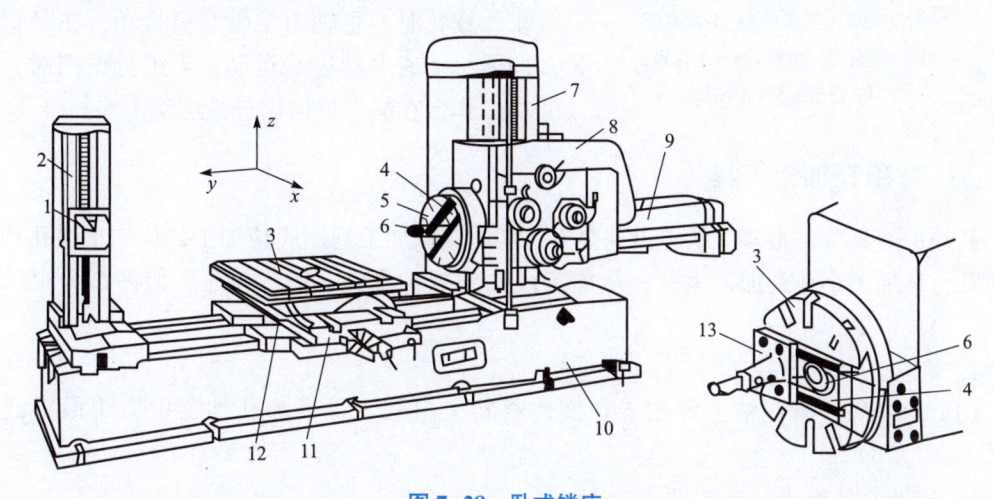

图 7-28 卧式镗床
1—支架;2—后立柱;3—工作台;4—径向刀架;5—平旋盘;6—镗轴;7—前立柱;
8—主轴箱;9—后尾筒;10—床身;11—下滑座;12—上滑座;13—刀座

1) 镗轴 6、平旋盘 5 的旋转运动,二者独立,并分别由不同的传动机构驱动,均为主运动。

2) 镗轴 6 的轴向进给运动,工作台 3 的纵向进给运动,工作台的横向进给运动,主轴箱 8 的垂直进给运动,平旋盘 5 上径向刀架 4 的径向进给运动。

3) 镗轴 6、主轴箱 8 及工作台 3 在进给方向上的快速调位运动,后立柱 2 的纵向调位运动,支架 1 的垂直调位移动,以及工作台的转位运动等构成卧式镗床上的各种辅助运动,它们可以手动,也可以由快速电动机传动。

由于卧式镗床能方便灵活地实现以上多种运动,所以,卧式镗床的应用范围较广。

(2) 坐标镗床。其因机床上具有坐标位置的精密测量装置而得名。在加工孔时,可按直角坐标来精密定位,因此坐标镗床是一种高精密机床,主要用于镗削高精度的孔,尤其适合于相互位置精度很高的孔系,如钻模、镗模等孔系的加工,也可用作钻孔、扩孔、铰孔以及较轻的精铣工作,还可用于精密刻度、样板划线、孔距及直线尺寸的测量等工作。

坐标镗床有立式、卧式之分。立式坐标镗床适宜加工轴线与安装基面垂直的孔系和铣顶面;卧式坐标镗床则宜于加工轴线与安装基面平行的孔系和铣削侧面。立式坐标镗床还有单柱和双柱之分。图 7-29 所示为立式单柱坐标镗床,工件安装于工作台 3 上,坐标位置通过工作台 3 沿滑座 2 的导轨纵向（x 向）移动及滑座 2 沿底座 1 的导轨横向（y 向）移动实现;主轴箱 5 可在立柱 4 的垂直轨道上下调整位置,以适应不同高度的工件;主轴箱内装有主电动机和变速、进给及其操纵机构,主轴由精密轴承支承在主轴套筒中。当进行镗、钻、扩、铰孔时,主轴由主轴套筒带动,在竖直方向做机动或手动进给运动;当进行铣削时,则由工作台在纵、横向做进给运动。

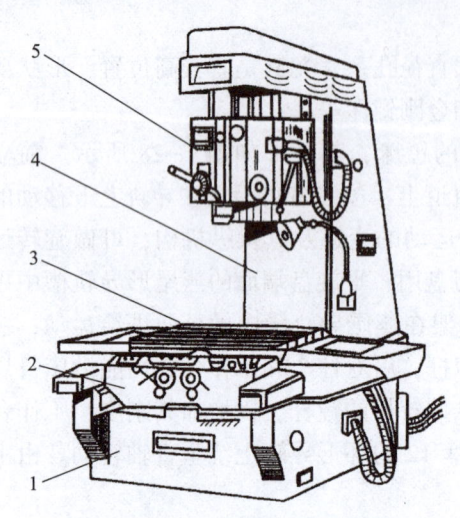

图 7-29 立式单柱坐标镗床
1—底座;2—滑座;3—工作台;
4—立柱;5—主轴箱

三、常用孔加工刀具

孔加工刀具种类很多,从单刃到多刃,从适应粗加工到适应精加工,从加工通孔到加工盲孔,从加工小孔到加工大孔,从加工浅孔到加工深孔,各具特色,但多数为定尺寸刀具。

1. 钻刀

(1) 麻花钻。麻花钻主要用于在实体材料上打孔,是目前孔加工中应用最广泛的刀具。

1) 麻花钻的组成。麻花钻由三部分组成:工作部分（包括切削部分和导向部分）、颈部和柄部,如图 7-30 所示。

① 柄部。钻头的柄部用于夹持刀具和传递动力。通常直径在 $\phi 12$ mm 以下的小直径钻头采用直柄;而直径大于 $\phi 16$ mm 的较大直径钻头采用锥柄,锥柄可传递较大扭矩,锥柄后端的扁

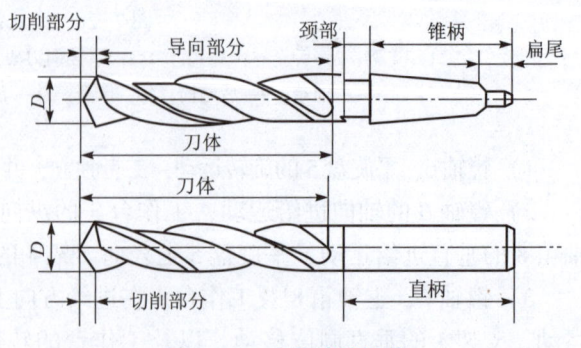

图 7-30 麻花钻的构造

尾用于传递扭矩且便于装卸；直径为 $\phi12\sim\phi16$ mm 的钻头，直柄、锥柄均可采用。

② 颈部。颈部位于工作部与柄部之间，常用来打标记。

③ 工作部分。导向部分有两条对称的棱带和螺旋槽。窄的棱带起导向及修光孔壁的作用，同时可减小钻头与孔壁的摩擦；螺旋槽用于排屑及输送切削液。切削部分为两个刀齿，刀齿上均有前面、后面、负后面、主刀刃及副刀刃，两后面在钻心处相交形成横刃。切削部分担负切削工作。

2）麻花钻的结构特征及存在的问题。麻花钻两刀齿的前面为螺旋槽，螺旋斜角越大，刀具获得的前角越大，切削刃越锋利，排屑越顺畅，但同时钻头刚性变差。由于刀刃上各点螺旋斜角不同，故刀刃上各点的前角也不同，且越向钻心，前角越小，切削挤压变形严重，使钻削力加大。一把中等直径的麻花钻，由刀刃外缘至钻心，前角相差近 $60°$。

为加强麻花钻的导向作用，钻头两刀齿后面几乎作成圆柱形，即副后角为零，导致麻花钻加工中与孔壁摩擦剧烈，使已加工孔壁粗糙，表面质量差。同时，因刀具外缘处速度最高，故钻头主、副刃转角处磨损严重，使刀具耐用度下降。

为提高刀具刚度，麻花钻两刀齿交错布局而形成横刃，受结构限制，横刃前角负值很大，工作中挤压非常严重，经实测，麻花钻工作中有大约57%的轴向力由横刃引起，加之横刃有一定的宽度，故使麻花钻工作中的定心能力较差，被加工孔易出现引偏现象。

3）麻花钻的修磨。目前，麻花钻已标准化、系列化，但针对麻花钻工作中轴向力大、定心性差、易引偏、表面粗糙度大及刀具耐用度低等问题，为改善其切削性能，人们往往对麻花钻进行修磨，修磨部分主要是横刃和麻花钻的转角。如磨窄、磨尖横刃可降低轴向力；磨出多重锋角可提高转角处刀具刚度，增大散热体积，降低刀具磨损，提高刀具耐用度。

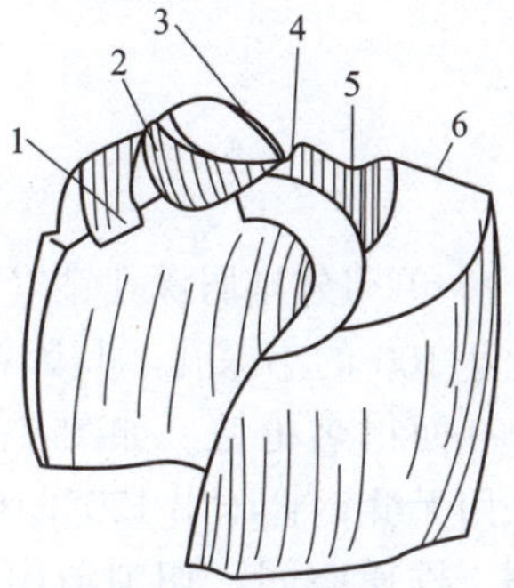

（2）群钻。群钻是针对标准麻花钻工作中存在的不足，经长期生产经验总结，采取多种修磨措施而形成的新型钻头结构，如图 7-31 所示。其主要结构特征是：将两主切削刃接近钻心处磨成圆弧内刃，以提高该处刀刃的锋利性；将横刃磨窄磨尖，以改善其切削性能并提高

图 7-31 群钻
1—分屑槽；2—月牙槽；3—横刃；
4—内直刃；5—圆弧刃；6—外直刃

定心性，同时降低横刃尖高，以保证刀尖足够的强度和刚度；在外刃上开出分屑槽，以利于排屑；磨窄刃带，以减少刀具与孔壁的摩擦，从而形成了"三尖七刃锐当先，月牙弧槽分两边，一侧外刃再开槽，横刃磨低窄又尖"的新格局。与标准麻花钻相比，采用群钻加工孔可明显降低轴向力，提高定心能力，以及钻削加工精度、表面质量和钻头的耐用度。目前，群钻按工作材料的不同，加工孔径不同，实现了标准化和系列化。

（3）硬质合金钻头。加工硬脆材料如合金铸铁、玻璃、淬硬钢等难切削材料时，可使用硬质合金钻头；直径较小时可做成整体结构，直径较大时（大于 $\phi6$ mm）可做成镶嵌结构，如图 7-32 所示。

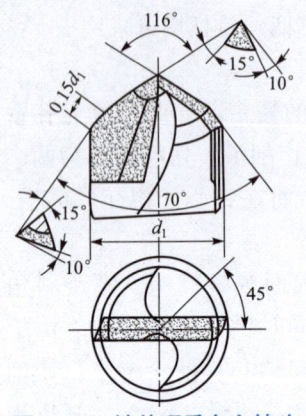

图 7-32 镶片硬质合金钻头

（4）可转位浅孔钻。可转位浅孔钻是 20 世纪 70 年代末出现的新型钻头，如图 7-33（a）所示。它适合在车床上加工直径为 $\phi20\sim\phi60$ mm、长径比小于 3 的中等直径浅孔。对直径在 $\phi60$ mm 以上的浅孔，可用硬质合金可转位式套料浅孔钻加工，如图 7-33（b）所示。该结构的钻头切削效率高、功率消耗少，还可以节省原材料、降低成本，是大批量生产加工中等直径孔时常采用的方法之一。可转位浅孔钻还可用于镗孔或车端面，并可实现高速切削。

（5）深孔钻。针对深孔加工中的困难，深孔钻应从结构上解决好定心、导向、排屑、冷却及刀具刚度问题，才能适应深孔加工的要求。

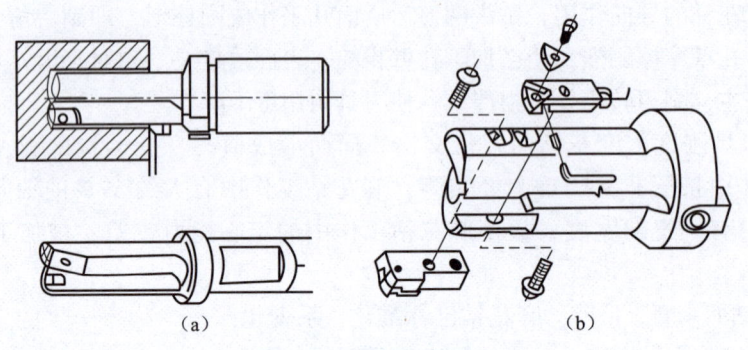

图 7-33 可转位浅孔钻
（a）结构；（b）工装情况

1）单刃外排屑深孔钻（枪钻）。单刃外排屑深孔钻用于加工直径为 $\phi2\sim\phi20$ mm、长径比达 100 的小深孔。其因常用于加工枪管小孔而得名枪钻。如图 7-34 所示，钻杆采用无缝钢管压出 120°凹槽，形成较大容屑、排屑空间，切削液由钻杆中注入，达切削区后将切屑由钻杆外冲出；刀具仅在一侧有刃，分为内刃、外刃，内刃切出的孔底有锥形凸台，有助于钻头定心导向；钻尖偏离轴心一个距离 e，同时，内刃前面低于轴心线 H，这使枪钻在工作中

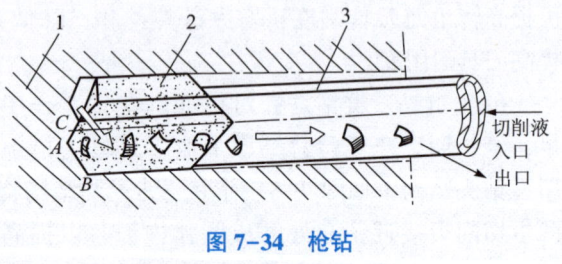

图 7-34 枪钻
1—工件；2—切削部分；3—钻杆

无法去除轴心材料而形成芯柱（称导向芯柱），很好地解决了孔加工中的导向问题。导向芯柱直径较小（$2H$），故能自行折断并随切屑排出。

2）错齿内排屑深孔钻（BTA）。图 7-35 所示为焊接式错齿内排屑深孔钻结构。钻头工作时由浅牙矩形螺纹与钻杆连接，通过刀架带动，经液封头钻入工件。钻头刀齿交错排列，利于分屑和排屑；在钻管与工件孔壁的缝隙中加入高压切削液，以解决切削区的冷却问题，同时利用液体的高压将切屑由钻管内孔中冲出；分布于钻头前端圆周上的硬质合金导条，使钻头支承于孔壁，实现了加工中的导向。

3）喷吸钻。喷吸钻在切削部分的结构与错齿内排屑深孔钻的结构基本相同，但钻杆采用内管、外套相结合的双层管结构，其工作原理如图7-36所示。工作时，压力切削液从进液口流入连接套，其中三分之一从内管四周月牙形喷嘴喷入内管，因月牙槽缝隙很小，故切削液喷入时产生喷射效应，使内管内侧形成负压区；另外三分之二由内、外管间隙流至切削区，连同切削液一起被吸入内管迅速排出，压力切削液流速快，到达切削区时雾状喷出，利于冷却，同时，经喷口流入内管的切削液流速增大，加强"吸"的作用，提高排屑的效果。喷吸钻适用于加工中等直径的一般深孔。

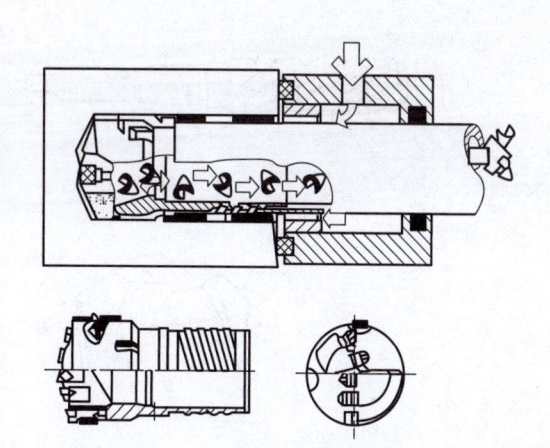

图 7-35　错齿内排屑深孔钻

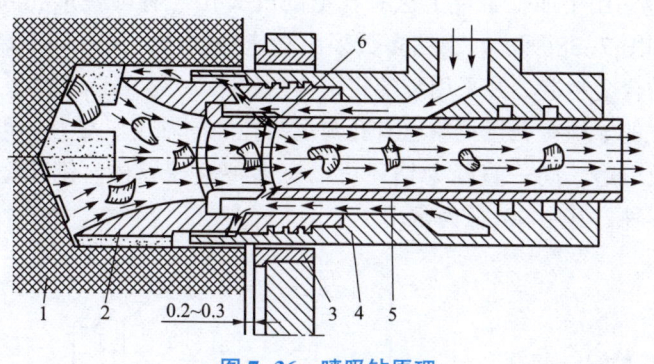

图 7-36　喷吸钻原理
1—工件；2—钻头；3—导向套；4—外管；5—内管；6—月牙形喷嘴

4）深孔麻花钻。深孔麻花钻在结构上采用加大螺旋角、增加钻心厚度、改善刃沟槽形、合理选择几何角度及修磨形式，较好地解决了排屑、导向、低刚度等深孔加工问题。深孔麻花钻可在普通设备上一次进给加工长径比达5~20的深孔。

（6）扩孔钻。扩孔钻用于对工件上已有孔进行扩径加工，扩孔钻结构如图7-37所示。与普通麻花钻相比，扩孔钻的刀刃一般为3~4齿，工作平稳性、导向性提高；因无须对孔心进行加工，故扩孔钻不设横刃；由于切屑少而窄，故可采用较浅的容屑槽，刀具刚度得以改善，既有利于加大切削用量提高生产率，同时切屑易排，不易划伤已加工表面，使表面质量得到提高。

扩孔钻按刀具切削部分材料的不同有高速钢和硬质合金之分。小直径高速钢扩孔钻采用整体直柄结构，直径较大时采用整体锥柄结构（图7-37（a））或套式结构（图7-37（b））。硬质合金扩孔钻除具有直柄、锥柄、套式［将硬质合金刀片焊接或镶嵌于刀体，如图7-37（c）所示］等结构形式外，大直径的扩孔钻常采用机夹可转位形式。

· 205 ·

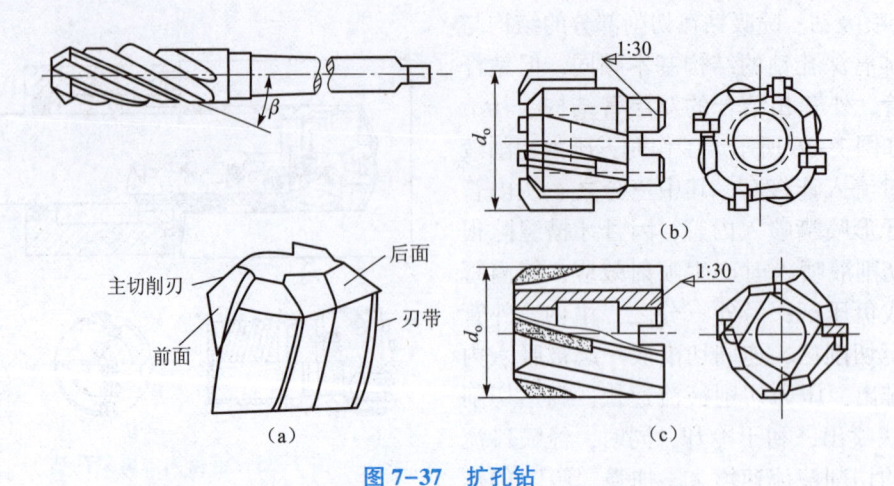

图 7-37 扩孔钻
(a) 整体锥柄结构；(b) 套式结构；(c) 焊接或镶嵌

（7）锪钻。锪钻用于加工工件上已有孔上的沉头孔（有圆柱形和圆锥形之分）和孔口凸台、端面，如图 7-38 所示。锪钻多数采用高速钢制造，只有加工端面凸台的大直径端面锪钻采用硬质合金制造，并采用装配式结构，如图 7-38（d）所示。平底锪钻一般有 3~4 个刀齿，前方的导柱有利于控制已有孔与沉头孔的同轴度。导柱一般做成可卸式，以便于刀齿的制造及刃磨，同一直径锪钻还可以有多种直径导柱。锥孔锪钻的锥度一般有 60°、90° 和 120° 三种，其中 90° 最为常用。

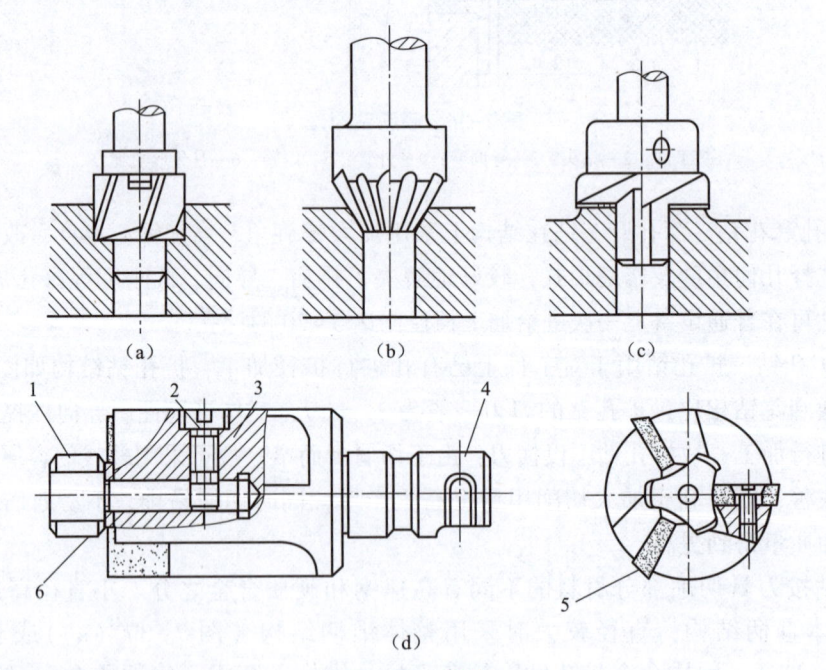

图 7-38 锪钻
(a) 锪沉头孔；(b) 锪锥面；(c) 锪凸台平面；(d) 装配式结构

2. 铰刀

(1) 铰刀的组成。铰刀由工作部分、颈部和柄部组成，如图7-39所示。工作部分包括切削部分和校准部分。导锥和切削锥构成切削部分，导锥便于铰刀工作时的引入，切削锥起切削作用；校准部分的圆柱部分可起导向、校准和修光作用，倒锥则可减少铰刀与孔壁的摩擦和防止孔径扩大。

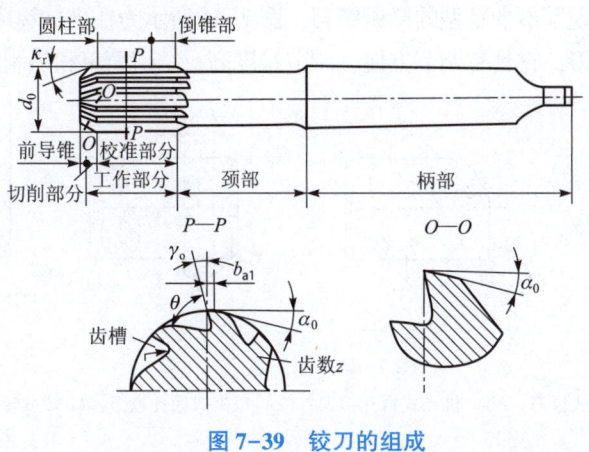

图 7-39 铰刀的组成

(2) 铰刀的结构要素。

1) 直径与公差。铰刀是用于精加工孔的定尺寸刀具，其直径与公差取值主要决定于被加工孔的直径及精度要求。同时，也要考虑铰刀的使用寿命及制造成本。因此，铰刀直径一般与被加工孔的基本尺寸一致，而公差则根据被加工孔的公差留下一定的备磨量，并按铰孔中出现的扩孔或缩孔量确定。

2) 齿数及槽形。铰刀的齿数多，则铰刀工作中导向性好，刀齿负荷轻，铰孔质量高，但齿数过多会使容屑空间减少、刀齿强度降低。通常根据直径和工件材料确定齿数。材料韧性好取少齿数，脆性大取多齿数。为便于直径测量，铰刀一般取偶数齿，且多为等距均布，在某些情况下，为避免周期性切削负荷对孔表面的影响，也可用不等齿距结构。

铰刀的齿槽形式有直槽和螺旋槽两种。直槽铰刀因刃磨、检验方便，故在生产中常用；螺旋槽铰刀切削平稳，刀具耐用度高，铰削质量高，特别适用于铰削表面不连续的孔（如带键槽的孔）。螺旋槽又有左旋和右旋之分，左旋铰刀因其向前排屑，故不能铰削盲孔；而右旋铰刀的夹持不如左旋牢固，因而切削用量应适当减小。

3) 几何角度。铰刀的几何角度主要有主偏角（切削锥角），前、后角，刃倾角及刃带宽度等。切削锥度影响切削时的进给力，手铰刀为使工作者省力，取主偏角为1°左右；机铰刀则根据加工条件，如通孔时取12°~15°，而盲孔时，为铰出孔的全长可取到45°。前、后角，刃倾角的作用与其他刀具的类似。为保证铰孔中有较好的导向、修光及校准孔径等作用，铰刀校准部分的刃口上制有0.1~0.5 mm的刃带，刃带与孔壁间将产生一定的摩擦，故刃带亦不宜太大，一般按铰刀直径来合理确定刃带宽度。

3. 镗刀

镗刀的种类很多，按刀刃数量分有单刃镗刀、双刃镗刀和多刃镗刀；按被加工表面性质分为通孔镗刀、盲孔镗刀、阶梯孔镗刀和端面镗刀；按刀具结构有整体式、装配式和可调式镗刀。

(1) 单刃镗刀。图7-40所示为几种常见的不同结构的普通单刃镗刀。加工小孔时镗刀可做成整体式，加工大孔时镗刀可做成机夹式或机夹可转位式。镗刀的刚性差，切削时易产生振动，故镗刀有较大的主偏角，以减小径向力。普通单刃镗刀结构简单，制造方便，通用性强，但切削效率低，对工人操作技术要求高。随着生产技术的不断发展，需要更好地控制、调节精度和节省调节时间，出现了不少新型的微调镗刀。图7-41所示为在坐标镗床、自动线和数控机床上使用的一种微调镗刀，它具有调节方便、调节精度高、结构简单和易制造的优点。

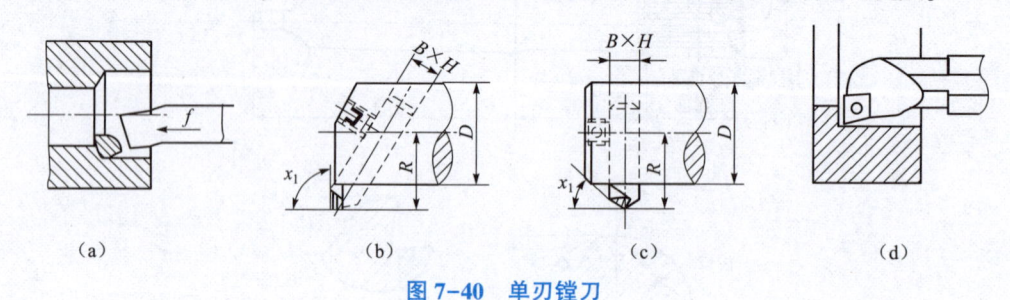

图7-40 单刃镗刀

(a) 整体焊接式镗刀；(b) 机夹式盲孔镗刀；(c) 机夹式通孔镗刀；(d) 可转位式镗刀

(2) 双刃镗刀。双刃镗刀属定尺寸刀具，通过两刃间的距离改变，达到加工不同直径孔的目的。常用的有固定式镗刀块和浮动镗刀两种。

1) 固定式镗刀块。镗刀块通过斜楔或在两个方向倾斜的螺钉等夹紧镗杆，如图7-42所示。安装后镗刀块相对于轴线的位置误差都将造成孔径扩大，所以镗刀块与镗杆上方孔的配合要求较高，刀块安装方孔对轴线的垂直度与对称度误差不大于0.01 mm。固定式镗刀块用于粗镗或半精镗直径大于$\phi 40$ mm的孔。固定式镗刀块也可制成焊接式或可转位式硬质合金镗刀块。

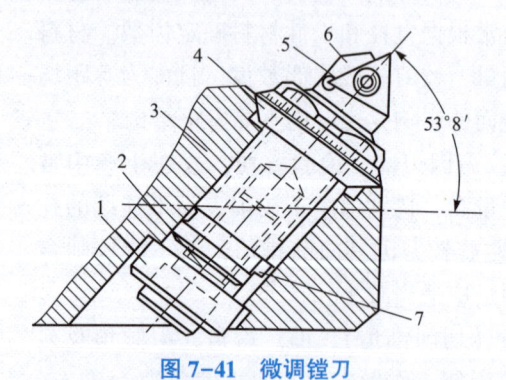

图7-41 微调镗刀

1—垫圈；2—拉紧螺钉；3—镗刀杆；4—调整螺母；5—刀片；6—镗刀头；7—防转销

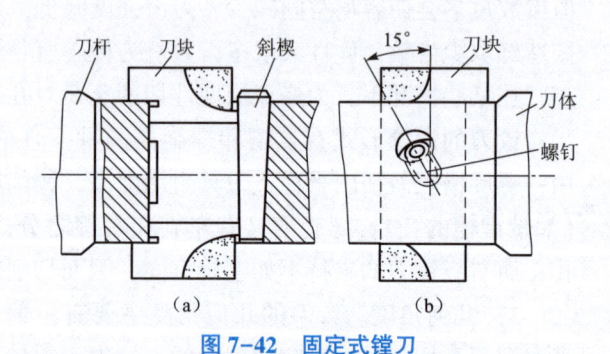

图7-42 固定式镗刀

(a) 斜楔夹紧；(b) 螺钉压紧

2) 浮动镗刀。浮动镗刀装入镗杆的方孔中不需要夹紧。镗孔时通过作用在两侧切削刃上的切削力来自动平衡其切削位置，因此，它能自动补偿由刀具安装误差、机床主轴偏差而造成的加工误差，获得较高的加工精度（IT7～IT6），但它无法纠正孔的直线度误差，因而要求预加工孔的直线性好，表面粗糙度值不大于$Ra3.2$ μm。浮动镗刀结构简单，刃磨方便，但镗杆上方孔难制造，且加工孔径不能太小，操作麻烦，效率亦低于铰孔，故适用于单件、小批量生产中加工直径较大的孔，尤其适合于精镗孔径大（>φ200 mm）而深（长径比>5）的筒件和管件孔。

浮动镗刀可分为整体式、可调焊接式和可转位式。整体式通常用高速钢制作或在45钢刀体上焊两块硬质合金刀片，制造时直接磨到尺寸，适用于多品种、小批量的零件加工。可调焊接式浮动镗刀如图7-43（a）所示，松开紧固螺钉2，旋转调节螺钉3推动刀体即可调大尺寸；可转位式浮动镗刀如图7-43（b）所示，旋松螺钉2、4可方便地装卸刀片并调节直径尺寸。

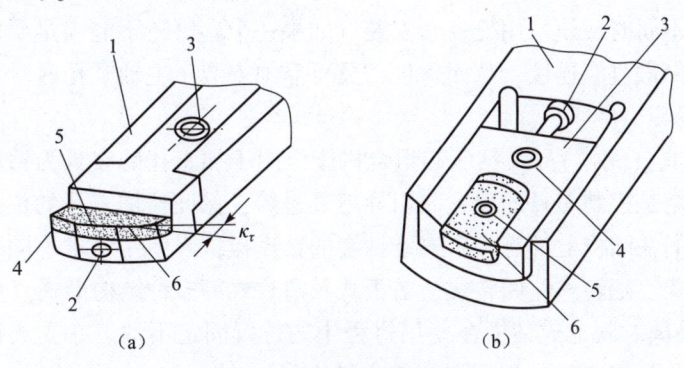

图7-43 硬质合金浮动镗刀
(a) 可调焊接式
1—刀体；2—紧固螺钉；3—调节螺钉；4—倒锥部；5—修光刃；6—切削刃
(b) 可转位式
1—刀体；2—调节螺钉；3—压板；4—压紧螺钉；5—销子；6—刀片

除以上各种常用孔加工刀具外，生产中为提高生产效率、加工精度等，还有一些专门设计的特定用途的组合刀具和复合刀具，如加工阶梯孔的阶梯麻花钻，钻铰一体的复合刀具，加工深孔的拉铰刀、推镗刀，用于精密孔加工的硬质合金镗铰刀等，如图7-44所示。

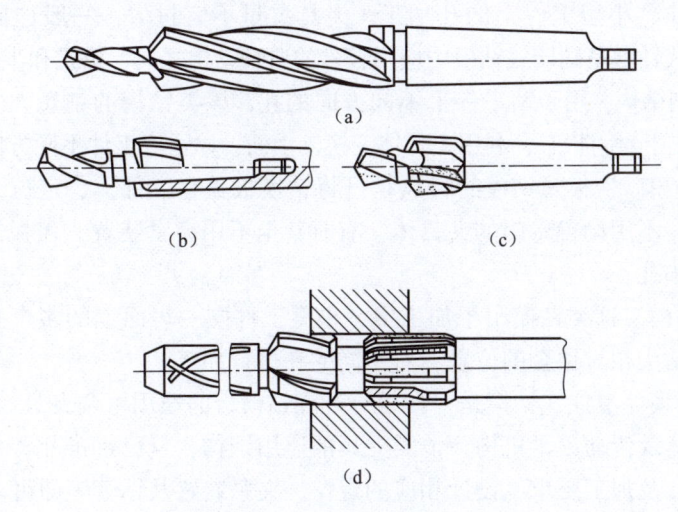

图7-44 不同类工艺复合刀具
(a) 复合刀具；(b) 拉铰刀；(c) 推镗刀；(d) 硬质合金镗铰刀

四、钻、镗削常用附件及夹具

1. 钻、镗削常用附件

钻削时所用附件除安装工件用的虎钳、压板、螺栓和 V 形架外,还包含安装钻头用的钻夹头和变径套。镗削所用附件主要有安装镗刀用的刀杆座等及安装工件用的压板、螺栓、弯板、角铁等。

(1) 钻夹头。钻夹头用于夹持直柄钻头。

(2) 变径套。锥柄刀具通常可直接装于主轴锥孔内。当柄部莫氏锥度号数与机床主轴的莫氏锥度号数不同时,须采用变径套安装。如果一个套筒还不能满足要求,则可用两个或两个以上的套筒做过渡连接,从而保证刀具可靠地安装于主轴锥孔内。

2. 钻镗用夹具

(1) 钻床夹具(钻模)。在钻床和组合机床上用于加工孔的夹具为钻床夹具,简称钻模。它的主要作用是控制刀具的位置并引导刀具进给,保证被加工孔的位置精度。钻模的种类很多,但它们在结构上都有一个安装钻套的钻模板,因使用要求不同,故结构形式各异,一般有固定式、翻转式、回转式、盖板式及滑柱式等多种结构形式。

1) 固定式钻模。固定式钻模在使用过程中的位置固定不动。在立式钻床上,可用于较大的单孔加工,若需加工孔系,则应在主轴上增加有一个多轴传动头。在摇臂钻床上,可用于平行孔系的加工。在钻床工作台上安装钻模时,应先用装于主轴的钻头(精度要求高时可用心轴)插入钻套,以校正钻模位置,然后将其固定,这样可减少钻套的磨损,同时可保证孔的位置精度。

2) 回转式钻模。对工件上围绕一定回转轴线(立、卧、斜轴)分布的轴向或径向孔系及分布于工件不同表面的孔进行加工时,可采用回转式钻模。它有分度装置,可依靠钻模加工各孔。钻模所用的对定机构有径向分度对定和轴向分度对定两种。

3) 翻转式钻模。翻转式钻模可以和工件一起翻转,以方便加工分布于工件上不同表面的孔,主要用于中、小型工件上的孔加工。夹具重量不宜过大,一般连同工件不应超过 80~100 N。支柱式钻模是翻转式钻模中应用较多的典型结构之一。箱式和半箱式钻模是翻转钻模的又一类典型结构,用于钻工件上不同方向的孔,该类钻模的钻套大多直接装于夹具体,夹具呈封闭或半封闭状态,利用夹具体变换支承面,以适应工件不同方向的加工需求。

4) 盖板式钻模。盖板式钻模的特点是可将钻模板盖在工件上,定位、夹紧件及钻套均可装于钻模板,不用设置专门的夹具体,有时甚至不用夹紧装置。盖板式钻模可用于加工大型工件上的小孔。

5) 移动式钻模。这类钻模用于加工中、小型工件同一表面上的多个孔,加工中通过移动钻模,找正钻头相对钻套的位置,对不同的孔进行加工。

6) 滑柱式钻模。滑柱式钻模是一种带有升降钻模板的通用可调夹具。夹具的钻模板、三根滑柱、夹具体及传动锁紧机构为该类夹具的通用结构,且已标准化,使用时,只要根据工件形状、尺寸及加工要求,设计相应的定位、夹紧装置及钻套等即可。

(2) 镗床夹具(镗模)。镗床夹具专门用于在各种立式、卧式镗床上镗孔,又称镗模。与钻模很相似,除具有一般夹具的各类元件外,也具备引导刀具的导套——镗套,镗套亦是按工件被加工孔的坐标位置装于专门的零件——导向支架（镗模架）上，镗模在镗床上的安装类似于铣床夹具，即采用定向键或在镗模体上找正基准面的方式安装。

按所使用的机床类型，镗模有立式和卧式镗模两类；按镗套安放位置的不同又有前引导式、后引导式、前后引导式及不同镗套的镗模。

单支承前引导式镗模的导向模架在刀具的前方，刀杆与机床主轴刚性连接。这种模架布置方式适用于加工较大（$>\phi60$ mm）的浅通孔。单支承后引导式镗模的导向模架处于刀具的后方，刀杆与主轴亦为刚性连接，当孔的长径比小于1时，可让刀具导向部分直径大于孔径，而使刀杆刚性好、加工精度高，换刀也不必更换或取下镗套；当孔的长径比大于1时，应让刀具导向部分直径小于孔径，而使镗杆能进入加工孔，减少镗杆悬伸长度及刀杆总长，提高刚性。单支承双引导镗模在工件上一侧装有两个镗模架，镗杆与主轴采用浮动连接，孔的精度全由镗套保证。双支承单引导镗模的模架分别装于工件两侧，镗杆与主轴浮动连接，当加工长径比大于1.5的通孔或排在同一轴线上的几个短孔且位置精度要求较高时采用该种镗模。双支承双引导镗模则在工件两侧均装有两个镗模架，当孔的加工精度要求较高，且从两面进行镗孔时采用该镗模。镗模中镗模架的不同布置形式如图 7-45 所示。

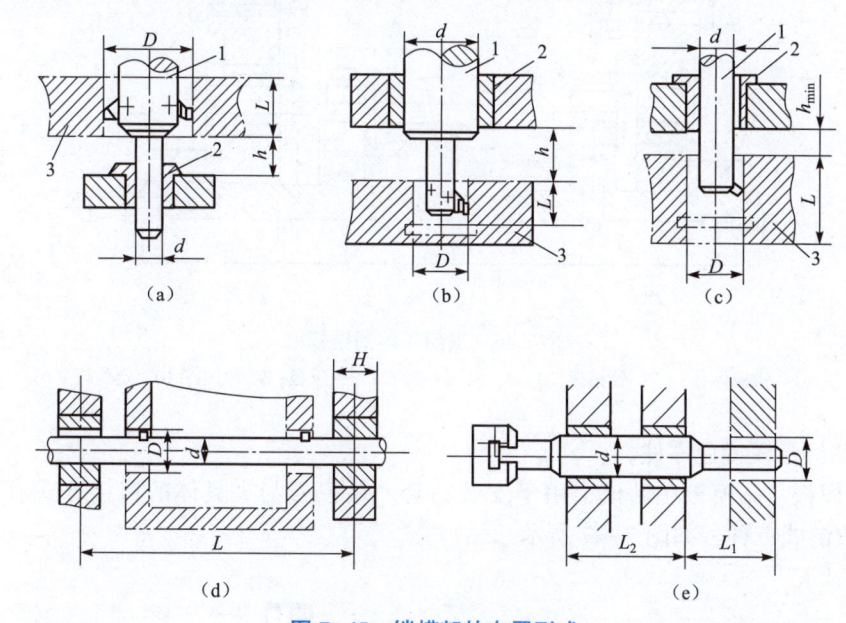

图 7-45　镗模架的布置形式

（a）单支承前引导；（b）单支承后引导；（c）单支承后引导；（d）双支承前引导；（e）双支承后引导

1—撞杆；2—撞套；3—工件

图 7-46 所示为加工支架壳体上的两组同轴孔（2-ϕ20H7，ϕ40H7，ϕ35H7），采用双支承单引导镗模。工件加工工序图如图 7-46 所示。工件以底面 a、侧面 b 定位于夹具的定位板 10，以端面 e 靠在夹具的挡销 9 上做轴向定位；用四个压板 8 压紧工件。加工 ϕ20H7 两同轴孔用的镗杆支承于镗套 3 和镗套 6，加工同轴孔 ϕ40H7、ϕ35H7 用的镗杆支承于镗套 4 和镗套 5；镗套分别装于镗模架 2 和 7 上，镗模架用销子定位，用螺栓夹紧在镗模体 1 上。

· 211 ·

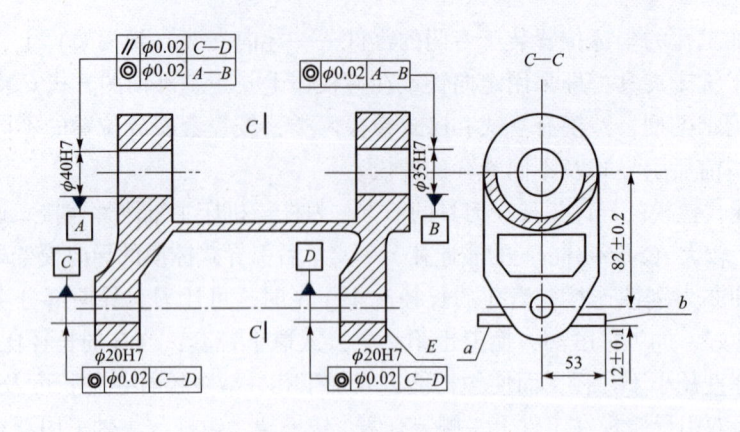

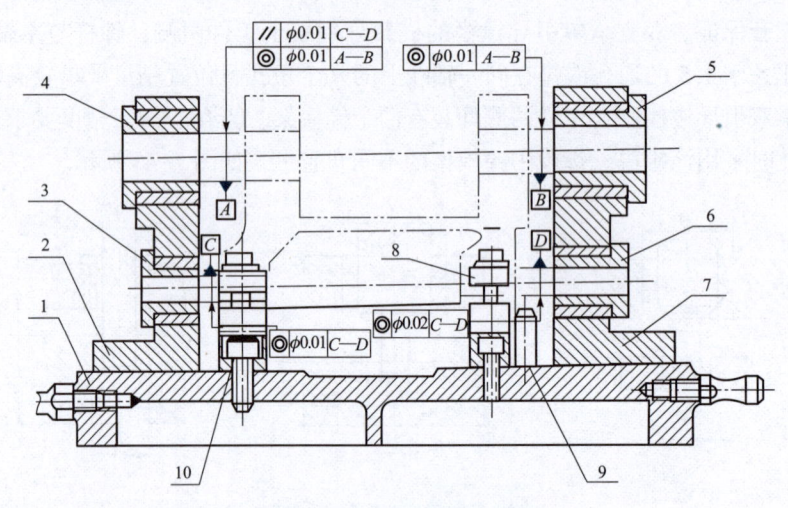

图 7-46　支架壳体用镗模

1—镗模体；2, 7—镗模架；3, 4, 5, 6—镗套；8—压板；9—挡销；10—定位板

(3) 钻、镗模特色零件。

1) 钻模板。钻模板在钻模上用于安装钻套。钻模板与夹具体的连接方式有固定式、可卸式和铰链式三种，如图 7-47 所示。

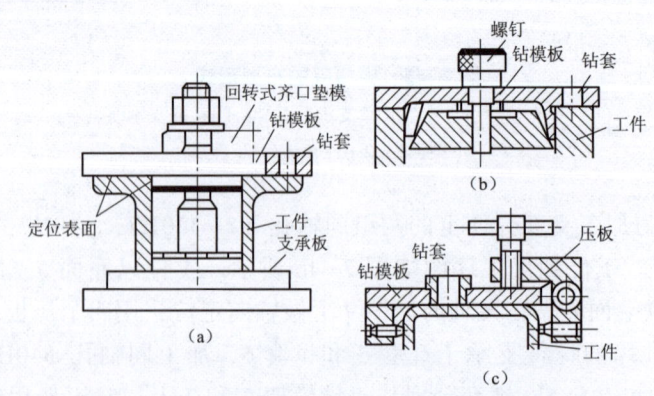

图 7-47　固定式、可卸式、铰链式钻模板

(a) 固定式；(b) 可卸式；(c) 铰链式

固定式钻模板与钻模体做成一体，或将钻模板固定在钻模体上，如图7-47（a）所示。该结构加工精度高，但工件装卸不便。可卸式钻模板与夹具体分开，随工件的装卸而装卸，如图7-47（b）所示。这种结构工件装卸方便，但效率低。铰链式是将钻模板用铰链装于夹具体，钻模板可绕铰链翻转，如图7-47（c）所示。该结构工件装卸方便。

2）钻套。钻套用于引导刀具进入正确的工作位置。钻套按其结构可分为固定钻套、标准钻套、可换钻套和特种钻套四种，如图7-48所示。

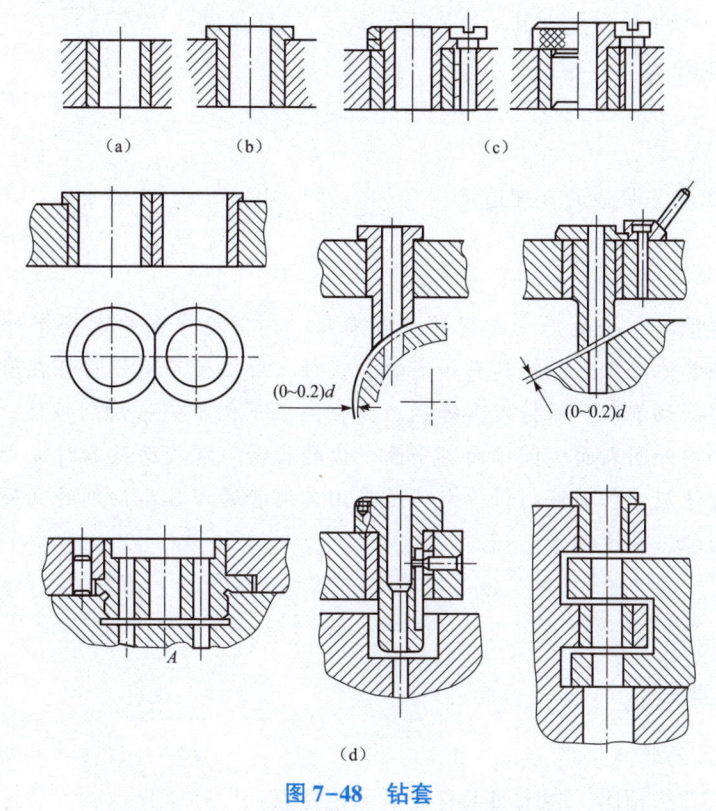

图7-48 钻套

（a）固定钻套；（b）标准钻套；（c）可换钻套；（d）特种钻套

采用固定钻套（图7-48（a））易获得较高的加工精度，但钻套磨损后不便更换。可换钻套采用螺钉紧固于钻模板，如图7-48（c）所示，但加工精度不如固定钻套，适用于在一个工序中采用多种刀具（如钻、扩、铰或攻丝）依次连续加工的情况。当工件的结构形状或工序加工条件均不适合采用以上钻套时，可按具体情况设计特种钻套，如图7-48（d）所示。

3）镗套。镗套有固定式和回转式两种。

课题四　磨削及其装备

磨削加工是在磨床上使用砂轮与工件做相对运动，对工件进行的一种多刀多刃的高速切削方法，它主要应用于零件的精加工，尤其对难切削的高硬度材料，如淬硬钢、硬质合金、玻璃和陶瓷等进行加工。

知识点

- 磨削加工
- 磨床
- 砂轮与磨削过程
- 磨削加工常用附件及夹具
- 先进磨削加工

技能点

- 磨削加工极其装备的合理选用

课题分析

磨床的种类很多，除生产中常用的外圆磨床、内圆磨床和平面磨床外，还有工具磨床、刃具磨床及其他磨床。砂轮具有一定的自锐性，磨粒硬而脆，它可在磨削力的作用下破碎、脱落、更新切削刃，保持刀具锋利，并在高温下仍不失去切削性能。磨削加工可适应各种表面，如内外圆表面、圆锥面、平面、齿轮齿面、螺旋面及各种成形面的加工；同时，磨削加工可适应多种工件材料，尤其是采用其他普通刀具难切削的高硬高强材料，如淬硬钢、硬质合金、高速钢等。

相关知识

一、磨削加工

磨削加工演示

1. 磨削加工的特点

与其他加工方法相比，磨床加工有以下工艺特点：

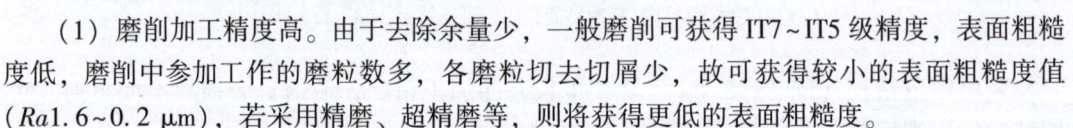

（1）磨削加工精度高。由于去除余量少，一般磨削可获得 IT7~IT5 级精度，表面粗糙度低，磨削中参加工作的磨粒数多，各磨粒切去切屑少，故可获得较小的表面粗糙度值（$Ra1.6$~$0.2\ \mu m$），若采用精磨、超精磨等，则将获得更低的表面粗糙度。

（2）磨削加工范围广。磨削加工可适应各种表面，如内外圆表面、圆锥面、平面、齿轮齿面、螺旋面及各种成形面的加工；同时，磨削加工可适应多种工件材料，尤其是采用其他普通刀具难切削的高硬度、高强度材料，如淬硬钢、硬质合金、高速钢等。

（3）砂轮具有一定的自锐性。磨粒硬而脆，它可在磨削力作用下破碎、脱落、更新切削刃，保持刀具锋利，并在高温下仍不失去切削性能。

（4）磨削速度高，过程复杂，消耗能量多，切削效率低；磨削温度高，会使工件表面产生烧伤、残余应力等缺陷。

2. 磨削加工方法及应用

磨削加工的适应性很广，几乎能对各种形状的表面进行加工。按工件表面形状和砂轮与工件间的相对运动，磨削可分为外圆磨削、内圆磨削、平面磨削及无心磨等几种主要加工类型。

（1）外圆磨削。外圆磨削是以砂轮旋转做主运动，工件旋转、移动（或砂轮径向移动）做进给运动，对工件的外回转面进行的磨削加工，它能磨削圆柱面、圆锥面、轴肩端面、球面及特殊形状的外表面，如图7-49所示。按不同的进给方向，其有纵磨法和横磨法之分。

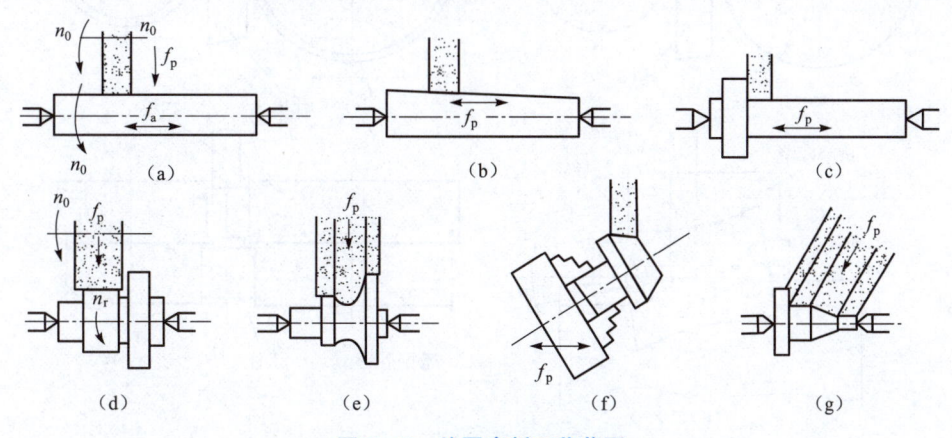

图7-49　外圆磨削工艺范围

（a）纵磨法磨光滑外圆面；（b）纵磨法磨光滑外圆锥面；（c）混合磨法磨带端面的外圆面；
（d）横磨法磨外圆面；（e）横磨法磨成形面；（f）纵磨法磨光滑锥台面；（g）横磨法磨轴肩及外圆面

1）纵磨法。采用纵磨法磨外圆时，以工件随工作台的纵向移动做进给运动（见图7-49（a）），每次单行程或往复行程终了时，砂轮做周期性的横向切入进给，逐步磨出工件径向的全部余量。纵磨法每次的切入量少，磨削力小，散热条件好，且能以光磨的次数来提高工件的磨削精度和表面质量，是目前生产中使用最广泛的一种外圆磨削方法。

2）横磨法。采用横磨法磨外圆时，砂轮宽度大于工件磨削表面宽度，以砂轮缓慢连续（或不连续）地沿工件径向的移动做进给运动，工件则不需要纵向进给（见图7-49（d）），直到达到工件要求的尺寸为止。横磨法可在一次行程中完成磨削过程，加工效率高，常用于成形磨削［见图7-49（e）和图7-49（g）］。横磨法中砂轮与工件接触面积大，磨削力大，因此，要求磨床刚性好，动力足够；同时，磨削热集中，需要充分的冷却，以免影响磨削表面质量。

③无心外圆磨削。无心磨外圆时，工件不用夹持于卡盘或支承于顶尖，而是直接放于砂轮与导轮之间的托板上，以外圆柱面自身定位，如图7-50所示。磨削时，砂轮旋转为主运动，导轮旋转带动工件旋转和工件轴向移动（因导轮与工件轴线倾斜一个α角度，旋转时将产生一个轴向分速度）为进给运动，对工件进行磨削。

无心磨外圆也有贯穿磨法（图7-50（a）和图7-50（b））和切入磨法（图7-50（c））。贯穿磨法用于不带台阶的光轴零件，加工时工件由机床前面送至托板，工件自动轴向移动，磨削后从机床后面出来；切入磨法可用于带台阶的轴加工，加工时先将工件支承在托板和导轮上，再由砂轮做横向切入磨削工件。

无心外圆磨是一种生产率很高的精加工方法，且易于实现生产自动化，但机床调整费

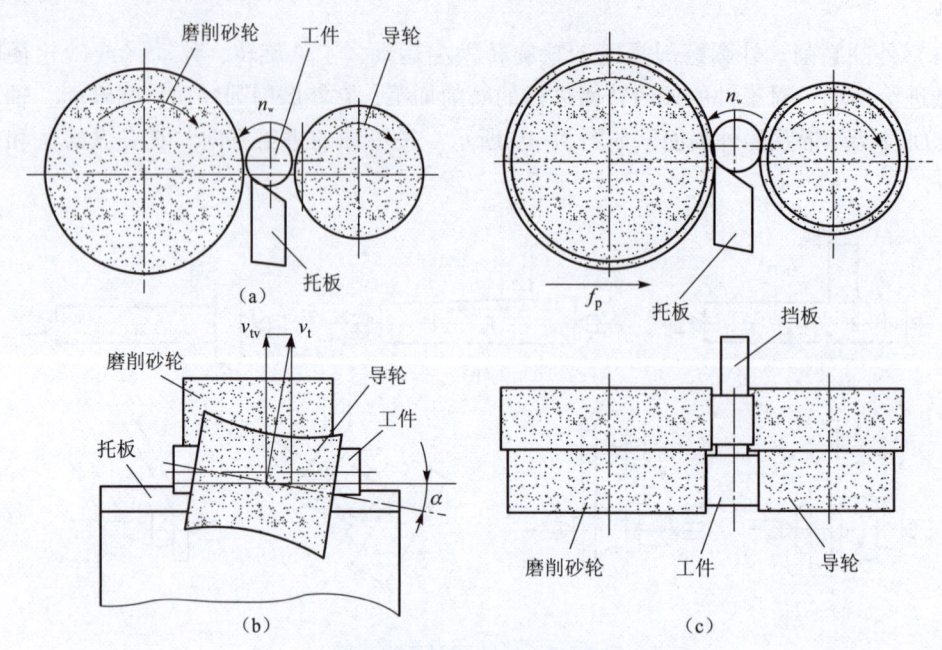

图 7-50　无心外圆磨削
(a) 贯穿磨法；(b) 贯穿磨法；(c) 切入磨法

时，故主要用于大批量生产。由于无心磨以外圆表面自身作定位基准，故不能提高零件位置精度。当零件加工表面与其他表面有较高的同轴要求或加工表面不连续（例如有长键槽）时，不宜采用无心外圆磨削。

（2）内圆磨削。

1）普通内圆磨削。普通内圆磨削的主运动仍为砂轮的旋转，工件旋转为圆周进给运动，砂轮（或工件）的纵向移动为纵向进给。同时，砂轮做横向进给，可对零件的通孔、盲孔及孔口端面进行磨削，如图 7-51 所示。内圆磨削也有纵磨法与切入法之分。

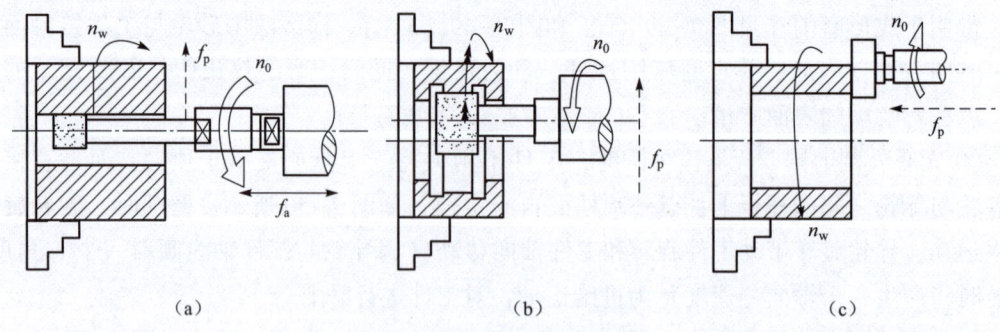

图 7-51　内圆磨削工艺范围
(a) 纵磨法磨内孔；(b) 切入法磨内孔；(c) 磨端面

2）无心内圆磨削。无心内圆磨削时，工件同样不用夹持于卡盘，而直接支承于滚轮 1 和导轮 3 上，压紧轮 2 使工件紧靠轮 1、轮 3 两轮，如图 7-52 所示。磨削时，工件由导轮带动旋转做圆周进给，砂轮高速旋转为主运动，同时做纵向进给和周期性横向切入进给。磨削后，为便于装卸工件，压紧轮向外摆开。无心内圆磨削适合于大批量加工薄壁类零件，如轴承套圈等。

与外圆磨削相比，因受孔径限制，砂轮及砂轮轴直径大，转速高，砂轮与工件接触面积大，发热量大，冷却条件差，工件易热变形；砂轮轴刚度差，易振动和弯曲变形。因此，在类似工艺条件下内圆磨的质量会低于外圆磨。生产中常采取减少横向进给量、增加光磨次数等措施来提高内孔的磨削质量。

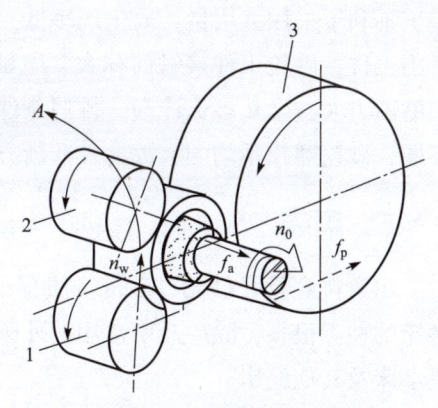

图 7-52 无心内圆磨削的工作原理
1—滚轮；2—压紧轮；3—导轮

（3）平面磨削。平面磨削的主运动虽是砂轮的旋转，但根据砂轮是利用周边还是利用端面对工件进行磨削，有不同的磨削形式；另外，根据工件是随工作台做纵向往复运动还是随转台做圆周进给，也有不同的磨削形式，如图 7-53 所示。砂轮沿轴向做横向进给，并周期性地沿垂直于工件磨削表面方向做进给，直至达到规定的尺寸要求。

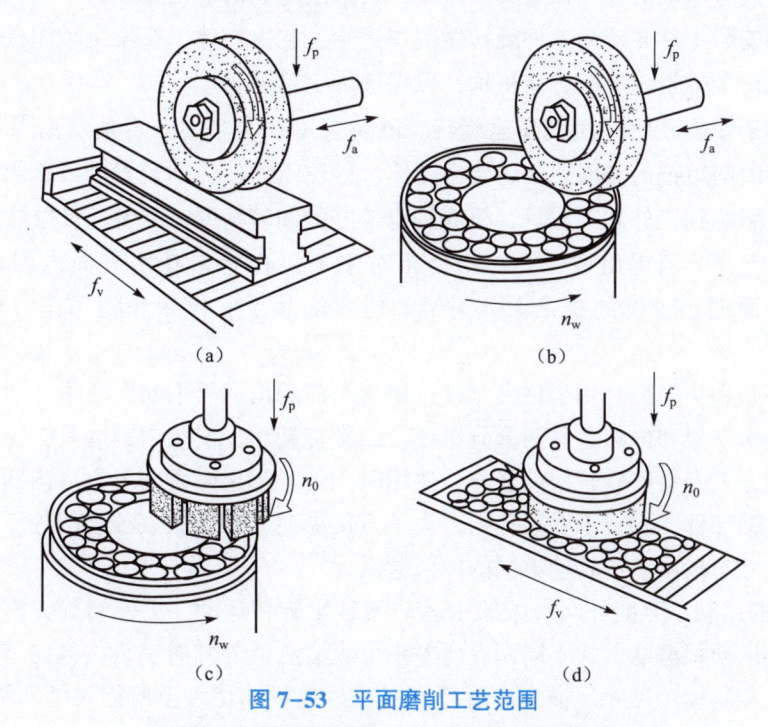

图 7-53 平面磨削工艺范围
（a）卧轴矩台平面磨床磨削；（b）卧轴圆台平面磨床磨削；
（c）立轴圆台平面磨床磨削；（d）立轴矩台平面磨床磨削

图 7-53（a）和图 7-53（b）所示为利用砂轮周边磨削工件，砂轮工件接触面积小、磨削好、排屑好，工件受热变形小，砂轮磨损均匀，加工精度高。但砂轮因悬臂而刚性

·217·

差，不利于采用大用量，故生产率低。图7-53（c）和图7-53（d）所示为利用砂轮端面磨削工件，砂轮工件接触面积大，主轴轴向受力，刚性好，可采用较大用量，生产率高。但磨削力大，生热多，冷却、排屑条件差，工件受热变形大，而且砂轮端面各点因线速度不同，砂轮磨损不均匀，故这种磨削方法加工精度不高。

二、磨床

用磨料磨具（砂轮、砂带、油石和研磨料）作为工具进行切削加工的机床统称磨床。磨床的种类很多，除生产中常用的外圆磨床、内圆磨床和平面磨床外，还有工具磨床、刃具磨床及其他磨床。

1. 外圆磨床

外圆磨床包括万能外圆磨床、普通外圆磨床和无心外圆磨床等。

（1）万能外圆磨床。

1）机床的组成与布局。万能外圆磨床由床身、头架、砂轮架、工作台、内圆磨装置及尾座等部分组成。

床身是磨床的基础支承件，工作台、砂轮架、头架、尾座等部件均安装于此，同时保证工作时部件间有准确的相对位置关系。床身内为液压油的油池。

头架用于安装工件并带动工件旋转做圆周进给，它由壳体、头架主轴组件、传动装置与底座等组成。主轴带轮上有卸荷机构，以保证加工精度。

砂轮架用于安装砂轮并使其高速旋转。砂轮架可在水平面一定角度范围（±30°）内调整，以适应磨削短锥的需要。砂轮架由壳体、砂轮组件、传动装置和滑鞍组成。主轴组件的精度直接影响到工件加工质量，故应具有较好的回转精度、刚度、抗振性及耐磨性。

工作台由上、下两层组成。上工作台相对于下工作台可在水平面内回转一个角度（±10°），用于磨削小锥度的长锥面。头架和尾座均装于工作台并随工作台做纵向往复运动。

尾座主要是和头架配合用于顶夹工件，尾座套筒的退回可手动或液动。

内磨装置由支架和内圆磨具两部分组成。内磨支架用于安装内圆磨具，支架在砂轮架上以铰链连接方式安装于砂轮架前上方，使用时翻下，不用时翻向上方。内圆磨具是磨内孔用的砂轮主轴部件，安装于支架孔中，为了方便更换，一般做成独立部件。通常一台机床备有几套尺寸与极限工作转速不同的内圆磨具。

2）机床的运动。万能外圆磨床的主运动为砂轮旋转运动；工件的旋转为圆周进给运动；其他进给运动视磨削方式不同而有所差别。纵磨法磨外圆时，工件纵向进给，砂轮周期性径向切入控制加工尺寸。横磨法磨外圆时，砂轮径向切入至所需尺寸。纵磨短锥时，工作台回转所需角度。除以上表面成形运动外，为提高生产率和降低劳动强度，机床还能实现辅助运动，如砂轮轴的快进、快退，尾座套筒的伸缩等。

（2）普通外圆磨床。与万能外圆磨床相比，普通外圆磨床的头架主轴直接固定在壳体上不能回转，工件只能支承在顶尖上磨削；头架和砂轮架不能绕垂直轴线调整角度，也没有内磨装置。其他结构类似。因此普通外圆磨床工艺范围较窄，只能磨削外圆柱面、锥度不大的外圆锥面和台肩端面。但普通外圆磨床由于主要部件的结构层次少，机床刚性好，允许采用较大的磨削用量，故生产率高。同时，也容易保证磨削精度和表面粗糙度要求。

（3）无心外圆磨床。无心外圆磨床由床身、砂轮架、导轮架、砂轮修整器、拖板、托板和导板等组成。

2. 内圆磨床

内圆磨床包括普通内圆磨床、无心内圆磨床及行星内圆磨床等。其中，普通内圆磨床应用最广。普通内圆磨床由床身、工作台、工件头架、砂轮架和滑座等部件组成。工件头架安装于工作台，随工作台一起往复移动做纵向进给（也有由砂轮架安装于工作台作纵向进给运动的机床布局形式），头架可绕轴线调整角度，以便于磨削锥孔。周期性的横向进给由砂轮架沿滑座移动完成（一般为自动）。砂轮主轴部件（内圆磨具）是机床的关键部分，为保证磨削质量，要求砂轮主轴在高速旋转下有稳定的回转精度及足够的刚度和寿命。

3. 平面磨床

平面磨床包括卧轴矩台平面磨床、立轴矩台平面磨床、卧轴圆台平面磨床和立轴圆台平面磨床等。

（1）卧轴矩台平面磨床。砂轮架中的主轴（砂轮）常由电动机直接带动旋转完成主运动。砂轮架可沿滑鞍的燕尾导轨做周期横向进给运动（可手动或液动）。滑鞍和砂轮架可一起沿立柱的导轨做周期的垂直切入运动（手动）。工作台沿床身导轨做纵向往复运动（液动）。卧轴矩台平面磨床也有采用十字导轨式布局的，工作台装于床鞍，除做纵向往复运动外，还随床鞍一起沿床身导轨做周期性的横向进给运动，砂轮架只做垂直进给运动。为减轻工人劳动密度和减少辅助时间，有些机床具有快速升降功能，用以实现砂轮架的快速机动调位运动。

（2）立轴圆台平面磨床。立轴圆台平面磨床由床身工作台、床鞍、立柱和砂轮架等主要部件组成。砂轮架中的主轴也由电动机直接驱动，砂轮架可沿立柱的导轨做周期的垂直切入运动，圆工作台旋转做周期进给运动，同时还可沿床身导轨做纵向移动，以便于工件的装卸。

三、砂轮与磨削过程

1. 砂轮

以磨料为主制造而成的切削工具称作磨具，如砂轮、砂带、油石等，其中，砂轮的使用量最大，适应面最广。砂轮是用磨料和结合剂按一定的比例制成的圆形固结磨具，品种繁多，规格齐全，尺寸范围很大。由于砂轮的磨料、粒度、结合剂、硬度及组织不同，砂轮的特性差异很大，对磨削质量及生产率亦有很大影响。磨削时，应根据加工条件选择相应特性的砂轮。

（1）砂轮参数。

1）磨料。磨料在砂轮中担负切削工作，因此，磨料应具备很高的硬度、一定的强韧性以及一定的耐热性及热稳定性。目前生产中使用的几乎均为人造磨料，主要有刚玉类、碳化硅和高硬磨料类。表7-3所示为常用磨料的特性及应用范围。

· 219 ·

表 7-3 常用磨料的特性及应用范围

系别	磨料名称	代号	主要成分	颜色	特性	应用范围
刚玉类	棕刚玉	A	Al_2O_3：95% TiO_2：2%~3%	褐色	硬度大，韧性大，价廉，适应性稳定，2100℃熔融	碳钢、合金钢、铸铁
	白刚玉	WA	Al_2O_3>99%	白色	硬度高于A，韧性低于A，其余同A	淬火钢、高速钢、高碳及其合金钢
碳化硅类	黑碳化硅	C	SiC>95%	黑色有光泽	硬度高于WA，性脆而锋利，导热、抗导电性好，与铁有反应，大于1500℃氧化	铸铁、黄铜、铝、耐火材料及其非金属材料
	绿碳化硅	GC	SiC>99%	绿色	硬度、脆性高于C，其余同C	硬质合金、高速钢、高合金钢、不锈钢、高温合金
高硬磨料类	氮化硼	CBN	BC	黑色	硬度低于D，耐磨性好，发热量小，高温时与碱反应，大于1300℃时稳定	硬质合金、宝石、光学材料、石材、陶瓷、半导体
	人造金刚石	D	碳结晶体	乳白色	硬度高，比天然的略脆，耐磨性好，高温与水和碱反应，大于700℃石墨化	硬质合金、宝石、光学材料、石材、陶瓷、半导体

刚玉类除上述两种外，还有玫瑰红（或等红）色的铬刚玉（PA）、浅黄（或白）色的单晶刚玉（SA）、棕褐色的微晶刚玉（MA）及黑褐色的锆刚玉（ZA）等性能均好于白刚玉。单晶、微晶刚玉有良好的自锐性，适于加工不锈钢及各种铸铁；铬刚玉适于加工淬火钢。碳化硅类除上述两种外，还有灰黑色的碳化硼（BC），它的硬度高于C及GC，耐磨性好，适合加工硬质合金、宝石、玉石、陶瓷和半导体材料等。

2）粒度。粒度是指磨料颗粒的大小。按颗粒尺寸大小可将其分为两类：一类为用筛选法来确定粒度号的较粗磨料，称为磨粒，以其能通过每英寸长度上筛网的孔数作为粒度号，粒度号越大，磨粒的颗粒越细；另一类为用显微镜测量区分的较细磨料，称为微粉，以实测到的最大尺寸作为粒度号，粒度号越小，磨粒越细。微粉用粒度号前面加字母"W"表示。表7-4所示为常用的砂轮粒度号及应用范围。

表 7-4 常用的砂轮粒度号及应用范围

类别	粒度号	应用范围	类别	粒度号	应用范围
磨粒	8#~24#	粗磨、打毛刺、切断	微粉	W40~W28	研磨、螺纹磨
	30#~46#	一般磨削（粗磨）		W20~W14	超精磨、研磨、超精加工
	54#~100#	半精磨、精磨、成形磨		W10~W5	研磨、超精加工、镜面磨削
	120#~240#	精磨、超精磨、成形磨、刃具磨			

选择磨料粒度时,主要考虑具体的加工条件。如粗磨时,以获得高生产率为主要目的,可选中、粗粒度的磨粒;精磨时,以获得小表面粗糙度为主要目的,可选细粒或微粒磨粒;磨削接触面积大及加工高塑性工材时,为防止磨削温度过高而引起表面烧伤,应选中、粗磨粒;为保证成形精度,应选细磨粒。

3) 结合剂。结合剂起黏结磨粒的作用,它的性能决定了砂轮的强度、不耐冲击性、耐腐蚀性和耐热性,同时对磨削温度、磨削表面质量也有一定的影响。

结合剂的种类、代号、性能及应用范围见表7-5。

表7-5 常用结合剂的性能及应用范围

名称	代号	性能	用途
陶瓷	V	耐热蚀,气孔率大,易保持廓形,弹性差,不耐冲击	应用最多,可用于制作除薄片砂轮外的各种砂轮
树脂	B	强度高于V,弹性好,耐热、耐蚀性差	制作高速耐冲击砂轮、薄形砂轮
橡胶	R	强度弹性高于B,能吸振,气孔率小,耐热性差,不耐油	制作薄片砂轮、精磨高抛光砂轮、无心磨的导轮
菱苦土	Mg	自锐性好,结合能力差	制作粗磨砂轮
青铜	J	强度最好,导电性好,磨耗少,自锐性差	制作金刚石砂轮

4) 硬度。砂轮硬度指在磨削力作用下磨粒从砂轮表面脱落的难易程度。磨粒黏结牢固,砂粒不易脱落,砂轮则硬,反之则软。

砂轮的硬度对磨削生产率和磨削表面质量都有很大影响。若砂轮太硬,则磨粒钝化后仍不脱落,磨削效率低,工件表面粗糙并可能烧伤;若砂轮太软,则磨粒尚未磨钝即脱落,砂轮损耗大,不宜保持廓形而影响工件质量。当硬度合适时,磨粒磨钝后因磨削力增加而自行脱落,新的锋利磨粒露出,使砂轮具有锐性,即可提高磨削效率和工件质量,并减小砂轮损耗。故生产中应根据具体加工条件进行砂轮硬度的合理选择。一般加工硬工件材料,应选软砂轮,反之选硬砂轮;加工有色金属等很软的材料,为了防止砂轮堵塞,则选软砂轮;磨削接触面积大,或磨削薄壁零件及导热性差的零件时,选软砂轮;精磨、成形磨时,选硬砂轮;磨粒较细时,选较软的砂轮。砂轮的硬度等级及代号见表7-6。

表7-6 砂轮的硬度等级及代号

大级名称	超软	软			中软		中		中硬			硬		超硬
小级名称	超软	软1	软2	软3	中软1	中软2	中1	中2	中硬1	中硬2	中硬3	硬1	硬2	超硬
代号	D	E	F	G	H	J	K	L	M	N	P	Q	R	S	T	Y

5) 组织。砂轮组织指磨料、结合剂和气孔三者的体积比例关系,用来表示砂轮结构紧密或疏松的程度。按照磨粒在砂轮中占有的体积百分数,砂轮组织可分为0~14组织号,砂轮的组织号见表7-7。砂轮组织号大,组织松,砂轮不易堵塞,切削液和空气能被带入磨削区域,可降低磨削温度,减少工件热变形和烧伤,也可提高磨削效率。但疏松的组织

不易保持砂轮廓形，会影响成形磨削精度，表面也会粗糙。

表7-7 砂轮的组织号

组织号	0	1	2	3	4	5	6	7	8	9	10	11	12	13	14
磨粒率/%	62	60	58	56	54	52	50	48	46	44	42	40	38	36	34

为满足磨削接触面积大或薄壁零件，以及磨削软而韧（如银钨合金）或硬而脆（如硬质合金）材料的要求，在14组织号以外，还研制出了更大气孔的砂轮。它在砂轮工艺配方中加入了一定数量的精萘或炭粒，经焙烧后挥发而形成大气孔。

（2）砂轮形状、尺寸。为适应在不同类型的磨床上加工各种形状和尺寸工件的需要，砂轮有许多形状和尺寸。常用的砂轮形状及应用见表7-8。

表7-8 常用的砂轮形状及应用

代号	名称	断面形状	应用	代号	名称	断面形状	应用
1	平形砂轮		外圆、内孔、平面及刀具	6	杯形砂轮		端磨平面、刃磨刀具后面
2	筒形砂轮		端磨平面	11	碗形砂轮		端磨平面、刃磨刀具后面
4	双斜边砂轮		磨齿轮及螺纹	12	碟形一号砂轮		刃磨刀具前面
4.1	薄片砂轮		切断、切槽				

砂轮的标志印在砂轮端面上，其顺序是形状、尺寸、磨料、粒度号、硬度、组织号、结合剂和最高线速度。如标记"1-600×75×202-WA54Y8B-60"指平形砂轮，外径ϕ600 mm，厚度75 mm，孔径ϕ202 mm，白刚玉，粒度号为54#，超硬硬度，8组织号，树脂结合剂，最高工作线速度为60 m/s。

2. 磨削过程及其特征

（1）磨料特点。砂轮上的磨料形状很不规则且各不相同，而砂轮由无数个形状各异的磨粒所组成，从磨粒的工作状态看，存在三个主要问题：

1）工作中的磨粒具有很大的负前角。磨粒为不规则多面体，不同粒度号磨粒的顶尖角多为90°~120°，在砂轮表面很难获得正值前角，而经过修整的砂轮，磨粒前角更小，可达-85°~-80°。

2）磨粒存在较大的钝圆半径r_β。磨粒不可能像其他普通刀具一样，通过刃磨获得小的刃口圆弧半径，即锋利的刃口。

3）磨粒在砂轮表面所处位置高低不一，磨粒很难在砂轮表面等高地整齐排列。

（2）磨削过程。由于砂轮上担负切削工作的磨粒有着鲜明的特点，使得磨削过程不同于其他切削方法。单个磨粒的典型磨削过程可分为三个阶段，如图7-54所示。

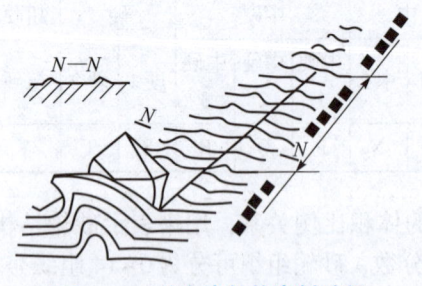

图7-54 单个磨粒的磨削过程

1）滑擦阶段。磨粒切削刃与工件接触的开始，因切削厚度较小，磨粒较钝，磨粒无法从工件表面切下切屑，而只能从工件表面滑擦而过，使工件只产生挤压弹性变形，此为滑擦阶段。该阶段以磨粒与工件间的摩擦为主。

2）刻划阶段。随着磨粒在工件表面的深入，磨粒对工件的挤压严重，使工件表面产生塑性变形，磨粒前方的金属向两边流动而隆起，中间则被耕犁出沟槽，此为耕犁、刻划阶段。该阶段以磨粒与工件间的挤压塑性变形为主。

3）切削阶段。随磨粒在工件表面的进一步深入，切削厚度不断增大，挤压变形进一步增加，工件表层余量产生剪切滑移，此为切削阶段。该阶段以磨粒在工件表层的切削作用为主。

由单个磨粒的切削过程可知，磨粒从工件上切下切屑前经过了滑擦、刻划阶段，而砂轮上磨粒的高低位置不同，位置较低的磨粒无法切入工件较大深度，更无法经历切削阶段，无法切下切屑，而只能在工件表面滑擦和刻划，位置更低的磨粒会无缘刻划，只与工件表面滑擦而过。由此可知，磨削过程是个包含切削、刻划及滑擦作用的复杂过程，并且滑擦、刻划在其中占有很大的比重，同时使磨削表面成为切削、刻划及滑擦作用的综合结果。

（3）磨削力与磨削阶段。磨削过程中的磨削力可分解成三个互相垂直的分力：切向力、径向力和轴向力。磨削时的切削厚度很小，磨粒的负前角、刃口钝圆半径较大，切削中的挤压非常严重，加之不少的磨粒只在工件表面滑擦和刻划，加剧了磨粒对工件表面的挤压，使磨削中的径向分力很大而超过主切削力（切向力），甚至达到切向力的 2~4 倍。

磨削中，由于大的径向力的作用，使加工工艺系统产生径向弹性变形，导致实际磨削深度与每次径向进给量产生差异，同时，磨削过程中出现三个不同的阶段，如图 7-55 所示。

1）初磨阶段。由于工艺系统在径向力下的弹性变形，故在砂轮最初的几次径向进给中，实际磨削深度比磨床刻度显示的径向进给量要小，且工艺系统刚性越差，初磨阶段越长。为提高生产效率，开始磨削时可增大径向进给量，以缩短初期阶段。

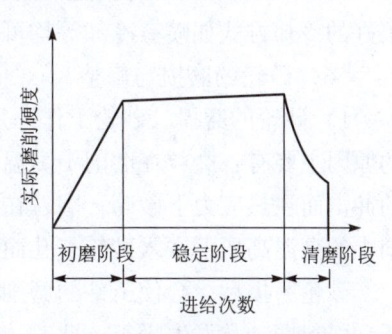

图 7-55 磨削过程三个阶段

2）稳定阶段。随径向进给次数的增加，工艺系统弹性变形抗力也随之增加，当工艺系统弹性变形抗力达到径向磨削力时，实际磨削深度与径向进给量一致。

3）清磨阶段。当磨削余量即将去完，径向进给运动停止时，由于工艺系统的弹性变形随径向力的减小逐渐恢复，使实际径向磨削量并不为零，而只是逐渐减小。所以，在无切入的情况下，增加清磨次数，使磨削深度逐渐减小到零，可使工件加工精度和表面质量逐渐提高。

（4）磨削热与磨削温度。磨削时，由于磨削速度很高，磨粒钝，磨削厚度小，挤压变形严重，磨削时的耗功远高于车、铣等加工方法（为车、铣的 10~20 倍），磨粒与工件表面间的摩擦严重，磨削时会产生大量的热，而砂轮的导热性能很差，很短时间（1~2 ms）内就会在磨削区形成高温。

磨削区不同位置的温度并不相同，磨削点（磨粒切削刃与工件，磨削接触点）的温度很高，可达1 000~1 400 ℃，虽维持高温时间不长（约5 ms），但它不仅会影响加工表面质量，亦会影响磨粒的磨损状况以及切屑熔着现象；磨削区（砂轮与工件接触面）的平均温度（即通常所说磨削温度）为400~1 000 ℃，它是造成磨削表面烧伤、残余应力裂纹的原因。

(5) 磨削表面质量。磨削区的高温使磨削表面层金属产生相变，导致其硬度、塑性发生变化，这种变质现象称为表面烧伤。高温的磨削表面生成一层氧化膜，氧化膜的颜色决定于磨削温度和变质层深度，所以可根据表面颜色推断磨削温度和烧伤程度。如淡黄色为400~500 ℃，烧伤层较浅；紫色为800~900 ℃，烧伤层较深。轻微的烧伤通过酸洗即可显示出来。

磨削区的高温还可使磨削表面因热塑性变形而产生残余拉应力，而残余拉应力的作用又易造成被磨削表面出现裂纹。

表面烧伤与裂纹都会因损坏了零件表面组织而恶化表面质量，降低零件的使用寿命。因此，磨削中减少磨削热的生成和加速磨削热的传散，控制磨削温度非常重要。一般可采取以下措施：

1) 合理选择砂轮。砂轮硬度软，有利于磨粒更新，减少磨削热生成；组织疏松、气孔大，有利于散热；树脂结合剂砂轮退让性好，可减小摩擦。

2) 合理选择磨削用量。磨削时砂轮切入量、砂轮速度的提高，都会使摩擦增加、耗功增多；而提高工件圆周进给速度和工件轴向进给量，均可使砂轮、工件接触减少，改善散热。

3) 采取良好的冷却措施。选用冷却性能好的冷却液、采用较大的流量及选用冷却效果好的冷却方式如喷雾冷却等均可有效地控制磨削温度，有利于提高磨削表面质量。

(6) 砂轮的磨损与修整。

1) 砂轮的磨损。砂轮工作一定时间后，也会因钝化而丧失磨削能力。造成砂轮钝化的原因主要有：磨粒在磨削中高温高压及机械摩擦的作用下被磨平而钝化；磨粒因磨削热的冲击而在热应力下破碎；磨粒在磨削力的作用下脱落不均而使砂轮轮廓变形；磨粒在磨削中的高温高压下嵌入砂轮气孔而使砂轮钝化。

砂轮磨损后，会使工件的磨削表面粗糙、表面质量恶化、加工精度降低、外形失真，还会引起振动和发生噪声，此时，必须及时修整砂轮。

2) 砂轮修整。砂轮修整方法主要有单颗（或多颗）金刚石车削法、金属滚轮挤压法、碳化硅砂轮磨削法和金刚石滚轮磨削法等多种。金刚石滚轮修整效率高，一般用于成形砂轮的修整；金属砂轮、碳化硅砂轮修整一般亦用于成形砂轮；车削法修整是最常用的方法，用于修整普通圆柱形砂轮或型面简单、精度要求不高的仿形砂轮。

车削法修整是用单颗金刚石或多颗细碎金刚石笔（图7-56）、金刚石粒状修整器（金刚石不经修磨，直用至消耗完）作刀具对砂轮进行车削的方法。用单颗金刚石笔修整时，应按具体要求合理选择修整进给量和修整深度，方能达到修整目的。

当修整进给量小于磨粒平均直径时，砂轮上磨粒的微刃性（图7-57）好，砂轮切削性能好，工件表面粗糙度小。但当修整进给量很小时，修整后的砂轮磨削时生热多，易使工件表面出现烧伤与振纹。因此，粗磨和半精磨时，为防止烧伤，可采用较大的砂轮修整进给量。若砂轮修整深度过大，则会使整个磨粒脱落和破碎、砂轮磨耗增大，同时砂轮不易修整平整。

图 7-56　金刚石笔
（a）单颗金刚石笔；（b）多粒细碎金刚石笔

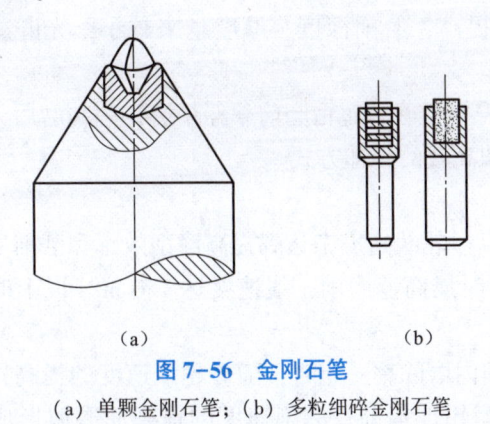

图 7-57　磨粒的微刃

四、磨削加工常用附件及夹具

（1）内、外圆磨削常用附件与夹具。外圆磨削时，常用一端夹持或两端顶持的方式装夹工件，故三爪卡盘、四爪卡盘、心轴、顶尖、花盘等为外圆磨削时的常用附件及夹具。在对顶安装工件时，磨削前应对工件中心孔进行修研，修研工具一般采用四棱硬质合金顶尖。内圆磨削时，亦要求工件被加工孔回转中心与机床主轴回转中心一致，故三爪卡盘等亦常用于内圆磨。内、外圆磨削时，也可采用专用夹具夹持工件，该类夹具大多为定心夹具。

（2）平面磨削常用附件及夹具。平面磨削时，常用的附件有磁性吸盘、精密平口钳、单向（双向）电磁正弦台、正弦精密平口钳和单向正弦台虎钳等。

磁性吸盘比平口钳有更广的平面磨削范围，适合于扁平工件的磨削。

精密平口钳装在磁力工作台上，经校正方向后可用于磨削工件垂直面或进行成形磨削。

五、先进磨削加工

近几十年来，随着机械产品精度、可靠性和寿命要求的不断提高，新型材料亦不断涌现，磨削加工技术也不断地朝着使用超硬磨料磨具，提高磨削精度、效率及磨削自动化的方向发展。

1. 高精度磨削

高精度磨削是指精密、超精密及镜面磨削加工方法。精磨是指工件加工精度达到IT6～IT5，表面粗糙度 Ra 值为 0.4～0.1 μm 的磨削加工方法；超精磨是指精度达 IT5，表面粗糙度 Ra 值为 0.1～0.02 μm 的磨削方法；而强调表面粗糙度 Ra 值在 0.01 μm 以下，表面光滑如镜的磨削方法为镜面磨削。提高磨削表面精度与光度的关键在于用砂轮表面上大量等高的磨粒微刃均匀去除工件表面极薄磨屑以及大量半钝化的磨粒在清磨阶段对磨削表面滑擦、抛光的综合作用。因此实现高精磨削，应创造以下几方面条件：

（1）具有高几何精度、高横向进给精度及低速稳定性好的精密机床。机床应具备高精密度主轴、导轨及微进给机构。

（2）采用细粒度或微粉的砂轮。精磨时采用细于 100# 的磨粒，超精磨采用细于 240# 的磨粒或磨粉，镜面磨削则只能用 W10 以下的微粉。

(3) 进行精细的砂轮修整。

(4) 选择合理的磨削用量，随精度提高，磨削深度、厚度越来越小，光磨次数越来越多。

(5) 良好的工艺条件。精磨前工件需要粗磨，超精磨前须经精磨，超精磨后方可进行镜面磨。另外，还需要良好的磨削环境和高效的冷却方式。

2. 高效磨削

(1) 高速磨削。高速磨削是通过提高砂轮线速度来达到提高磨削效率和磨削质量的工艺方法。一般砂轮线速度达 60~120 m/s 时属高速磨削，线速度达 150 m/s 以上时为超高速磨削。

高速磨削具有以下优点：在单位时间内磨除率一定时，随砂轮线速度的提高，磨粒切削厚度变薄，单个磨粒负荷减轻，砂轮耐用度提高；磨削速度的提高使磨屑形成时间缩短，变形层变浅，隆起减小，表面粗糙度减小，工件表面质量提高；因变形减小而使磨削力减小，工艺系统变形减小，加工精度提高；随着砂轮速度的提高，由磨屑带走的热量增加，而使磨削温度下降，避免工件烧伤。若保持磨粒的切削厚度一定，则随砂轮速度提高，单位时间内磨除率增加，生产率提高。

实现高速磨削须突破砂轮回转破裂速度的限制，以及磨削温度高和工件表面烧伤的制约。而高速磨削时的安全防护措施亦极为重要，机床上必须设置砂轮防护罩，以防砂轮破坏而对人员和设备产生伤害。

目前，高速磨削技术主要应用于 CBN 砂轮、高性能 CNC 系统和精密微进给机构，对阶梯轴、曲轴等外圆表面进行高效、高精加工，以及对硬脆材料和难加工材料进行磨削。

(2) 砂带磨削。砂带磨削是指用高速运动的砂带作磨削工具，对各种表面进行磨削。砂带是将磨料用黏结剂黏结在柔软基体上的涂附磨具，磨粒经高压静电植砂后，单层均匀直立于基体表面。砂带磨削具有以下特点：

1) 生产率提高。砂带上磨粒锋利，投入磨削的砂带宽，磨削面积大，生产率为固结砂轮的 5~20 倍。

2) 磨削温度低，加工质量好。砂带上磨粒锋利，生热少，砂带散热条件好。砂带对振动有良好的阻尼特性，使磨削速度稳定。

3) 磨削耗能低。砂带质量轻，高速转动惯性小，功率损失小。

4) 砂带柔软，能贴住成形表面进行磨削，故适用于各种复杂型面的磨削。

5) 砂带磨床结构简单，操作安全。

6) 砂带消耗较快，且砂带磨削不能加工小直径孔、盲孔，也不能加工阶梯外圆和齿轮。

(3) 蠕动磨削。蠕动磨削是指大切深缓进给磨削。其磨削深度较大，可达 30 mm；工作台进给缓慢，为 3~300 mm/min；加工精度达到 IT7~IT6；表面粗糙度值小于 $Ra1.6\ \mu m$，并能产生表面残余压力，提高表面质量；金属磨除率是普通平面磨削的 100~1 000 倍，使粗、精加工一并完成，以获得以磨代铣的效果。

由于蠕动磨削过程中总磨削力大，砂轮与工件接触弧内的温度高，因此实现蠕动磨削须具备以下三方面条件：一是具有很高静刚度和动刚度的大功率机床；二是砂轮应为较软的大气孔砂轮；三是具备高压、大流量的冷却冲洗系统。

蠕动磨削的加工质量好，切深大，可避免在工件表面的污染层或硬化层上滑擦，使所用砂轮可更长久地保持轮廓外形的精度，故蠕动磨削比较适合于磨削成形表面或进行沟槽加工，尤其是对高硬度、高强度材料（如不锈钢、钛合金及耐热合金等）的磨削加工，如采用蠕动磨削加工钛合金压气机叶片。

课题五　其他常规加工方法

知识点

- 刨（插）削加工
- 拉削加工
- 钳工
- 光整加工
- 螺纹加工
- 齿形加工

技能点

- 常规加工的基本操作方法

课题分析

刨床加工是在刨床上用刨刀对工件做水平且相对直线往复运动的切削加工方法，主要用于零件的外形加工。插削加工是在插床上进行的，插削也可看成是一种"立式"的刨削加工，工件装夹在能分度的圆工作台上，插刀装在机床滑枕下部的刀杆上，可伸入工件的孔内插削内孔键槽、花键孔、方孔、多边形孔，尤其是能加工一些不通孔，或有障碍台阶的内花键槽。拉削加工是在拉床上用拉刀作为刀具的切削加工。钳工是以手工操作为主的方法进行工件加工、产品装配及零件（或机器）修理的一个工种，它在制造及修理工作中有着十分重要的作用。光整加工是指获得比磨削等精加工还好的加工精度和表面质量（表面粗糙度值在 $Ra0.2~\mu m$ 以下）的一些加工方法，常用的光整加工方法有超精加工、珩磨、研磨、滚压加工和抛光等。

相关知识

一、刨（插）削加工

1. 刨削加工的应用及特点

刨削是指在刨床上利用刨刀与工件在水平方向上的相对直线往复运动和工作台或刀架

牛头刨床加工演示

的间隙进给运动实现的切削加工。刨削主要用于水平平面、垂直平面、斜面、T形槽、V形槽、燕尾槽等表面的加工，其应用范围如图7-58所示。若采用成形刨刀、仿形装置等辅助装置，则还能加工曲面齿轮、齿条等成形表面。

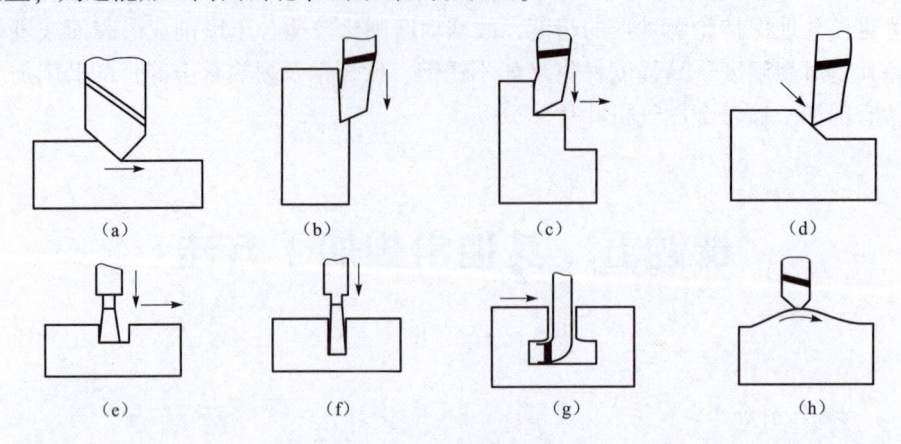

图7-58 刨削的应用
(a) 刨平面；(b) 刨垂直面；(c) 刨台阶；(d) 刨斜面；(e) 刨宽槽；
(f) 刨窄槽；(g) 刨T形槽；(h) 刨曲面

与其他加工方法相比，刨削加工有以下特点：刨床结构简单，调整操作方便；刨刀形状简单，易制造、刃磨、安装；刨削适应性较好，但生产率不高（回程不切削，切出、切入时的冲击限制了切削用量的提高）；刨削加工精度中等，一般刨削加工精度可达IT7~IT9，表面粗糙度可达$Ra1.6~6.3~\mu m$。

2. 刨床

刨床类机床的主运动是刀具或工件所做的直线往复运动（刨床又被称为直线运动机床），刨削中刀具向工件（或工件向刀具）前进时切削，返回时不切削并抬刀，以减轻刀具损伤和避免划伤工件加工表面，与主运动垂直的进给运动由刀具或工件的间歇移动完成。

刨床类机床主要有龙门刨床和牛头刨床两种类型。

图7-59所示为牛头刨床的外形，它由刀架、转盘、滑轮、床身、横梁及工作台组成。其主运动由刀具完成，间歇进给运动由工作台带动工件完成。牛头刨床按主运动传动方式有机械和液压传动两种。机械传动通常采用曲柄摇杆机构，此时，滑轮往复运动速度均为变值。该机构结构简单，传动可靠，维修方便，故应用很广。液压传动时，滑轮往复运动为定值，可实现六级调速，运动平稳，但结构复杂、成本高，一般用于大规格牛头刨床。在牛头刨床上适合加工中、小型零件。

图7-60所示为龙门刨床的外形，它由左右侧刀架、横梁、立柱、顶梁、垂直刀架、工作台和床身组成。龙门刨床的主运动是由工作台沿床身导轨做直线往复运动完成的；进给运动则由横梁上刀架横向或垂直移动（及快移）完成；横梁可沿立柱升降，以适应不同高度工件的需要。立柱上左、右侧刀架可沿垂直方向做自动进给或快移；各刀架的自动进给运动是在工作台完成一次往复运动后，由刀架沿水平或垂直方向移动一定距离，直至逐渐刨削出完整表面。龙门刨床主要应用于大型或重型零件上

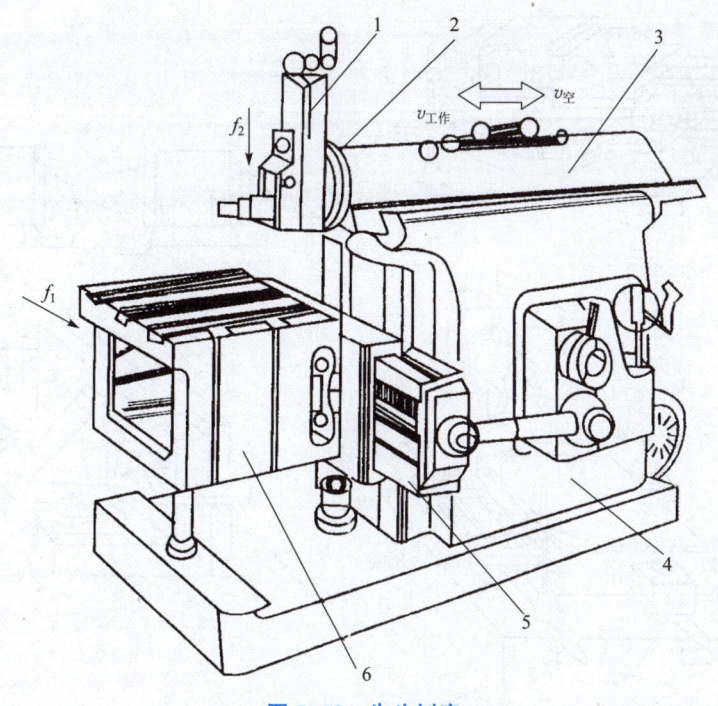

图 7-59　牛头刨床

1—刀架；2—转盘；3—滑枕；4—床身；5—横梁；6—工作台

各种平面、沟槽及各种导轨面的加工，也可在工作台上一次装夹数个中、小型零件进行多件加工。

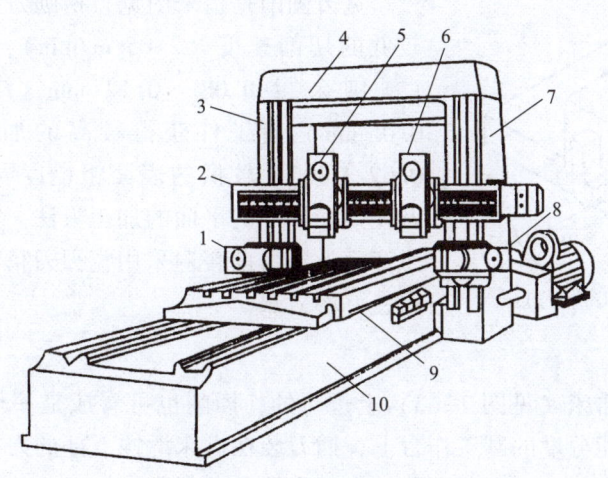

图 7-60　龙门刨床

1，8—左、右侧刀架；2—横梁；3，7—立柱；4—顶梁；
5，6—垂直刀架；9—工作台；10—床身

3. 刨床常用附件

刨削加工时的常用附件有平口钳、压板、螺栓、挡铁、角铁等。图 7-61 所示为采用常用附件在刨床上安装工件。

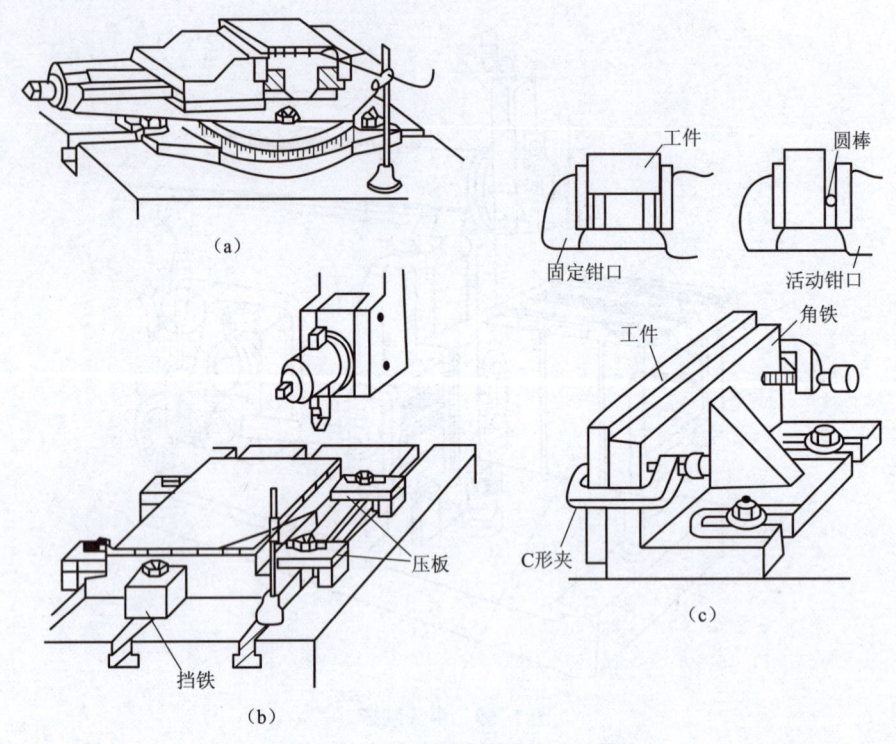

图 7-61 工件在刨床工作台上的装夹

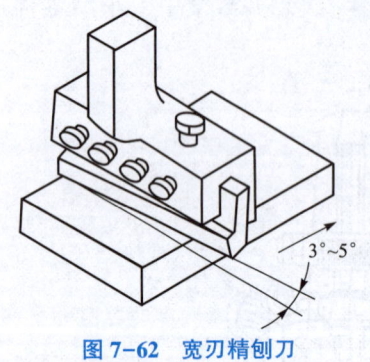

4. 宽刃刨削

宽刃刨削是指采用宽刃精刨刀（见图 7-62），以较低的切削速度（2~5 m/min）、较小的加工余量（预刨余量 0.08~0.12 mm，终刨余量 0.02~0.05 mm），使工件获得较高的加工精度（直线度 0.02/1 000）、较低的表面粗糙度（Ra0.8~0.2 μm）及发热变形小的平面的加工方法。宽刃刨削有较高的生产率，故目前普遍采用宽刃刀精刨代替刨研，能取得良好的效果。

图 7-62 宽刃精刨刀

5. 插削

插削加工是在插床（见图 7-63）上进行的，插削也可看成是一种"立式"的刨削加工，工件装夹在能分度的圆工作台上，插刀装在机床滑枕下部的刀杆上，可伸入工件的孔内插削内孔键槽、花键孔、方孔、多边形孔，尤其是能加工一些不通孔或有障碍台阶的内花键槽。

二、拉削加工

拉削加工是在拉床上用拉刀作为刀具的切削加工。

1. 拉床

图 7-63 所示为常见的拉床类型。拉床的主运动为刀具的直线运动，进给运动由刀

具的结构完成后排刀齿对前排刀齿的齿升量来实现,故拉床应为典型的直线运动机床。按用途,拉床有内拉床和外拉床之分;按布局,拉床又有卧式、立式、链条式、转台式等类型。在拉削中所需拉力较大,故拉床的主参数为机床的最大额定拉力,如 L6120 型卧式内拉床的最大额定拉力为 20 t。卧式内拉床(图 7-64(a))用于内表面加工,加工时,工件端面紧靠在工件支承座的平面上(或用夹具安装),护送夹头支承拉刀并让拉刀穿过工件预制孔,将其柄部装入拉刀夹头,由机床内液动力拉动拉刀向左移动,对工件进行加工。

立式内拉床(见图 7-64(b))可用拉刀或推刀加工工件内表面。用拉刀时,工件的端面支靠在工作台上平面,拉刀由滑座上支架支承,并让其自上而下穿过工件预制孔及工作台孔至柄部夹持于滑座支架,滑座带动拉刀向下移动,完成加工;采用推刀时,推刀支承于上支架,自上而下移动进行加工。

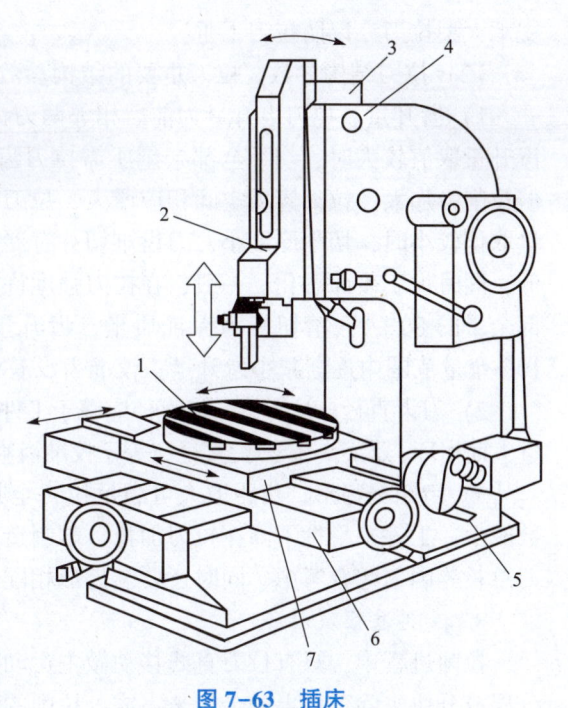

图 7-63 插床
1—圆工作台;2—滑枕;3—滑枕导轨座;4—销轴;5—分度装置;6—床鞍;7—溜板

立式外拉床(图 7-64(c))上的滑块可沿床身的垂直导轨移动。外拉刀固定于滑块,滑块向下移动,完成对安装于工作台上夹具内工件外表面的加工。工作台可做横向移动,以调整切削深度,并用于刀具空行程时退出工件。

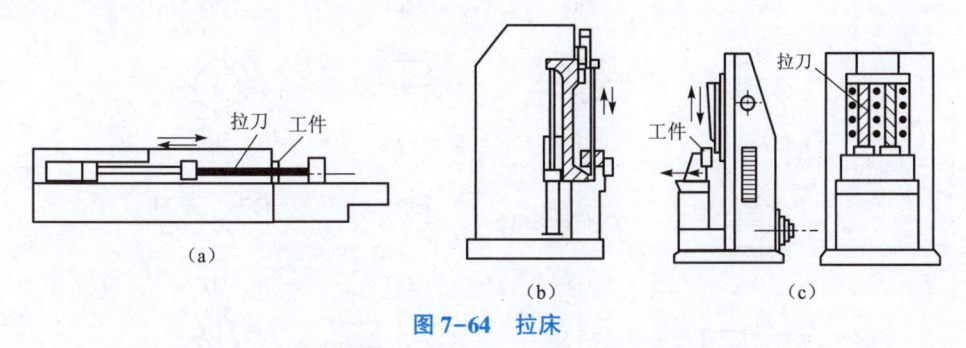

图 7-64 拉床
(a) 卧式内拉床;(b) 立式内拉床;(c) 立式外拉床

2. 拉刀

(1) 拉刀组成。以圆孔拉刀为例,其组成如下:柄部用于夹持拉刀、传递动力,其结构应适应于机床上的拉刀夹头;颈部能使拉刀穿过工件预制孔,使柄部顺利插入夹头,还可打标记;过渡锥可使拉刀易于进入工件预制孔并能对准中心;前导部用于引导拉刀的切削齿正确进入工件孔,并防止刀具进入孔后发生歪斜,同时可检查预制孔尺寸;切削部用于切削工件,它由粗切齿、过渡齿和精切齿组成;校准部用以校正孔径、修光孔壁,还可作为精切齿的后备齿;后导部可防止拉刀离开前工件下垂而损坏已加工表面;后托柄用于支承大型拉刀,以防拉刀下垂。

(2) 拉刀结构参数。拉刀重要的结构参数包括齿升量、刀齿直径、齿距及齿形等。

1) 齿升量。拉刀齿升量为前后相邻两刀齿（轮切式拉刀为两组刀齿）的高度差。当齿升量取值较大时,切下全部余量所需拉刀齿数不多,拉刀长度短,易制造,生产率高；但拉削力加大,拉刀容屑空间相应增大,拉刀强度下降,拉削后表面粗糙度较大。当齿升量取值较小时,切削厚度小,刀齿难切并有严重的刮挤现象,刀齿磨损加剧,刀具耐用度低,同时加工表面恶化。一般,在拉刀强度许可的条件下,粗切齿可尽量多切（约去除全部余量的80%）；精切齿为保证质量,齿升量取小值（约总余量的10%）；过渡齿应在10%余量范围内逐渐减小齿升量；校准齿没有齿升量。

2) 刀齿直径。拉刀第一齿直径应等于工件预孔直径,以防工件预孔偏小而使刀齿负荷过大而损坏；最后一个刀齿直径应等于校准齿直径；中间各齿直径依齿升量不同而递增。

3) 齿距与齿形。齿距取大可满足拉刀全封闭式切削的容屑要求,但使同时工作的齿数减少,工件平稳性下降；拉刀加长,难制造。因此,齿距取值应根据容屑空间大小、拉刀总长等因素综合考虑,同时还要与齿形相配合,满足拉刀工作与制造的要求。

3. 拉削过程及特点

拉削过程中,只有拉刀直线移动做主运动,进给运动依靠拉刀上带齿升量的多个刀齿分层或分块去除工件上的余量来完成。拉削的特点如下：

(1) 拉削的加工范围广。拉削可以加工各种截面形状的内孔表面及一定形状的外表面,如图7-65所示。拉削的孔径一般为$\phi 8 \sim \phi 125$ mm,长径比一般不超过5。但拉削不能加工台阶孔和盲孔,形状复杂零件上的孔（如箱体上的孔）也不宜加工。

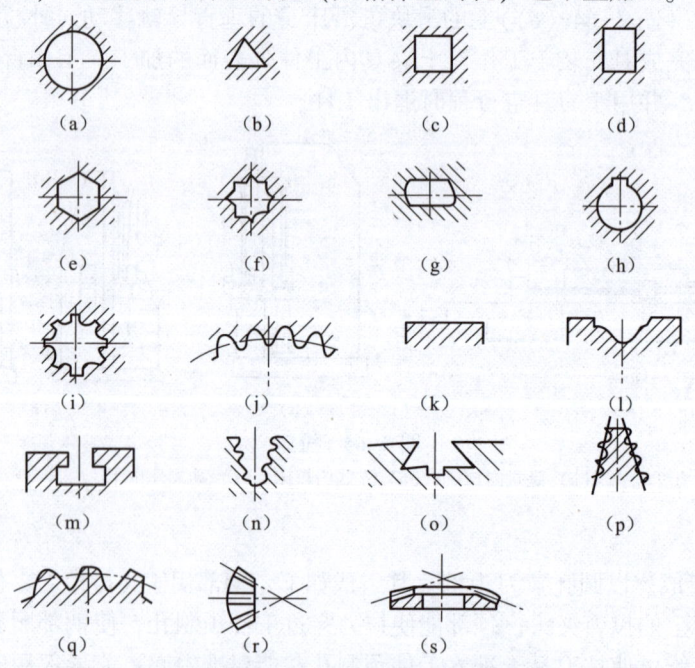

图7-65 拉削加工的典型工件截面形状

(a) 圆孔；(b) 三角形；(c) 正方形；(d) 长方形；(e) 六角形；(f) 多角形；(g) 鼓形孔；(h) 键槽；
(i) 花键槽；(j) 内齿轮；(k) 平面；(l) 成形表面；(m) T形槽；(n) 榫槽；(o) 燕尾槽；
(p) 叶片榫齿；(q) 圆柱齿轮；(r) 直齿锥齿轮；(s) 螺旋锥齿轮

(2) 生产率高。拉削时，拉刀同时工作的齿数多，切削刃长，且可在一次工作行程中完成工件的粗、精加工，机动时间短，获得的效率高。

(3) 加工质量好。拉刀为定尺寸刀具，并有校准齿进行校准、修光；拉削速度低（$v_c = 2 \sim 8$ m/min），不会产生积屑瘤；拉床采用液压系统，传动平稳，工作过程稳定。因此，拉削加工精度可达 IT8~IT7 级，表面粗糙度 Ra 值达 $0.4 \sim 0.8$ μm。

(4) 拉刀耐用度高，使用寿命长。拉削时，切削速度低，切削厚度小，刀齿负荷轻，一次工作过程中各刀齿一次性工作，工作时间短，拉刀磨损慢。拉刀刀齿磨损后，可重磨且有校准齿作备磨齿，故拉刀使用寿命长。

(5) 拉削容屑、排屑及散热较困难。拉削属封闭式切削，若切屑堵塞容屑空间，不仅会恶化工件表面质量，损坏刀齿，严重时还会拉断拉刀。切屑的妥善处理对拉刀的工作安全非常重要，如在刀齿上磨分屑槽可帮助切屑卷曲，有利于容屑。

(6) 拉刀制造复杂、成本高。拉刀齿数多，刃形复杂，刀具细长，制造难，刃磨不便；一把拉刀只适应于加工一种规格尺寸的孔、槽或型面，故制造成本高。

综上所述，拉削加工主要适用于大批量生产的工件。

三、钳工

钳工是以手工操作为主进行工件加工、产品装配及零件（或机器）修理的一个工种。它在制造及修理工作中有着十分重要的作用：完成加工前的准备工作，如毛坯表面的清理、划线等；某些精密零件的加工，如制作样板及工具、工装零件、刮配、研磨；有关表面产品的组装、调整、试车及设备的维修；零件在装配前进行的钻孔、铰孔、攻螺纹、套螺纹及装配时对零件的修整等；一些不能或不适合机械加工的零件也常由钳工来完成。

钳工的主要工艺特点是工具简单，制造、刃磨不便；大部分为手持工具进行操作，加工灵活、方便；能完成机械加工不方便或难以完成的工作；劳动强度大，生产率低，对工人技术水平要求高。

钳工常用的设备包括钳工工作台、台虎钳、钻床等。钳工的基本操作有划线、锯切、錾削、锉削、钻（扩、铰）孔、攻（套）螺纹、刮削和研磨等，也包括机器的装配、调试、修理及矫正、弯曲、铆接等操作。

1. 划线

划线是根据零件图纸要求，在毛坯或半成品上划出加工界线的操作。其目的是：确定工件上各加工面的加工位置，作为工件加工或安装的依据；及时发现和处理不合格毛坯，以免造成更大的浪费；补救毛坯加工余量的不均匀，提高毛坯合格率；在型材上按划线下料，可合理使用材料。

划线用工具包括：用于支承的平板、方箱、V形架、千斤顶、角铁及垫铁等；用于划线的划针、划卡、划线盘、划规、样冲等；用于测量的钢直尺、高度尺、90°角尺、高度游标尺等。图 7-66 所示为部分常用划线工具。

2. 锉削

锉削是用锉刀对工件表面进行的操作。

图 7-66 划线用工具

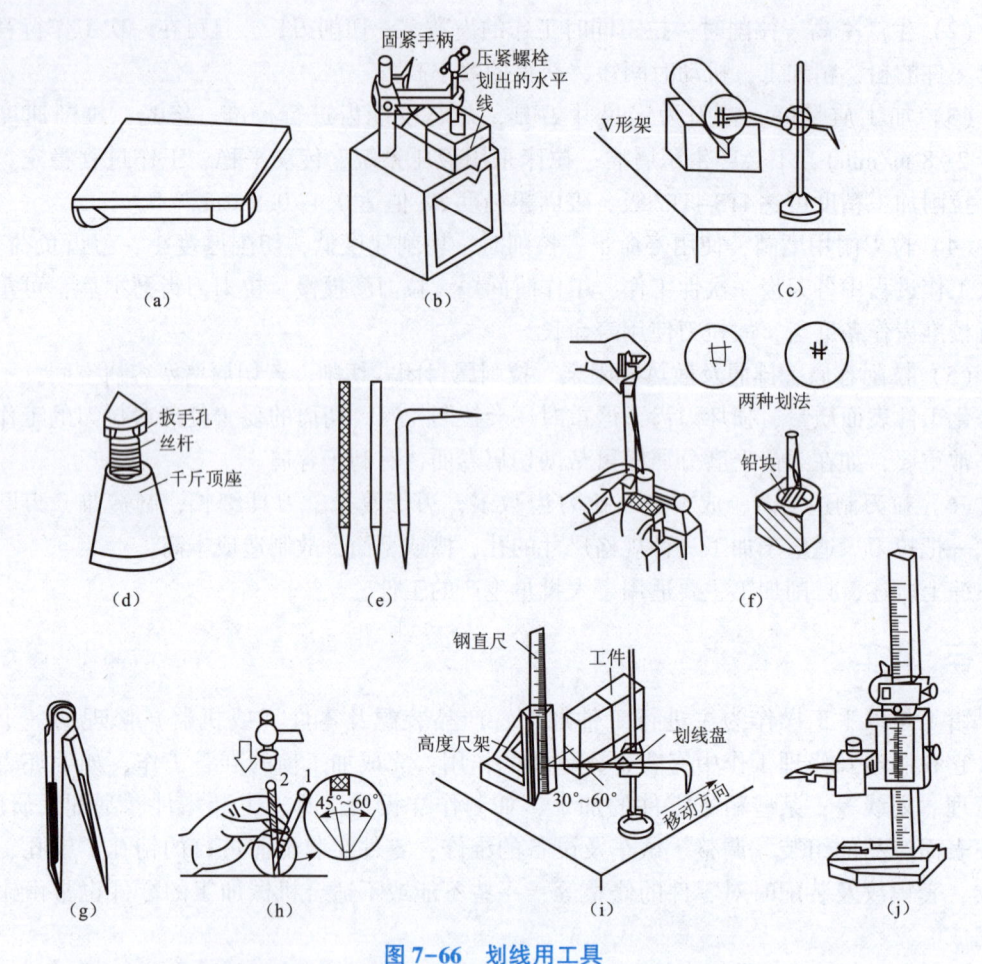

(a) 划线平板；(b) 方箱；(c) V形架；(d) 千斤顶；(e) 划针；(f) 划卡；
(g) 划规；(h) 样冲；(i) 划线盘；(j) 高度游标尺

锉刀是用于锉削的工具，它由锉身（工作部分）和锉柄两部分组成，如图 7-67 所示。

锉削工作是由锉面上的锉齿完成的，锉齿形状及锉削过程如图 7-68 所示。

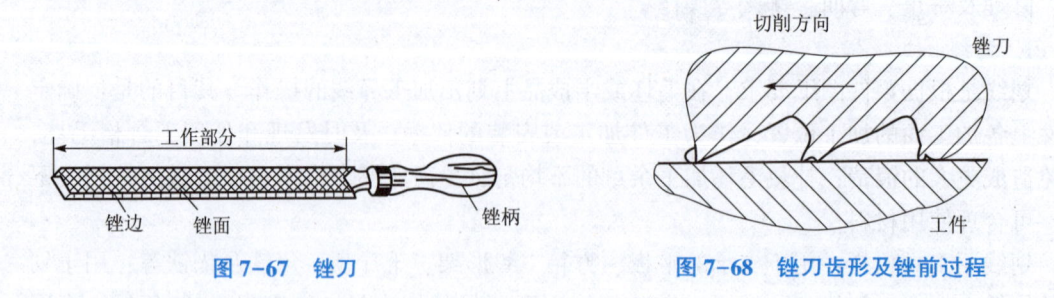

图 7-67 锉刀

图 7-68 锉刀齿形及锉削过程

3. 刮削

刮削是用刮刀从工件表面上刮去很薄一层金属的手工操作，是钳工的精加工方法。经刮削的表面加工精度高，表面粗糙度小。由于刮削时，刮刀对工件表面的挤压所造成的冷塑变形可在加工表面形成一定的硬化层及残余压应力，刮削所形成的刮花有利于润滑油的储藏，因此，刮削形成的表面不仅能提高与其他零件的接触面积和配合精度，还能改善零件的运动性能和减少磨损，提高零件的使用寿命，同时还能增加零件的表面美观。

刮削中及刮削后的表面往往采用着色方法检验。

4. 矫正和弯曲

（1）矫正。消除金属材料不应有的弯曲、扭曲变形等缺陷的操作方法称为矫正。钳工常在平台、铁砧或台虎钳上用手锤等工具，采用扭转、伸长、弯曲、延展等方法进行矫正，使材料恢复到要求的形状。矫正利用的是材料的塑性，所以矫正的材料是塑性较好的材料。矫正时，由于材料受到锤击产生冷加工硬化，故必要时可先进行退火处理，然后再进行矫正。

（2）弯曲。将管子、棒材、条料或板料等弯成所需曲线曲面形状或一定角度的加工方法称为弯曲。弯曲的机理是材料产生塑性变形，因此只有塑性好的材料才能弯曲。弯曲过程中，材料在产生塑性变形的同时，也有弹变形，当外力去除后，工作弯曲部位要产生回弹变形，将会影响工作质量。在弯曲工件时，应对回弹变形因素加以考虑。

四、光整加工

光整加工是指获得比磨削等精加工还好的加工精度和表面质量（表面粗糙度值在 $Ra0.2\ \mu m$ 以下）的一些加工方法，常用的光整加工方法有超精加工、珩磨、研磨、滚压加工和抛光等。

（1）超精加工。超精加工是用装有细粒度、低硬度磨条（油石）的磨头，在较低压力下对工件实现微量磨削的光整加工方法。加工时，工件低速回转，加上磨头轴向进给及短行程低频往复振动，使每个磨粒在工件表面上的运动轨迹复杂而不重复（若不考虑磨头的轴向进给，则轨迹为余弦波曲线），从而对工件表面的微观不平进行修磨，使工件表面达到很高的精度和小的表面粗糙度。超精加工的工作过程经历了四个阶段：

1）强烈切削阶段。超精加工在开始切削时，表面粗糙度较大，只有少数凸峰与油石接触，压力大，切削作用强烈，磨粒会因破碎、脱落而使切削刃更锋利，很快切去工件表面凸峰。

2）正常切削阶段。随凸峰的磨平，油石与工件表面接触面积逐渐增大，压强减小，切削作用有所降低而进入正常切削阶段，工件表面变得平滑。

3）微刃切削阶段。随加工的继续，磨粒慢慢变钝，切削作用越来越微弱，且细小的切屑嵌入油石空隙形成氧化物，油石产生光滑表面，对工件进行抛光，使工作表面呈现光泽。

4）自停切削阶段。工件表面越来越光滑，工件表面与油石间形成连续的油膜，使切削过程自动停止，工件、油石不再接触。

超精加工中一般使用由80%的煤油、20%的全损耗系统用油配制而成的切削液，且使用时必须经过精细过滤。

超精加工因采用了细粒度磨条，故磨削余量很小（0.005~0.025 mm）；加工中磨条的往复振动加长了磨粒单位时间内的切削长度，提高了生产率；由于运动轨迹复杂，并能由切削过渡至抛光，故可获得小的表面粗糙度（$Ra \leq 0.04 \sim 0.01\ \mu m$），同时，微刃的正反切削使形成的切屑易于清除，不会划伤已形成的高光表面；切削中磨头速度低（$30 \sim 100\ m/min$），磨条压力小，发热少，工件表面变质层浅（$0.25\ \mu m$），无烧伤，耐磨性好。但由于油石与工件为浮动接触，因此，工件的精度由前道工序保证。

超精加工所用设备简单，操作方便，适用于加工轴类零件的外圆表面，对平面、球面、锥面和内孔也适用。

（2）珩磨。珩磨是用由数根粒度很细的砂条（油石磨条）所组成的珩磨头，对零件上的孔进行的一种光整加工方法。珩磨加工时，珩磨头的运动形式如下：珩磨头上砂条在机床主轴的带动下旋转并做往复直线运动，砂条向工件孔壁做径向加压运动。旋转与直线往复运动的组合，使珩磨头砂条在工件孔壁上形成交叉而不重复的网纹，径向加压则构成珩磨中的进给运动，从而使磨条从工件表面均匀地去除薄层余量。一般采用由煤油和少量全损耗系统用油配制而成的切削液，以便冲走切屑和磨粒碎末，冷却并润滑加工面，改善表面质量。

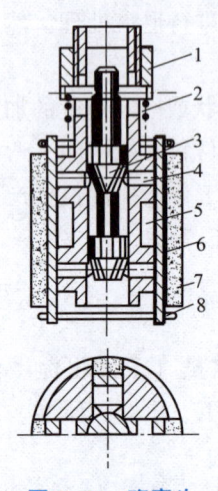

1）珩磨头。图 7-69 所示为一种较简单的机械调压式珩磨头。砂条黏结于珩条座 6 并装入珩磨头 5 的圆周等分槽中，珩条座通过顶销 4 接触于本体的锥面，拧动螺母 1，通过压簧 2 使锥体 3 向下移动，顶销 4 使砂条径向向外均匀胀开，增大与工件孔壁的压力，实施切削中的进给运动。珩磨头 5 与主轴浮动接触，当磨去余量后，压簧压力消失，卡于珩条座 6 两头的弹簧卡箍 8（可防珩条座脱落）使珩条座径向缩回，以安全离开被加工孔。

图 7-69 珩磨头
1—螺母；2—压簧；3—锥体；4—顶销；5—珩磨头；6—珩条座；7—油石；8—弹簧卡箍

2）珩磨特点。珩磨可使工件获得 IT5～IT4 级的加工精度，但不能提高位置精度。珩磨时，珩磨头的圆周速度低，砂条与孔接触面积大，往复运动速度大，参加工作的磨粒多，有较高的生产率。珩磨中的磨削力小，发热少，加工中充分冷却，工件不易烧伤，且变形层浅，切削液冲击脱落的磨粒能使工件表面获得高光度，表面粗糙度为 $Ra0.2 \sim 0.025\ \mu m$。

3）珩磨应用。珩磨的生产率高于内圆磨，故一般用于大批量生产中精密孔系的终加工。珩磨的适应范围广，可加工 $\phi5 \sim \phi500\ mm$ 孔，孔的长径比可达 10 以上；可加工铸铁、淬火或不淬火钢。如用于发动机的气缸孔和液压缸孔的精加工。但珩磨不宜加工软而韧的有色金属及其合金材料的孔，也不宜加工带键槽的孔和花键孔等断续表面。

（3）研磨。研磨是利用研具和工件间的研磨剂对工件表面进行光整加工的方法。研磨时，研具与工件间的研磨剂在一定压力下，部分磨粒被不规则地嵌入研具和工件表面，部分磨粒游离于研具、工件之间，研具与工件具有复杂的相对运动，通过研磨剂的机械及化学作用，研去工件表面极薄层的余量，从而获得很高的尺寸精度及极小的表面粗糙度。研磨一般可获得 IT6～IT4 级的加工精度，形状精度高（圆度为 $0.003 \sim 0.001\ mm$），表面粗糙度为 $Ra0.16 \sim 0.012\ \mu m$，不能改善位置精度。研磨应用范围广，可用于外圆、内孔、平面、球面及螺纹、齿轮等复杂型面的加工。

1) 研具。研磨所用的研具，其材料应比较软，若太硬，磨料不易嵌入，且易被挤到研具与工件之外，切削效率低，当磨软工件时，磨料还可能嵌入工件，恶化表面质量；研具材料亦不能太软，否则研具磨损快，很容易失去正确形状而影响研磨质量。此外，研具材料还应组织均匀，有较好的耐磨性。常用的研具材料为铸铁（一般用于精研）和青铜。

2) 研磨剂。研磨剂由磨料加上煤油及全损耗系统用油等调制而成，有时还加入化学活性物质，其目的是在工件表面生成一层极薄较软的化合物，以加速研磨进程。常用的研磨磨料有刚玉、碳化硅、金刚石等，粒度较细，粗研用100#～240#或W40，精研用W14或更细的粒度。

3) 研磨方式。根据磨料是否嵌入研具有嵌砂研和无嵌砂研两种。嵌砂研是将磨料直接加入到加工区直到嵌入研具（自由嵌砂）或在加工前将磨料挤压入研具（强迫嵌砂）；无嵌砂研指采用较软的磨料（如CrO_3）、较硬的研具（如淬火钢），磨粒不嵌入研具而处于自由状态。

根据操作方法又有手工研和机械研两种。手工研时，由人工推动研具相对于安装于机床做低速回转的工件做往复运动，其效率较低，且质量取决于工人技术水平。机械研在专用研磨机上进行，效率高且劳动强度小，适用于大批量生产。

图7-70所示为机械研磨圆盘形工件示意图。工件放于隔板槽内而隔开，研磨时，上、下研盘向相反方向做不等速转动，下研盘上的偏心销带动隔板旋转，从而使工件在旋转的同时有径向往复窜动，使磨料的研磨轨迹复杂且不重复。研磨时，通过作用于法兰上的力可调节研磨时压力的大小。

(4) 抛光。抛光是利用高速旋转的涂有抛光膏的抛光轮（用帆布或皮革、毛毡轮等）对工件表面进行光整加工的方法。抛光时，将工件压在高速旋转的抛光轮上，通过抛光膏中的化学作用使工件表面产生一层极薄的软膜，这就允许采用比工件材料软的磨料加工，且不致在工件表面留下划痕。因抛光轮转速很高，故剧烈的摩擦使工件表层出现高

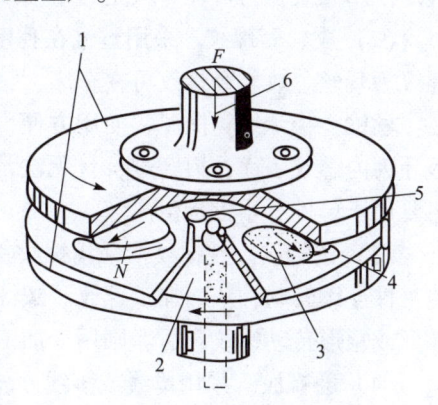

图7-70 研磨工作简图
1—研磨盘；2—研磨剂；3—工件；
4—隔板；5—偏心销；6—法兰

温，表层材料被挤压而发生塑性流动，可填平表面的微观不平，而获得光洁的表面。

抛光去除余量极其微弱（只去除工件表面的粗糙），不提高尺寸、形状及位置精度，只改善表面粗糙度（$Ra≤0.01\ \mu m$），且抛光不能保证切削均匀，故生产中常作为装饰镀铬前的准备工序。

(5) 滚压加工。滚压加工是利用滚压工具在常温状态下对工件表面施加一定的压力，使金属表层产生变形，压平表面粗糙凸峰，使表面粗糙度减小（可从$Ra3.2～1.6\ \mu m$减小至$Ra0.2～0.04\ \mu m$）、加工精度提高（IT8～IT7级）的无屑加工方法。同时，滚压还可改善表面物理力学性能，使表层产生残余压应力，提高零件的疲劳极限。滚压加工使用的设备、工具简单，操作方便，生产效率也较高。

滚压用工具的材料一般选用GCr15、65Mn、W18Cr4V和T10等，硬度淬火至HRC60

以上，当工件材料硬度较高时，可选用硬质合金、金刚石等材料。

滚压加工主要对在常温下容易产生塑性变形的材料进行加工，如较软的钢件、铝合金、铜合金及铸铁等。

五、螺纹加工

螺纹加工的方法很多，如车螺纹、梳螺纹、铣螺纹、攻螺纹、套螺纹、磨螺纹、研螺纹和滚压螺纹等。各加工方法均具有不同的特点，应根据零件图样上的技术要求进行合理选择。一般对直径较大的螺纹大多采用切削加工，而直径小且材料塑性好的螺纹，在批量较大的情况下，广泛采用滚压加工。

(1) 车螺纹。车螺纹指采用螺纹车刀或螺纹梳刀在车床上加工螺纹。螺纹车刀是一种截形简单的成形车刀（含内、外螺纹及成形螺纹车刀），其结构简单，通用性好。但车螺纹生产率低，加工质量取决于工人技术水平和机床、刀具的精度，适用于单件、小批量生产。

螺纹梳刀实为螺纹车刀的组合，一般有 6~8 齿，并分平体、棱体、圆体三种结构形式。使用螺纹梳刀可在一次走刀中加工所需螺纹，生产率高于使用螺纹车刀。

(2) 攻、套螺纹。采用丝锥在孔壁上加工内螺纹为攻丝；采用板牙在外圆柱面上加工螺纹为套丝。攻、套螺纹可在车床、钻床、铣床上机动完成，也可由钳工手动完成。

丝锥、板牙结构简单，使用方便。丝锥的加工精度高，生产率高，生产中应用广泛；板牙为内螺纹表面，刃磨难，且无法消除热处理变形，故加工质量不高，板牙寿命也短，主要用于单件、小批量生产。

(3) 铣螺纹。铣螺纹指采用螺纹铣刀在铣床上利用分度头与机床纵向进给运动的联系使工件连续转动，从而加工螺纹。螺纹铣刀又有盘形和梳形两种，前者用于加工大螺距的梯形或矩形传动螺纹；后者则用于加工普通螺纹。铣螺纹生产率高，但加工质量差。

(4) 磨螺纹。采用单线或多线砂轮磨削工件的螺纹为磨螺纹。它是螺纹精加工的主要方法之一，常用于加工螺纹量规和螺纹刀具等。

(5) 滚压螺纹。用一对螺纹滚轮滚轧出工件的螺纹，称滚压螺纹，滚压螺纹属无屑加工，它是利用某些金属材料在常温状态下的塑性变形来进行加工的。其生产率高，表面粗糙度小，适用于加工较软的钢料、有色金属及其合金零件上的连接螺纹。

(6) 搓螺纹。用一对螺纹模板（搓丝板）轧制工件的螺纹称为搓螺纹。其工作原理及特点类似于滚压螺纹，但搓螺纹精度低于滚压螺纹，故主要用于大批量生产精度较低的紧固螺纹，不宜加工空心旋转体和直径小于 $\phi 3$ mm 的螺纹。

(7) 研螺纹。用螺纹研磨工具研磨工件的螺纹称为研螺纹。当螺纹精度要求很高时，磨削加工不能满足图样上的螺纹精度和表面粗糙度要求，则采用研磨或成对配研的方法来进行加工。研螺纹的加工精度可达 IT4 级，表面粗糙度 Ra 值为 0.04~0.8 μm。研螺纹可在卧式车床或专用机床上进行。

螺纹的技术要求包括牙型精度、螺距精度、中径精度等。螺距、牙形半角及中径误差不仅会影响螺纹的旋入性，而且会影响螺纹的均匀性及紧密性等。螺纹的加工精度常用综合检测和单项测量来检验。在成批生产中，常用螺纹的极限量规来检验普通螺纹，其通端环规检查外螺纹的作用中径和小径的最大极限尺寸，止端环规只检查外螺纹的单一实际中径是否超过最小极限尺寸；通端塞规检查内螺纹作用中径和大径的最小极限尺寸，止端塞规只检查内螺纹实际中径。单项检测每次只检查某一参数，主要用来测量螺纹刀具、螺纹量规及高精度的螺纹工件。一般用螺纹百分尺测量外螺纹中径。对于精度要求较高的螺纹，可在工具显微镜上测量出中径、螺距和牙形半角等误差。

六、齿形加工

齿轮的加工方法有无屑加工和切削加工两类。无屑加工有铸造、热轧、冷挤、注塑及粉末冶金等方法。无屑加工具有生产率高、耗材少、成本低等优点，但因受材料性质及制造工艺等方面的影响，加工精度不高，故无屑加工的齿轮主要用于农业及矿山机械。对于有较高传动精度要求的齿轮来说，主要还是通过切削加工来获得所需的制造质量。

齿轮齿形的加工方法很多，按表面成形原理有成形法和展成法之分。成形法是利用刀具齿形切出齿轮的齿槽齿面；展成法则是让刀具、工件模拟一对齿轮（或齿轮与齿条）做啮合（展成）运动，运动过程中，由刀具齿形包络出工件齿形。按所用装备不同，齿形加工又有铣齿、滚齿、刨齿、磨齿、剃齿和珩齿等多种方法（其中铣齿为成形法，其余均为展成法）。

（1）铣齿。采用盘形齿轮铣刀或指状齿轮铣刀依次对装于分度头上的工件的各齿槽进行铣削的方法为铣齿。这两种齿轮铣刀均为成形铣刀，盘形铣刀适用于加工模数小于 8 的齿轮；指状齿轮铣刀适于加工大模数（$m=8\sim40$）的直齿、斜齿轮，特别是人字齿轮。铣齿时，齿形靠铣刀刃形保证。生产中对同模数的齿轮设计有一套（8 把或 15 把）铣刀，每把铣刀适应该模数一定齿数范围内的齿形加工，其齿形按该齿数范围内的最小齿数设计，在加工其他齿数时会产生一定的误差，故铣齿加工精度不高，一般用于单件、小批量生产。

（2）滚齿。滚齿是用滚刀在滚齿机上加工齿形，滚齿过程中，刀具与工件模拟一对交错轴螺旋齿轮的啮合传动，滚刀实质为一个螺旋角很大（近似 90°）、齿数很少（单头或数头）的圆柱斜齿轮，可将其视为一个蜗杆（称滚刀的基本蜗杆）。为使该蜗杆满足切削要求，在其上开槽（可直槽或螺旋槽）形成了切削齿，又将各齿的齿背铲削成阿基米德螺旋线形成刀齿的后角，便构成滚刀。

滚齿的适应性好，一把滚刀可加工同模数、齿形角不同的齿轮；滚齿生产率高，切削中无空程，多刃连续切削；滚齿加工的齿轮齿距偏差很小，按滚刀精度不同，可滚切 IT10~IT7 级精度的齿轮；但滚齿齿形表面粗糙度较大。滚齿加工主要用于直齿和斜齿圆柱齿轮及蜗轮的加工，不能加工内齿轮和多联齿轮。

（3）插齿。插齿是用插齿刀在插齿机上加工齿形，插齿过程中，刀具、工件模拟一对直齿圆柱齿轮的啮合过程，插齿刀模拟一个齿轮，为使其具备切削后角，插齿刀实际由一组截面变位齿轮（变位系数不等，由正至负）叠合而成；插齿刀的前面也可磨制出切削前角，再将其齿形做必要的修正（加大压力角）便成为插齿刀。插齿刀有盘形、碗形、自带锥柄三种类型。盘形插齿刀用于加工直齿外齿轮和大直径内齿轮；碗形插齿刀主要用于加工多联齿轮和带凸肩的齿轮；锥柄插齿刀主要用于加工内齿轮。

插齿加工齿形精度高于滚齿，齿面的表面粗糙度也小（可达 $Ra1.6~\mu m$），而且插齿适用范围广，不仅可加工外齿轮，还可加工滚齿所不能加工的内齿轮、双联或多联齿轮、齿条和扇形齿轮。但插齿运动精度、齿向精度均低于滚齿，生产率也因有空行程而低于滚齿。

（4）刨齿。刨齿是用齿条刨刀对齿形的加工，刨刀与工件模拟一对齿轮、齿条的啮合。刨刀是齿条上的两个齿磨出相应的几何角度而成，因而刨齿没有齿形误差。

（5）磨齿。磨齿是用砂轮（常用碟形）在磨齿机上对齿形进行加工。磨齿过程中，砂轮、工件模拟一对齿轮、齿条的啮合。齿轮模拟齿条上的两个半齿，故无齿形误差。

磨齿加工精度高，可达 IT6~IT4 级，表面粗糙度为 $Ra0.8~0.2~\mu m$，且修正误差的能力强，还可加工表面硬度高的齿轮。但磨齿加工效率低，机床结构复杂，调整困难，加工成本高，目前，磨齿主要用于加工精度要求很高的齿轮。

（6）剃齿。剃齿是由剃齿刀带动工件自由转动并模拟一对螺旋齿轮做双面无侧隙啮合。剃齿刀与工件的轴线交错成一定角度。剃齿刀可视为一个高精度的斜齿轮，并在齿面上沿渐开线齿向开了许多槽，以形成切削刃，剃齿在旋转中相对于被剃齿轮齿面产生滑移分速度，其开槽后形成的切削刃可剃除齿面的极薄余量。

剃齿加工效率很高，加工成本低；对齿形误差和基节误差的修正能力强（但齿向修正的能力差），有利于提高齿轮的齿形精度；加工精度、表面粗糙度取决于剃齿刀，若剃齿刀本身精度高、刃磨质量好，加工齿轮则能达到 IT7~IT6 级精度及 $Ra1.6~0.4~\mu m$ 的表面粗糙度。剃齿常用于未淬火圆柱齿轮的精加工。

（7）珩齿。珩齿是一种用于淬硬齿面的齿轮精加工方法。珩齿时，珩磨轮与工件的关系类似于剃齿，但与剃齿刀不同。珩磨轮是一个用金刚砂磨料加入环氧树脂等材料作结合剂浇铸或热压而成的塑料齿轮。珩磨轮珩齿时，利用珩磨轮齿面众多的磨粒，以一定的压力和相对滑动速度对齿形进行磨削。

珩磨时速度低，工件齿面不会产生烧伤和裂纹，表面质量好；珩磨轮齿形简单，易获得高精度齿形；珩齿生产率高，一般为磨齿、研齿的 10~20 倍；刀具耐用度高，珩磨轮每修正一次，可加工齿轮 60~80 件；珩磨轮弹性大、加工余量小（不超过 0.025 mm）、磨料细，故珩磨修正误差的能力差。珩齿一般用于减小齿轮热处理后的表面粗糙度值，可从 $Ra1.6~\mu m$ 减小到 $Ra0.4~\mu m$ 以下。

项 目 驱 动

1. 卧式车床有哪些主要构件？
2. 试述成形车刀的种类及其特点。
3. 试述车床夹具的结构特点。
4. 试分析比较圆周铣削时，顺铣和逆铣的优缺点。
5. 在铣削夹具中使用对刀块和塞尺起什么作用？使用塞尺对刀会对调刀尺寸的计算

产生什么影响？
6. 铣床夹具中，定位键有何作用？如何使用？
7. 卧式铣床、立式铣床和龙门铣床在工艺和结构布局上各有什么特点？
8. 钻床和镗床有哪些类型？试说明各自的功用。
9. 钻床夹具有哪几种类型？各有什么特点？
10. 镗床夹具有哪几种类型？各有什么特点？
11. 试述磨削加工有何特点。
12. 外圆磨削和内孔磨削有哪些方式？各有何特点？
13. 试述刨削加工的应用及特点。
14. 试述拉削过程及特点。

项目八

数控加工工艺

知识目标

1. 了解数控加工的概念和数控加工程序的内容；
2. 掌握数控加工工艺参数；
3. 了解刀具系统，掌握刀具选择方法；
4. 了解数控编程代码。

能力目标

1. 具备数控加工工艺性分析和工艺路线设计的能力；
2. 具备选择加工刀具的能力；
3. 能够编制简单零件的数控加工程序。

素质目标

培养学生刻苦钻研、精益求精的工匠精神，激发学生热爱数控加工的热情。

课程思政案例九

课题一 数控加工基础知识

知识点

- 数控加工的概念
- 数控加工程序编制的内容
- 程序校核及首件试切

技能点

- 数控加工程序的编制

课题分析

数控加工是指在数控机床上进行零件加工的一种工艺方法。在数控机床上加工零件时，首先应根据零件图样，按规定的代码及程序格式将加工零件的全部工艺过程、工艺参数、位移数据和方向以及操作步骤等以数字信息的形式，记录在控制介质（如存储卡、U盘）上，然后输入给数控装置，数控装置再将输入的信息进行运算处理后转换成驱动伺服机构的指令信号，最后由伺服机构控制机床的各种运动，自动地加工出零件来。

相关知识

一、数控加工的概念

数控加工，是指在数控机床上进行零件加工的一种工艺方法。

二、数控加工程序编制的内容

一般来说，数控机床程序编制的主要内容包括分析零件图纸、确定加工工艺过程、数值计算、编写零件的加工程序单、制作控制介质、校对检查数控程序和首件试切。现分述如下。

1. 零件的分析

所谓零件的分析是指分析零件的材料、形状、尺寸、精度及毛坯形状和热处理要求等，以便确定该零件是否在数控机床上加工，或适合在哪种类型的数控机床上加工。

2. 工艺分析与处理

工艺分析与处理是指在对零件图样进行全面分析的前提下，确定零件的加工方法和加工路线。

3. 数值计算

数值计算是指根据零件图样和确定的加工路线，计算出刀具中心的运动轨迹。一般的数控装置具有直线和圆弧插补的功能。因此，对于加工中心由圆弧与直线组成的简单的平面零件，只需计算出零件轮廓相邻几何元素的交点或切点的坐标值，从而得出各几何元素的起点、终点和圆弧的圆心坐标值。如果数控装置无刀具补偿功能，则还应计算刀具运动的中心轨迹。对于非圆曲线，需要用直线段或圆弧段来逼近，在满足加工精度的条件下计算出曲线各节点的坐标值。

4. 编写程序的加工程序单

根据加工计算出刀具运动轨迹坐标值和已确定的切削用量，依据数控装置规定使用的指令代码及程序段格式，逐段编写出零件的加工程序单。

5. 制作控制介质

零件加工的程序单编写好之后，将加工程序存入存储卡或 U 盘，通过存储卡或 U 盘将加工信息输入数控装置；也可以通过 RS232（串口）或以太网卡，实现计算机和数控装置直接连接，以便将加工信息输入数控装置。

三、课题实施：程序校核及首件试切

输入数控装置的加工程序必须经过校核和试切削才能使用。一般的方法是将控制介质上的内容直接输入到数控系统中进行机床的空运转检查，即在机床上用笔代替刀具、坐标

纸代替工件进行空运转画图，检查机床运动轨迹的正确性。在具有图形显示屏幕的数控机床上，用显示走刀轨迹或模拟刀具和工件的切削过程的方法进行检查更为方便。但这些方法只能检查运动是否正确，不能查出由于刀具调整不当或编程计算不准确而造成的工件误差的大小，因此，必须用首件试切的方法进行实际切削检查。当发现错误时，或修改程序单，或采取尺寸补偿等措施，直到加工出满足要求的零件为止。随着计算机科学的不断发展，现已可采用先进的数控加工仿真系统对数控程序进行校核。

课题二　数控加工工艺参数选择

知识点

- 确定走刀路线和安排加工顺序
- 确定定位和夹紧方案
- 确定刀具与工件的相对位置
- 确定切削用量

技能点

- 数控加工工艺参数的合理选择

课题分析

数控机床加工工艺参数与普通机床相比，除了考虑切削用量、加工顺序之外，还要考虑走刀路线、定位和夹紧方案、对刀点和换刀点位置。

相关知识

一、确定走刀路线和安排加工顺序

走刀路线就是刀具在整个加工工序中的运动轨迹，它不但包括了工步的内容，也反映出工步顺序。走刀路线是编写程序的依据之一。在确定走刀路线时应注意以下几点：

1. 寻求最短加工路线

如加工如图 8-1（a）所示零件上的孔系。图 8-1（b）所示的走刀路线为先加工完外圈孔后，再加工内圈孔。若改用如图 8-1（c）所示的走刀路线，则可减少空刀时间，即节省定位时间近一倍，提高了加工效率。

最短加工路线

2. 最终轮廓一次走刀完成

为保证工件轮廓表面加工后的表面粗糙度要求，最终轮廓应安排在最后一次走刀中连续加工出来。

图 8-2（a）所示为用行切法加工内腔的走刀路线，这种走刀能切除内腔中的全部余量，

(a)   (b)   (c)

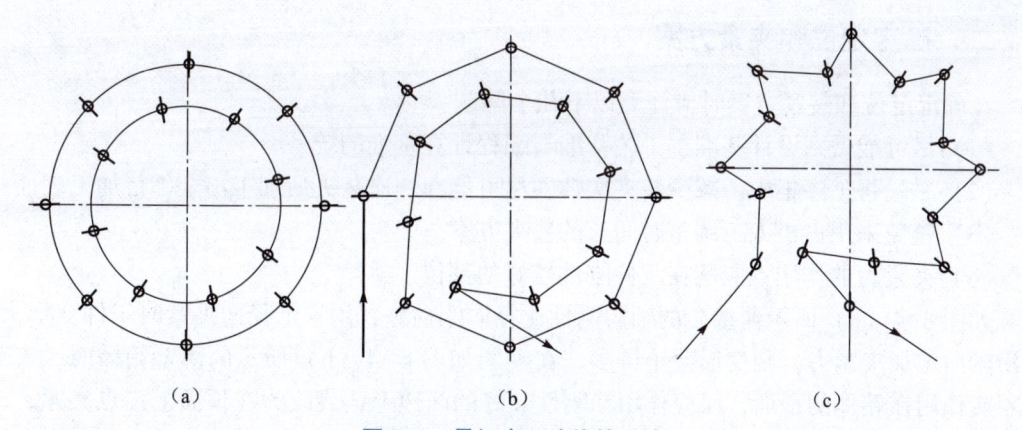

图 8-1　最短走刀路线的设计

(a) 零件图样；(b) 路线 1；(c) 路线 2

不留死角，不伤轮廓。但行切法会在两次走刀的起点和终点间留下残留高度，故达不到要求的表面粗糙度。如采用如图 8-2（b）所示的走刀路线，先用行切法，最后沿周向环切一刀，光整轮廓表面，则能获得较好的效果。如图 8-2（c）所示的走刀路线也是一种较好的走刀路线方式。

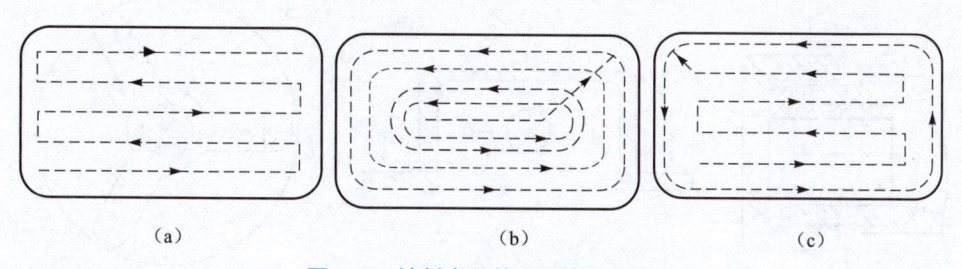

(a)   (b)   (c)

图 8-2　铣削内腔的三种走刀路线

(a) 路线 1；(b) 路线 2；(c) 路线 3

3. 选择切入、切出方向

考虑刀具的进、退刀（切入、切出）路线时，刀具的切出或切入点应在沿零件轮廓切线的延长线上，以保证工件轮廓光滑；应避免在工件轮廓面上垂直上、下刀而划伤工件表面；尽量减少在轮廓加工切削过程中的暂停（切削力突然变化造成弹性变形），以免留下刀痕，如图 8-3 所示。

4. 选择使工件在加工后变形小的路线

对横截面积小的细长零件或薄板零件应采用分几次走刀加工到最后尺寸或用对称去除余量法安排走刀路线。安排工步时，应先安排对工件刚性破坏较小的工步。

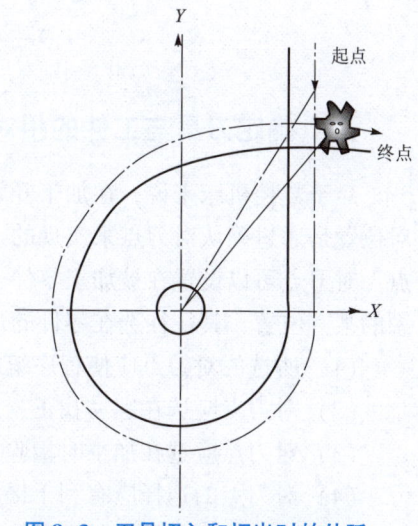

图 8-3　刀具切入和切出时的外延

二、确定定位和夹紧方案

在确定定位和夹紧方案时应注意以下几个问题：
(1) 尽可能做到设计基准、工艺基准与编程计算基准的统一。
(2) 尽量将工序集中，减少装夹次数，尽可能在一次装夹后加工出全部待加工表面。
(3) 避免采用占机人工调整时间长的装夹方案。
(4) 夹紧力的作用点应落在工件刚性较好的部位。

如图8-4（a）所示薄壁套的轴向刚性比径向刚性好，用卡爪径向夹紧时工件变形大，若沿轴向施加夹紧力，则变形会小得多。在夹紧如图8-4（b）所示的薄壁箱体时，夹紧力不应作用在箱体的顶面，而应作用在刚性较好的凸边上，或改为在顶面上三点夹紧，改变着力点位置，以减小夹紧变形，如图8-4（c）所示。

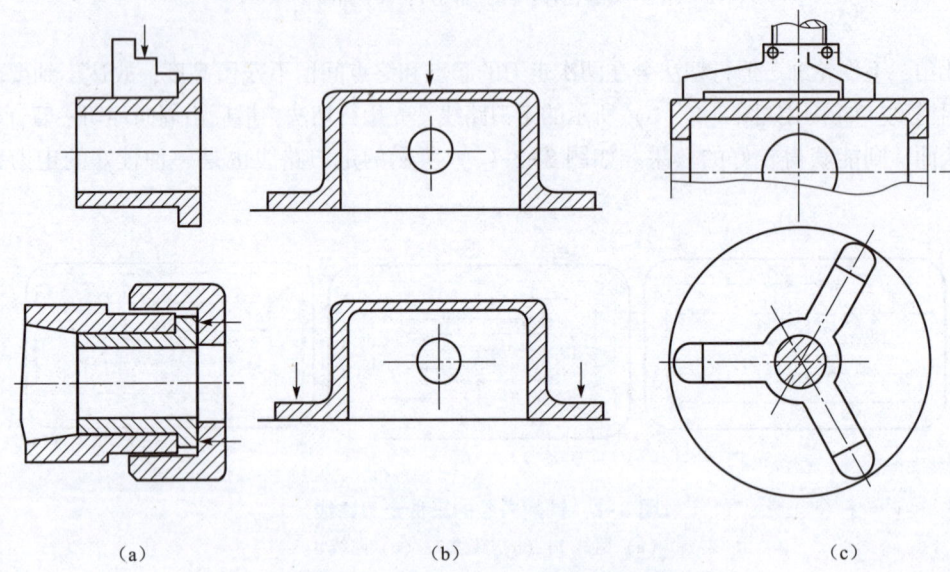

图8-4 夹紧力作用点与夹紧变形的关系
(a) 薄壁套；(b) 改进方法1；(c) 改进方法2

三、确定刀具与工件的相对位置

对于数控机床来说，在加工开始时，确定刀具与工件的相对位置是很重要的，这一相对位置是通过确认对刀点来实现的。对刀点是指通过对刀确定刀具与工件相对位置的基准点。对刀点可以设置在被加工零件上，也可以设置在夹具上与零件定位基准有一定尺寸联系的某一位置，其往往选在零件的加工原点。对刀点的选择原则如下：
(1) 所选的对刀点应使程序编制简单；
(2) 对刀点应选在容易找正、便于确定零件加工原点的位置；
(3) 对刀点应选在加工时检验方便、可靠的位置；
(4) 对刀点的选择应有利于提高加工精度。

例如，加工如图8-5所示零件，当按照图示路线来编制数控加工程序时，选择夹具定位元件圆柱销的中心线与定位平面 A 的交点作为加工的对刀点。显然，这里的对刀点也恰好是加工原点。

在使用对刀点确定加工原点时，就需要进行"对刀"。所谓对刀是指使"刀位点"与"对刀点"重合的操作。每把刀具的半径与长度尺寸都是不同的，刀具装在机床上后，应在控制系统中设置刀具的基本位置。"刀位点"是指刀具的定位基准点。如图 8-6 所示，圆柱铣刀的刀位点是刀具中心线与刀具底面的交点；球头铣刀的刀位点是球头的球心点或球头顶点；车刀的刀位点是刀尖或刀尖圆弧中心；钻头的刀位点是钻头顶点。各类数控机床的对刀方法是不完全一样的，这一内容将结合各类机床分别讨论。

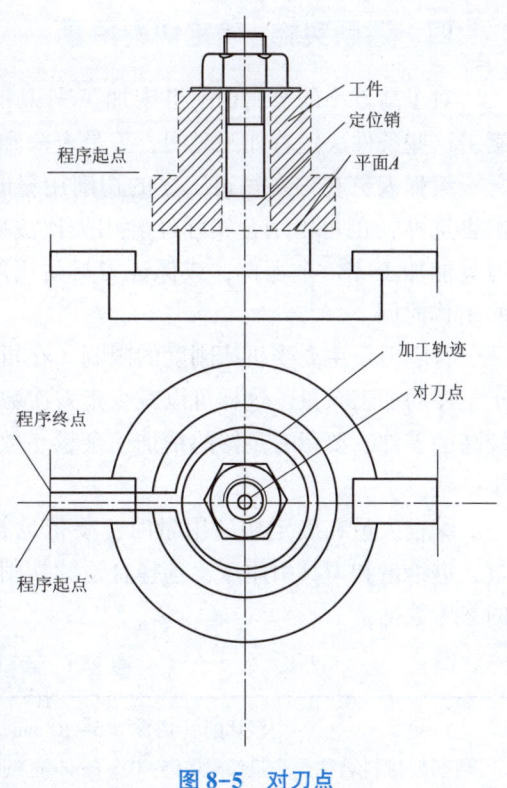

换刀点是为加工中心、数控车床等采用多刀进行加工的机床而设置的，因为这些机床在加工过程中要自动换刀。对于手动换刀的数控铣床，也应确定相应的换刀位置。为防止换刀时碰伤零件、刀具或夹具，换刀点常常设置在被加工零件的轮廓之外，并留有一定的安全量。

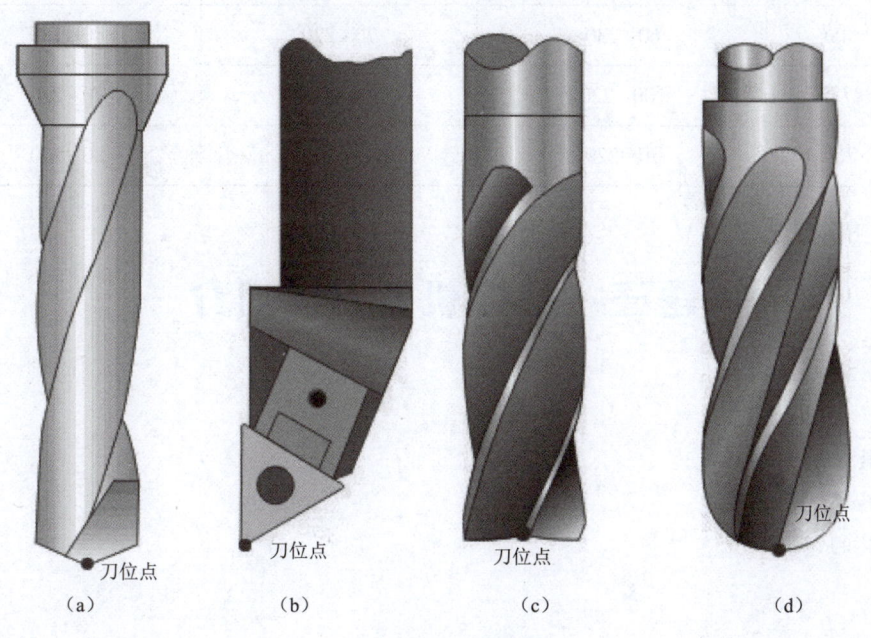

图 8-5 对刀点

图 8-6 刀位点

（a）钻头的刀位点；（b）车刀的刀位点；（c）圆柱铣刀的刀位点；（d）球头铣刀的刀位点

四、课题实施:确定切削用量

对于高效率的金属切削机床加工来说,被加工材料、切削刀具和切削用量是三大要素,这些条件决定着加工时间、刀具寿命和加工质量。

编程人员在确定每道工序的切削用量时,应根据刀具的耐用度和机床说明书中的规定去选择,也可以结合实际经验用类比法确定切削用量。在选择切削用量时要充分保证刀具能加工完一个零件,或保证刀具耐用度不低于一个工作班,最少不低于半个工作班的工作时间。

背吃刀量主要受机床刚度的限制,在机床刚度允许的情况下,应尽可能使背吃刀量等于工序的加工余量,这样可以减少走刀次数、提高加工效率。对于表面粗糙度和精度要求较高的零件,要留有足够的精加工余量。数控加工的精加工余量可比通用机床加工的余量小一些。

编程人员在确定切削用量时,要依据被加工工件的材料、硬度、切削状态、背吃刀量、进给量和刀具耐用度,选择合适的切削速度。表 8-1 所示为车削加工时选择切削速度的参考数据。

表 8-1 车削加工的切削速度

被切削材料名称		轻切削(切深 0.5~10 mm,进给量 0.05~0.3 mm/r)的切削速度/(m·min^{-1})	一般切削(切深 1~4 mm,进给量 0.2~0.5 mm/r)的切削速度/(m·min^{-1})	重切削(切深 5~12 mm,进给量 0.4~0.8 mm/r)的切削速度/(m·min^{-1})
优质碳素结构钢	10#	100~250	150~250	80~220
	45#	60~230	70~220	80~180
合金钢	$\sigma_b \leq 750$ MPa	100~220	100~230	70~220
	$\sigma_b > 750$ MPa	70~220	80~220	80~200

课题三 数控机床刀具简介

知识点

- 刀具系统
- 刀具的选择方式
- 刀具的识别装置

技能点

- 数控刀具的选择与识别

课题分析

数控机床所用的刀具，虽不是机床本体的组成部分，但它是机床实现切削功能不可分割的部分，提高数控机床的利用率和生产效率，刀具是一个十分关键的因素，应选用适应高速切削的刀具材料并使用可转位刀片。为使刀具在机床上迅速地定位夹紧，数控机床普遍使用标准的刀具系统。数控车床、加工中心等具有自动换刀装置的机床所用的刀具，其与主轴连接部分和切削刃具部分都已标准化、系列化。

相关知识

一、刀具系统

1. 刀具组成

数控机床采用的标准化、系列化刀具，主要是针对刀柄和刀头两部分规定的。

（1）刀柄部分。对于车削加工，国家标准已对可转位机夹外圆车刀（图8-7）和端面车刀作了具体规定，可转位机夹内孔车刀（图8-8）在有关标准中也有具体规定。对于加工中心及有关自动换刀装置的机床，其刀具系统的刀柄有直柄和锥柄两类（包含主轴孔）且都已标准化，如图8-9所示，其中，锥柄（锥孔）使用7∶24的锥度，大小分为30、35、40、45、50号。

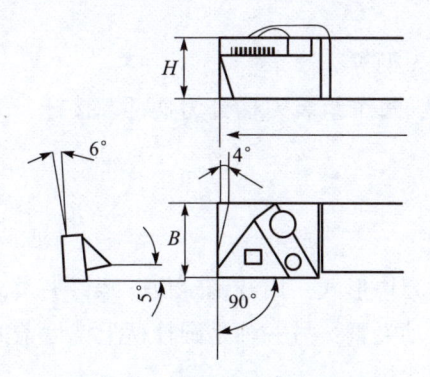

图8-7 可转位机夹外圆车刀

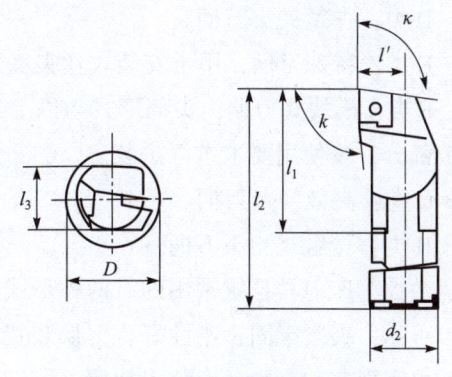

图8-8 可转位机夹内孔车刀

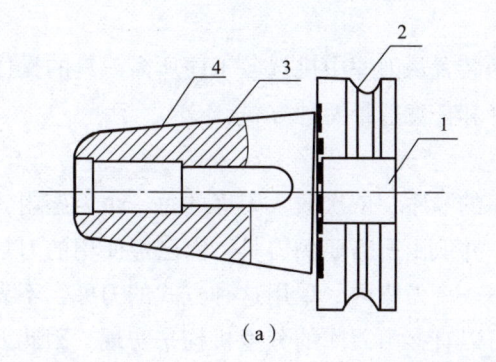

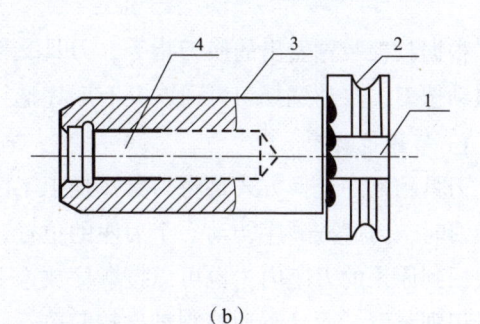

（a）

（b）

图8-9 刀柄及夹持结构

（a）锥柄；（b）直柄

1—键槽；2—机械手抓取部分；3—刀柄定位部位；4—螺孔

（2）刀头部分。数控加工使用的刀具的刀头包括多种结构，如可调镗刀头、不重磨刀片等，其中常用的不重磨刀片（车刀和铣刀用）有多种形状和系列化的型号（规格）供选用。图8-10所示为部分右转位机夹不重磨刀片。加工中心使用的刀具刃具部分与通用刀具（如钻刀、铣刀、铰刀、丝锥等）一样。

图8-10 右转位机夹车刀的刀片

2. 刀具系统

目前，国内镗铣类数控机床所用的刀具系统包括成都工具研究所制定的TSG工具系统（镗铣类整体数控工具系统）和TMG工具系统（镗铣类模块式数控工具系统）两种。

对于TSG工具系统，其刀柄可分为以下几类：

A类：钻孔加工用刀柄，用于安装钻夹头、锥柄夹头和铰刀等。

B类：铣刀刀柄，用于安装套式面铣刀、端铣刀、立铣刀及三面铣刀等。

C类：镗刀刀柄，用于安装粗镗刀、微调镗刀及平面镗刀等。

D类：弹簧夹头刀柄。

E类：特殊刀柄，用于安装攻丝夹头及接长杆刀柄等。

F类：模块式刀柄，头部形式与以上几类相同，每个组装刀柄分为柄部、接杆、头部几个部分，按使用要求进行拼装。

G类：高效复合刀柄。

H类：接触式测头刀柄。

数控车床刀具系统常用的有两种形式：一种是刀块形式，用凸键定位，螺钉夹紧，其定位可靠，夹紧牢固，刚性好，但换装费时不能自动夹紧；另一种是圆柱柄上铣齿条的形式，可实现自动夹紧，换装也快捷，刚性较刀块形式稍差。

二、刀具的选择方式

根据数控装置发出的换刀指令，刀具交换装置从刀库中挑选各工序所需刀具的操作称为自动选刀，自动选择刀具通常又有顺序选择和任意选择两种方式。

1. 顺序选择

刀具的顺序选择方式是将刀具按加工工序的顺序，依次放入刀库的每一个刀座内，每次换刀时，刀库按顺序转动一个刀座的位置，并取出所需要的刀具，而已经使用的刀具可以放回到原来的刀座内，也可以按顺序放入下一个刀座内。采用这种方式的刀库，不需要刀具识别装置，而且驱动控制轴比较简单，可以直接由刀库的分度机构来实现。因此刀具的顺序选择方式具有结构简单、工作可靠等优点。但由于刀库中刀具在不同的工序中不能重复使用，因而必须相应地增加刀具数量和刀库容量，这样就降低了刀具和刀库的利用率。此外，人工装刀操作必须十分谨慎，如果刀具在刀库中的顺序发生差错，则将造成设备质量事故。

2. 任意选择

这种方式是根据程序的要求来选择所需要的刀具，采用任意选择方式的自动换刀系统中必须有刀具识别装置。刀具在刀库中不必按照工作的加工顺序排列，可任意存放，对每把刀具（或刀座）都编上代码，自动换刀时，刀库旋转，每把刀具（或刀座）都经过"刀具识别装置"接受识别。当某把刀具的代码与数控指令的代码相符合时，该刀具就被选中，并将刀具送到换刀位置，等待机械手来抓取。

任意选择刀具法的优点是刀库中刀具的排列顺序与加工顺序无关，相同的刀具可重复使用。因此，其刀具数量比顺序选择法的可少一些，刀库也相应小一些。

任意选择刀具法必须对刀具进行编码，以便识别。编码方式主要有以下三种：

（1）刀具编码方式。这种方式是采用特殊的刀柄结构进行编码。由于每把刀具都有自己的代码，因此，可以存放于刀库的任一刀座中。这样刀库中的刀具在不同的工序中即可重复使用，用过的刀具也不一定要放回原刀座中，这对装刀和选刀都十分有利，且刀库的容量也可相应减少，还可避免由于刀具存放在刀库中的顺序差错而造成的事故。

刀具编码的具体结构如图 8-11 所示。在刀柄 1 后端的拉杆 4 上套装着等间隔的编码环 2，由锁紧螺母 3 固定。编码环既可是整体的，也可由圆环组装而成。编码环直径有大小两种，大直径为二进制的"1"，小直径的为"0"。通过这两个圆环的不同排列，可以得到一系列代码。通常全部为"0"的代码不许使用，以避免与刀座中没有刀具的状况相混淆。为了便于操作者的记忆和识别，也可采用二—八进制编码来表示。

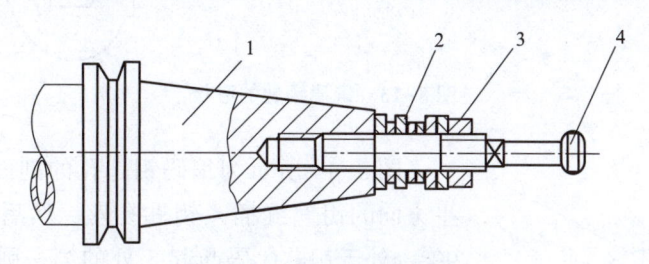

图 8-11 刀具编码示意图
1—刀柄；2—编码环；3—锁紧螺母；4—拉杆

（2）刀座编码方式。这种编码方式对刀库中的每个刀座都进行编码，刀具也编号，并将刀具放到与其号码相符的刀座中。换刀时，刀库旋转，使每个刀座依次经过识刀器，直至找到规定的刀座，刀库便停止旋转。由于这种编码方式取消了刀柄中的编码环，使刀柄结构大为简化。因此，刀具识别装置的结构不受刀柄尺寸的限制，而且可以放在较适当的位置。另外，在自动换刀过程中，必须将用过的刀具放回原来的刀座中，增加了换刀动作。与顺序选择刀具的方式相比，刀座编码方式的突出特点是刀具在加工过程中可以重复使用。

图 8-12 所示为圆盘刀库的刀座编码装置。图中在圆盘的周围分布若干个刀座，其外侧边缘上装有相应的刀座编码块 1，在刀库的下方装有固定不动的刀座识别装置 2。刀座编码的识别原理与上述刀具编码原理完全相同。

(3) 编码附件方式。编码附件方式可分为编码钥匙、编码卡片、编码杆和编码盘等，其中用得最多的是编码钥匙。这种方式是先给各刀具都缚上一把该刀具号的编码钥匙，当把各刀具存放到刀座中时，将编码钥匙插进刀座旁边钥匙孔中，这样就把钥匙的号码转记到刀座中，即给刀座编上了号码，识别装置可以通过识别钥匙上的号码来选取该钥匙旁边刀座中的刀具。编码钥匙的形状如图 8-13 所示，钥匙的

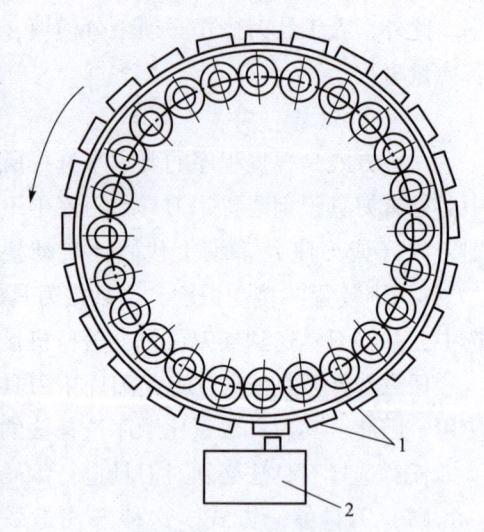

图 8-12 刀座编码装置
1—编码块；2—识别装置

两边最多可带有 22 个方齿，图 8-13 中除导向用的两个方齿外，共有 20 个凸起或凹下的位置，可区别 99 999 把刀具。

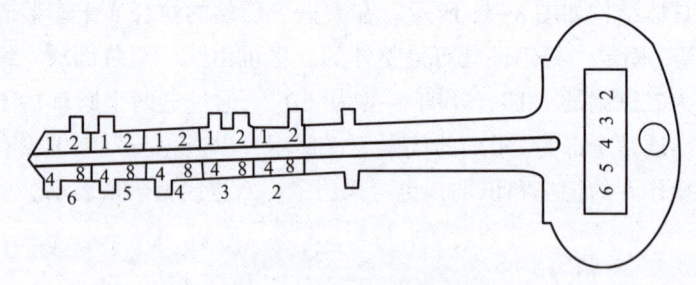

图 8-13 编码钥匙的形状

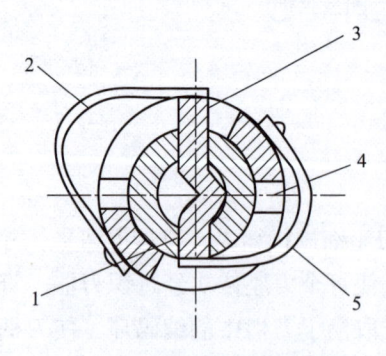

图 8-14 编码钥匙孔的剖面图
1—钥匙；2，5—弹性接触片；
3—钥匙齿；4—钥匙孔座

图 8-14 所示为编码钥匙孔的剖面图，钥匙沿着水平方向的钥匙缝插入钥匙孔座，然后顺时针方向旋转 90°，处于钥匙代码凸起 3 处的第一弹性接触片 2 被撑起，表示代码 "1"；处于代码凹处的第二弹性接触片 5 保持原状，表示代码 "0"。由于钥匙上每个凸凹部分的旁边均有相应的炭刷，故可将钥匙各个凸凹部分识别出来，即识别出相应的刀具。

这种编码方式称为临时性编码，因为从刀座中取出刀具时，刀座中的编码钥匙也被取出，刀座中原来的编码便随之消失。因此，这种方式具有更大的灵活性。采用这种编码方式的刀具用过后必须放回原来的刀座中。

三、刀具识别装置

刀具（刀座）识别装置是可任意选择刀具的自动换刀系统中的重要组成部分，常用的有接触式刀具识别装置和非接触式刀具识别装置两种。

1. 接触式刀具识别装置

接触式刀具识别装置的原理如图 8-15 所示，在刀柄 1 上装有两种直径不同的编码环，规定大直径的环表示二进制的"1"，小直径的环表示"0"。图 8-15 中编码环 4 有 5 个，在刀库附近固定一刀具识别装置 2，从中伸出触针 3，触针数量与刀柄上的编码环个数相等。每个触针与一个继电器相连，当编码是大直径时与触针接触，继电器通电，其代码为"1"；当编码是小直径时与触针不接触，继电器不通电，其代码为"0"。当继电器读出的代码与所需刀具的编码一致时，有控制装置发出信号，使刀库停转，等待换刀。

接触式刀具识别装置的结构简单，但由于触针有磨损，故其寿命较短、可靠性较差，且难以快速选刀。

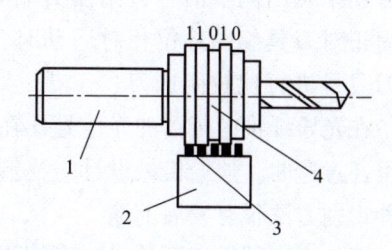

图 8-15 接触式刀具识别装置的原理
1—刀柄；2—刀具识别装置；
3—触针；4—编码环

2. 非接触式刀具识别装置

非接触式刀具识别装置没有机械直接接触，因而无磨损、无噪声、寿命长、反应速度快，适应于高速、换刀频繁的工作场合。其所用识别装置的识别方法有磁性识别法和光电识别法。

（1）非接触式磁性识别法。磁性识别法是利用磁性材料和非磁性材料磁感应强弱的不同，通过感应线圈读取代码。其编码环的直径相等，分别由导磁材料（如软钢）和非导磁材料（如黄铜、塑料等）制成，并规定前者编码为"1"，后者编码为"0"。图 8-16 所示为一种用于刀具编码的磁性识别装置。图 8-16 中刀柄 1 上装有非导磁材料编码环 4 和导磁材料编码环 2，以及与编码环相对应的由一组检测线圈 6 组成的非接触式识别装置 3。当在检测线圈 6 的一次线圈 5 中输入交流电压时，如编码环为导磁材料，则磁感应较强，能在二次线圈 7 中产生较大的感应电压；如编码环为非导磁材料，则磁感应较弱，在二次线圈中感应的电压就较弱。利用感应电压的强弱，就能识别刀具的号码，当编码的号码与指令刀号相符时，控制电路便发出信号，使刀库停止运转，等待换刀。

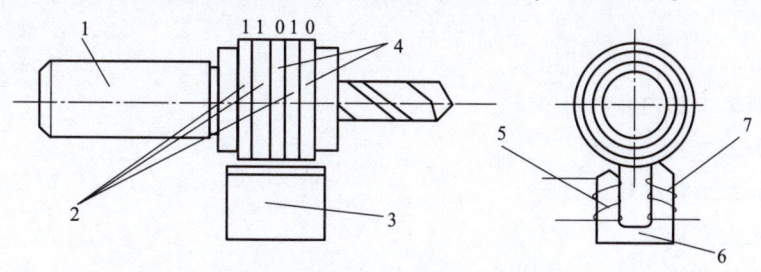

图 8-16 非接触式磁性识别原理图
1—刀柄；2—导磁材料编码环；3—识别装置；4—非导磁材料编码环；
5——次线圈；6—检测线圈；7—二次线圈

(2) 非接触式光电识别法。非接触式光电识别法是利用光导纤维良好的光传导特性，采用多束光导纤维构成的一种阅读方法。当用靠近的二束光导纤维来阅读二进制编码的一位时，其中一束将光源投到能反光或不能反光（被涂黑）的金属表面上，另一束光导纤维将反射光送至光电转换元件转换成电信号，以判断正对这二束光导纤维的金属表面有无反射光，有反射光时（表面光亮）为"1"，无反射光时（表面涂黑）为"0"。在刀具的某个磨光部位按二进制规律涂黑或不涂黑，即可给刀具编上号码，正当中一小块反光部分用来发出同步信号，阅读头端面中间嵌进一排共 9 个圆形的受光入射面，当阅读头端面正对刀具编码部位相对运动时，在同步信号的作用下可将刀具编码读入，并与给定的刀具号进行比较而选刀。

在光导纤维中传播的光信号比在导体中传播的电信号具有更高的抗干扰能力。光导纤维可任意弯曲，这给机械设计、光源及光电转换元件的安装都带来了很大的方便，因此，这种识别方法很有发展前途。

近年来，图像识别技术和可编程控制器已用于换刀系统中。

利用图像识别技术刀具不必编码，而是在刀具识别位置上利用光学系统将刀具的形状投影到由许多光电元件组成的屏板上，从而将刀具的形状变为光电信号，经信息处理后存入记忆装置中。选刀时，数控指令 T 所指的刀具在刀具识别位置出现图形，使之与记忆装置中的图形进行比较，选中时发出选刀符合信号，刀具便停在换刀位置上。这种识别方法虽然有很多优点，但由于该系统价格昂贵，故限制了它的使用。

采用可编程控制器可以实现随即换刀，它是利用软件实现选刀，代替了传统的编码环和识刀器。在这种选刀与换刀方式中，刀库上的刀具能与主轴上的刀具任意地直接交换，即随机换刀。主轴上换来的新刀号及换回刀库上的刀具号，均在 PC 内部相应的存储单元进行记忆。随机换刀控制方式需要在 PC 内部设置一个模拟刀库的数据表，其长度和表内设置的数据与刀库的位置数和刀具号相对应。这种方法主要用于由软件完成的选刀场合，从而消除了由于识刀装置的稳定性、可靠性所带来的选刀失误。

课题四　数控加工工艺与编程简介

知识点

- 数控加工工艺内容的选择
- 数控加工工艺性分析
- 数控加工工艺路线的设计
- 数控机床坐标系
- 数控编程代码

技能点

- 数控加工工艺性分析、设计与正确编程

课题分析

在进行数控加工工艺设计时，一般应进行以下几方面的工作：数控加工工艺内容的选择；数控加工工艺性分析；数控加工工艺路线的设计。对于一个零件来说，并非全部加工工艺过程都适合在数控机床上完成，而往往只是其中的一部分工艺内容适合数控加工，这就需要对零件图样进行仔细的工艺分析，选择那些最适合、最需要进行数控加工的内容和工序。在考虑选择内容时，应结合本企业设备的实际，立足于解决难题、攻克关键问题和提高生产效率，充分发挥数控加工的优势。

相关知识

一、数控加工工艺内容的选择

1. 适于数控加工的内容

在选择时，一般可按下列顺序考虑：

（1）通用机床无法加工的内容应作为优先选择内容；

（2）通用机床难加工、质量也难以保证的内容应作为重点选择内容；

（3）通用机床加工效率低、工人手工操作劳动强度大的内容，可在数控机床尚存在富裕加工能力时选择。

2. 不适于数控加工的内容

一般来说，上述这些加工内容采用数控加工后，在产品质量、生产效率与综合效益等方面都会得到明显提高。相比之下，下列一些内容不宜采用数控加工：

（1）占机调整时间长。如以毛坯的粗基准定位加工第一个精基准，则需用专用工装协调的内容。

（2）加工部位分散，需要多次安装、设置原点。这时，采用数控加工很麻烦，效果不明显，可安排通用机床来加工。

（3）按某些特定的制造依据（如样板等）加工的型面轮廓。若采用数控加工，则获取数据困难，易于与检验依据发生矛盾，增加了程序编制的难度。

此外，在选择和决定加工内容时，也要考虑生产批量、生产周期、工序间周转情况等。总之，要尽量做到合理，达到多、快、好、省的目的，要防止把数控机床降格为通用机床使用。

二、数控加工工艺性分析

被加工零件的数控加工工艺性问题涉及面很广，下面结合编程的可能性及方便性提出一些必须分析和审查的主要内容。

1. 尺寸标注应符合数控加工的特点

在数控编程中，所有点、线、面的尺寸和位置都是以编程原点为基准的。因此，零件图样上最好直接给出坐标尺寸，或尽量以同一基准引注尺寸。

2. 几何要素的条件应完整、准确

在程序编制中，编程人员必须充分掌握构成零件轮廓的几何要素参数及各几何要素间的关系。因为在自动编程时要对零件轮廓的所有几何元素进行定义，手工编程时要计算出每个节点的坐标，无论哪一点不明确或不确定，编程都无法进行。但由于零件设计人员在设计过程中考虑不周或被忽略，故常常出现参数不全或不清楚的情况，如圆弧与直线、圆弧与圆弧是相切还是相交或相离。所以在审查与分析图纸时，一定要仔细核算，发现问题及时与设计人员联系。

3. 定位基准可靠

在数控加工中，加工工序往往较集中，即以同一基准定位十分重要，因此往往需要设置一些辅助基准，或在毛坯上增加一些工艺凸台。如图 8-17（a）所示的零件，为增加定位的稳定性，可在底面增加一工艺凸台，如图 8-17（b）所示，在完成定位加工后再除去。

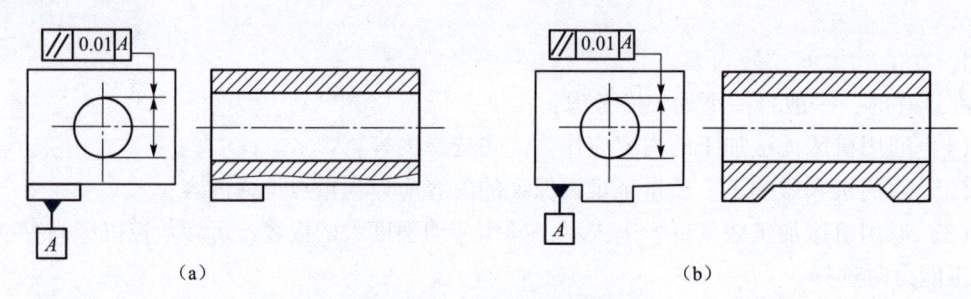

图 8-17　工艺凸台的应用
(a) 改进前的结构；(b) 改进后的结构

4. 统一几何类型及尺寸

零件的外形、内腔最好采用统一的几何类型及尺寸，这样可以减少换刀次数，还可应用控制程序或专用程序来缩短程序长度。零件的形状应尽可能对称，便于利用数控机床的镜向加工功能来编程，以节省编程时间。

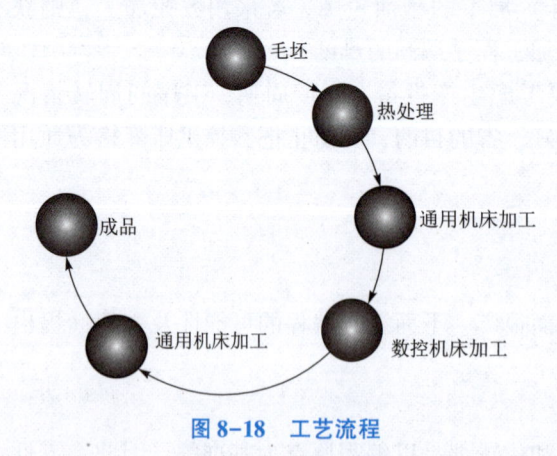

三、数控加工工艺路线的设计

数控加工工艺路线设计与通用机床加工工艺路线设计的主要区别，在于它往往不是指从毛坯到成品的整个工艺过程，而仅是几道数控加工工序工艺过程的具体描述。因此，在工艺路线设计中一定要注意到，由于数控加工工序一般都穿插于零件加工的整个工艺过程中，因而要与其他加工工艺衔接好。常见的工艺流程如图 8-18 所示。

图 8-18　工艺流程

在数控加工工艺路线设计中应注意以下几个问题：

1. 工序的划分

根据数控加工的特点，数控加工工序的划分一般可按下列方法进行：

（1）以一次安装、加工作为一道工序。这种方法适合于加工内容较少的零件，加工完成后就能达到待检状态。

（2）以同一把刀具加工的内容划分工序。有些零件虽然能在一次安装中加工出很多待加工表面，但考虑到程序太长，故会受到某些限制，如控制系统的限制（主要是内存容量）、机床连续工作时间的限制（如一道工序在一个工作班内不能结束）等。此外，程序太长会增加出错与检索的困难。因此程序不能太长，且一道工序的内容不能太多。

（3）以加工部位划分工序。对于加工内容很多的工件，可按其结构特点将加工部位分成几个部分，如内腔、外形、曲面或平面，并将每一部分的加工作为一道工序。

（4）以粗、精加工划分工序。对于经加工后易发生变形的工件，由于对粗加工后可能发生的变形需要进行校形，故一般来说，凡要进行粗、精加工的过程，都要将工序分开。

2. 顺序的安排

顺序的安排应根据零件的结构和毛坯状况，以及定位、安装与夹紧的需要来考虑。顺序安排一般应按以下原则进行：

（1）上道工序的加工不能影响下道工序的定位与夹紧，中间穿插有通用机床加工工序的也应综合考虑。

（2）先进行内腔加工，后进行外形加工。

（3）以相同定位、夹紧方式加工或用同一把刀具加工的工序，最好连续加工，以减少重复定位次数、换刀次数与挪动压板次数。

3. 数控加工工艺与普通工序的衔接

数控加工工序前后一般都穿插有其他普通加工工序，如衔接得不好就容易产生矛盾。因此，在熟悉整个加工工艺内容的同时，要清楚数控加工工序与普通加工工序各自的技术要求、加工目的、加工特点，如要不要留加工余量、留多少，定位面与孔的精度要求及形位公差、对校形工序的技术要求、对毛坯的热处理状态等，这样才能使各工序相互满足加工需要，且质量目标及技术要求明确、交接验收有依据。

四、数控机床坐标系

数控机床坐标系及其运动方向，在国际标准中有统一规定，我国机械工业部标准 JB/T 3051—1999 规定了坐标系及其运动方向，与国际标准等效。这样就为数控系统和数控机床的设计、使用、维修和程序编制带来了极大的便利。

数控机床坐标系

1. 数控机床坐标系的规定原则

（1）右手直角坐标系。标准的坐标系为右手直角坐标系（见图 8-19），它规定了 X、Y、Z 三坐标轴的关系：用右手的拇指、食指和中指分别代表 X、Y、Z 三轴，三个手指互相垂直，则所指方向分别为 X、Y、Z 轴的正方向；围绕 X、Y、Z 各轴的回转分别用 A、B、C 表示，其正向用右手螺旋定则确定；与 $+X$、$+Y$、$+Z$、…、$+C$ 相反的方向用带"′"

的+X'、+Y'、+Z'、…、+C'表示。

(2) 刀具运动坐标与工件运动坐标。数控机床的坐标系是机床运动部件进给运动的坐标系。由于进给运动可以是刀具相对于工件的运动（车床），也可以是工件相对于刀具的运动（铣床），所以统一规定：不带"'"的坐标表示刀具相对于"静止"工件而运动的刀具运动坐标；带"'"的坐标表示工件相对于"静止"刀具而运动的工件运动坐标。

(3) 运动的正方向。运动的正方向是使刀具与工件之间距离增大的方向。

2. 坐标轴确定的方法及步骤

(1) Z 轴。平行于主轴的轴线为 Z 轴，取刀具远离工件方向为正向（+Z），如图 8-20 和图 8-21 所示。

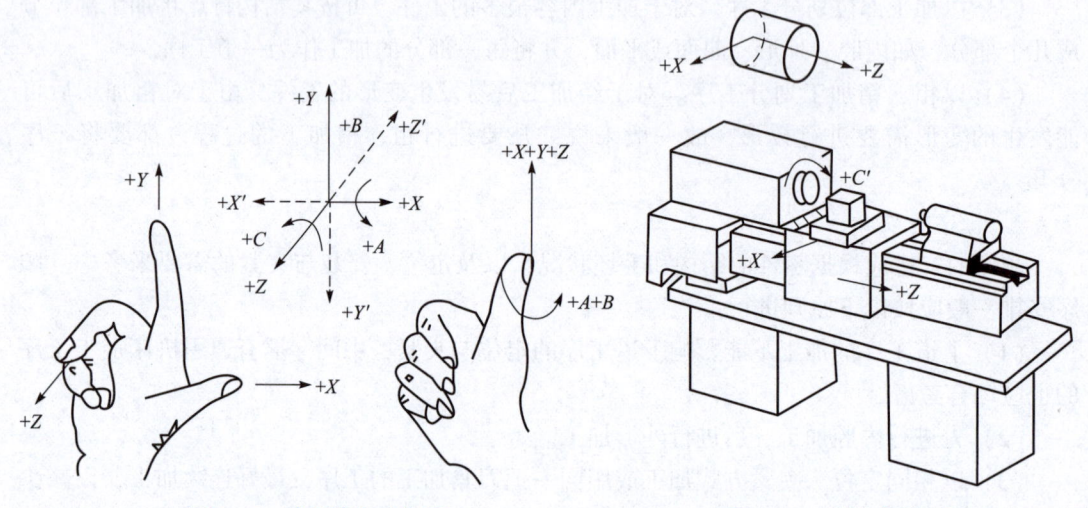

图 8-19　右手直角坐标系

图 8-20　数控车床坐标系

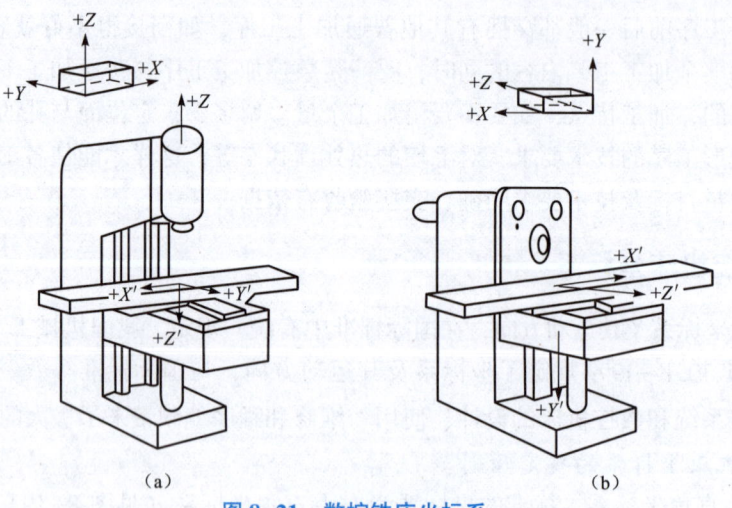

图 8-21　数控铣床坐标系
(a) 立式；(b) 卧式

当机床有几个主轴时，则选一个垂直于工件装夹面的主轴为 Z 轴。

当机床没有主轴时（如数控龙门刨床），则选择与装夹工件的工作台面相垂直的直线为 Z 轴。

若以 Z 轴方向进给运动部件作为工作台，则用 Z' 表示，其正向与 Z 轴相反。

（2）X 轴。X 轴平行工件装夹平面。对于工件做回转切削运动的机床（如车床、磨床），在水平面内取垂直于工件回转轴线（Z 轴）的方向为 X 轴，刀具远离工件的方向为正向，如图 8-20 所示。

对刀具做回转切削运动的机床（如铣床、镗床），当 Z 轴竖直（立式）时，人面对主轴，向右为正 X 方向，如图 8-21（a）所示；当 Z 轴水平（卧式）时，则向左为正 X 方向，如图 8-21（b）所示。

对于无主轴的机床（如刨床），则以切削方向为 Z 轴正向。若 X 方向进给运动部件是工作台，则用 X' 表示，其正向与 X 正向相反。

（3）Y 轴。根据已确定的 X、Y 轴，按右手直角坐标系确定。同样，Y 轴与 Y' 轴正向相反。

（4）A、B、C 轴。此三轴为回转轴，围绕 X 轴旋转的是 A 轴，围绕 Y 轴旋转的是 B 轴，围绕 Z 轴旋转的是 C 轴。根据已确定的 X、Y、Z 轴，用右手螺旋法来确定，如图 8-19 所示。

（5）附加坐标。若机床除有 X、Y、Z（第一组）主要直线运动外，还有平行于它们的坐标运动，则分别命名为 U、V、W（第二组）；若还有第三组运动，则分别命名为 P、Q、R；若除了 A、B、C（第一组）回转运动外，还有其他回转运动，则命名为 D、E、F 等。

3. 数控机床的两种坐标系

数控机床坐标系包括机床坐标系和工件坐标系两种。

（1）机床坐标系。机床坐标系又称为机械坐标系，是机床运动部件的进给运动坐标系，其坐标轴及方向按标准规定，坐标原点的位置则由各机床生产厂设定，称为机床原点（或零点）。

数控车床机床坐标系（OXZ）的原点 O，一般位于卡盘端面，或离爪端面一定距离处，或位于机床零点。

数控铣床的机床坐标系（$OXYZ$）的原点 O，一般位于机床零点或机床移动部件坐标轴正向的极限位置。

（2）工件坐标系。工件坐标系又称编程坐标系，供编程用。为使编程人员在不知道是"刀具移近工件还是工件移近刀具"的情况下，即可根据图纸确定机床加工过程，所以规定工件坐标是"刀具相对工件而运动"的刀具运动坐标系。

工件坐标系的原点，也称为工件零点或编程零点，其位置由编程者设定，一般设在工件的设计、工艺基准处，以便于尺寸计算。

4. 绝对坐标与相对坐标

运动轨迹的坐标相对于起点计量的坐标系，称为相对坐标系（或增量坐标系）。所有坐标点的坐标值均从某一固定坐标原点计量的坐标系，称为绝对坐标系。

在图 8-22 中的 A、B 两点，若以绝对坐标计，则有 $X_A=30$，$Y_A=35$，$X_B=10$，$Y_B=15$；若以相对坐标计，则 B 点的坐标是在以 A 点为原点建立起来的坐标系内计量的，此时终点

B 的相对坐标为 $X_B=-20$，$Y_B=-20$，其中负号表示 B 点在 X、Y 轴的负向。

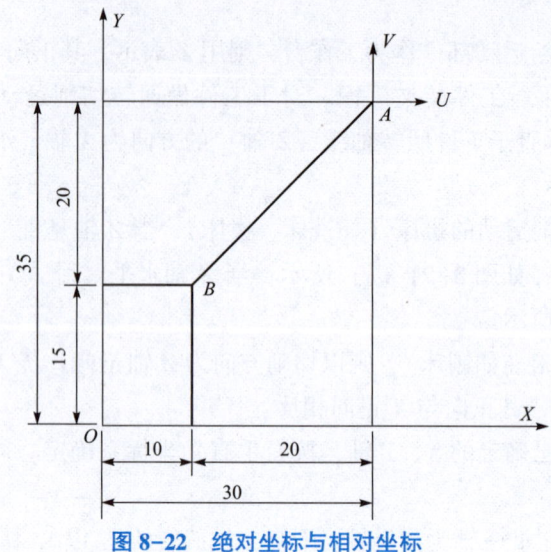

图 8-22　绝对坐标与相对坐标

在编程时，可根据图纸尺寸标注方式来选择编程格式。

五、数控编程代码

1. 准备功能 G 指令

准备功能 G 指令，用来规定刀具和工件的相对运动轨迹（即规定插补功能）、机床坐标系、坐标平面、刀具补偿、坐标偏置等多种加工操作。JB/T 3208—1999 标准中规定：G 指令由字母 G 及其后面的两位数字组成，有 G00~G99 共 100 种代码，如表 8-2 所示。

表 8-2　准备功能 G 代码

G 指令 (1)	功　能 (2)	功能保持到被注销或取代 (3)	功能仅在所在程序段内有效 (4)	G 指令 (1)	功　能 (2)	功能保持到被注销或取代 (3)	功能仅在所在程序段内有效 (4)
G00	快速点定位	a		G08	加速		*
G01	直线插补	a		G09	减速（准备停止）		*
G02	顺时针圆弧插补 CW	a		G10~G16	不指定	#	#
G03	逆时针圆弧插补 CCW	a		G17	XY 平面选择	c	
G04	暂停		*	G18	ZY 平面选择	c	
G05	不指定	#	#	G19	YZ 平面选择	c	
G06	抛物线插补	a		G20~G32	不指定	#	#
G07	不指定	#	#	G33	等螺距螺纹切削	a	

续表

G指令(1)	功能(2)	功能保持到被注销或取代(3)	功能仅在所在程序段内有效(4)	G指令(1)	功能(2)	功能保持到被注销或取代(3)	功能仅在所在程序段内有效(4)
G34	增螺距螺纹切削	a		G55	原点沿 Y 轴直线偏移	f	
G35	减螺距螺纹切削	a		G56	原点沿 Z 轴直线偏移	f	
G36~G39	永不指定	#	#	G57	原点沿 XY 轴直线偏移	f	
G40	注销刀具半径补偿或刀具偏置	d		G58	原点沿 XZ 轴直线偏移	f	
G41	刀具半径左补偿	d		G59	原点沿 YZ 轴直线偏移	f	
G42	刀具半径右补偿	d		G60	准确定位 1（精）	h	
G43	刀具正偏置（正向长度补偿）	#(d)	#	G61	准确定位 2（中）	h	
G44	刀具负偏置（反向长度补偿）	#(d)	#	G62	快速定位（粗）	h	
G45	刀具偏置（第Ⅰ象限）+/+	#(d)	#	G63	攻丝模式		*
G46	刀具偏置（第Ⅳ象限）+/−	#(d)	#	G64~G67	不指定	#	#
G47	刀具偏置（第Ⅲ象限）−/−	#(d)	#	G68	刀具偏置，内角	#(d)	#
G48	刀具偏置（第Ⅱ象限）−/+	#(d)	#	G69	刀具偏置，外角	#(d)	#
G49	刀具偏置（Y 轴正向）0/+	#(d)	#	G70~G79	不指定	#	#
G50	刀具偏置（Y 轴负向）0/−	#(d)	#	G80	注销固定循环	e	
G51	刀具偏置（X 轴正向）+/0	#(d)	#	G81	固定循环，钻小、中孔	e	
G52	刀具偏置（X 轴负向）−/0	#(d)	#	G82	钻孔循环，扩孔	e	
G53	取消直线偏移功能	f		G83	深孔钻孔循环	e	
G54	原点沿 X 轴直线偏移	f		G84	攻螺纹循环	e	

续表

G指令 (1)	功　能 (2)	功能保持到被注销或取代 (3)	功能仅在所在程序段内有效 (4)	G指令 (1)	功　能 (2)	功能保持到被注销或取代 (3)	功能仅在所在程序段内有效 (4)
G85	镗孔循环	e		G92	预置寄存		*
G86	镗孔循环，在底部主轴停	e		G93	时间倒数，进给率	k	
G87	反镗孔循环，在底部主轴停	e		G94	每分钟进给	k	
G88	镗孔循环，有暂停，主轴停	e		G95	主轴每转进给	k	
G89	镗孔循环，有暂停，进给返回	e		G96	主轴恒线速度	i	
G90	绝对值编程	j		G97	主轴每分钟转数，注销G96	i	
G91	增量值编程	j		G98~G99	不指定	#	#

注：1. #号表示如选作特殊用途，则必须在程序格式解释中说明。

2. 如在直线切削控制中没有刀具补偿，则G43~G52可指定作其他用途。

3. 在表中（3）列括号中的字母（d）表示可以被同列中没有括号的字母d所注销或代替，亦可被括号的字母（d）所注销或代替。

4. G45~G52的功能可用于机床上任意两个预定的坐标。

5. 当数控装置中没有G53~G59、G63功能时，可以指定作其他用途。

6. *号表示功能仅在所出现的程序段内有效。

表8-2的第三列中，标有字母的表示第一列中所对应的G代码为模态代码，字母相同的为一组，同组的任意两代码不能同时出现在一个程序段中。模态代码表示这种代码已经在一个程序段中指定，便保持有效到以后的程序段中出现同组的另一代码。在某一程序中已经应用某一模态G代码，如果其后续的程序段中还有相同功能的操作且没有同组的G代码，则在后续的程序中可以不再书写该指令（即省略）。

表8-2内第三列中没有字母的表示对应的G代码为非模态代码（用一次写一次），即只有书写了该代码时才有效。

表8-2内第二列功能说明中的"不指定"代码，用作将来修订标准时供指定新的功能用；"永不指定"代码，说明即使将来修订标准时也不指定新的功能。这两类代码均可由数控系统设计者根据需要自行定义表中所列功能以外的新功能，但是必须在机床说明书中予以说明，以便用户使用。

近年来，数控技术发展很快，许多制造厂采用的数控系统不同，对标准中的代码进行了功能上的延伸或进一步的定义，所以编程时绝对不能死套标准，必须仔细阅读具体机床的编程指南（机床配套的说明书）。

2. 辅助功能指令

辅助功能指令也有 M00~M99，共计 100 种，如表 8-3 所示。M 指令又分为模态指令与非模态指令。

表 8-3 辅助功能 M 代码

M 指令	功　能	功能开始 与程序段指令同时开始（前作用）	功能开始 在程序段指令之后开始（后作用）	功能保持到被注销或被取代	功能仅在所在的程序段有效
M00	程序停止		*		*
M01	计划停止		*		*
M02	程序结束		*		*
M03	主轴顺时针方向旋转	*		*	
M04	主轴逆时针方向旋转	*		*	
M05	主轴停止		*	*	
M06	换刀	#	#		*
M07	2 号冷却液开	*		*	
M08	1 号冷却液开	*		*	
M09	冷却液关		*	*	
M10	夹紧（滑座、主轴、夹具等）	#	#	*	
M11	松开（滑座、主轴、夹具等）	#	#	*	
M12	不指定	#	#	#	#
M13	主轴顺时针旋转及冷却液开	*		*	
M14	主轴逆时针旋转及冷却液开	*		*	
M15	正向运动	*			*
M16	负向运动	*			*
M17~M18	不指定	#	#	#	#
M19	主轴定向停止		*	*	
M20~M29	永不指定	#	#	#	#
M30	纸带结束		*		*
M31	互锁解除	#	#		*
M32~M35	不指定	#	#	#	#
M36	进给范围 1	*		*	
M37	进给范围 2	*		*	
M38	主轴速度范围 1	*		*	

续表

M 指令	功 能	功能开始 与程序段指令同时开始（前作用）	功能开始 在程序段指令之后开始（后作用）	功能保持到被注销或被取代	功能仅在所在的程序段有效
M39	主轴速度范围 2	*		*	
M40~M45	需要时可作齿轮换挡，此外不指定	#	#	#	#
M46~M47	不指定	#	#	#	#
M48	注销 M49		*	*	
M49	进给率正旁路	*		*	
M50	3 号冷却液开	*		*	
M51	4 号冷却液开	*		*	
M52~M54	不指定	#	#	#	#
M55	刀具直线位移，位置 1	*		*	
M56	刀具直线位移，位置 2	*		*	
M57~M59	不指定	#	#	#	#
M60	更换工件		*		*
M61	工件直线位移，位置 1	*		*	
M62	工件直线位移，位置 2	*		*	
M63~M70	不指定	#	#	#	#
M71	工件角度位移，位置 1	*		*	
M72	工件角度位移，位置 2	*		*	
M73~M89	不指定	#	#	#	#
M90~M99	永不指定	#	#	#	#

注：1. #号表示如选作特殊用途，则必须在程序格式解释中说明。

2. *号表示该指令属本栏所指。

3. M90~M99 可指定为特殊用途。

表 8-3 中"不指定"的指令，用作将来修订标准时，供指定新的功能用；"永不指定"指令说明即使将来修订标准，也不指定新的功能。这两类指令均由数控系统设计者根据需要自行定义其功能。

各生产厂家在使用 M 代码时，与标准定义出入不大。有些生产厂家定义了附加的辅助功能，如在车削中心上的控制主轴分度、定位等。G、M 代码的含义及格式将在以后项目中结合具体机床详细介绍。

六、课题实施

1. 数控车床编程案例 1

编制如图 8-23 所示工件的数控加工程序，不要求切断，1 号刀为外圆刀，2 号刀为螺纹刀，3号刀为切槽刀，切槽刀宽度4 mm，毛坯直径ϕ32 mm。

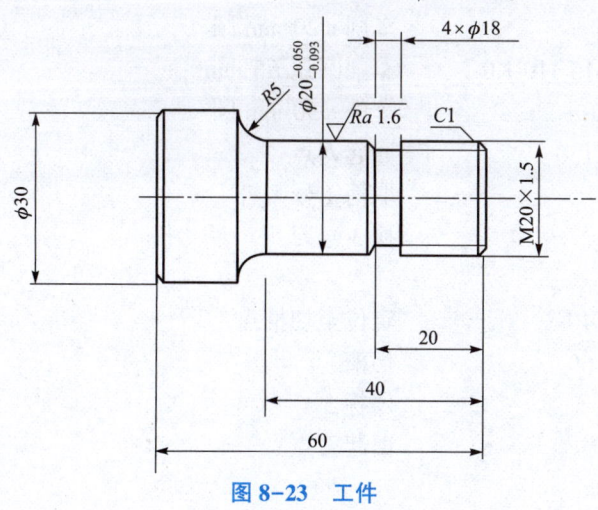

图8-23 工件

（1）首先根据图纸要求按先主后次的加工原则，确定工艺路线。
1）加工外圆与端面。
2）切槽。
3）车螺纹。

（2）选择刀具、对刀、确定工件原点。

根据加工要求需选用3把刀具，1号刀车外圆与端面，2号刀车螺纹，3号刀切槽。用碰刀法对刀以确定工件原点，此例中工件原点位于最左面。

（3）确定切削用量。
1）加工外圆与端面，主轴转速630 r/min，进给速度150 mm/min。
2）切断，主轴转速315 r/min，进给速度150 mm/min。
3）车螺纹，主轴转速200 r/min，进给速度200 mm/min。

（4）编制加工程序。

N10 G50 X50 Z150	确定起刀点
N20 M03 S630	主轴正转
N30 T11	选用1号刀，1号刀补
N40 G00 X33 Z60	准备加工右端面
N50 G01 X-1 F150	加工右端面
N60 G00 X31 Z62	准备开始进行外圆循环
N70 G90 X28 Z20 F150	开始进行外圆循环
N80 X26	
N90 X24	
N100 X22	
N110 X21	ϕ20 mm圆先车削至ϕ21 mm
N120 G00 Z60	准备车倒角
N130 G01 X18 F150	定位至倒角起点

N140 G01 X20 Z59	倒角
N150 Z20	车削 φ20 mm 圆
N160 G03 X30 Z15 I10 K0	车削圆弧 R5 mm
N170 G01 X30 Z0	车削 φ30 mm 圆
N180 G00 X50 Z150	回起刀点
N190 T10	取消1号刀补
N200 T33	换3号刀
N205 M03 S315	
N210 G00 X22 Z40	定位至切槽点
N220 G01 X18 F60	切槽
N230 G04 D5	停顿5 s
N240 G00 X50	回起刀点
N250 Z150	
N260 T30	取消3号刀补
N270 T22	换2号刀
N280 G00 X20 Z62	定位至螺纹起切点
N285 M03 S200	
N290 G92 X19.5 Z42 P1.5	螺纹循环开始
N300 X19	
N310 X18.5	
N320 X17.3	
N330 G00 X50 Z150	回起刀点
N340 T20	取消2号刀补
N350 M05	主轴停止
N 360 M02	程序结束

2. 数控车床编程案例2

编制如图8-24所示工件的数控加工程序，工艺路线、切削用量等与上例类似。刀具选择为：T11，90°外圆车刀；T22，69°螺纹车刀；T33，宽3.6 mm切断刀。

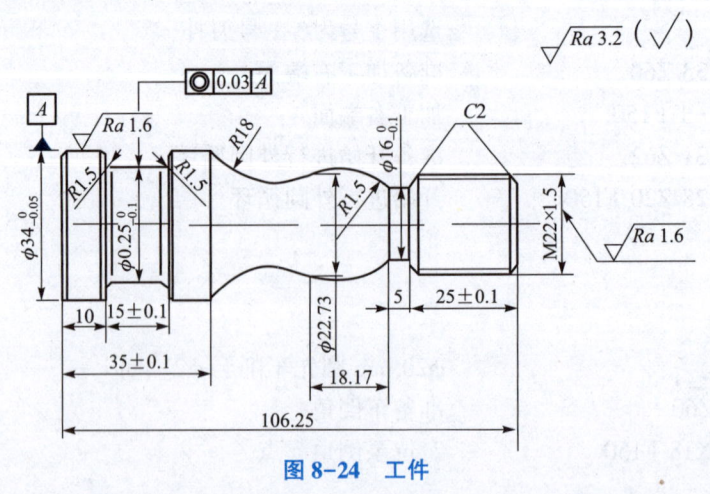

图 8-24 工件

加工程序为：

先加工 ϕ25 mm、宽 15 mm 的槽，所以原点为前端与轴心线交点。

G50 X40 Z50

M03 S1

T11

G00 X36 Z0

G01 X0 F80

G00 X34 Z2

G01 Z-38 F80

G00 X40 Z50

T10

T22

G00 X35 Z-15.0

G75 X25.5 Z-23.5 I3 K1 E3.5 F100

G00 Z-12.6 X34.5

G01 X34 F80

X32 Z-13.6

X28

G03 X25 Z-15.1 R1.5

G01 Z-20

G00 X35

Z-26

G01 X34 F80

X32 Z-25

X28

G02 X25 Z-23.5 R1.5

G01 Z-16

G00 X40

Z50

T20

M05

M02

后加工球与螺纹：

G50 X50 Z50

M03 S1

T11

G00 X36 Z0

G01 X0 F80

G00 X36 Z2

G90 X33 Z-30 F200

X30

X27

X24

X22.5

G00 X35 Z-29

G90 X33 Z-60 F200

X30

X28

G00 X32 Z-59

G01 X35 Z-70 F150

G00 Z-59

X28.5

G01 X34.5 Z-70 F150

G00 X50 Z50

T10

T33

G00 X23 Z-28.6

G01 X16 F80

G00 X23

Z-30

G01 X16 F80

G00 X50

Z50

T30

T22

G00 X18 Z4

G01 Z0 F80

X22 Z-2

Z-23

X18 Z-25

X16 Z-30

G02 X22.73 Z-48.17 R15

G03 X34 Z-70 R20

G00 X50

Z20

G92 X21 Z-28 P1.5

```
X20
X19.3
G00 X50 Z50
T20
M05
M02
```

3. 数控铣加工案例 3

如图 8-25 所示零件，设中间 φ28 mm 的圆孔与外圆 φ130 mm 已经加工完成，现需要在数控机床上铣出直径 φ120 至 φ40 mm、深 5 mm 的圆环槽和七个腰形通孔。

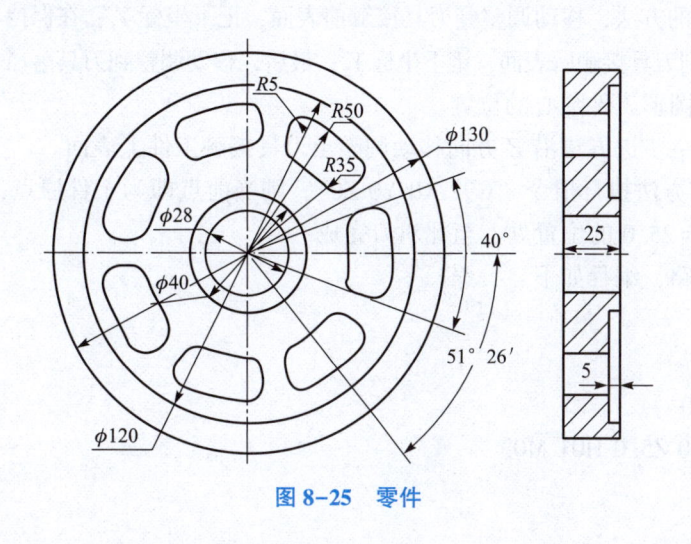

图 8-25 零件

根据工件的形状尺寸特点，确定以中心内孔和外形装夹定位，先加工圆环槽，再铣七个腰形通孔。

铣圆环槽方法：采用 φ20 mm 左右的铣刀，按 φ120 mm 的圆形轨迹编程，采用逐步加大刀具补偿半径的方法，一直到铣出 φ40 mm 的圆为止。

铣腰形通孔方法：采用 φ8~φ10 mm 的铣刀，以正右方的腰形槽为基本图形编程，并且在深度方向上分三次进刀切削，其余六个槽孔则通过旋转变换功能铣出。由于腰形槽孔宽度与刀具尺寸的关系，只需沿槽形周围切削一周即可全部完成，不需要再改变径向刀补重复进行。如图 8-26 所示，现已计算出正右方槽孔的主要节点坐标分别为 A（34.128，7.766）、B（37.293，13.574）、C（42.024，15.296）、D（48.594，11.775）。

对刀方法：

（1）先下刀到圆形工件的左侧，手动—步进调整机床至刀具接触工件左侧面，记下此时的坐标 X_1；手动沿 Z 向提刀，在保持 Y 坐标不变的情形下移动刀具到工件右侧，同样通过手动—步进调整步骤，使刀具接触工件右侧，记下此时的坐标 X_2；计算出 $X_3 = (X_1 + X_2)/2$，手动提刀后，通过手动—步进调整过程，将刀具移到坐标 X_3 处，此即 X 方向上的中心位置。对刀方式如图 8-26 所示。

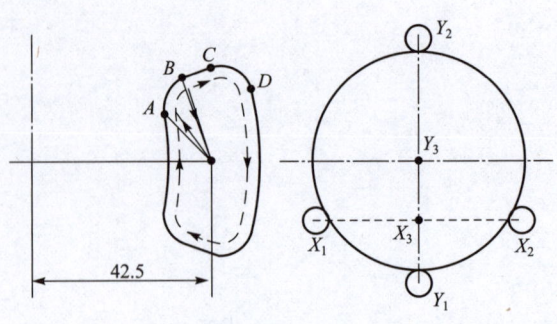

图 8-26 零件

（2）用同样的方法，移动调整到刀具接触前表面，记下坐标 Y_1；在保持 X 坐标不变的前提下，移动调整到刀具接触后表面，记下坐标 Y_2；最后，移动调整到刀具落在 $Y_3 = (Y_1+Y_2)/2$ 的位置上，此即圆形工件圆心的位置。

（3）用手动—步进方法沿 Z 方向移动调整至刀具接触工件上表面。

（4）用 MDI 方法执行指令"G92 X0 Y0 Z0"，则当前点即为工件原点；然后，提刀至工件坐标高度 $Z = 25.0$ 的位置处，至此对刀完成。

按照上述思路，编程如下：

主　程　序
%0010
G92 X0 Y0 Z25.0
G90 G17 G43 G00 Z5.0 H01 M03
G00 X25.0
G01 Z5.0 F150
G41 G01 X60.0 D01　　　　　应设置 D01 = 10
G03 I-60
G01 G40 X25.0
G41 G01 X60.0 D02　　　　　设置 D02 = 20
G03 I-60
G01 G40 X25.0
G41 G01 X60.0 D03　　　　　设置 D03 = 30
G03 I-60
G01 G40 X25.0
G49 G00 Z5.0
G28 Z25.0 M05
G28 X0 Y0
M00　　　　　　　　　　　　暂停、换刀
G29 X0 Y0
G00 G43 Z5.0 H02 M03
M98 P100

G68 X0 Y0 P51.43
M98 P100
G69
G68 X0 Y0 P102.86
M98 P100
G69
G68 X0 Y0 P154.29
M98 P100
G69
G68 X0 Y0 P205.72
M98 P100
G69
G68 X0 Y0 P257.15
M98 P100
G69
G68 X0 Y0 P308.57
M98 P100
G69
G00 Z25.0
M05 M30
子 程 序
%100
G00 X42.5
G01 Z12.0 F100
M98 P110
G01 Z20.0 F100
M98 P110
G01 Z28.0 F100
M98 P110
G00 Z5.0
X0 Y0
M99
嵌套的子程序
%110
G01 G42 X34.128 Y7.766 D04
G02 X37.293 Y13.574 R5.0
G01 X42.024 Y15.296
G02 X48.594 Y11.775 R5.0
G02 Y-11.775 R50.0

```
G02 X42.024 Y-15.296 R5.0
G01 X37.293 Y-3.574
G03 X34.128 Y7.766 R35.0
G02 X37.293 Y13.574 R5.0
G40 G01 X42.5 Y0
M99
```

D04 应按实际使用的刀具半径设定，H01＝0、H02 按第二把刀具相对于第一把刀具伸出的长短设定。

4. 加工中心编程案例 4

零件如图 8-27 所示，分别用 φ40 mm 的端面铣刀铣上表面，用 φ20 mm 的立铣刀铣 4 个侧面和 A、B 面，用 φ6 mm 的钻头钻 6 个小孔，用 φ14 mm 的钻头钻中间的两个大孔。

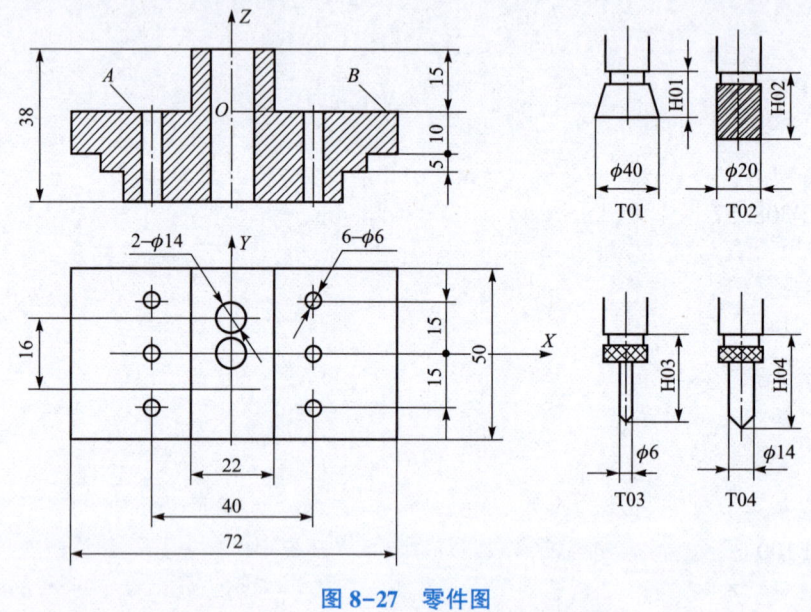

图 8-27 零件图

编程如下：

程　　序	含　　义
%0002	程序番号
G92 X0 Y0 Z100.0	设定工件坐标系，设 T01 已经装好
G90 G00 G43 Z20.0 H01	Z 向下刀到离毛坯上表面一定距离处
S300 M03	启动主轴
G00 X60.0 Y15.0	移刀到毛坯右侧外部
G01 Z15.0 F100	工进下刀到欲加工上表面高度处
X-60.0	加工到左侧（左右移动）
Y-15.0	移到 Y=-15 上
X60.0 T02	往回加工到右侧，同时刀库预先选刀 T02
G49 Z20.0 M19	上表面加工完成
G28 Z100.0	抬刀，主轴停转

G28 X0 Y0 M06	返回参考点，自动换刀
G29 X60.0 Y25.0 Z100.0 S200 M03	从参考点回到铣四侧的起始位置，启动主轴
G00 G43 Z-12.0 H02	下刀到 Z=-12 高度处
G01 G42 X36.0 D02 F80	引入刀径补偿，开始铣 4 个侧面
X-36.0 T03	铣后侧面，同时选刀 T03
Y-25.0	铣左侧面
X36.0	铣前侧面
Y30.0	铣右侧面
G00 G40 Y40.0	刀补取消，引出
Z0	抬刀至 A、B 面高度
G01 Y-40.0 F80	工进铣削 B 面开始（前后移动）
X21.0	……
Y40.0	移到左侧
X-21.0	铣削 A 面开始
Y-40.0	……
X-36.0	
Y40.0	
G49 Z20.0 M19	A 面铣削完成，抬刀，主轴准停
G28 Z100.0	Z 向返回参考点
G91 G28 X0 Y0 M06	X、Y 向返回参考点，自动换刀
G90 G29 X20.0 Y30.0 Z100.0	从参考点返回到右侧 3-ϕ6 mm 小孔钻削起始位置处
G00 G43 Z3.0 H03 S630 M03	下刀到离 B 面 3 mm 的高度，启动主轴
M98 P120 L3	调用子程序，钻 3-ϕ6 mm 孔
G00 Z20.0	抬刀至上表面的上方高度
X-20.0 Y30.0	移到左侧 3-ϕ6 mm 小孔钻削起始处
Z3.0	下刀至离 A 面 3 mm 的高度，启动主轴
M98 P120 L3	调用子程序，钻 3-ϕ6 mm 孔
G49 Z20.0 M19	抬刀至上表面的上方高度
G28 Z100.0 T04	Z 向返回参考点，同时选刀 T04
G91 G28 X0 Y0 M06	X、Y 向返回参考点，自动换刀
G90 G29 X0 Y24.0 Z100.0	从参考点返回到中间 2-ϕ14 mm 孔钻削起始位置处
G00 G43 Z20.0 H04 S450 M03	下刀到离上表面 5 mm 的高度，启动主轴
M98 P130 L2	调用子程序，钻 2-ϕ14 mm 孔
G49 G28 Z0.0 T01 M19	抬刀并返回参考点，主轴停转，同时选刀 T01
G91 G28 X0 Y0 M06	X、Y 向返回参考点，自动换刀，为重复加工做准备，移到起始位置

G90 G00 X0 Y0 Z100.0	程序结束
M30 %120	子程序——钻 φ6 mm 小孔
G91 G00 Y-15.0G01 Z-25.0 F10	……
G00 Z25.0	子程序返回
G90 M99	
%130	子程序——钻 φ14 mm 孔
G91 G00 Y-16.0	……
G01 Z-48.0 F15	
G00 Z48.0	
M99	子程序返回

项 目 驱 动

1. 什么是数控加工编程?
2. 数控加工工艺分析的目的是什么?包括哪些内容?
3. 准备功能指令(G 代码)与辅助功能指令(M 代码)在数控编程中的作用如何?
4. 对刀点的选取对编程有何影响?
5. 编制如图 8-28 所示工件的数控加工程序,要求切断,1 号刀为外圆刀,2 号刀为切槽刀,切槽刀宽度 4 mm,毛坯直径 φ32 mm。

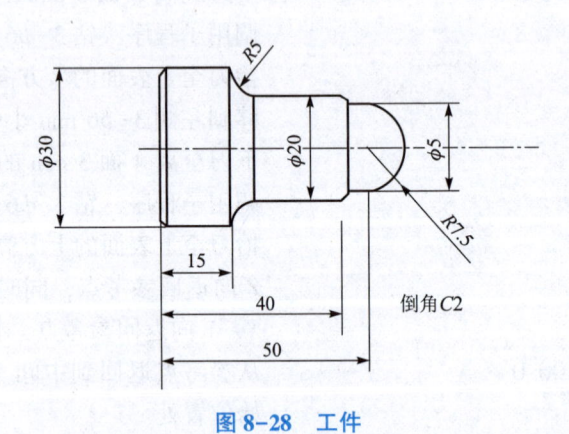

图 8-28 工件

6. 编写如图 8-29 所示的盖板零件图外形轮廓的加工程序,并进行加工。铣削时以底面定位。
7. 编写如图 8-30 所示零件的加工程序。

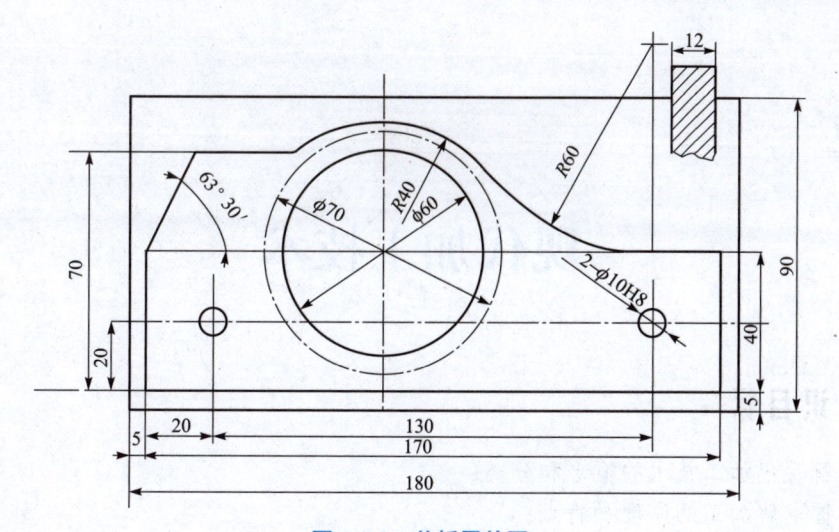

图 8-29 盖板零件图

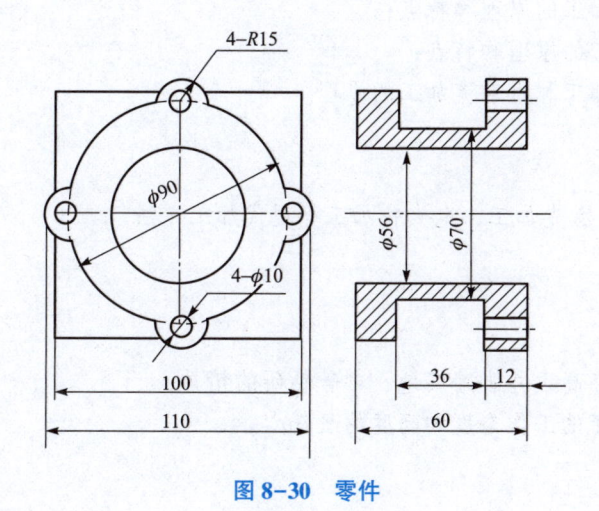

图 8-30 零件

项目九

现代加工技术

知识目标

1. 了解现代加工技术的概念和分类；
2. 掌握电解加工的原理和特点；
3. 掌握激光加工的原理和特点；
4. 掌握电火花加工的原理和特点；
5. 掌握超声加工的原理和特点；
6. 掌握电子束加工和水射流加工的原理。

能力目标

掌握电解加工、激光加工、电火花加工等现代加工方法。

素质目标

1. 培养学生志存高远并脚踏实地、刻苦钻研的精神；
2. 培养学生严谨的工作态度和高度的责任心。

课程思政案例十

课题一 概 述

现代加工是指直接利用机械能、电能、热能、光能、声能、化学能、机电化学能等进行加工的总称（有时可称特种加工）。与传统切削加工的区别在于：不是主要依靠机械能，而是主要用其他能量去除工件上的多余材料；工具硬度可以低于被加工材料的硬度；加工过程中工具与工件之间一般不存在显著的切削力。

现代加工技术分类方法很多，按能量来源和作用原理可分类如下：

机械——高速切削加工；

电、热——电火花加工、电子束加工、等离子束加工；

电、机械——离子束加工；

电化学——电解加工；

电化学、机械——电解磨削、阳极机械磨削；

声、机械——超声加工；

光、热——激光加热；

流体、机械——磨料流动加工、磨料喷射加工；

化学——化学加工；

液流——液力加工。

传统的机械加工，除磨削以外一般都安排在淬火热处理工序之前，现代加工技术的出现，改变了这一成不变的程序。由于现代加工技术工具往往不直接接触工件，其硬度可以低于被加工材料的硬度，而且为了避免淬火引起的变形，将某些工序放在淬火后加工效果更好。例如，电火花线切割加工、电火花成形加工和电解加工等。

现代加工技术还对工艺过程的安排产生了影响，如对粗、精加工分开以及工序集中与分散等产生了影响。由于现代加工技术没有显著的切削力，所以机床、夹具、工具、工件的刚度、强度不是主要矛盾，即使是复杂的、精度要求高的加工表面，常常采用一个复杂工具、简单的运动轨迹及一次安装和一道工序即加工出来。

采用现代加工技术解决了传统的切削加工方法难以解决的问题，如各种难以加工材料（硬质合金、钛合金、陶瓷、玻璃、金刚石、硅片等）的加工问题；解决了各种结构特殊、形状复杂及尺寸微小（涡轮机叶片、模具的立体型面、小孔、窄缝等）的加工问题；解决了高精度零件（尺寸精度达 0.1 mm，表面粗糙度值 Ra 达 0.01 μm）的加工问题；解决了刚度极低的零件（细长、薄壁零件及弹性元件）的加工问题等。

课题二　电解加工

知识点

- 电解加工的原理
- 电解加工的特点
- 电解加工的应用

技能点

- 电解加工的合理应用

课题分析

电解加工主要应用于切削加工困难的领域，如难以加工的材料、形状复杂的表面和刚性较差的薄板的加工等。常用的工艺有：电解穿孔、电解成形、电解去毛刺、电解切割、电解抛光、电解刻蚀等。目前，电解成形加工的精度受电场、磁场、电解液状态以及进给速度等因素的影响，仍难掌握。在实际生产中可以根据均匀间隙的理论初步设计工具的形状，然后通过多次试验、修正，直到满足加工精度要求。为了减小加工余量对精度的影响，可先进行粗加工，然后进行电解精加工，如先用电火花加工机床进行粗加工，再用电解加工机床进行精加工。

相关知识

一、电解加工的原理

电解加工是利用金属在电解液中的"阳极溶解"作用使工件加工成形的,其原理如图9-1所示。工件接直流电源的正极,工具接负极,两极间保持较小的间隙(0.1~0.8 mm),电解液以一定的压力(0.5~2 MPa)和速度(5~60 m/s)从间隙流过。当接通直流电源时(电压为5~25 V,电流密度为10~100 A/cm^2),工件与阴极接近的表面金属开始电解,工具以一定的速度(0.5~3 mm/min)向工件进给,逐渐使工具的形状复映到工件上,得到所需要的加工形状。

电解加工成形的原理如图9-2所示。电解加工刚开始时,工件毛坯的形状与工具形状不同,两电极之间间隙不相等,如图9-2(a)所示,间隙小的地方电场强度高、电流密度大(图中竖线密)、金属溶解速度也较快;反之,间隙较大处加工速度就慢。随着工具不断向工件进给,阳极表面的形状就逐渐与阴极形状接近,各处间隙和电流密度逐渐趋于一致,如图9-2(b)所示。

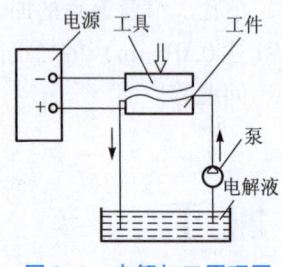

图9-1 电解加工原理图

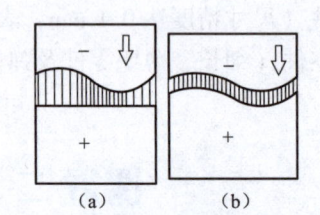

图9-2 电极加工成形原理示意图
(a) 两电极之间间隙不相等;
(b) 各处间隙和电流密度趋于一致

二、电解加工的特点

(1) 加工范围广,能加工任何高强度、高硬度、高韧性的导电材料,如硬质合金、淬火钢、不锈钢、耐热合金等难加工的材料。

(2) 生产率高,是特种加工中材料去除速度最快的方法之一,为电火花加工的5~10倍。

(3) 加工过程中无切削力和切削热,也没有因此而给工件带来的变形,因而可以加工刚性差的薄壁零件。加工表面残留应力和毛刺小,能获得较光滑的表面和一定的加工精度。表面粗糙度 Ra 值一般为0.8~0.2 μm,平均尺寸精度为±0.1 mm。

(4) 加工过程中工具阳极基本上无损耗,可长期保持工具的精度。

(5) 电解加工不需要复杂的成形运动即可加工复杂的空间曲面。

(6) 只能加工导电的金属材料,对加工窄缝、小孔及棱角很尖的表面则比较困难,加工精度受到限制。

(7) 复杂加工表面工具电极的设计和制造比较费时,因而在单件、小批生产中的应用受到限制。

（8）附属设备较多，占地面积大、投资大，电解液腐蚀机床，容易污染环境，故须采取一定的防护措施。

三、电解加工的应用

电解加工主要应用于切削加工困难的领域，如难以加工的材料、形状复杂的表面和刚性较差的薄板的加工等。常用的工艺有电解穿孔、电解成形、电解去毛刺、电解切割、电解抛光和电解刻蚀等。

1. 电解穿孔

对于一些形状复杂、尺寸较小的微孔（四方孔、六方孔、椭圆、半圆等形状的通孔和不通孔）是很难采用机械加工方法加工的，但如果采用电解加工则往往容易解决，既可保证加工质量，又可提高生产率。目前，电解穿孔工艺已广泛应用于炮管、枪管内孔等的加工，以及各种型孔、深孔的加工。

型孔加工大多采用端面进给方式。为了避免形成锥度，阴极（工具）侧面必须绝缘，一般用环氧树脂作为绝缘层与阴极侧面粘牢。电解穿孔时工作液均匀进入工作区，使工件和工具都浸在电解液中，待接通电源后即发生电化学反应加工出型孔。

2. 电解成形

电解加工可以使用成形阴极（工具）对复杂的工件型腔一次成形，生成率高，表面粗糙度值小，可以节省大部分修磨工时，但加工精度不高，可控制在 0.1~0.2 mm，目前多应用于锻模模腔加工，如汽车和拖拉机的连杆、曲轴、十字轴、凸轮轴等零件以及汽轮机和发动机的叶片、链轮和摆线齿轮等复杂零件的加工。

目前，电解成形加工的精度受电场、磁场、电解液状态以及进给速度等因素的影响，仍难掌握。在实际生产中可以根据均匀间隙的理论初步设计工具的形状，然后通过多次试验、修正，直到满足加工精度要求。

为了减小加工余量对精度的影响，可先进行粗加工，然后进行电解精加工，如先用电火花加工机床进行粗加工，再用电解加工机床进行精加工。

课题三　激光加工

知识点

- 激光加工的原理
- 激光加工的特点与应用

技能点

- 激光加工的合理应用

课题分析

激光是一种亮度高、方向性好、单色性好的相干光，激光加工的功率密度是各种加工方法中最高的一种，几乎能加工任何金属和非金属材料，如高熔点材料、耐热合金、硬质合金、有机玻璃及陶瓷、宝石、金刚石等硬脆材料。在机械加工中利用激光能量高度集中的特点，可进行打孔、切割、焊接、雕刻和表面处理，利用激光的单色性还可进行精密测量。

相关知识

一、激光加工的原理

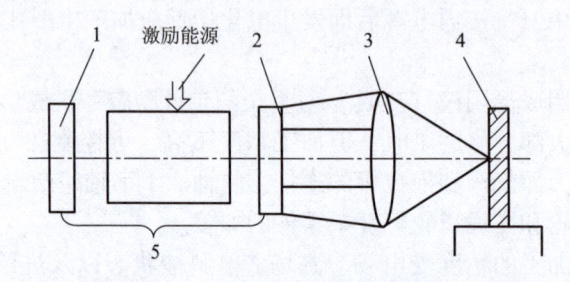

激光是一种亮度高、方向性好、单色性好的相干光，因此激光束具有发散角小、单色性好、亮度集中的特性。利用激光的这种特性再经过光学透镜聚焦，使其焦点处光斑直径理论上可达 1 μm 以下，故该处功率密度可达 $10^7 \sim 10^{11}\,\mathrm{W/cm^2}$。位于焦点处的材料吸收如此高的光能，温度可达上万摄氏度，在此高温下，任何坚硬的材料都将瞬时急剧融化和蒸发，并产生很强烈的冲击波，使熔化物质爆炸式地喷射出去（见图 9-3），激光加工就是利用这种原理进行细微的打孔和切割工作的。

图 9-3 激光加工原理示意图
1—全反射镜；2—部分反射镜；3—透镜；4—工件；5—光谐振腔

二、激光加工的特点与应用

1. 激光加工的特点

（1）加工范围广。由于激光加工的功率密度是各种加工方法中最高的一种，故几乎能加工任何金属和非金属材料，如高熔点材料、耐热合金、硬质合金、有机玻璃及陶瓷、宝石、金刚石等硬脆材料。

（2）操作简单。激光加工不需要真空条件，可在各种环境下进行。

（3）适合于精密加工。激光聚焦后的焦点直径小至几微米，形成极细的光束，可以加工深而小的微孔和窄缝。

（4）无工具损耗。激光加工不需要加工工具，是非接触加工，工件不受明显的切削力，可对刚性差的薄壁零件进行加工。

（5）加工速度快、效率高，可减少热扩散带来的热变形。

（6）可控性好，易于实现加工自动化。

（7）激光加工装置小巧简单，维修方便。

2. 激光加工的应用

在机械加工中利用激光能量高度集中的特点，可进行打孔、切割、焊接、雕刻和表面处理，利用激光的单色性还可进行精密测量。

(1) 激光打孔。激光打孔是激光加工中应用最广的方法。它是利用凸透镜将激光在工件上聚焦，焦点处的高温使材料瞬时熔化、气化、蒸发，好像一个微型爆炸。气化物质以超声速喷射出来，它的反冲击力在工件内部形成一个向后的冲击波，在此作用下将孔打出。激光打孔速度极快，打一个孔只需 0.1 s 左右，效率极高。目前常用于微细孔加工和超硬材料打孔，如柴油机喷嘴加工、金刚石拉丝模加工、钟表宝石轴承加工、化纤喷丝头加工等。

(2) 激光切割。激光切割与激光打孔的原理基本相同，都是将激光能量聚焦在很微小的范围内把工件"烧穿"，但切割时要移动工件或激光束，沿切口连续打一排小孔即把工件割开。激光可以切割各种金属、陶瓷、玻璃、半导体材料以及布、纸、橡胶、木材等各种材料，切割效率很高，切缝很窄，并可十分方便地切割出各种曲线形状。

(3) 激光焊接。激光焊接与激光打孔的原理有所不同，不需要将材料"烧穿"，只需把材料烧熔，使其熔合在一起即可，因此所需的能量比打孔小些。激光焊接时间短，生产率高，没有焊渣，被焊材料不易氧化，热影响小，不仅能焊接同种材料，而且还可焊接不同种材料，这是普通焊接无法实现的。

(4) 激光雕刻。激光雕刻与切割基本相同，只是工件的移动由两个坐标的数控系统传动，可在平板上蚀出所需图样，一般多用于印染行业及美术作品。

(5) 激光表面处理。激光表面处理主要是用激光对金属工件表面进行扫描加热，根据扫描所引起的工件表面金属组织发生的变化分为表面淬火、粉末黏合等，此外还包括激光除锈、激光消除工件表面的沉积物等。用激光进行表面淬火，工件表面的加热速度极快，内部受热极小，工件不产生热变形，特别适合于对齿轮、气缸筒等复杂零件进行表面淬火。国外已将其应用于自动生产线上对齿轮进行表面淬火。同时由于不必用炉子加热，是敞开式的，故也适合于大型零件的表面淬火。

总之，激光加工是一门崭新技术，是一种极有发展前途的新工艺。

课题四　电火花加工

知识点

- 电火花加工的基本原理
- 电火花穿孔、成形加工机床
- 电火花穿孔加工
- 电火花型腔加工
- 电火花线切割加工

技能点

- 电火花加工的基本操作方法

课题分析

电火花加工是一种在一定绝缘性能的液体介质（如煤油、机械油）中，通过工具电极和工件电极之间脉冲放电的电蚀作用，对工件进行加工的方法。电火花加工可以加工用普通机械加工方法难以加工或无法加工的高硬度导电材料，加工精度高，很适合模具加工。加工时，工具电极与工件不直接接触，没有机械切削力，因此适宜加工低刚度工件和细微加工。此外，电火花加工还可以用于加工零件小孔、窄缝等机械加工难以实现的工序。因此，电火花加工已广泛应用于精密机械、汽车、拖拉机、仪器仪表、电动机电器等机械制造行业。电火花加工方法按加工过程中工具与工件相对运动的方式和用途的不同，可分为电火花穿孔成形加工、电火花线切割、共轭回转式电火花加工、电火花磨削、电火花表面强化和刻字五大类。前四类属电火花成形尺寸的加工方法，后者属表面的加工方法，用于改善或改变零件表面的性质。其中，以电火花穿孔成形加工机床和电火花线切割机床应用最为广泛，约占电火花机床总数的 90%。

相关知识

一、电火花加工的基本原理

1. 基本原理

图 9-4 所示为电火花穿孔成形加工原理及设备组成。工件和工具电极分别与脉冲电源的输出端相连接，自动进给调节装置（此处为液压缸）使工具电极和工件之间始终保持一定的放电间隙（0.01~0.2 mm）。当脉冲电压加到两极之间时，便在当时条件下对某一间隙最小处或绝缘强度最低处击穿工作介质，在该局部产生火花放电，瞬时高温（10 000 ℃~12 000 ℃）使工作形成一个小凹坑，如图 9-5（a）所示。一个放电结束，经过一段时间间隔，使工件液恢复绝缘后，第二个脉冲电压又加到两极上，又会在间隙最小处击穿放电，电蚀出一个小凹坑，这样随着高频率连续不断地重复放电，工具电极不断地向工件进给，即可将工具电极的形状复制到工件上，加工出所需要的工件。整个加工表面由无数个极细微的小凹坑所组成，如图 9-5（b）所示。

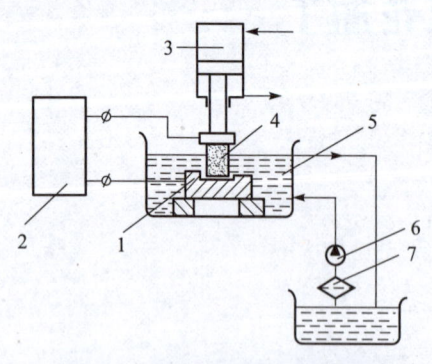

图 9-4 电火花加工原理示意图
1—工件；2—脉冲电源；3—自动进给调节装置；
4—工具电极；5—工作液；6—液压泵；7—过滤器

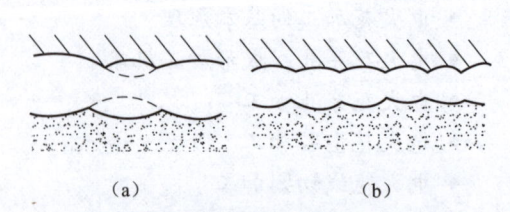

图 9-5 电火花加工局部放大示意图
（a）工件形成一个小凹坑；
（b）加工表面有无数个极细微的小凹坑

2. 电火花加工的特点

（1）可用软工具电极来加工任何硬度的导电性工件材料，如淬火钢、不锈钢、耐热合金和硬质合金等。

（2）加工过程中无显著的切削力，因而可加工小孔、深孔、窄缝和薄壁弹性件，可以不致因工具或工件刚度太低而无法加工。各种复杂的型孔、型腔和立体曲面，都可以采用成行电极一次加工成形，不会因为加工面积过大而引起切削变形。

（3）脉冲参数可以任意调节。加工中只要更换工具电极，就可以在同一台机床上通过改变电规准（电压、电流、脉冲宽度、脉冲间隔等电参数）连续进行粗、半精和精加工。精加工尺寸精度可达 0.01 mm，表面粗糙度 Ra 为 0.8 μm；微细加工尺寸精度可达 0.002 mm，表面粗糙度值 Ra 为 0.1~0.05 μm。

二、电火花加工机床

电火花加工机床主要由主机、脉冲电源、自动进给调节系统、工作液过滤循环系统几部分组成。如图 9-6 所示的电火花加工机床，其主要由机床总体、液压油箱、工作液箱、电源箱等部分组成，机床总体部分包括床身、立柱、主轴头、工作台及工作液槽等。

脉冲电源是电火花加工机床的心脏，它的作用是将交流电流转换成具有一定频率的单相脉冲电流，以提供电极间放电所需要的能量。脉冲电源对电火花加工的生产率、表面质量、加工精度、加工稳定性和工具电极损耗等技术经济指标有很大的影响，常用的有 RC、RLC 线路脉冲电源及经济管脉冲电源等。

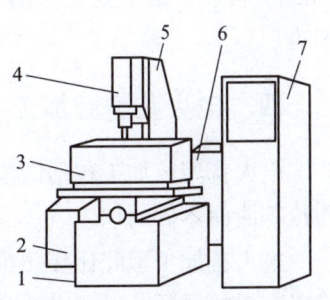

图 9-6 电火花加工机床示意图
1—床身；2—液压油箱；3—工作液槽；
4—主轴头；5—立柱；
6—工作液箱；7—电源箱

电极间隙自动进给调节系统的作用是使工具电极与工件之间保持一定的放电间隙。主轴头作为自动调节系统中的执行机构，是电火花加工中最关键的部件，对加工工艺指标的影响很大，它带动工具电极向工件进给。我国目前生产的电火花成形机床大多采用液压主轴头。

工作液过滤循环系统一般采用强迫循环，使电蚀产物从间隙中及时排除，并将工作液经过过滤后循环使用，以保证工作液的清洁，防止引起短路或非正常电弧放电。

由于工艺水平的提高及数控技术的发展，已生产出有 3~5 坐标的数控电火花机床，其带有工具电极库，可自动更换电极。

三、电火花穿孔加工

电火花穿孔加工是应用最广的一种电火花加工方法，常用来加工冲模、拉丝模和喷嘴上的各种小孔。

电火花穿孔加工的精度取决于工具电极的尺寸和放电间隙。工具电极的横截面形状应与加工型孔的横截面形状相一致，其轮廓尺寸比型孔尺寸均匀地内缩一个值，即单边放电间隙值。影响放电间隙大小的因素主要是加工中采用的电规准。当采用单个脉冲能量大

（脉冲峰值电流与电压大）的粗规准时，被蚀除的金属微粒大，放电间隙大；反之，当采用精规准时，放电间隙小。在进行电火花加工时，为了提高生产率，常采用粗规准蚀除大量金属，再用精规准保证加工质量。为此，可将穿孔电极制成阶梯形，其头部尺寸单边缩小0.08~0.12 mm，缩小部分长度为型孔长度的1.2~2倍，先由头部电极进行粗加工，然后改变电规准，接着由后部电极进行精加工。

穿孔电极常用的材料有钢、铸铁、紫铜、黄铜、石墨及铜钨、银钨合金等。钢和铸铁切削加工性能好，价格便宜，但电加工稳定性差；紫铜和黄铜的电加工稳定性好，但电极损耗较大；石墨电极的损耗较小，电加工稳定性较好，但电极的磨削加工困难；铜钨、银钨合金电加工稳定性好，电极稳定性好，电极损耗小，但价格贵，多用于硬质合金穿孔及深孔加工等。

用电火花加工较大的孔时，应先粗加工孔，留适当的加工余量，一般单边余量为0.5~1 mm。若加工余量太大，则生产效率低；若加工余量太小，则电火花加工时电极定位困难。

四、电火花型腔加工

电火花型腔加工包括锻模、压铸模、挤压模、塑料模等型腔的加工以及整体式叶轮、叶片等曲面零件的加工。

电火花加工型腔比穿孔难得多，其原因是：型腔属盲孔，所需蚀除的金属多，工作液难以有效的循环，以致电蚀产物排除不净而影响加工的稳定性；型腔各处深浅不一，圆角半径不等，加工面积多变，使工具电极各处损耗不一，电极损耗大且影响尺寸的精度；不能用阶梯电极来实现粗、精规准的转换加工，否则会影响生产率的提高。

电火花型腔加工方法主要有单电极平动法和多电极更换法。单电极平动法采用一个电极完成型腔的粗、精加工，利用平动头，使电极做圆周平面运动，加工时按粗、精顺序逐级改变电规准，同时依次加大电极的平动量，以补偿更换电规准时的放电间隙之差，完成整个型腔的加工。多电极更换法是采用多个电极加工同一型腔，依次更换电极进行粗、精加工，其加工精度高，尖角清晰，但要求多个电极一致性好，重复定位要求高，一般只用于精密型腔加工。

用电火花加工型腔时，为了有效地排除电蚀产物，通常在工具电极上开有冲油孔，用压力油将电蚀产物强迫排出。为了减少工具电极损耗，提高加工精度，首先要选择耐蚀性高的电极材料，如铜钨、银钨合金及石墨等。铜钨、银钨合金成本高，机械加工困难，故应用较少；常用的为紫铜和石墨，石墨电极损耗少，易加工成形，但易塌角，广泛用于各种型腔加工；紫铜电加工稳定性好，精加工时电极损耗少，不易塌角，常用于精度要求高的型腔加工。

五、电火花线切割加工

电火花线切割加工简称线切割，是在电火花穿孔成形加工的基础上发展起来的。它是采用连续移动的细金属丝（ϕ0.05~ϕ0.3 mm的钼丝或黄铜丝）作为工具电极，与工件间产生电蚀而进行切割加工的。

根据电极丝的运行速度，电火花线切割机床通常分为两大类：一类是高速走丝电火花线切割机床，这类机床的电极丝做高速往复运动，一般走丝速度为 8~10 m/s，我国生产的电火花线切割机床多采用高速走丝方式；另一类是低速走丝电火化线切割机床，这类机床的电极丝做低速单向运动，一般走丝速度低于 0.2 m/s，国外生产的电火花线切割机床多采用低速走丝方式。低速走丝方式的加工精度要高于高速走丝方式，但其加工厚度和表面粗糙度值要低于高速走丝方式。随着计算机技术的发展，目前，国内外 95% 以上的线切割机床都采用数字控制方式，加工精度在 0.01 mm 以内，表面粗糙度 Ra 值为 0.8~0.6 μm。

电火花线切割加工与电火花穿孔成形加工相比，具有以下特点：

（1）省掉了成形的工具电极，降低了成形工具电极的制造费用，缩短了生产准备周期。

（2）由于电极丝比较细，故可以加工窄缝窄槽和微型孔，用它切断贵重金属可以节约材料，而且余料还可以利用，提高了材料的利用率。

（3）切割时几乎没有切削力，所以可以用于切割极薄的工件。

（4）由于采用移动的长电极丝加工，使单位长度电极丝的损耗较少，故对加工精度的影响较小。

电火花线切割加工的不足之处是不能加工盲孔类零件表面和阶梯成形表面（立体成形表面）。

课题五　超声加工

知识点

- 超声加工的工作原理
- 超声加工的主要特点
- 超声加工的应用

技能点

- 超声加工的应用

课题分析

超声加工是利用超声波做小振幅振动的工具，并通过它与工件之间游离于液体中的磨料对被加工表面的捶击作用，使工件材料表面逐步破碎的特种加工，英文简称为 USM。超声加工常用于穿孔、切割、焊接、套料和抛光。超声加工主要用于各种脆性材料，如玻璃、石英、陶瓷、硅、锗、铁氧体、宝石和玉器等的打孔（包括圆孔、异形孔和弯曲孔等）、切割、开槽、套料、雕刻、成批小零件去毛刺、模具表面抛光和砂轮修整等方面。

利用超声加工所产生的空化作用，还可以清洗机械零件，甚至能清洗衣物等。此外，超声波还可以用来进行测距和探伤等工作。

相关知识

一、超声加工的工作原理

超声加工的工作原理：由超声发生器产生高频电振荡（一般为 16~30 kHz），施加于超声换能器上，将高频电振荡转换成超声频振动；超声振动通过变幅杆放大振幅，并以一定的静压力驱动在工作表面上的工具产生相应频率的振动；工具端部通过磨料不断地撞击工件，使加工区的工件材料粉碎成很细的微粒，被损坏的磨料悬浮液带走，工具便逐渐进入到工件中，从而加工出与工具相应的形状。如图 9-7 所示。

图 9-7 超声加工原理
1—工件；2—磨料悬浮液；3—工具；4—变幅杆；5—超声换能器；6—冷却水；7—超声发声器

二、超声加工的主要特点

超声加工的主要特点：不受材料是否导电的限制；工具对工件的作用力小、热影响小，因而可加工薄壁、窄缝和薄片工件；被加工材料的脆性越大越容易加工，材料越硬或强度、韧性越大，则越难加工；由于工件材料的碎除主要靠磨料的作用，故磨料的硬度应比被加工材料的硬度高，而工具的硬度可以低于工件材料，可以与其他多种加工方法结合应用，如超声振动切削、超声电火花加工和超声电解加工等。

三、超声加工的应用

超声加工主要用于各种脆性材料，如玻璃、石英、陶瓷、硅、锗、铁氧体、宝石和玉器等的打孔（包括圆孔、异形孔和弯曲孔等）、切割、开槽、套料、雕刻、成批小零件去毛刺、模具表面抛光和砂轮修整等方面。

超声打孔的孔径范围是 $\phi 0.1 \sim \phi 90$ mm，加工深度可达 100 mm 以上，孔的精度可达 0.02~0.05 mm。表面粗糙度采用 W40 碳化硼磨料加工玻璃时可达 Ra1.25~0.63 μm，加工硬质合金时可达 Ra0.63~0.32 μm。

利用超声加工所产生的空化作用，还可以用于清洗机械零件，甚至能清洗衣物等。此外，超声波还可以用来进行测距和探伤等工作。

超声加工机一般由电源（即超声发生器）、振动系统（包括超声换能器和变幅杆）和机床本体三部分组成。

超声发生器将交流电转换为超声频电功率输出，功率由数瓦至数千瓦，最大可达 10 kW。通常使用的超声换能器有磁致伸缩的和电致伸缩的两类，磁致伸缩换能器又有金属的和铁氧体的两种，金属的通常用于千瓦以上的大功率超声加工机，铁氧体的通常用于千瓦以下的小功率超声加工机。电致伸缩换能器用压电陶瓷制成，主要用于小功率超声加工机。

变幅杆起着放大振幅和聚能的作用，按截面积变化规律有锥形、指数曲线形、悬链线形和阶梯形等。机床本体一般有立式和卧式两种类型，超声振动系统则相应地垂直和水平放置。

课题六 电子束加工及水射流加工

知识点

- 电子束加工
- 水射流加工

技能点

- 水射流加工、电子束加工的应用

课题分析

电子束加工装置的基本结构由电子枪、真空系统、控制系统和电源等部分组成。在真空条件下，将具有很高速度和能量的电子射线聚集（一次或二次聚焦）到被加工材料上，电子的动能大部分转变为热能，使被冲击部分材料的温度升高至熔点，瞬时熔化、气化及蒸发而去除，达到加工目的。水射流加工的液体流束直径为 $\phi 0.05 \sim \phi 0.38\ mm$，可以加工很薄、很软的金属和非金属材料，例如加工铜、铝、铅、塑料、木材、橡胶、纸等多种材料。水射流加工可以代替硬质合金切槽刀具切割加工，而且切边的质量很好。

相关知识

电子束加工原理

一、电子束加工

1. 电子束加工原理

在真空条件下，将具有很高速度和能量的电子射线聚集（一次或二次聚焦）到被加工材料上，电子的动能大部分转变为热能，使被冲击部分材料的温度升高至熔点，瞬时熔化、气化及蒸发而去除，达到加工目的。其原理如图 9-8 所示。

2. 电子束加工的特点

（1）由于在极小的面积上具有高能量（能量密度可达 $10^6 \sim 10^9\ W/cm$），故可加工微孔、窄缝等，其生产率比电火花加工高数十倍至数百倍。此外，还可利用电子束焊接高熔点金属和用其他方法难以焊接的金属以及用电子炉生产高熔点、高质量的合金及金属。

（2）加工中电子束的压力很微小，主要是靠瞬时蒸发，所以工件产生的应力及应变均很小。

(3) 电子束加工是在真空度为 $1.33×10^{-1}$ ~ $1.33×10^{-3}$ Pa 的真空加工室中进行的，加工表面无杂质渗入，不氧化，加工材料范围广泛，特别适宜加工易氧化的金属和合金材料以及纯度要求高的半导体材料。

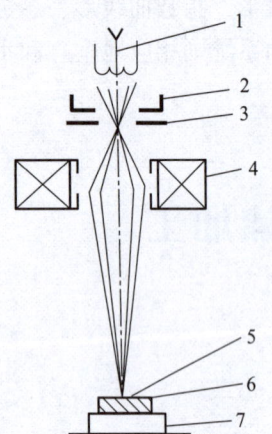

(4) 电子束的强度和位置比较容易用电、磁的方法实现控制，加工过程容易实现自动化，可进行程序控制和仿形加工。

电子束加工也有一定的局限性，一般只用于加工微孔、窄缝及微小的特形表面，而且因为它需要有真空设施及数万伏的高压系统，故设备价格较贵。

3. 电子束加工装置

电子束加工装置的基本结构由电子枪、真空系统、控制系统和电源等部分组成。

图 9-8 电子束加工原理示意图
1—电子枪；2—控制栅极；
3—加速阳极；4—聚集系统
5—集束斑点；6—工件；7—移动台

(1) 电子枪。这是获得电子束的核心部件，由电子发射阴极、控制栅极和加速阳极等组成。发射阴极用钨或钽制成，在加热状态下可发射大量电子。控制栅极为一中间有孔的圆筒件，其上加以较阴极为负的偏压，既能控制电子束的强度，又具有初步聚焦作用。加速阳极通常接地，为了使电子流得到更大的加速运动，常在阴极上施加很高的负电压。

(2) 真空系统。只有在高真空室内才能实现电子的高速运动，防止发射阴极及工件表面被氧化，需要真空系统经常保证电子束加工系统的高真空度要求，一般真空度为 $1.33×10^{-2}$ ~ $1.33×10^{4}$ Pa。

(3) 控制系统。其主要作用是控制电子束聚焦直径、束流强度、束流位置和工作台位置。电子束经过聚焦而成为很细的束斑，它决定着加工点的孔径或缝宽大小。其聚焦方法有利用高压静电场聚焦和"电磁透镜"聚焦两种。束流位置控制可采用磁偏转和静电偏转，但偏转距离只能在数毫米范围内，所以在加工大面积工件时还需要控制工作台精密位移与电子束偏转运动相配合来实现加工位置控制。

二、水射流加工

1. 水射流加工基本原理

水射流加工是利用高速水流对工件的冲击来侵蚀材料的，如图 9-9 所示，即采用带有添加剂的水，以高达 3 倍声速的速度冲击工件进行加工或切削。水由水泵抽出，通过增压器增压，储液蓄能器使脉动的液流平稳。液体从人造蓝宝石喷嘴喷出，以接近 3 倍声速的高速度直接压射在工件加工部位上。其加工深度取决于液压压射的速度、压力以及压射距离，"切屑"随液流排出，流速的功率密度达 $10^6 W/mm^2$。

2. 材料去除速度和加工精度

切割速度主要由工件材料决定，并与功率大小成正比，和材料的厚度成反比。加工精度主要受机床精度的影响，切缝比喷嘴孔径大 0.025 mm，加工复合材料时，采用的射流速度要高、喷嘴直径要小，并具有小的前角，压射距离小。切边质量受材料性质影响很大，塑性好的材料可以切割出高质量的切边。液压过低会降低切边质量，尤其是对复合材料，容易引起材料离层或起磷。进给速度低可以改善切割质量。

水中加入添加剂（丙三醇、聚乙烯、长链型聚合物）能改善切割性能和减少切割宽度。另外，压射距离对切口斜度的影响很大，压射距离越小，切口斜度也越小。高能量密度的射流束将引起温度的升高，进给速度低时有可能使某些塑料熔化，但温度不会高到影响纸质材料的切割。

3. 水射流加工设备

水射流加工设备和元件要求能够承受系统压力达到 400~800 MPa，液压系统通过小的柱塞泵使液体增压到 1 500~4 000 MPa，增压后的液体通过内外径之比达 5~10 的不锈钢管道和特殊的管道配件，再经过针型阀，通过喷嘴进行加工。

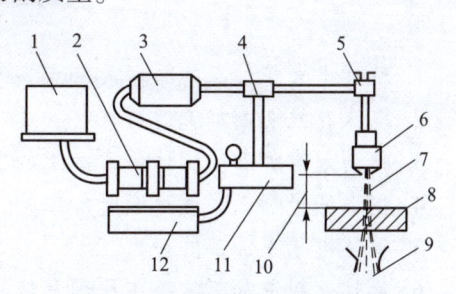

图 9-9 水射流加工原理及结构
1—带有过滤器的散热器；2—水泵；3—储液蓄能器；
4—控制器；5—阀；6—蓝宝石喷嘴；7—射流；
8—工件；9—排水口；10—压射距离；
11—液压机构；12—增压器

4. 喷嘴

通过喷嘴把高压液体转变成高速射流，为了使侵蚀最小，喷嘴材料应是极其坚硬的，但为了有光滑的轮廓结构，材料应具有韧性和易机械加工性。可以利用黏结的金刚石或蓝宝石材料作为喷嘴，并可把它们放进钢套里作为镶嵌件使用，以满足强度和韧性的需要。金刚石、碳化物硬质合金和特种钢，也已经成功地用于制造优质的喷嘴。图 9-10 所示为喷嘴的组件。喷嘴喷口的直径一般为 $\phi 0.05 \sim \phi 0.35$ mm，喷射时会产生长达 30~40 mm 的聚合射流，例如用相对分子量为 400 万的聚乙烯氧化物作为添加物，可以使液体的黏度大为提高，使聚合射流的长度达到直径的 600 倍。

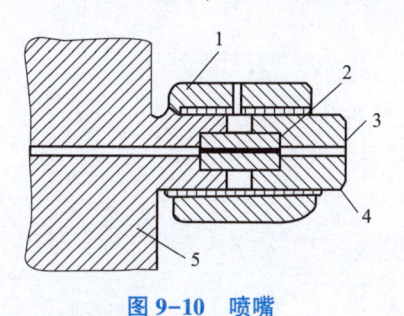

图 9-10 喷嘴
1—连接螺母；2—圆锥体；3—喷口；
4—喷嘴；5—接头

5. 实际应用

水射流加工的液体流束直径为 $\phi 0.05 \sim \phi 0.38$ mm，可以加工很薄、很软的金属和非金属材料，例如加工铜、铝、铅、塑料、木材、橡胶、纸等多种材料。水射流加工可以代替硬质合金切槽刀具切割加工，而且切边的质量很好，所加工的材料厚度少则几毫米，多则几百毫米，例如切割 19 mm 厚的吸声天花板，采用的水压为 310 MPa，切割速度为 76 m/min，可加工厚度 125 mm 的玻璃绝缘材料。由于水射流加工的切缝较窄，故可节约材料和降低加工成本。又由于加工温度较低，因而可以加工木板和纸品，还能在一些化学加工的保护层表面上划线等。

项 目 驱 动

1. 试述电火花加工的原理及特点。
2. 电火花线切割加工的特点。
3. 何谓超声加工？试述超声加工的工作原理。
4. 何谓激光加工？试述激光加工的工作原理。
5. 简述电子束加工的特点。
6. 简述水射流加工的基本原理及应用场合。

参 考 文 献

[1] 陈日曜. 金属切削原理 [M]. 北京：机械工业出版社，1993.
[2] 周泽华. 金属切削原理 [M]. 上海：上海科学技术出版社，1993.
[3] 袁哲俊. 金属切削刀具 [M]. 上海：上海科学技术出版社，1993.
[4] 韩步愈. 金属切削原理及刀具 [M]. 北京：机械工业出版社，1992.
[5] 孙庆群，等. 金属切削加工原理及设备 [M]. 科学出版社. 2008.
[6] 吴圣庄. 金属切削机床 [M]. 北京：机械工业出版社，1980.
[7] 唐宗军. 机械制造基础 [M]. 北京：机械工业出版社，1997.
[8] 贾亚洲. 金属切削机床概论 [M]. 北京：机械工业出版社，2005.
[9] 尹成湖，等. 机械制造技术基础. 河北科技大学校用教材，2007.
[10] 卢秉恒. 机械制造技术基础 [M]. 北京：机械工业出版社，1999.
[11] 韩秋实. 机械制造技术基础 [M]. 北京：机械工业出版社，1998.
[12] 王先逵. 机械制造工艺学 [M]. 北京：机械工业出版社，2006.
[13] 郑焕文. 机械制造工艺学 [M]. 北京：高等教育出版社，1994.